제민요술 역주 IV

齊民要術譯註 IV(제8-9권)

발효식품 · 분식 및 음식조리법

저 자_ **가사협**(賈思勰)

후위後魏 530-540년 저술

역주자_ **최덕경**(崔德卿) dkhistory@hanmail.net

문학박사이며, 현재 부산대학교 사학과 교수이다. 주된 연구방향은 중국농업사, 생태환경사 및 농민 생활사이다. 중국사회과학원 역사연구소 객원교수를 역임했으며, 북경대학 사학과 초빙교수로서 중국 고대사와 중국생태 환경사를 강의한 바 있다.

저서로는『중국고대농업사연구』(1994),『중국고대 산림보호와 생태환경사 연구』(2009),『동아시아 농업사상의 똥 생태학』(2016)과『麗·元대의 農政과 農桑輯要』(3인 공저, 2017)가 있다. 역서로는 『중국고대사회성격논의』(2인 공역, 1991),『중국사(진한사)』(2인 공역, 2004)가 있고, 중국고전에 대한 역주서로는『농상집요 역주』(2012),『보농서 역주』(2013),『진부농서 역주』(2016)와『사시찬요 역주』(2017) 등이 있다. 그 외에 한국과 중국에서 발간한 공동저서가 적지 않으며, 중국농업사 생태환경사 및 생활문화사 관련 논문이 100여 편이 있다.

제민요술 역주 IV 齊民要術譯註 IV(제8-9권)

▌발효식품·분식 및 음식조리법 ▌

1판 1쇄 인쇄 2018년 12월 5일
1판 1쇄 발행 2018년 12월 15일

저 자 | 賈思勰
역주자 | 최덕경
발행인 | 이방원
발행처 | 세창출판사
　　　　신고번호 | 제300-1990-63호
　　　　주소 | 서울 서대문구 경기대로 88 (냉천빌딩 4층)
　　　　전화 | (02) 723-8660 팩스 | (02) 720-4579
　　　　http://www.sechangpub.co.kr
　　　　e-mail: edit@sechangpub.co.kr

ISBN 978-89-8411-786-0 94520
　　　　978-89-8411-782-2 (세트)

이 번역도서는 2016년 정부(교육부)의 재원으로 한국연구재단의 지원을 받아 수행된 연구임(NRF-2016S1A5A7021010).

이 도서의 국립중앙도서관 출판시도서목록(CIP)은 서지정보유통지원시스템 홈페이지(http://seoji.nl.go.kr)와 국가자료공동목록시스템(http://www.nl.go.kr/kolisnet)에서 이용하실 수 있습니다.
(CIP제어번호: CIP2018039681)

제민요술 역주 IV

齊民要術譯註 IV (제8-9권)

❘ 발효식품 · 분식 및 음식조리법 ❘

A Translated Annotation of
the Agricultural Manual "Jeminyousul"

賈 思 勰 저
최 덕 경 역주

세창출판사

『제민요술』은 현존하는 중국에서 가장 오래된 백과전서적인 농서로서 530-40년대에 후위後魏의 가사협賈思勰이 찬술하였다. 본서는 완전한 형태를 갖춘 중국 최고의 농서이다. 이 책에 6세기 황하 중·하류지역 농작물의 재배와 목축의 경험, 각종 식품의 가공과 저장 및 야생식물의 이용방식 등을 체계적으로 정리하고, 계절과 기후에 따른 농작물과 토양의 관계를 상세히 소개했다는 점에서 의의가 크다. 본서의 제목이 『제민요술』인 것은 바로 모든 백성[齊民]들이 반드시 읽고 숙지해야 할 내용[要術]이라는 의미이다. 때문에 이 책은 오랜 시간 동안 백성들의 필독서로서 후세에 『농상집요』, 『농정전서』 등의 농서에 모델이 되었을 뿐 아니라 인근 한국을 비롯한 동아시아 전역의 농서편찬과 농업발전에 깊은 영향을 미쳤다.

가사협賈思勰은 북위 효문제 때 산동 익도益都(지금 수광壽光 일대) 부근에서 출생했으며, 일찍이 청주靑州 고양高陽태수를 역임했고, 이임 후에는 농사를 짓고 양을 길렀다고 한다. 가사협이 활동했던 시대는 북위 효문제의 한화정책이 본격화되고 균전제의 실시로 인해 황무지가 분급分給되면서 오곡과 과과瓜果, 채소 및 식수조림이 행해졌던 시기로서, 『제민요술』의 등장은 농업생산의 제고에 유리한 조건을 제공했다. 특히 가사협은 산동, 하북, 하남 등지에서 관직을 역임하면서 직·간접적으로 체득한 농목의 경험과 생활경험을 책 속에 그대로 반영하였다. 서문에서 보듯 "국가에 보탬이 되고 백성에게 이

익이 되었던," 경수창耿壽昌과 상홍양桑弘羊 같은 경제정책을 추구했으며, 이를 위해 관찰과 경험, 즉 실용적인 지식에 주목했던 것이다.

『제민요술』은 10권 92편으로 구성되어 있다. 초반부에서는 경작방식과 종자 거두기를 제시하고 있는데, 다양한 곡물, 과과瓜果, 채소류, 잠상과 축목 등이 61편에 달하며, 후반부에는 이들을 재료로 한 다양한 가공식품을 소개하고 있다.

가공식품은 비록 25편에 불과하지만, 그 속에는 생활에 필요한 누룩, 술, 장초醬醋, 두시豆豉, 생선, 포[脯腊], 유락乳酪의 제조법과 함께 각종 요리 3백여 종을 구체적으로 소개하고 있다. 흥미로운 것은 권10에 외부에서 중원[中國]으로 유입된 오곡, 채소, 열매[果蓏] 및 야생식물 등이 150여 종 기술되어 있으며, 그 분량은 전체의 1/4을 차지할 정도이며, 외래 작물의 식생植生과 그 인문학적인 정보가 충실하다는 점이다.

본서의 내용 중에는 작물의 파종법, 시비, 관개와 중경세작기술 등의 농경법은 물론이고 다양한 원예기술과 수목의 선종법, 가금家禽의 사육방법, 수의獸醫 처방, 미생물을 이용한 농·부산물의 발효방식, 저장법 등을 세밀하게 소개하고 있다. 그 외에도 본서의 목차에서 볼 수 있듯이 양잠 및 양어, 각종 발효식품과 술(음료), 옷감 염색, 서적편집, 나무번식기술과 지역별 수목의 종류 등이 구체적으로 기술되어 있다. 이들은 6세기를 전후하여 중원을 중심으로 사방의 다양한 소수민족의 식습관과 조리기술이 상호 융합되어 새로운 중국 음식문화가 창출되고 있다는 사실을 보여 준다. 이러한 기술은 지방지, 남방의 이물지異物志, 본초서와 『식경食經』 등 50여 권의 책을 통해 소개되고 있다는 점이 특이하며, 이는 본격적인 남북 간의 경제 및 문화의 교류를 실증하는 것이다. 실제 『제민요술』 속에 남방의 지명이나 음식습관들이 많이 등장하고 있는 것을 보면 6세기 무렵 중원 식생활이 인접지역문화와 적극적으로 교류되고 다원의 문화가 융합되었음을 확인할 수 있다. 이처럼 한전旱田 농업기술의 전범典範이 된『제민요술』은 당송시대를 거치면서 수전水田농업의 발전에도 기여하며, 재배와 생산의 경험은 점차 시장과 유통으로 바통을 이전하게 된다.

그런 점에서『제민요술』은 바로 당송唐宋이라는 중국적 질서와 가치가 완성되는 과정의 산물로서 "중국 음식문화의 형성", "동아시아 농업경제"란 토대를 제공한 저술로 볼 수 있을 것이다. 따라서 이 한 권의 책으로 전근대 중국 백성들의 삶에 무엇이 필요했으며, 무엇을 어떻게 생산하고, 어떤 식으로 가공하여 먹고 살았는지, 어디를 지향했는지를 잘 들여다볼 수 있다. 이런 점에서 본서는 농가류農家類로 분류되어 있지만, 단순한 농업기술 서적만은 아니다.『제민요술』속에 담겨 있는 내용을 보면, 농업 이외에 중국 고대 및 중세시대의 일상 생활문화를 동시에 알 수 있다. 뿐만 아니라 이 책을 통해 당시 중원지역과 남·북방민족과 서역 및 동남아시아에 이르는 다양한 문화 및 기술교류를 확인할 수 있다는 점에서 매우 가치 있는 고전이라고 할 수 있다.

특히『제민요술』에서 다양한 곡물과 식재료의 재배방식 및 요리법을 기록으로 남겼다는 것은 당시에 이미 음식飮食을 문화文化로 인식했다는 의미이며, 이를 기록으로 남겨 그 맛을 후대에까지 전수하겠다는 의지가 담겨 있음을 말해 준다. 이것은 곧 문화를 공유하겠다는 통일지향적인 표현으로 볼 수 있다. 실제 수당시기에 이르기까지 동서와 남북 간의 오랜 정치적 갈등이 있었으나, 여러 방면의 교류를 통해 문화가 융합되면서도『제민요술』의 농경방식과 음식문화를 계승하여 기본적인 농경문화체계가 형성되게 된 것이다.

『제민요술』에서 당시 과학적 성취를 다양하게 보여 주고 있다.

우선 화북 한전旱田 농업의 최대 난제인 토양 습기보존을 위해 쟁기, 누거耬車와 호미 등의 농구를 갈이[耕], 써레[耙], 마평[耱], 김매기[鋤], 진압[壓] 등의 기술과 교묘하게 결합한 보상保墒법을 개발하여 가뭄을 이기고 해충을 막아 작물이 건강하게 성장하도록 했으며, 빗물과 눈을 저장하여 생산력을 높이는 방법도 소개하고 있다. 그 외에도 종자의 선종과 육종법을 위해 특수처리법을 개발했으며, 윤작, 간작 및 혼작법 등의 파종법도 소개하고 있다. 그런가 하면 효과적인 농업경영을 위해 제초 및 병충해 예방과 치료법은 물론이고, 동물의 안전한 월동과 살찌우는 동물사육법도 제시하고 있다. 또 관찰을 통해 정립한 식물과 토양환경의 관계, 생물에 대한 감별과 유전변이, 미생물을 이용한 알코올 효소법과 발효법, 그리고 단백질 분해효소를 이용하여 장을 담그고, 유산균이나 전분효소를 이용한 엿당 제조법 등은 지금도 과학적으로 입증되는 내용이다. 이러한『제민요술』의 과학적인 실사구시의 태도는 황하유역 한전旱田 농업기술의 발전에 중대한 공헌을 했으며, 후세 농학의 본보기가 되었고, 그 생산력을 통해 재난을 대비하고 풍부한 문화를 창조할 수 있었던 것이다. 이상에서 보듯『제민요술』에는 백과전서라는 이름에 걸맞게 고대중국의 다양한 분야의 산업과 생활문화가 융합되어 있다.

이런『제민요술』은 사회적 요구가 확대되면서 편찬 횟수가 늘어났으며, 그 결과 판본 역시 적지 않다. 가장 오래된 판본은 북송 천성天聖 연간(1023-1031)의 숭문원각본崇文院刻本으로 현재 겨우 5권과 8권이 남아 있고, 그 외 북송본으로 일본의 금택문고초본金澤文庫抄本이 있다. 남송본으로는 장교본將校本, 명초본明抄本과 황교본黃校本이 있으며, 명각본은 호상본湖湘本, 비책휘함본秘冊彙函本과 진체비서본津逮祕書本이, 청각본으로는 학진토원본學津討原本, 점서촌사본漸西村舍本이 전해지고 있다. 최근에는 스성한의 『제민요술금석齊民要術今釋』(1957-58)이 출판되고, 묘치위의 『제민요술교석齊民要術校釋』(1998)과 일본 니시야마 다케이치[西山武一] 등의 『교정역주 제민요술校訂譯註 齊民要術』(1969)이 출판되었는데, 각 판본 간의 차이는 적지 않다. 본 역주에서 적극적으로 참고한 책은 여러 판본을 참고하여 교감한 후자의 3책册으로, 이들을 통해 전대前代의 다양한 판본을 간접적으로 참고할 수 있었으며, 각 판본의 차이는 해당 본문의 끝에 【교기】를 만들어 제시하였다.

그리고 본서의 번역은 가능한 직역을 원칙으로 하였다. 간혹 뜻이 잘 통하지 못할 경우에 한해 각주를 덧붙이거나 의역하였다. 필요시 최근 한중일의 관련 주요 연구 성과도 반영하고자 노력했으며, 특히 중국고전 문학자들의 연구 성과인 "제민요술 어휘연구" 등도 역주작업에 적극 참고하였음을 밝혀 둔다.

각 편의 끝에 배치한 그림[圖版]은 독자들의 이해를 돕기 위해 삽입하였다. 이전의 판본에서는 사진을 거의 제시하지 않았는데, 당시에는 농작물과 생산도구에 대한 이해도가 높아 사진자료가 필요 없었을 것이다. 하지만 오늘날은 농업의 비중과 인구가 급감하면서 농업에 대한 젊은 층의 이해도가 매우 낮다. 아울러 농업이 기계화되어 전통적인 생산수단의 작동법은 쉽게 접하기도 어려운 상황이 되어, 책의 이해도를 높이기 위해 불가피하게 사진을 삽입하였다.

본서와 같은 고전을 번역하면서 느낀 점은 과거의 언어를 현재어로 담아내기가 쉽지 않다는 점이다. 예를 든다면 『제민요술』에는 '쑥'을 지칭하는 한자어가 봉蓬, 애艾, 호蒿, 아莪, 나蘿, 추萩 등이 등장하며, 오늘날에는 그 종류가 몇 배로 다양해졌지만 과거 갈래에 대한 연구가 부족하여 정확한 우리말로 표현하기가 곤란하다. 이를 위해서는 기본적으로 한·중 간의 유입된 식물의 명칭 표기에 대한 연구가 있어야만 가능할 것이다. 비록 각종 사전에는 오늘날의 관점에서 연구한 많은 식물명과 그 학명이 존재할지라도 역사 속의 식물과 연결시키기에는 적지 않은 문제점이 발견된다. 이러한 현상은 여타의 곡물, 과수, 수목과 가축에도 적용되는 현상이다. 본서가 출판되면 이를 근거로 과거의 물질자료와 생활방식에 인문학적 요소를 결합하여 융합학문의 연구가 본격화되기를 기대한다. 그리고 본서를 통해 전통시대 농업과 농촌이 어떻게 자연과 화합하며 삶을 영위했는가를 살펴, 오늘날 생명과 환경문제의 새로운 길을 모색하는 데 일조하기를 기대한다.

본서의 범위가 방대하고, 내용도 풍부하여 번역하는 데에 적지 않은 시간을 소요했으며, 교정하고 점검하는 데에도 번역 못지않은 시간을 보냈다. 특히 본서는 필자의 연구에 가장 많은 영향을 준 책이며, 필자가 현직에 있으면서 마지막으로 출판하는 책이 되어 여정을 같이한다는 측면에서 더욱 감회가 새롭다. 그 과정에서 감사해야 할 분들이 적지 않다. 우선 필자가 농촌과 농민의 생활을 자연스럽게 이해할 수 있도록 만들어 주신 부모님께 감사드린다. 그리고 중국농업사의 길을 인도해 주신 민성기 선생님은 연구자의 엄정함과 지식의 균형감각을 잡아 주셨다. 아울러 오랜 시간 함께했던 부산대학과 사학과 교수님들의 도움 또한 잊을 수 없다. 한길을 갈 수 있도록 직간접으로 많은 격려와 가르침을 받았다. 더불어 학과 사무실을 거쳐 간 조교와 조무들도 궂은일에 손발이 되어 주었다. 이분들의 도움이 있었기에 편안하게 연구실을 지킬 수 있었다.

본 번역작업을 시작할 때 함께 토론하고, 준비해 주었던 "농업사 연구회" 회원들에게 감사드린다. 열심히 사전을 찾고 토론하는 과정 속에서 본서의 초안이 완성될 수 있었다. 그리고 본서가 나올 때까지 동양사 전공자인 박희진 선생님과 안현철 선생님의 도움을 잊을 수 없다. 수차에 걸친 원고교정과 컴퓨터작업에 이르기까지 도움 받지 않은 곳이 없다. 본서가 이만큼이나마 가능했던 것은 이들의 도움이 컸다. 아울러 김지영 선생님의 정성스런 교정도 잊을 수가 없다. 오랜 기간의 작업에 이분들의 도움이 없었다면 분명 지쳐 마무리가 늦어졌을 것이다.

가족들의 도움도 잊을 수 없다. 매일 밤늦게 들어오는 필자에게 "평생 수능준비 하느냐?"라고 핀잔을 주면서도 집안일을 잘 이끌어 준 아내 이은영은 나의 최고의 조력자이며, 83세의 연세에도 레슨을 하며, 최근 화가자격까지 획득하신 초당 배구자 님, 모습 자체가 저에겐 가르침입니다. 그리고 예쁜 딸 혜원이와 뉴요커가 되어 버린 멋진 진안, 해민이도 자신의 역할을 잘해 줘 집안의 걱정을 덜어 주었다. 너희들 덕분에 아빠는 지금까지 한길을 걸을 수 있었단다.

끝으로 한국연구재단의 명저번역사업의 지원에 감사드리며, 세창출판사 사장님과 김명희 실장님의 세심한 배려에 감사드린다. 항상 편안하게 원고 마무리할 수 있도록 도와주시고, 원하는 것을 미리 알아서 처리하여 출판이 한결 쉬웠다. 모두 복 많이 받으세요.

2018년 6월 23일
우리말 교육에 평생을 바치신 김수업 선생님을 그리며

부산대학교 미리내 언덕 617호실에서 필자 씀

제민요술역주 II
과일 · 채소와 수목 재배

제3권

제민요술역주 Ⅲ

가축사육 · 유제품 및 술 제조

제민요술역주 Ⅳ

발효식품·분식 및 음식조리법

제민요술역주 Ⅴ
중원의 유입작물

일 러 두 기

❶ 본서의 번역 원문은 가장 최근에 출판되어 문제점을 최소화한 묘치위[繆啓愉] [『제민요술교석(齊民要術校釋), 中國農業出版社, 1998: 이후 '묘치위 교석본' 혹은 '묘치위'로 간칭함] 교석본에 의거했다. 그리고 역주작업에는 스성한[石聲漢] [『제민요술금석(齊民要術今釋)上·下, 中華書局, 2009: 이후 '스성한 금석본' 혹은 '스성한'으로 간칭함], 묘치위[繆啓愉]와 일본의 니시야마 다케이치[西山武一], 구로시로 유키오[熊代幸雄][『교정역주 제민요술(校訂譯註 齊民要術)』上·下, アジア經濟出版社, 1969: 이후 니시야마 역주본으로 간칭함]의 책과 그 외의 연구 논저를 모두 적절하게 참고했음을 밝혀 둔다.

❷ 각주와 【교기(校記)】로 구분하여 주석하였다. 【교기】는 스성한의 금석본의 성과를 기본으로 하여 주로 판본 간의 글자차이를 기술하여 각 장의 끝에 위치하였다. 때문에 일일이 '스성한 금석본'에 의거한다는 근거를 달지 않았으며, 추가 부분에 대해서만 증거를 밝혔음을 밝혀 둔다.

❸ 각주에 표기된 '역주'는『제민요술』을 최초로 교석한 스성한의 공로를 인정하여 먼저 제시하고, 이후 주석가들이 추가한 내용을 보충하였다. 즉, 스성한과 주석이 비슷한 경우에는 스성한의 것만 취하고, 그 외에 독자적인 견해만 추가하여 보충하였음을 밝힌다. 그 외 더 보충 설명해야 할 부분이나 내용이 통하지 않는 부분은 필자가 보충하였지만, 편의상 **[역자주]**란 명칭을 표기하지 않았다.

❹ 본문과 각주의 한자는 가능한 음을 한글로 표기했다. 이때 한글과 음이 동일한 한자는 ( )속에, 그렇지 않을 경우나 원문이 필요할 경우 번역문 뒤에 [ ]에 넣어 처리했다. 다만 서술형의 긴 문장은 한글로 음을 표기하지 않았다. 그리고 각주 속의 저자와 서명은 가능한 한 한글 음을 함께 병기했지만, 논문명은 번역하지 않고 원문을 그대로 부기했다.

❺ 그림과 사진은 최소한의 이해를 돕기 위해 본문과 【교기】 사이에 배치하였다. 참고한 그림 중 일부는 Baidu와 같은 인터넷상에서 참고하여 재차 가공을 거쳐 게재했음을 밝혀 둔다.

❻ 목차상의 원제목을 각주나 【교기】에서 표기할 때는 예컨대 '養羊第五十七'의 경우 '第~' 이하의 숫자를 생략했으며, 권10의 중원에서 생산되지 않는 오곡·과라·채소[五穀果蓏菜茹非中國物産者]를 표기할 때도 「비중국물산(非中國物産)」으로 약칭하였음을 밝혀 둔다.

❼ 원문에 등장하는 반절음 표기와 같은 음성학 등은 축소하거나 삭제하였음을 밝힌다. 그리고 일본어와 중국어의 표기는 교육부 편수용어에 따라 표기하였음을 밝혀 둔다.

시 대		간 칭	판본·초본·교본	시 대	간 칭	판본·초본·교본
송 본	북송본	원각본 (院刻本)	숭문원각본(崇文院刻本; 1023-1031년)	청대 각종 교감교본(校勘校本)	오점교본 (吾點校本)	오점교(吾點校)의 고본(稿本)(1896년 이전)
		금택초본 (金澤抄本)	일본 금택문고구초본(金澤文庫舊抄本; 1274년)			
	남송본	황교본 (黃校本)	황교원본(黃校原本; 1820년에 구매)		황록삼교기 (黃麓森校記)	황록삼의 『방북송본제민요술고본(仿北宋本齊民要術稿本)』(1911년)
		명초본 (明抄本)	남송본 명대초본(南宋本 明代抄本)			
		황교유록본 (黃校劉錄本)	유수증전록본(劉壽曾轉錄本)			
		황교육록본 (黃校陸錄本)	육심원전록간본(陸心源轉錄刊本)			
		장교본 (張校本)	장보영전록본(張步瀛轉錄本)			
명청각본	명각본	호상본 (湖湘本)	마직경호상각본(馬直卿湖湘刻本; 1524년)	근년 정리본(整理本)	스성한의 금석본	스성한[石聲漢]의 『제민요술금석(齊民要術今釋)』(1957-1958년)
		진체본 (津逮本)	모진(毛晉)의 『진체비서각본(津逮秘書刻本)』(1630년)			
		비책휘함본 (秘冊彙函本)	호진형(胡震亨)의 『비책휘함각본(秘冊彙函刻本)』(1603년 이전)		묘치위의 교석본	묘치위[繆啓愉]의 『제민요술교석(齊民要術校釋)』(1998년)
	청각본	학진본 (學津本)	장해붕(張海鵬)의 『학진토원각본(學津討原刻本)』(1804년)/상무인서관영인본(商務印書館影印本)(1806년)		니시야마 역주본	니시야마 다케이치[西山武一]·구로시로 유키오[態代幸雄], 『校訂譯注齊民要術』(1957-1969년)
		점서본 (漸西本)	원창(袁昶)의 『점서촌사총간각본(漸西村舍叢刊刻本)』(1896년)			
		용계정사본 (龍溪精舍本)	『용계정사간본(龍溪精舍刊本)』(1917년)			

제민요술
제8권

제68장
황의[1]·황증[2] 및 맥아 黃衣黃蒸及蘖[3]第六十八

● 黃衣黃蒸及蘖第六十八: 黃衣一名麥㸌. **1** 황의는 일명 맥혼이라고 한다.

황의黃衣 만드는 법:[4] 6월에 밀을 가져다 깨 │ 作黃衣法. 六月

1　'황의(黃衣)': '의(衣)'자는 대량으로 번식하는 곰팡이 군체로, 일반적으로 황색이 많기 때문에 '황의'라고 한다. 『본초습유』에서는 "塵綠者佳"라고 하였는데, 사실 상은 황록색을 띤 것도 좋은 누룩이다. 황의는 또 '보리누룩[麥㸌]'으로도 부르고, 또한 '혼자(㸌子)'라고 부르기도 한다. 또 '맥륜(麥圇)'이란 속명도 있다. 혼(㸌)은 완전하다는 의미이며, 윤(圇)은 '온전[囫圇]'하여 깨뜨러지지 않은 것이다. 그 때 문에 이것은 온전한 밀을 덮어 띄워 만든 장국(醬麴)이다.

2　'황증(黃蒸)': 곡물 낟알이나 곡분으로 만든 누룩이다. 산국(散麴)에는 황의(黃衣) 와 황증(黃蒸)이 있다. 밀알을 물에 담근 후에 쪄서 두 치[寸] 정도의 두께로 펴놓 고 물억새나 도꼬마리 같은 식물의 잎으로 덮은 다음 7일이 지나서 노랗게 포자 가 덮이면 꺼내어 햇볕에 말려서 얻는다. 이와 같이 황증은 곡물을 일단 가루를 내어서 만든 것이니, '가루흩임누룩'이라 할 수 있다. 산국(散麴)의 미생물은 거 미줄곰팡이(Rhizopus), 솜틸곰팡이(Mucor)가 많고 다음으로 누룩곰팡이 (Aspergillus)의 순서이다.([출처]: 식품과학기술대사전)

3　'얼(蘖)'은 '맥아(麥芽)'라고도 하는데, 대맥(大麥; Hordeum vulgare)의 싹을 내어 말린 후 살짝 볶아서 만든 약재(한국, 중국)로, 일본에서는 사용하지 않는다.([출 처]: 두산백과) 또한 '맥아'를 오늘날 우리나라에서는 '엿기름'이라 하며, 경남지역 에서는 '질금'이라고도 한다.

4　'작황의법(作黃衣法)', '작황증법(作黃蒸法)' 및 '작얼법(作蘖法)'은 모두 표제는 큰 글자로 되어 있고, 내용은 ('以大麥爲其蘖'까지) 모두 2줄로 된 작은 글자로 되 어 있다. 스성한[石聲漢], 『제민요술금석(齊民要術今釋)』 上, 중화서국(中華書

꿋이 일고 씻은 후에 항아리 속의 물에 담가 새콤하게 발효시킨다.[5]

걸러 내어 쪄서 찐다. 시렁의 잠박 위에 자리를 펴고,[6] 익힌 밀을 그 위에 2치 두께 정도로 펴서 깔아 준다.

하루 전에 먼저 물억새[菼][7]를 베어서 밀 위에 얇게 덮어 준다. 물억새 잎이 없으면 도꼬마리[胡枲]를 베어 잡초를 가려 내고 이슬을 제거하여 밀이 식으면 도꼬마리를 그 위에 덮어 둔다.

7일이 지나 누런 곰팡이[黃衣]의 색이 뚜렷해지면 곧 꺼내어 햇볕에 쬐어 말린다. 단지 도꼬마리 잎은 없애고, 신중하게 다루되 키질을 해서는 안 된다.

제齊나라 사람들은 키질하여 누런 곰팡이를 바람에 날리기를 좋아하는데, 이것은 매우 큰 잘못이다.

무릇 양조할 때 보리누룩[麥䴷]을 사용하면

中, 取小麥, 淨淘訖, 於瓮中以水浸之, 令醋. 漉出, 熟蒸❷之. 槌箔上敷席, 置麥於上, 攤令厚二寸許. 預前一日刈菼葉薄覆. ❸ 無菼葉者, 刈胡枲, 擇去雜草, 無令有水露氣. 候麥冷, 以胡枲覆之. 七日,❹ 看黃衣色足, 便出曝之, 令乾. 去胡枲而已, 愼勿颺簸. 齊人喜當風颺去黃衣, 此大謬. 凡有所造作用麥䴷

局), 2009(이후 '스성한 금석본' 혹은 '스성한'으로 간칭함)에서는 제목만 큰 글자로 되어 있고, 나머지는 전부 한 줄로 하고 작은 글자로 되어 있는 데 반해, 묘치위[繆啓愉], 『제민요술교석(齊民要術校釋)』, 中國農業出版社, 1998(이후 '묘치위 교석본' 또는 '묘치위'로 간칭함)에서는 스성한과는 달리 작은 글자를 전부 큰 글자로 바꾸어서 제시하고 있다.

5　'초(醋)': 형용사로 사용되었으며 '새콤하다[酸]'이다.
6　'부(敷)': '평평하게 펼치다'의 뜻이다. 지금은 '포(鋪)'로 쓴다.
7　'완(菼)': 이삭이 나오기 전의 물억새를 '완(菼)'이라고 한다.

모두 보리누룩 위의 누런 곰팡이에 의해서 발효가 되는데,[8] 지금 도리어 키질을 해서 없애 버리니 만든 것이 반드시 좋지 않다.

황증黃蒸을 만드는 법: 6, 7월에 생밀을 찧고 보드랍게 갈아서 물과 반죽을 하여 김을 내어 찐다. 익으면 즉시 꺼내어 펴서 식힌다.

잠박 위에 자리를 펴고 (도꼬마리를) 덮는데, 숙성과정은 모두 보리누룩[麥䴷]을 만드는 법과 마찬가지이다.

또한 키질을 해서는 안 되는데, 그 발효력을 손상시킬까 두렵기 때문이다.

맥아[糵]를 만드는 법: 8월에 만든다. 동이 속의 물에 밀을 담그고 곧 기울여서 물을 따라 낸 후 햇볕에 말린다.

매일 한 차례 물에 담근다. 즉시 또 물을 따라 낸다. 밀에서 뿌리[脚][9]가 자라면, 자리 위

者, 皆仰其衣爲勢,
今反颺去之, 作物
必不善矣. **5**

作黃蒸法. 六七
月中, 㕮**6**生小麥,
細磨之, 以水溲而
蒸之. 氣餾**7**好熟,
便下之, 攤令冷.
布置, 覆蓋, 成就,
一如麥䴷法. 亦勿
颺之, 慮其所損.

作糵法. 八月中
作. 盆中浸小麥,
即傾去水, 日曝
之. 一日一度著
水. 即去之. 脚生,

---

8 '皆仰其衣爲勢': '의(衣)'(권7「신국과 술 만들기[造神麴并酒]」및 「분국과 술[笨麴并酒]」참조.)는 균사체, 자낭과 포자낭을 포함한다. 스성한의 금석본에 따르면, '개앙기의위세(皆仰其衣爲勢)'는 (균류에) 의존하는 이러한 영양성 및 생식성 세포가 성장하고 번식해야만 효소분해 작용이 일어날 수 있다는 것이다. 묘치위 교석본에 의하면, 장을 만들 때는 주로 곰팡이의 영당화(營糖化)와 단백질의 가수분해 작용에 의존하는데, 오늘날에서는 도리어 곰팡이를 체질해서 버림으로 인해서 발효 분해 작용이 크게 감소하고, 품질도 크게 좋지 않게 된다고 한다.

9 '각(脚)': 어린뿌리를 가리킨다. 보리낟알의 싹이 날 때 처음에 나오는 가지런한 세 개의 어린뿌리가 마치 발가락과 같다.

에 밀을 2치 정도의 두께로 펴 준다. 매일 한 차례 물을 뿌려 준다. 싹이 나오면 더 이상 물을 뿌려서는 안 된다. 이때에 모아 둔 것을 헤쳐 펴서 말린다. (뿌리가 뒤엉켜) 떡이 되게 해서는 안 되며, 떡이 되면 임의대로 사용할 수가 없다. 이와 같이 만든 맥아는 흰엿[10]을 고는 데 사용된다.

만약 검은엿을 달이려고 하면, 곧 푸른 싹이 되기를 기다려 (뿌리가 뒤엉켜) 떡이 된[11] 후에 칼로 잘라 내어[12] 햇볕에 말린다.

호박색의 엿을 고려고 한다면, 보리로 맥아[蘗]를 만들어야 한다.[13]

布麥於席上, 厚二寸許.❽ 一日一度,❾ 以水澆之. 牙❿生便止. 即散收, 令乾. 勿使餅, 餅成則不復任用. 此煮白餳蘗.

若⓫煮黑餳, 即待芽生青, 成餅, 然後以刀劙取, 乾之.

欲令餳如琥珀色者, 以大麥爲其蘗.

---

10 '당(餳)': 이것은 밀의 싹으로 전분을 당화하고, 곡물의 찌꺼기를 여과한 후에 당화한 즙을 달여서 만든 엿이다. '백당(白餳)': 아주 옅은 흰색의 엿을 가리킨다.

11 "芽生青, 成餅": 아(芽)는 자엽초[芽鞘]와 진엽(眞葉; Euphyllophyta)을 가리킨다. 처음 난 보리싹은 흰색이다. '생청(生青)'은 엽록소를 생성하여 푸른색으로 변한다. 성병(成餅)은 뿌리가 하나로 얽히는 것이다. 위의 문장에 따르면 백당(白餳)을 만드는 맥아[蘗]는 싹이 아직 엽록소를 만들기 전에는 뿌리가 작고, 하나로 얽히기 전에 바짝 말려야 한다. 이러한 보리싹의 산화효소(Oxidase) 함량이 비교적 적다. 푸른색이 되고 뿌리가 하나로 뭉치면 산화효소의 함량이 늘어나게 되고, 짙은 색을 띤 '멜라닌 색소류' 물질이 다량으로 생긴다. 그러므로 당의 색 역시 검어진다.

12 '도려(刀劙)'는 칼로 자른다는 의미이다. 북송본과 마직경호상각본(馬直卿湖湘刻本; 이하 호상본이라 약칭)에서는 이 문장과 같으나, 남송본의 명대 초본[명초본(明抄本)으로 약칭]에서는 '역려(力劙)'라고 쓰는데 이는 형태상의 잘못이다.

13 이러한 보리 맥아[蘗]는 '뿌리가 뭉쳐서 떡이 되거나[成餅] 혹은 흩어져 있으며, 싹이 흰 것도 있고 또한 푸른 것도 있어서 분명하게 말할 수는 없다. 묘치위 교석

『맹자孟子』에 이르기를,[14] "비록 천하에 쉽게 자라는 물건일지라도 (만약) 그것을 하루 햇볕에 말리고 열흘간 차갑게 두면, 자랄 수 있는 것은 아무것도 없다."라고 하였다.

孟子曰, 雖有天下易生之物, 一日曝之, 十日寒之, 未有能生者也.

● 그림 1
보리누룩[麥麰]

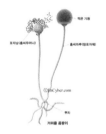

● 그림 2
거미줄곰팡이:
『두산백과』참조.

본에 따르면, 대맥(大麥)의 아당(芽糖)을 만드는 데 사용되는 대맥아(大麥芽)는 뭉쳐서 떠져 있지만, 발아할 때는 어떤 물건에 의해 덮여 있어서 청색을 띠지 못하게 된다. 제조하는 '엿[餳]'은 두드려서 가공하여 단단하게 하는데, 아직 흰색으로 되기 이전의 자연스러운 색은 갈황색이며, 호박과 같은 색이라고 한다.

14 『맹자』「고자장구상(告子章句上)」에는 '물(物)'자 다음에 '야(也)'자가 있다. 가사협은 이것을 인용하여 싹을 틔울 때는 하루 햇볕에 말리고, 열흘간 차갑게 해서는 안 된다는 것을 논증하여 근거로서 말하고 있다. 원래는 앞의 문장과 연결되어서 쓰여 있지만, 지금은 줄을 바꾸어 쓰고 있다. 묘치위 교석본을 보면, 안지추(顔之推)는 『안씨가훈』「서증(書證)」편에서 말하기를, "'야(也)'는 말이 끝나거나 구절을 돕는 단어로서 문장에 반드시 존재한다. 화북의 경전에서는 모두 이 글자가 대체적으로 생략되어 있다."라고 하였다.

● 그림 3
솜털곰팡이:
『식품과학기술대사전』,
2008, 광일문화사 참조.

● 그림 4
맥아[蘖]

● 그림 5
자엽초[芽鞘]:
『생명과학대사전』,
2008, 아카데미서적
참조.

교기

1 '혼(䴤)': 숭문원각본(崇文院刻本; 이후 원각본으로 약칭), 금택문고구
초본(金澤文庫舊抄本; 이하 금택초본으로 약칭)과 명청 각본에 모두
'혼'으로 되어 있다. 명초본만 '원(麪)'으로 되어 있는데 잘못 쓴 것이 분
명하므로 원각에 따라 바로잡는다. '혼'자는 완전한 보리 알갱이를 가리키
고 '혼(䵓)'자로 쓰기도 한다. 다른 하나는 huǎn으로, 『옥편(玉篇)』과 『광
운(廣韻)』에 모두 '맥국(麥麴)'으로 풀이되어 있다.

2 '숙증(熟蒸)': 『사시찬요』 「유월[六月]」편에는 『제민요술』을 그대로 인
용하고 있다. 금택초본과 호상본에서는 이 글자와 같으나 원각본, 명
초본에서는 '열증(熱蒸)'으로 쓰고 있는데 이는 잘못이다.

3 '박복(薄覆)': 상무인서관영인본[商務印書館影印本; 1806년에 각인(刻
印)]의 학진토원본(學津土原本)과 장해붕(張海鵬)의 『학진토원각본
[學津討原刻本; 1804년 간인(刊印)]』[이후 이 두 책을 합쳐 학진본(學
津本)으로 약칭함], 원창점서촌사총간각본(袁昶漸西村舍叢刊刻本; 이
하 점서본으로 약칭) 등의 교개본(校改本)을 포함한 명청 각본에는 모
두 '복'자가 누락되어 있다. 지금 원각본, 명초본, 금택초본에 따라 보
충한다.

4 '칠일(七日)': 명청 각본에는 '칠월(七月)'로 잘못되어 있다. 원각본, 명초본, 금택초본에 따라 바로잡는다. '일(日)'자 다음의 '간(看)'자는 금택초본에 '춘(春)'자로 잘못되어 있다. 금택초본의 이 단락의 '공등(空等)'은 누락된 것과 틀린 것이 많으나, 일일이 주를 달아 설명하지 않는다.

5 '필불선의(必不善矣)': 명청 각본에 '의(矣)'자가 빠져 있는데, 원각본과 명초본 및 금택초본에 따라 보충한다.

6 '벌(胈)': 이 글자는 명초본에 '내(睞)'로, 금택초본에는 '뇌(睞)', 명청 각본에 '취(取)'로 되어 있다. 원각에 '벌(胈)'로 되어 있는데 이것이 가장 적합하다. 분명한 것은 명초본과 금택초본의 글자는 모두 원서의 불완전한 글자에 따라 잘못 옮겨 썼다는 것이다. 명청 각본은 호진형(胡震亨)이 자신의 판단에 따라 닮은 글자로 바꾼 것이다.

7 '유(餾)': 명청 각본에 '포(脯)'로 잘못되어 있다. 원각본, 명초본, 금택초본에 따라 바로잡는다.

8 '허(許)': 명청 각본에 이 글자가 누락되어 있는데, 원각본과 명초본 및 금택초본에 따라 보충한다.

9 '도(度)': 명초본에 '당(唐)'으로 잘못되어 있는데, 원각본과 금택초본 및 명청 각본에 따라 고친다.

10 '아(牙)': 명청 각본에서는 관습에 따라 '아(芽)'로 고쳤다. 원각본, 명초본, 금택초본에는 모두 '아(牙)'자로 되어 있다. 본 절에 기록된 보리낱알의 싹이 나는 과정을 보면 먼저 '발[脚]'이 나온다. 즉 어린뿌리인데, 형상이 마치 다리와 같다. 이어서 '싹[牙]'이 나는데, 형상과 색이 '치아[牙]'와 같은 자엽초[芽鞘; coleoptile]이다. 치아는 발과 서로 호응하며, '아(牙)'로 표기하는 것은 심오한 의미가 있다.

11 '약(若)': 명초본에 '고(苦)'로 잘못되어 있으며, 원각본과 금택초본 및 명청 각본에 따라 바로잡는다.

제69장

상만염·화염 常滿鹽花鹽第六十九

상만염 만드는 법:[15] 전혀 새지 않는 10섬(오늘날의 200되[升][16])들이 항아리를 정원[17] 가운데의 돌 위에 놓아둔다. (항아리 속에) 흰 소금을 가득 넣고,[18] 감수[甘水][19]를 부어 넣는다. 소금의 윗면에

造常滿鹽法. 以
不津甕受十石者
一口, 置庭中石上.
以白鹽滿之, 以甘

---

15 '조상만염법(造常滿鹽法)'과 다음 조항인 '조화염인염법(造花鹽印鹽法)'은 제목이 큰 글자인 것을 제외하고, 내용은 모두 두 줄로 된 작은 글자로 되어 있었는데, 묘치위의 교석본에서는 일률적으로 큰 글자로 고쳐서 쓰고 있다. 스성한의 금석본에서는 제목만 큰 글자로 하고, 나머지는 한 줄로 된 작은 글자로 하였다.

16 당시의 한 섬[石]이 오늘날의 2말[斗]이라는 것은 결국은 그 양이 1/5에 불과하다는 얘기이다. 따라서 10섬[石]은 오늘날의 200되[升], 곧 20말[斗]이 된다.

17 '정(庭)'은 정원[院子]을 가리키며, 대청[廳堂]은 아니다. 장빙린[章炳麟]의 『신방언(新方言)』 「석궁(釋宮)」편에서는 "정(庭)은 정(廷)자의 가차체로서, 오늘날 사람들은 정(廷)을 천정(天井)이라고 한다."라고 기록하였다.

18 『명의별록(名醫別錄)』, 『본초도경(本草圖經)』에 의거하면, 하동(河東)의 소금이 가장 좋다. 동해(東海)의 소금은 색깔이 희며 입자가 고운 반면, 북해(北海)의 소금은 황색이며 입자가 거칠고, 병주(幷州)의 '말염(末鹽)'은 소금기가 많고[鹵重], 온갖 것이 섞여 있어서 아주 좋지 않다. '백염(白鹽)'은 상당히 곱고 흰 소금이며, '황염(黃鹽)'은 소금이 무겁고 온갖 불순물이 많은 소금이다. 황염은 이미 소금기를 많이 함유하였으므로 다시 소금물을 첨가하여 용해하게 되면 얻는 소금물이

항상 물이 잘박거려야 한다. 모름지기 사용하고
자 할 때에는 떠내서 달이면 소금이 된다. 다시
감수甘水를 보태어 준다.

매번 한 되를 들어내면, 곧 한 되를 채워 준
다. 햇볕을 쬐어서 충분히 열을 받게 하면 곧 소
금이 되고, 영원히 다하지 않는다.[20]

흙먼지가 날리고 궂은비가 내릴 때는 뚜껑
을 덮어 주고, 날씨가 맑고 깨끗할 때는 뚜껑을
열어 준다[仰].[21]

만약 황염黃鹽과 함수鹹水를 사용한다면 소
금물이 쓰기 때문에 반드시 흰 소금과 감수甘水
를 써야 한다.

'화염花鹽'과 '인염印鹽'을 만드는 법: 5, 6월
중에 가물 때 물 2말을 취하여, 소금 한 말을
물에 넣어서 다 녹이고, 또 소금을 넣는다. 물
이 극도로 짜지면 소금은 용해되지 않는다. 그
릇을 바꾸고 물을 넣어 흔들어서 소금물 중의
먼지와 불순물을 분류하고[22] 더러운 흙을 가라

水沃[12]之. 令上
恒[13]有游[14]水. 須
用時, 挹取, 煎, 即
成鹽. 還以甘水添
之. 取一升, 添一
升. 日曝之, 熱盛,
還即成鹽, 永不窮
盡. 風塵陰雨則蓋,
天晴淨,[15] 還仰.
若用[16]黃鹽鹹水
者, 鹽汁則苦, 是
以必須白鹽甘水.

造花鹽印鹽
法. 五六月[17]中
旱時, 取水二斗,
以鹽一斗投水中,
令消[18]盡, 又以
鹽投之. 水鹹極,

더욱 쓰게 되기 때문에 '상만염(常滿鹽)'을 만드는 데 사용할 수 없다.

19 '감수(甘水)': 녹아 있는 염분이 비교적 적은 물이다.[권7 「신국과 술 만들기[造神
麴幷酒]」의 '감(甘)'에 대한 주석 참조.]

20 '영불궁진(永不窮盡)': 10섬들이 용량의 항아리에 백염을 가득 담아 즙을 취하고
물을 넣어 주면서 천천히 먹으면, 여러 식구가 있는 집에서 몇 년을 먹을 수 있기
때문에 "영원히 다하지 않는다.[永不窮盡.]"라는 말로 과장해도 무방하다.

21 '앙(仰)': 뚜껑을 덮지 않는 것이다.(권1 「조의 파종[種穀]」 참조.)

앉혀 맑게 한 후 맑은 액을 깨끗한 용기 속에 따라 붓는다.

(이렇게 처리한 이후에 물의 아래에 침전된) 소금은 아주 희고 깨끗하므로 버리지 말고 평상시에 식용으로 사용할 수 있다. 또 소금 한 섬으로 즙 8말을 취할 수 있으며,[23] 손실은 많지 않다.

햇볕이 좋고 바람이 없으며 먼지가 일지 않을 때, 이러한 소금용액을 햇볕에 쬐면 곧 소금을 얻을 수 있다. 수면에 떠 있는 것을 즉시 거두어 낸 것이 '화염花鹽'이다. 그 빛깔과 두께는 약을 만드는 석종유(石鍾乳: 순정 탄산칼슘[CaCO₃])[24] 가루와 흡사하다. 만약 오랫동안 화염을 걷어 내지 않으면 곧 '인염印鹽'이 되는데, 콩만 한 크기

則鹽不復消融. 易器淘治沙汰之, 澄去垢土, 瀉清汁 於淨器中. 鹽滓⓳ 甚白, 不廢常用. 又一石還得八斗 汁, 亦無多損.

好日無風塵時, 日中曝令成鹽. 浮即接取, 便是 花鹽. 厚薄光澤 似鍾乳. 久不接 取, 即成印鹽, 大 如豆, 正⓴四方,

---

22 '도치사태(淘治沙汰)': '도'는 물로 휘저어 씻는 것이고, '치'는 정리하는 것이며, '사태'는 비중(比重)의 차이를 이용하여 물속 고체의 층을 분리해서 처리하는 것이다. 이어서 보면 굵은 소금물에 떠 있는 먼지와 진흙 찌꺼기 등을 건져 내는 것을 말한다.

23 '환득팔두즙(還得八斗汁)': 만약 소금 한 섬[石]에서 여덟 말[斗]의 소금 즙밖에 얻지 못한다면 손실이 많다. 따라서 '즙(汁)'자는 군더더기이다. 스성한의 금석본에서는 '즙(汁)'을 '즉(即)'자가 뭉개진 것으로 보았으나, 묘치위 교석본에서는 '재(滓)'자의 잔문(殘文)이 잘못 만들어진 듯하며, 앞 문장의 '염재(鹽滓)'를 가리킨다고 지적하였다.

24 '종유(鍾乳)': '종유석'이다. 탄산칼슘 결정의 막대기로, 모양이 종[고대 악기인 '종(鍾)'을 가리키는 것으로 지금의 종과는 다르다.]의 '유(乳)'와 같다. 종유석을 편으로 다듬었으며, 광택이 있다. 육조 이래, 부자들은 종유를 보약으로 먹었다고 한다.

의 정사각형을 띤 과립으로서 수백, 수천이 서로 유사하다. '인印'[25]이 만들어지면, 곧 바닥 아래에 침전되어 걸러서 취할 수 있다. 화염과 인염은 모두 '백옥[珂; 蛋白石]'[26]이나[27] 눈[雪]과 같이 희고 영롱하며, 맛도 좋다.

千百相似.[21] 成印輒沈, 漉取之. 花印二[22]鹽, 白如珂雪,[23] 其味又美.

● 그림 6
단백석(蛋白石)

● 그림 7
석종유(石鍾乳):
『한약재감별도감』, 2014 참조.

25 '인(印)': 스성한의 금석본에 따르면, 지금 볼 수 있는 '한인(漢印)'은 모두 정입방체에 가깝다. 식염의 결정은 등축(等軸) 정입방체로, '인'과 유사하다고 한다.

26 '단백석(蛋白石)': 비정질의 함수(含水) 규산염 준광물로 화학성분은 $SiO_2 \cdot nH_2O$이다. 백색·무색·황색·적색·청색·녹색을 띤다. 여러 색이 방향에 따라 다채롭게 변하면 귀단백석이라 하며, 오팔로 부른다.

27 '가(珂)': 『옥편』에서는 '가(珂)'에 대해 두 가지로 해석하고 있다. 하나는 '석차옥(石次玉)'로, 흰색의 수석(燧石), 단백석(蛋白石), 설화석(雪花石) 등이다. 다른 하나는 '나속(螺屬)'으로, 두족류(頭足類)에서 복족류(腹足類)까지의 두꺼운 겉껍데기[介殼]이다. 결론적으로 모두 색이 희고 광택이 있는 불투명 고체이다.

12 '옥(沃)': 명청 각본에 '범(泛)'으로, 금택초본에 '견(汱)'으로 되어 있다. 원각본, 명초본에 따라 '옥'으로 한다.

13 '항(恒)': 호상본과 진체본에는 글자가 같은데, 원각본과 명초본에서는 '항(恒)'이라 쓰고 있다. 이것은 조항[趙恒, 송 진종(宋眞宗)]의 이름을 피휘하여 마지막 획을 쓰지 않은 것으로, 금택초본에서는 '지(指)'로 쓰고 있는데 이는 잘못이다. 송본의 다른 곳에도 이 글자 역시 한 획이 빠져 있다.

14 '유(游)': 명청 각본에 '석(淅)'으로 잘못되어 있는데, 자형이 유사해서 잘못 쓴 것이다. 원각본, 명초본, 금택초본에 따라 '유(游)'로 한다. '유수(游水)'는 고체 침전물 위에 머물러 있는 물이다.(권7 「분국과 술[笨麴幷酒]」 참조.)

15 '정(淨)': 명청 각본에 '쟁(爭)'으로 잘못되어 있다. 원각본, 명초본, 금택초본에 따라 바로잡는다.

16 '용(用)': 명청 각본에 이 글자가 빠져 있는데 원각본, 명초본, 금택초본에 따라 보충한다.

17 '오뉴월[五六月]': 명청 각본에 '육(六)'자가 빠져 있는데 원각본, 명초본, 금택초본에 따라 보충한다.

18 '소(消)': 명청 각본에 '청(淸)'으로 잘못되어 있는데 원각본, 명초본, 금택초본에 따라 바로잡는다.

19 '재(滓)': 명청 각본에 '재'자가 빠져 있는데 원각본, 명초본, 금택초본에 따라 보충한다.

20 '정(正)': 명청 각본에 '입(粒)'자로 잘못되어 있는데 원각본, 명초본, 금택초본에 따라 바로잡는다.

21 '상사(相似)': 명청 각본에 '사'자 아래에 '이(而)'자가 더 있는데 원각본, 명초본, 금택초본에 따라 삭제한다.

22 '이(二)': 명초본과 명청 각본에 모두 '일(一)'로 되어 있으나 원각본과 금택초본에 따라 바로잡는다.

23 '설(雪)': 명청 각본에 '운(雲)'으로 잘못되어 있는데 원각본, 명초본, 금택초본에 따라 고친다.

장 만드는 방법 作醬等²⁸法第七十

12월과 정월이 가장 좋은 시기이며 2월은 보통이고 3월이 가장 좋지 않은 시기이다.

물이 새지 않는 항아리를 이용한다. 항아리에 물이 새면 장이 변질된다. 일찍이 절인 채소를 만들었거나 혹은 (술을 담가) 초가 된 적이 있는 것은 사용하기에 적합하지 않다.²⁹

볕이 잘 드는 높은 돌 위에 올려놓는다. 여름철에 비가 내릴 때 빗물이 항아리 바닥에 잠기게 해서는 안 된다. 녹슨[어떤 책에는 '생축(生縮)'이라고 쓰고 있다.] 쇠못을 '세

十二月正月爲上時, 二月爲中時, 三月爲下時. 用不津甕. 甕津則壞醬. 嘗爲菹酢者,²⁴ 亦不中用之. 置日中高處石上. 夏雨, 無令水浸甕底. 以一鈒鍬²⁵(一本作生縮)鐵釘子, 背²⁶

---

28 '등(等)'자는 원래 없었으나 스성한도 이를 시인하고 있다. 그러나 묘치위 교석본에서는 본 장의 제목에 '등(等)'자를 넣고 있다. 그는 본장에 장해등법(藏蟹等法)에 의거했다고 하나 이런 말은 발견되지 않는다.

29 "嘗爲菹酢者, 亦不中用之.": 스성한의 금석본에서는 '지(之)'자는 '야(也)'자일 것으로 추측하였다. 일찍이[嘗] '저(菹)'나 '초(醋)'를 만들었던 항아리가 현재 비어 있어도 쓰기가 적합하지 않다고 하는 것이 비교적 이치에 맞다. "자주 저나 초를 만든다."라고 하면 항아리를 비우기가 쉽지 않은데다, 비운다고 해도 장을 만드는 데 그다지 사용될 수 없다고 한다.

살(歲殺)'의 방향과 등지게 하여 항아리 바닥에 놓인 돌 아래에 박는다.[30] 이후에는 임신한 여인이 이 장을 맛볼지라도 장은 상하거나 변하지 않는다.

봄에 파종한 검은 콩[烏豆][31]을 봄에 파종한 콩은 알이 작지만 아주 고르며, 늦게 파종한 콩은 알이 크지만 고르지 않다. 큰 시루에 넣고 찐다.[32] 김을 내어 반나절쯤 찐다.

쏟아 낸 후에 다시 한 번 넣는데[33] 원래 위에 있던 것을 돌려 아래에 두고, 이렇게 하지 않으면 어떤 것은 설익고 어떤 것은 익어서 대부분[不多][34]이 고르지 않게 된다. 전면적으로 두루 김을 낸다.

그런 연후에 재를 불 위에 덮어 주어[35] 밤새도록 불을 꺼뜨리지 않게 한다. 마른 쇠똥을 둥그렇게 모아 가운데를 비게 한다. 이렇게 하면 태우더라도 연

歲殺釘著甕底石下. 後雖有妊娠婦人食之, 醬亦不壞爛也.

用春種烏豆, 春豆粒小而均, 晚豆粒大而雜. 於大甑中燥蒸之. 氣餾半日許. 復貯出更裝之, 迴在上者[27]居下, 不爾, 則生熟不多調均也. 氣餾周徧. 以灰覆之, 經宿無令火絕. 取乾牛屎, 圓累, 令中央空. 燃之

---

30 현응의 『일체경음의(一切經音義)』 권16에서는 "『비창(埤蒼)』에서 이르기를 '銊, 鏉也.'라고 하였다. 이는 갑옷[鐵衣]을 일컫는다."라고 하였다. '수(鏉)'는 '수(銹)' 자로서 '생수(銊鏉)'는 '녹슬다[生銹]'의 의미이다.

31 '오두(烏豆)': 껍질이 검은색인 큰 검정콩이다. 권2 「콩[大豆]」에는 "현재의 콩은 흰색과 검은색 두 종류가 있다."라는 구절이 있다.(권6 「소 · 말 · 나귀 · 노새 기르기[養牛馬驢騾]」 주석 참조.)

32 '조중(燥蒸)': 즉 마른 콩에 물을 따로 첨가하지 않고 시루[甑]에서 찌는 것이다.

33 '갱장지(更裝之)': '갱(更)'은 다시라는 의미이다. '갱장(更裝)'은 위에 넣어 다시 찌는 것이며 위아래가 고루 익도록 콩을 뒤집어 위에 넣는 것이다.

34 '부다(不多)': 스성한의 금석본에 의하면, '다불'을 앞뒤로 바꿔 쓴 것이 분명하다. '다'자는 부사로 쓰였는데, 현재 입말 중의 '대부분[多半]'이다.

35 '회복지(灰覆之)': '지'자는 불[火]을 가리킨다. 여기서는 재로 불을 덮는 것을 가리키고, 재로 콩을 덮는 것은 아니므로, '화'로 쓰는 것이 적합하다.

기가 없고 숯처럼 화력이 좋다. 만약 충분한 양을 모아 두어 항상 태워서 음식물을 조리하는 데 사용할 수 있으면 재와 먼지가 생기지 않고 불이 사그라지지 않아서 풀을 태우는 것보다 좋다.

깨물어 보아서 만약 누런 콩[豆黃][36]이 검은색으로 변했으면 완전히 익은 것이니 즉시 꺼낸다. 햇볕에 이를 말린다. 저녁에 모아 두면 축축해지지 않는다. 찧어서 껍질을 벗기려고 할 때는 다시 시루 속에 넣고 쪄서 김이 나면 꺼내어 햇볕에 하루 동안 말린다.

다음 날 새벽에 일어나 깨끗하게 키질하여 좋은 것을 고르는데, 절구 속에 가득 넣고 찧어도 부스러지지 않는다. 만약 이처럼 다시 김을 내지 않고 바로 찧는다면 쉽게 부스러지고 또한 깨끗해지기 어렵다. 찧은 것을 다시 체질하여 부스러진 것은 골라낸다. 물을 끓여 동이에 붓고 그 속에 콩을 담근다. 한참이 지나면 일고 씻은 후에 비벼서 검은 껍질을 벗겨 낸다. 뜨거운 물이 충분하지 않으면 약간 더

不煙, 勢類好炭. 若[28] 能多收, 常用作食, 既無灰塵, 又不失火, 勝於草遠矣.

齧看, 豆黃色黑極熟, 乃下. 日曝取乾. 夜則聚覆, 無令潤濕. 臨欲[29]舂去皮, 更裝入甑中蒸, 令氣餾則下, 一日曝之. 明旦起, 淨簸擇, 滿臼舂之而不碎. 若不重餾, 碎而難淨. 簸揀去碎者. 作熱湯, 於大盆中浸豆黃. 良久, 淘汰, 按去黑皮. 湯少則添, 愼勿易湯.

---

36 '두황(豆黃)': '오두(烏豆)'는 껍질이 검은색이지만 알맹이 역시 황색이라서 '두황(豆黃)'이라 불린다. 두황은 장시간 찌고 끓이는 과정을 거쳐 공기에 노출되면 색이 짙은 색으로 변할 수 있다. 『제민요술』에서는 찐 콩을 가리킨다. 『왕정농서』 「백곡보십일(百穀譜十一) · 비황론(備荒論)」의 '벽곡방(辟穀方)'에서는 찐 대두를 '두황'이라고 일컫는다. 원대(元代) 노명선(老明善)의 『농상의식촬요(農桑衣食撮要)』, 『본초강목』 등에서는 황색의 곰팡이균이 자라서 덮인 대두황자(大豆黃子)를 일컬어 '두황'이라 한다.

넣어 줄 수는 있지만, 절대로 물을 따라 내고 바꾸어서는 안 된다. 물을 바꾸면 콩 맛이 손상되고 장도 좋지 않게 된다. 걸러서 찐다. 콩을 인 뜨거운 즙에 부스러기 콩을 삶아 장을 만들면 식용으로 할 수 있다. 대장(大醬)은 끓인 즙을 사용할 필요가 없다. 대략 한 끼 밥을 먹을 정도의 시간이 지나면 꺼내어 깨끗한 자리 위에 올려 펴서 완전히 식힌다.

사전에 미리 흰 소금·황증黃蒸·초귤씨[草蒿]·분국[麥麴]³⁷을 햇볕을 쬐어 바싹 말린다. 소금의 색깔이 만약 황색이라면 장맛이 쓰며³⁸ 소금이 만약 축축하면 장을 손상시킨다. 황증(黃蒸)은 장이 붉은색을 띠게 하며, 초귤의 씨³⁹는 장을 향기롭게 해 준다. 초귤의 씨를 비비고 체질

易湯則走失豆味, 令醬
不美也. 漉而蒸之.
淘豆湯汁, 即煮碎³⁰豆
作醬, 以供旋食. 大醬
則不用汁. 一炊頃,³¹
下置淨席上, 攤令
極冷.

預前, 日曝白
鹽黃蒸草蒿³²麥
麴, 令極乾燥. 鹽
色黃者發醬苦, 鹽若
潤濕令醬壞. 黃蒸令

---

37 '맥국(麥麴)': 아래 문장과 신국(神麴)에 의거해 비교해 보면 가리키는 것은 분국(笨麴)이다. 아래 문장의 여러 곳에 '맥말(麥末)'이라는 것이 보이는데 이것은 분국의 가루를 가리킨다.

38 '발장고(發醬苦)': 스성한의 금석본에서는 아래 문장의 여러 구절과 대비해 봤을 때 '발'자는 '영(令)'이 되어야 할 듯하다고 하였으나, 묘치위 교석본에서는 '발'은 '보이다', '발생하다'의 의미로, 장에 쓴 맛이 발생함을 뜻하기 때문에, 문구가 도치된 것으로 보고 있다.

39 '초귤(草蒿)': 귤(蒿)이 어떤 식물인지에 대해서는 전문가들의 고증이 필요하다. 『광아』 권10에는 "귤(蒿)은 푸성귀이다.[蒿子, 菜也.]"라고 되어 있다. 왕인지(王引之)는 '채(采)' 앞에 당연히 빠진 글귀나 자구가 있다고 보았다. 스성한의 금석본에서는 '채'자는 '마근(馬芹; Cumin Seed)'이며 푸성귀가 아니라고 생각한다. 권10「(14) 귤(蒿)」에서는 "『광지(廣志)』에서는 '귤(蒿)은 날로 먹을 수 있는 마근이다.'라고 했다."라고 인용했다. 『광운』「입성·육술(六術)」에서 "귤(蒿)은 풀이름이다."라고 했다. 스성한은 『집운』의 "마근이라고도 한다.[一曰馬芹.]"라는 네 글자는 곽의공(郭義恭)의 원문이 아니라 정도(丁度) 등이 『집운』을 편집할

하여 풀과 흙을 털어 낸다. 누룩과 황증은 별도로 나누어 찧고 가루로 내어 부드럽게 체질하는데 말총으로 만든 체[40]가 특히 좋다.

일반적인 비율은 누런 콩 3말, 누룩가루 한 말, 황증가루 한 말,[41] 흰 소금 5되, 초귤씨는 세 손가락으로 집을 수 있는 정도의 양을 준비한다. 소금이 적으면 장이 시게 되고 이후에 소금을 더 넣더라도 맛은 좋아지지 않는다. 신국(神麴)을 사용한다면 한 되의 신국은 4되의 분국(笨麴)을 사용한 것과 맞먹는데, 그것은 삭히는 힘이 좋기 때문이다.

누런 콩은 고봉으로 재고 평미레로 깎지 않지만[42] 소금과 누룩은 평미레로 살짝 깎아

醬赤美， 草蒢令醬芬芳． 蒢， 挼， 簸去草土． 麴及黃蒸， 各別擣末細篩．㉝ 馬尾羅彌好.

大率豆黃三斗， 麴末一斗， 黃蒸末一斗， 白鹽五升， 蒢子三指一撮． 鹽少令醬酢， 後雖加鹽， 無復美味. 其用神麴者，㉞ 一升當笨麴四升，㉟ 殺多故也. 豆黃堆量不槩， 鹽麴

때 덧붙인 것이라고 지적하였다. 그런데 본권 「팔화제(八和齏)」에는 "초귤자(草橘子)를 사용할 수 있다. 마근자(馬芹子)도 사용할 수 있다.", "(양념 5되를 만들려면) 귤껍질 한 냥을 사용하는데, 초귤자와 마근자의 비율도 이와 동일하다."라고 되어 있다. 초귤과 마근은 같은 식물이 아님이 분명하다. 다만 『본초강목(本草綱目)』에서 소공(蘇恭) 『당본초(唐本草)』의 설을 인용하여 "마기(馬蘄)는 물가에서 자라며 씨는 황흑색으로 마치 방풍자(防風子)와 같다. 조미료로 사용하며 그 향은 귤껍질과 같고 쓴 맛이 없다."라고 한 것으로 보아 마기(즉 마근)가 바로 '귤(蒢)'이라고 설명하는 듯하다.

40 '마미라(馬尾羅)': 말총의 모직으로 만든 '망[紗]'을 이용하여 만드는 체이다.

41 콩과 누룩의 비율은 3:2로, 콩이 많고 맥(麥)이 적어서(뒤의 두 가지는 모두 밀을 쪄서 만든 누룩이다.) 비교적 합리적이다. 전분이 비교적 적고, 당분이 많이 누적되지 않으며, 단백질의 분해속도에 영향을 미치지 않는 것이 장점이다.

42 '개(槩)'와 '개(概)'가 같으며, 말[斗] 윗면의 곡물을 평평하게 깎을 때 사용한다. '불개(不槩)'는 한 말 높이 가득 쌓은 것으로, 평평하게 깎지 않은 것이다.

서 단다. 세 종류를 모두 재고 나면 동이 속에서 '태세太歲'[43] 방향으로 마주 보고 섞는데, 태세 방향으로 향하면 구더기나 벌레가 생기지 않는다. 고르게 섞되 손으로 힘껏 주물러 모두 눅눅하게 해 준다.

또한 태세 방향과 마주 보고 항아리 속에 넣는다. 손으로 매만지며[按][44] 다져 넣어서 반드시 가득 채워 주는데 반쯤 채우면 숙성이 어려워진다. 동이로 항아리 주둥이를 덮고 진흙으로 잘 봉하여 공기가 새지 않게 한다.

숙성이 되면 곧 개봉한다. (숙성 시기는) 12월에는 35일, 정월과 2월에는 28일, 3월에는 21일이면 숙성된다. (항아리 속의 장료는) 종횡으로 금이 가고 (내용물이) 항아리 가에서 떨어지면서[45] 곳곳에 곰팡이가 가득 자란다.[46] 전부 꺼내서 주물러 비벼 덩어

輕量平槩. 三種量訖, 於盆中面向太歲和之, 向太歲, 則無蛆蟲也. 攪令均調, 以手痛按, 皆令潤徹. 亦面向太歲內著甕中. 手按令堅, 以滿爲限, 半則難熟. 盆蓋, 密泥, 無令漏氣.

熟便開之. 臘月五七日, 正月二月四七日, 三月三七日. 當縱橫裂, 周迴離[36]甕, 徹底生

---

43 '태세(太歲)': 목성을 부르는 명칭으로, 북위 도무제(道武帝: 386-408년) 때부터 태세에 제사 지냈다. 태세는 12지간을 담당하는 신의 이름이 되었고, 민간에서는 이를 흉신으로 여겼다.

44 '뇌(挼)': 여기에 '뇌'자가 쓰이는 것은 적합하지 않다. 스셩한의 금석본에서는 자형이 유사한 '안(按)'자로 보았다.

45 '이옹(離甕)'은 장의 재료가 말라 수축되어 항아리 주위에 빈틈이 생기는 것을 가리킨다.

46 이 편 앞부분의 '콩을 찌고 누룩을 섞는' 과정부터 이 부분의 '곰팡이가 자라는' 것까지 모두 장 재료를 만드는 과정이며, 이 이후에는 비로소 물을 더하여 장을 만든다. 이러한 장을 만드는 재료는 양조학에서 '건장배(乾醬醅)'라고 하며, 민간에서는 '장황(醬黃)'이라 한다. 그것을 항아리 속에 20-30일간 밀봉해 두는데, 실제

리를 부수고 두 항아리의 내용물을 세 항아리에 나누어 담는다.

　해가 뜨기 전에 '정화수井花水'를 길어서 동이 속에 소금을 넣어 녹인다. 그 비율은 한 섬의 물에 세 말의 소금을 사용하며, 녹으면 고르게 섞어 맑게 한 후에 윗면의 맑은 즙을 떠내어 사용한다. 그 외에 황증을 약간 가져다가 작은 동이 속에 넣고 맑은[減]⁴⁷ 소금물에 담근다.

衣. 悉貯出, 搦破塊, [37]　兩甕分爲三甕.　日未出前汲井花水,　於盆中以燥鹽和之. 率一石水, 用鹽三斗, 澄取淸汁. 又取黃蒸於小盆內

는 일종의 엄황법(罨黃法)이다. 당대 『사시찬요』에 이르면 한번에 '장황'을 제조하고, 햇볕에 말린 이후에 수시로 모두 장을 만들어서 『제민요술』보다 발전되고 있음을 알 수 있다. 묘치위 교석본을 보면, 오늘날 농가에서 '장황'을 만드는 방법은 대략 『사시찬요』와 마찬가지로 장황을 만든 후에 저장했다가, 사철[四時]에 모두 물과 소금을 더하여 햇볕에 말려 장을 만든다. 장의 좋고 나쁨은 장황을 쪄서 만들 때에 결정된다고 한다. 장의 원료가 되는 콩과 밀 속의 전분은 분해 작용에 의해서 당이 만들어지고, 다시 주화(酒化)하는 효소에 의해서 당이 주정(酒精)으로 분해된다. 주정의 일부분은 공기 중에 발산되고, 일부분은 산화합물과 더불어서 에스테르화 반응을 일으켜서 향기를 발산하며, 나머지는 장 속에 남게 된다. 중요한 것은 단백질 효소가 콩과 밀 속의 단백질을 서서히 분해하고, 아미노산으로 전환하여 신선한 맛을 내게 한다는 것이다. 당화와 주화, 단백질 및 산화, 또 에스테르화 등의 변화 중에서 가장 완만한 것은 단백질에서 분해ㆍ변화되는 아미노산이기 때문에 술을 만드는 시간이 길어진다. 『제민요술』의 콩장은 한랭한 날에 제조하며, 전 과정은 120-130일이 소요되는데, 이것은 최후의 공정 즉 단백질 효소의 작용이 느리게 진행되기 때문이다. 오늘날 민간에서 장을 담글 때는 한여름에 단지 4-5일만 햇볕을 쬐어도 아주 신선한 맛을 느낄 수 있지만, 진흙으로 봉하고 1개월 이상 햇볕을 쬐어야만 비로소 참된 숙성이 이루어진다. 『제민요술』에서는 겨울철에 했기 때문에 기간이 비교적 길어진 것이다.

47　'감(減)': '소량'의 의미로 해석될 수 있지만 어쨌든 억지스럽다. '읍(挹)', '이(以)', '취(取)' 또는 '청(淸)', '함(鹹)' 등의 자인 듯하다.

손으로 주물러 황색의 진한 즙을 취해서 찌꺼기는 걸러 내고, 소금 즙을 타서 섞어 함께 항아리 속에 부어 넣는다. 비율은 10섬의 장에 3말의 황증을 사용한다. 어느 정도의 소금물[48]을 사용하는가는 정해져 있지 않지만, 반드시 장을 섞은 것이 멀건 풀처럼 되면 된다. 콩이 마르면 수분을 흡수하기 때문이다.

항아리 뚜껑을 열어서 햇볕에 말린다. 농언에 이르기를, "햇볕에 말려 쪼그라든 아욱[萎蕤葵][49]을 장에 절이면 먹기에 좋다."라고 한다. (처음에 햇볕에 말리는) 10일 동안은 매일 여러 차례 주걱으로 잘 저어 준다.[50]

減鹽汁浸之. 按取
黃潘,[38] 漉去滓,
合鹽汁瀉著甕中.
率十石醬, 用[39]黃蒸三
斗. 鹽水多少, 亦無定
方, 醬如薄粥便止.[40]
豆乾飮[41]水故也.
　仰甕口曝之. 諺
曰, 萎蕤葵日乾醬. 言
其美矣. 十日內, 每
日數度以杷徹底

---

48 '십석장(十石醬)'은 장황(醬黃)을 가리키며, 물에 섞은 이후의 장은 아니다. '염수(鹽水)'는 장황과 섞은 소금즙을 가리킨다.

49 '위유(萎蕤)': 시든다[萎蔫]는 의미이다. '위유규(萎蕤葵)': 적당하게 시든 아욱을 절여서 만든 아욱절임이다. 절인 채소는 반드시 햇볕에 말려서 적당하게 시든 이후에 소금에 절여야 비로소 아삭한 맛이 나며, 그렇지 않으면 삶은 후에야 연하면서 물컹해져 신선한 채소에 비해 먹기가 어렵다. 본서 권9 「채소절임과 생채 저장법[作菹藏生菜法]」에선 "아욱을 열흘간 서리를 맞게 하면 수확할 수 있다.[葵經十朝苦霜乃采之.]"라고 하는데, 이렇게 하여 만든 절인 채소가 가장 좋은 아욱절임이라고 하였다.

50 '철저교지(徹底攪之)': 장배(醬醅)는 물을 타고 소금을 넣어서 양조한 후에는 발효가 왕성하여 매일 여러 차례 저어 주어야 한다. 10일 후가 되면 발효단계에 진입하는데, 매일 단지 한 번 잘 저어 주면 충분하며, 30일 후에 발효가 끝나면 젓기를 그만두는데, 매우 합리적이다. 묘치위 교석본에 따르면, 젓는 것은 효모균과 세균이 장(醬) 속에서 끊임없이 호흡작용을 하도록 돕는데, 저어 주게 되면 충분한 공기를 공급하는 동시에, 이산화탄소를 배출하여 세균의 번식에 유리하게 하고, 당화를 진행하며, 주정을 발효하고, 단백질의 분해 작용을 순조롭게 하며, 최후에는 신선한 맛과 향기를 지닌 맛좋은 장이 만들어진다고 하였다.

10일 이후에는 매일 한 차례 젓는다. 30일이 되면 젓는 것을 멈춘다.

비가 내리면 항아리를 덮어 줘서 빗물이 들어가지 않도록 한다. 빗물이 들어가면 벌레가 생긴다. 매번 비가 내린 이후에는 번번이 한 번씩 저어 주어야 한다. 20일이 지나면 바로 먹을 수 있다.[51] 그러나 100일이 차야만 비로소 완전하게 숙성된다.

『술術』[52]에 이르기를, "만약 장이 임신부 때문에 손상될 경우 흰 잎의 대추나무가지를 장 항아리 속에 넣어 두면[53] 원래대로 돌아온다."라고

攪之. 十日後, 每日輒一攪. 三十日止. 雨即蓋甕, 無令水入. 水入則生蟲. 每經雨後, 輒須一攪. 解後二十日堪食. 然要百日始熟耳.

術曰, 若爲妊娠婦人壞醬者, 取白葉棘子著甕

---

51 "解後二十日堪食": 수액을 넣어 젓는 것을 『제민요술』에서는 '해(解)'라고 일컫는데, 온도를 낮추기, 농도를 옅게 하기, 신선한 향기와 맛 등을 증가시키기를 포괄한다. 여기서의 '해(解)'는 즉 농도를 옅게 조절하는 것을 가리키며, 이것이 바로 앞에서 말하는 소금과 물을 장 원료 속에 넣고 잘 섞어 소금장을 만드는 과정을 가리키는 것이다. 물을 넣고 잘 섞어 장을 만들고 나서 20일이 지나면 신선한 맛을 느낄 수 있는데, 젓는 것을 멈춘 후의 20일 후는 아니다. 이때 이것은 단지 먹을 수 있다는 것이지, 완전하게 숙성되게 하려면 100여 일을 볕에 쬐어야 한다.

52 '술(術)': 『제민요술』에서 인용한 책은 모두 찾아볼 근거가 있으나 오직 이 '술'은 무엇인지 그 근거를 찾아내기 어렵다.(권4 「복숭아・사과 재배[種桃柰]」, 「수유 재배[種茱萸]」, 권5 「느릅나무・사시나무 재배[種楡白楊]」, 「홰나무・수양버들・가래나무・개오동나무・오동나무・떡갈나무의 재배[種槐柳楸梓梧柞]」, 권6 「소・말・나귀・노새 기르기[養牛馬驢騾]」, 「양 기르기[養羊]」 각 편에 등장.)

53 '백엽극자(白葉棘子)': 흰 잎을 가진 멧대추의 가지와 잎을 가리킨다. 『당본초』에서는 "극(棘: 멧대추)은 붉은색과 흰색 두 종류가 있다."라고 주석하고 있으며, 또한 이르기를, "흰 멧대추[白棘]는 줄기가 가루처럼 희고, 열매와 잎은 붉은 멧대추[赤棘]와 같으며, 멧대추[棘] 중에는 간혹 흰 멧대추가 있지만 또한 얻기가 힘들다."라고 하였다. 묘치위 교석본을 보면, 장이 임산부에 의해서 상하게 된다는 것

하였다. 일반 사람들은 효장(孝杖)[54]으로 장을 저어 주고 장 항아리를 끓이는데 비록 맛이 원래대로 회복될지라도 본래의 성질은 손상된다.

장을 다른 집에 줄[乞][55] 때는 갓 길어 온 물 한 잔을 그 속에 넣어 섞어서 주면 장이 변질되지 않는다.

육장[肉醬][56] 만드는 방법: 소·양·노루·사슴·토끼 고기는 모두 만들 수 있다. 갓 잡은 고기[良殺][57]를 취해서 지방을 제거하고 잘게 썬다.[58] 말라 버린 묵은 고기는 사용하기에 적합하지 않다. 지방째로 사용하면 장이 느끼해진다.

中, 則還好. 俗人用孝杖攪醬, 及炙甕, 醬雖迴而胎損. 乞人醬時, 以新汲水一盞, 和而與之, 令醬不壞.

肉醬法. 牛羊麞鹿兔肉皆得作. 取良殺新肉, 去脂, 細剉. 陳肉乾者不任用. 合脂[42]

이 반드시 미신은 아니라고 한다. 왜냐하면 미생물은 매우 복잡하고 아주 민감하여 장은 항상 일정한 환경 속에서도 외부의 영향이 없을 때에는 안정을 유지할 수 있지만, 외부인의 몸이나 옷에 유해미생물을 띠고 있을 때는 즉각 장(醬) 속에 들어가서 민감한 변화를 일으켜서 장을 변질시킨다. 임산부뿐만 아니라 모든 외부인이 이러한 것을 발생시킬 수 있다고 한다.

54 '효장(孝杖)': 효자(孝子)가 상례(喪禮)에서 쓰는 지팡이다.

55 '걸(乞)': 자동사로 쓰이며 오늘날 입말 중의 '주다[給]'(권3 「순무[蔓菁]」 참조.)이다.

56 '육장(肉醬)': '장(醬)'자에 육(肉)자가 붙어 있다.[오른쪽 위의 '월(月)'], 대개 최초의 장은 동물의 육류단백질을 이용해서 만들었으며, 이후 점차 식물의 단백질을 이용한 두장(豆醬)으로 발전하였다.

57 '양살(良殺)'은 살아 있는 짐승을 갓 잡은 것이다. 왕웨이후이[汪維輝], 『제민요술: 어휘어법연구(齊民要術: 詞彙語法研究)』, 上海敎育出版社, 2007, 251쪽에서 '양살'은 "방식에 따라 죽이거나, 잘 처리한 것"을 의미한다고 한다. 이후 니시야마 역주본의 72쪽에서는 '잘 죽인 신선한 고기'로 해석하고 있다

58 '세좌(細剉)': 권7 「신국과 술 만들기[造神麴幷酒]」에서 하동 신국주의 누룩을 자르는 크기에 비추어 보면, "그런 연후에 대추와 밤처럼 잘게 썰었다."라고 하는 것은 고기를 썬 것이 또한 대추와 밤의 크기와 같은 것이다.

누룩은 햇볕에 말려 잘게 부수어 고운 비단 체로 체를 친다.

일반적인 비율은 한 말의 고기[肉], 5되의 누룩가루, 2되 반의 흰 소금, 한 되의 황증黃蒸을 준비한다. 햇볕에 말리고 부드럽게 찧어 고운 비단체로 체질해 준다. 대야 속에서 고르게 잘 섞어 항아리 속에 넣고, 뼈가 있으면 섞은 후에 먼저 골라내고 그 후에 항아리 속에 넣는다. 뼛속에는 골수가 많아 아주 느끼하며, 장 또한 느끼해진다. (항아리 주둥이는) 진흙으로 봉하여 햇볕을 쬐게 한다.

겨울에 만들려고 한다면 기장대를 쌓은 속에 항아리를 묻는 것이 좋다. 14일이 지나면 열어 보고 장즙이 이미 나와[59] 누룩 맛이 없어지면 곧 숙성하게 된다.

갓 잡은 꿩을 구입하여 아주 문드러지게 삶아서 살이 모두 (탕 속에) 녹아 버리면 뼈를 걸러내고, 탕즙을 취해서 식기를 기다려 얻은 장 속에 붓는다. 닭 끓인 즙도 좋다. 묵은 고기를 사용해서는 안 되는데, 묵은 고기는 장을 쓰고 느끼하게 만든다. 닭과 꿩이 없다면 좋은 술을 타 준다. 다시 햇볕을 쬐게 한다.

令醬膩. 曬麴令燥, 熟擣, 絹簁.[43]

大率肉一斗, 麴末五升, 白鹽兩升半, 黃蒸一升. 曝乾, 熟擣, 絹簁. 盤上和令均調, 内甕子中, 有骨者, 和訖先擣, 然後盛之. 骨多髓, 既肥膩, 醬亦[44]然也. 泥封, 日曝. 寒月作之, 宜埋之[45]於黍穰積中. 二七日開看, 醬出, 無麴氣, 便熟矣. 買新殺雉煮之, 令極爛, 肉銷盡, 去骨取汁, 待冷解醬. 雞汁亦得. 勿[46]用陳肉, 令醬苦[47]膩. 無雞雉, 好酒

<hr />

[59] '장출(醬出)': 이 '장'자는 육류 분해의 산물과 식염, 알코올의 진한 혼합용액을 가리킨다. 즉, '장'의 원래 지닌 의미다. 스성한의 금석본에 따르면 근대 유럽에서 쓰던 농축 육즙(독일의 Magi, 영국의 Bovril, oxo 등)이 이러한 '장'과 다소 유사하다. '장출'은 장즙이 스며나오는 것을 가리킨다.

속성으로[60] 육장肉醬을 만드는 방법: 소・양・노루・사슴・토끼고기와 생선[61]도 모두 (육장을) 만들 수 있다. 잘게 썬 고기 한 말, 좋은 술 한 말, 누룩가루 5되, 황증가루 한 되, 흰 소금 한 되를 준비한다. 누룩과 황증은 모두[62] 먼저 햇볕에 말려서 고운 비단체로 체를 친다. 단지 1개월 즉 30일만 두기 때문에 너무 짜게 할 필요가 없으며, 짜면 맛이 좋지 않다.

대야[盤] 속에서 함께 고루 섞고 매우 부드럽게 찧어서 이내 대추열매 정도의 크기로 다시[還][63] 쪼개 덩어리를 만든다. (땅속에) 적당한 구덩이를 파서 불로 진흙을 벌겋게 달구어 재를 없애고, 물을 (구덩이 속에) 뿌리고 구덩이 속에 풀을 두껍게 덮는다. (풀 중앙에 한 개의 '도가니'를 만들어서) 도가니[64] 속에 겨우 장 항아리 한 개가 들

解之. 還著日中.

作卒成肉醬法. 牛羊麞鹿兔生魚, 皆得作. 細剉肉一斗, 好酒一斗, 麴末五升, 黃蒸末一升, 白鹽一升.⁴⁸ 麴及黃蒸, 并曝乾絹篩. 唯一月三十日停, 是以不須鹹, 鹹則不美. 盤上調和令均, 擣使熟, 還擘破如棗大. 作浪中坑,⁴⁹ 火燒令赤, 去灰, 水澆, 以草厚覆⁵⁰之. 令

---

60 '졸(卒)': '졸'은 '창졸(倉卒)', '총졸(悤卒)'로, 즉 '몹시 빠르다'이다.[권7 「화식(貨殖)」 참조.] 이 육장은 금일 담가 다음 날 같은 시간이 되면 숙성하는 것으로서, 확실히 매우 빠르다.

61 '생어(生魚)': '건어(乾魚)'와 상대되는 말로서, 즉 신선한 생선을 의미하나 반드시 살아 있는 생선을 가리키지는 않는다.

62 스성한의 금석본에서는 '병(並)'자로 쓰고 있고, 묘치위의 교석본에는 '병(并)'자로 되어 있다.

63 '환(還)'자 또한 확실히 잘게 썬 고기가 여전히 대추크기와 같다는 것이다.

64 '감(坩)': 흙으로 만든 용기이다. 스성한의 금석본에 의하면, 흙으로 구워서 무늬 없는 도기로 만든 것을 '감무(坩甒)', '수오승(受五升)'이라고 한다.[『진서』 권96 「도간전(陶侃傳)」에 보면 그가 어머니에게 '감자(坩鮓)'를 드렸다고 되어 있다.] 호진

어갈 수 있게 한다. 큰 솥에 물을 끓여서 빈 장항아리를 아주 뜨겁게 삶고 꺼내어 말린다. 고기를 움켜쥐고 항아리 속에 넣되 항아리 주둥이에서 3치 정도 떨어지게 채운다. 가득 채우면 주둥이 근처의 고기가 타게 된다.

작은 사발로 항아리 주둥이를 덮고 부드러운 진흙으로 밀봉하여 (구덩이 속의) 풀 가운데에 넣는다. 7-8치 두께의 진흙을 채운다.[65] 흙이 너무 얇으면 불이 세찰 때 장이 타게 된다. (흙이 두터워 비록 화력이 은근하여) 숙성이 늦을지라도 장의 맛이 좋다.[66] 차라리 장이 숙성이 되지 않을지언정 타서는 안 되며, 타면 먹기

坩中纔容醬瓶. 大釜中湯煮空瓶, 令極熱, 出, 乾. 搳肉內瓶中, 令去瓶口三寸許. 滿則近口者焦.[51] 椀蓋瓶口, 熟泥密封, 內草中. 下土厚七八寸. 土薄火熾, 則令[52]醬焦. 熟遲氣味美好.[53] 是以寧冷不焦, 焦, 食雖便,

형(胡震亨)의 『비책휘함각본(秘冊彙函刻本)』(이후 '비책휘함본' 혹은 '비책휘함 계통의 판본'으로 약칭)에 모두 자형이 유사한 '감(蚶)'으로 잘못되어 있다. 점서 본은 학진본과 마찬가지로 '감(坩)'으로 수정하였으며, 원각본, 명초본, 금택초본 과 같다. 본편에 '저감옹중(著坩甕中)'이라는 말이 있다. 오늘날 높은 온도에서 가열한 용기를 '도가니[坩鍋]'라고 부른다. 그런데 이러한 해석은 모두 용기의 이름이며 본문의 요구와 부합하지 않는다. 본권 「두시 만드는 방법[作豉法]」의 '작 가이식시법(作家理食豉法)' 역시 땅에 구덩이를 판 후 열을 가하여 '용기'를 데우는 방법이 있는데, 거기에서 사용된 것은 '감(坩)'자와 독음이 유사한 '감(埳)'자이 므로, 여기에서도 '감(埳)'자가 되어야 맞을 것이다. 『장자(莊子)』 「추수(秋水)」편 의 '감정지와(埳井之蛙)'에서 '감'은 '토굴(土窟)'로 풀이된다.

65 '하토(下土)': 육장 항아리[醬瓶]의 윗면에 진흙을 덮은 것이다.

66 '기미미호(氣味美好)'의 다음 구절의 원문은 아마 "是以寧冷不焦, 焦, 食雖便, 不復中食也."로서, 스성한은 '냉(冷)'자는 원래 '영(令)'자이고 두 번째 '초'자는 원래 '숙(熟)'자로 모두 자형이 유사해서 잘못 베껴 쓴 것이며, '불(不)'자가 빠졌고, '식(食)'자는 또 '영'자를 잘못 옮겨 쓴 것이라고 한다. 따라서 "숙성이 늦으면 냄새와 맛이 좋지 않다."고 해석하였다. 이에 대해 묘치위의 역문에서 "(흙이 두터워 비록 화력이 은근하여) 숙성이 늦을지라도 장의 맛이 좋다."라고 하였다.

에는 편리할지라도 음식으론 적합하지 않다. (채운 흙) 위에 마른 쇠똥을 태워 하룻밤 동안[通夜] 꺼지지 않게 한다. 이튿날 하룻밤이 지나면 장이 스며나와 곧 숙성하게 된다. 만약 장이 숙성되지 않으면, 다시 뚜껑을 덮어 진흙을 채우고 앞에서 한 것과 마찬가지로 다시 한 번 (쇠똥을) 태운다. 먹으려고 할 즈음에 파 밑동[葱白]을 잘게 썰고, 삼씨기름[麻油]을 둘러 파를 볶아서 익히고 육장에 넣어서 섞으면 아주 맛이 좋다.

어장魚醬을 만드는 방법: 잉어[鯉魚]와 청어(鯖魚)[67]가 가장 좋다. 가물치[鱧魚][68]도 사용할 수 있다. 갈치[鱭魚]나 고등어[鮐魚][69]를 사용할 때는 통째로 만들고 자를 필요가

不復中食也. 於上燃乾牛糞火, 通[54]夜勿絶. 明日周時[55], 醬出, 便熟. 若醬未熟者, 還覆置, 更燃如初. 臨食, 細切葱白, 著麻油炒葱令熟, 以和肉醬, 甜美異常也.

作魚醬法. 鯉魚鯖魚第一好. 鱧魚[56]亦中. 鱭魚鮐魚即全作,

---

67 '청어(鯖魚)': 이는 곧 '청어(靑魚)'이다. '청어(鯖魚)'는 원각본, 금택초본은 이 글자와 같지만, 명초본과 호상본에서는 '제어(鱭魚)'로 쓰고 있는데, 다음 문장에서 '제어', 즉 도어(刀魚)가 언급되므로 이는 잘못이다.

68 '예(鱧)': 가물치이며, '동어(鮦魚)', '흑어(黑魚)', '오어(烏魚)', '칠성어(七星魚)', '오봉(烏棒)'으로도 부른다. 서강(西江) 유역에서는 '생어(生魚)'라고 부른다. '예어(鱧魚)'는 원각본과 금택초본에서는 같지만, 명초본 및 호상본에서는 '이어(鯉魚)'라고 쓰고 있는데, 이 문장 앞부분에 '이어'가 언급되어 있으므로, 이는 잘못이다.

69 '태어(鮐魚)': 원각본, 금택초본, 호상본에서는 이 문장과 같다. '태어'는 *Scomber japonicus*로 고등어과의 참고등어로서 머리는 크고 앞부분은 뾰족하고 가늘며, 원추형을 띤다. 눈이 크고, 키가 크며, 발달된 지느러미가 있다. 등은 청남색을 띤다.([출처]: Baidu 백과) 묘치위는 교석본에서 '태어(鮐魚)'는 즉 고등어과[鯖魚科]의 등푸른 물고기로서 중국과 한반도 등지의 연해에 분포하며, 가사협은 보기가 쉽지 않았을 것이라고 한다. 묘치위에 따르면, 명초본에서는 '태어'를 '점어(鮎魚)'라고 썼는데, 이는 메기과의 메기[鯰魚; *Silurus asotus*]로서 중국의 담수에 널

없다. 비늘을 벗기고 깨끗하게 씻은 후에 닦아서 말린다.

마치 생선회70를 뜨는 법과 같이 절개하고 살을 떠서71 생선가시를 발라낸다. 비율은 (이미 발라낸) 생선회 한 말, 누런 곰팡이[黃衣] 3되, 한 되는 덩어리로, 2되는 찧어서 가루로 만든다. 흰 소금 2되, 황염을 쓰면 맛이 쓰게 된다. 마른 생강[乾薑] 한 되, 찧어서 가루를 낸다. 귤껍질 한 홉[合]72을 가늘게 채로 썬다.

고르게 섞고 항아리 속에 넣어 진흙으로 항아리 주둥이를 잘 봉하여 햇볕에 말린다. 공기가 새도록 해서는 안 된다. 숙성되면 좋은 술을 붓는다.

무릇 어장과 육장류를 만드는 것은 모두 12월 중에 해야 비로소 여름을 날 수 있으며 벌레가 생기지 않는다. 나머지 달에도 만들 수 있다. 하지만

不用切. 去鱗, 淨洗, 拭令乾. 如膾法, 披破, 縷切之, 去骨. 大率成魚一斗, 用黃衣三升, 一升全用, 二升作末. 白鹽二升57 黃鹽則苦. 乾薑一升, 末之. 橘皮一合, 縷切之. 和令調均, 內甕子中, 泥密封, 日曝. 勿令漏氣. 熟, 以好酒解之.

凡58作魚醬肉醬, 皆以十二月作之, 則經夏無

리 분포하고 있다. 태(鮐)와 점(鮎)은 글자가 유사하여 틀리기 쉬워 진위를 쉽게 판단할 수가 없다고 하였다.

70 '회(膾)': '고기를 잘게 저미는 것'이다. 즉 아주 얇은 채나 편을 말한다.

71 "披破, 縷切": '피'는 '쪼개는 것'이며, '누(縷)'는 실처럼 가는 가닥이다. "披破縷切"은 즉 쪼개서 가늘게 자르는 것이다.

72 '일합(一合)': 왕망(王莽)의 '가량(嘉量)'에 따르면 한 말[斗]은 대략 2.1시승(市升)으로 계산되며, 1홉[合]은 겨우 0.021시승 즉 21㎖에 불과하다. 귤껍질 1홉의 계량방법이 잘 상상이 되지 않는다. 권9「적법(炙法)」중에 반홉[半合]의 경우가 있는데 즉 10㎖인 셈으로, 더 이해가 되지 않는다. 다만 적법 중의 귤껍질은 아마도 말린 후 갈아서 가루로 만든 것일 것이다.

벌레가 생기기 쉬우며 여름을 날 수가 없다.

마른 갈치로 장을 만드는 방법[乾鱭魚醬法]:[73] 갈치[鱭魚]는 일명 도어刀魚라고 한다. 6월과 7월에 갈치를 말렸다가 동이 속의 물에 담가 방안에 놓아둔다.

하루에 3차례 물을 갈아 주면 3일 이후에는 아주 깨끗해지는데, 걸러 내고 씻어서 비늘을 제거한다. 통째로 만들며 자를 필요는 없다.

재료를 사용하는 비율은 생선 한 말, 누룩가루 4되, 황증가루 한 되를 준비한다. 황증이 없다면 엿기름가루를 사용해도 좋다. 흰 소금 2되 반을 대야 속에서 고루 섞는다.

항아리에 담아[74] 진흙으로 입구를 봉하여 공기가 새지 않도록 한다.

14일이 지나면 숙성하게 된다. 맛도 향기롭고 좋으며, 신선한 고기로 만드는 것과 차이가 없다.

『식경』 중의 맥장麥醬 담그는 방법:[75] 밀 한 섬

蟲. 餘月亦得作. 但
喜生蟲, 不得度夏耳.

乾鱭魚醬法. 一
名刀魚. 六月七
月, 取乾鱭魚, 盆
中水浸, 置屋裏.
一日三度易水, 三
日好淨, 漉, 洗去
鱗. 全作勿切. 率
魚一斗, 麴末四
升, 黃蒸末一升.
無蒸, 用麥蘗末亦
得. 白鹽二升半,
於盤中和令均調.
布置甕子, 泥封,
勿令漏氣. 二七日
便熟. 味香美, 與
生者無殊異.

食經作麥醬法.

---

73 이 조항은 스성한의 금석본에서는 제목만 큰 글자로 하고, 나머지는 한 줄로 된 작은 글자로 하고 있지만, 묘치위의 교석본에서는 제목과 더불어 모두를 큰 글자로 바꿔 놓고 있다.

74 '옹자(甕子)'는 마땅히 '옹중(甕中)'으로 해야 할 듯하다.

75 본 조항부터 '생전법(生脠法)'에 이르기까지의 여섯 조항은 모두 제목은 큰 글자로 하고 내용은 모두 2줄로 된 작은 글자로 되어 있다. 그러나 묘치위 교석본에

을 물에 하룻밤 담갔다가 삶는다. 펴서 띄워[76] 누런 곰팡이[黃衣]를 피게 한다.

한 섬 6말의 물에 소금 3되를 타서[77] 끓여 소금물을 만든다. 걸러서 맑은 즙 8말을 취하여 항아리에 담고, 밀을 삶아 넣고[78] 저어서 고르게 섞는다.

뚜껑을 덮고 햇볕에 말리는데, 10일이 지나면 먹을 수 있게 된다.

느릅나무 씨로 장 담그는 방법:[79] 느릅나무 씨[80] 한 되를 깨끗이 씻어 손질한 후에 찧어서

小麥一石, 漬一宿, 炊. 臥之, 令生黃衣. 以水一石六斗, 鹽三升, 煮作鹵. 澄取八斗, 著甕中, 炊小麥投之, 攪令調均. 覆, 著日中, 十日可食.

作榆子醬法. 治榆子人一升, 擣⑤

서는 모두 고쳐서 큰 글자로 하였으며, 스성한의 금석본에서는 일괄적으로 제목만 큰 글자로 하고 나머지는 한 줄로 된 작은 글자로 쓰고 있다.

76 '와지(臥之)': 밀폐된 방안에 펴서 곰팡이를 피게 하는 것이다. 여기서는 수시로 '보리누룩[麥䴭]'을 만들어서 단순한 맥혼장(麥䴭醬)을 제조하는 것이다. 묘치위 교석본을 보면, 단지 밀은 아직 부수지 않아서 발효가 완전하지 않으며, 소금 또한 아주 적어서 단지 약간 짠맛만 있고 걸쭉하므로(민간에는 '밥장[飯醬]'의 명칭이 있다.) 이 같은 양조법은 자못 특별한 것이라고 한다.

77 '염삼승(鹽三升)': 밀과 물이 많지만 단지 소금만 적은데, 다른 조항에는 이러한 소금의 비례가 없으므로 글자가 잘못된 듯하다.

78 '취소맥(炊小麥)'은 원각본, 명초본, 호상본은 이 문장과 같으나 금택초본에서는 '욕소맥(欲小麥)'이라고 잘못 쓰고 있다. 묘치위 교석본에 의하면, '취소맥'은 실제로 앞 문장에서 이미 삶아서 좋은 '누런 곰팡이[黃衣]'가 피어 있는 것을 가리키므로, 즉 '취(炊)'자 위에 마땅히 '이(以)'자가 있어야 한다고 하였다.

79 '작유자장법(作榆子醬法)': 아마 이 조항과 뒤의 조항 몇 개[어장법(魚醬法), 작하장법(作蝦醬法), 작조전법(作燥脡法), 생전법(生脡法)]는 모두 『식경(食經)』에서 나온 듯하다.

80 '인(人)': 현재에는 '인(仁)'으로 쓰고 있으나, 과거에는 모두 '인(人)'자를 썼다. (권4「매실·살구 재배[種梅杏]」 참조.)

가루로 내고 체로 친다. 청주 한 되와 장 5되를 넣어서 고루 섞어 준다. 한 달이 지나면 먹을 수 있다.

　　또 어장 만드는 방법: 이미 잘게 회를 친 생선[81] 한 말을 누룩[82] 5되와 청주 2되, 소금 3되, 귤껍질 2개를 합하여 섞는다.

　　항아리에 넣고 봉해 두어 하루[83]가 지나면 먹을 수 있으며 맛도 아주 좋다.

　　새우장[蝦醬] 만드는 방법: 새우 한 말에 밥 3되를 차지게 하여 섞는다.[84] (그 외에) 2되의 소금과 5되의 물을 고루 섞어서 햇볕에 쬐면 봄과 여름이 지나도 상하지 않는다.

末, 篩之. 淸酒一升, 醬五升, 合和. 一月可食之.

　又魚醬法. 成膾魚一斗, 以麴五升, 淸[60]酒二升, 鹽三升, 橘皮二葉, 合和. 於甁內封, 一日可食, 甚美.

　作蝦[61]醬法. 蝦一斗, 飯三升爲糝. 鹽二升,[62] 水五升, 和調, 日中曝之, 經春夏不敗.

81　'성회어(成膾魚)': 잘게 회친 생선이다.
82　어장을 담그는 데 누룩을 사용하는 것은 매우 독특하다. 장 속에 넣은 것은 시간이 지나면 대부분 녹지만, 누룩은 찌꺼기가 남아서 걸러 내지 않는 한 먹기가 곤란하다. 그렇기 때문에 여기서의 누룩은 훗날 식해(食醢)를 담글 때와 마찬가지로 조나 쌀로 지은 밥이 아닌가 추측된다. 위의 '어장(魚醬) 만드는 방법'에서 누룩을 넣은 것도 이와 마찬가지일 것으로 생각된다.
83　'일일(一日)': 누룩에 술을 탄 후에 비로소 발효작용이 시작되는데 어째서 바로 먹는지 의문이다. 각본에서도 이와 동일하지만, 스성한과 묘치위는 모두 '일월(一月)'의 잘못인 것으로 보고 있다.
84　'삼(糝)': 어육을 빚는 재료로 밥을 사용하는 것을 '삼(糝)'이라고 한다. 밥의 전분이 당화된 후에 유산균의 작용을 거쳐서 유산이 만들어지므로 시큼한 맛이 나고 아울러 부패를 방지하는 작용을 한다.

생고기와 익힌 고기로 장[燥腒] 담그는 방법: 양고기 2근과 돼지고기 한 근을 함께 삶아서 잘게 자른다.

생강 5홉, 귤껍질 2개, 계란 15개와 생양고기 한 근, 콩간장[豆醬淸][85] 5홉을 준비한다.

먼저 삶은 고기를 시루 속에서 쪄서 뜨겁게 하고 다시 생양고기를 섞는다. 콩간장, 생강 및 귤껍질을 섞는다.[86]

생고기 육장[生腒] 만드는 방법:[87] 양고기 한

作燥腒丑延反[63]法. 羊肉二斤, 豬肉一斤, 合煮令熟, 細切之. 生薑五合,[64] 橘皮兩葉, 雞子十五枚,[65] 生羊肉一斤, 豆醬淸五合. 先取熟肉著[66]甑上蒸令熱, 和生肉. 醬淸薑橘[67]和之.

生腒法. 羊肉一

---

85 '두장청(豆醬淸)': '청'은 찌꺼기를 걸러 내고 얻은 용액이다. 스성한의 금석본에서는 두장청을 지금의 '간장'으로 추측하였다.[북방의 일부 지방에서는 지금까지도 '청장(淸醬)'이라고 한다.]『제민요술』중에는 장유(醬油)를 만드는 방법이 기재되어 있지 않은데,『사시찬요』「유월[六月]」편의 '함시(鹹豉)'에는 시즙을 취해서 "달여서 별도로 저장했다."라고 제시하고 있다. 이는 마치 오늘날의 간장[醬油]과 같지만 '장유(醬油)'라는 명칭은 없다.『제민요술』에서는 두시즙[豉汁]을 가장 많이 사용하며 대개 장유(醬油)를 대신하는 중요한 조미료가 된다.

86 '조전(燥腒)'의 작법은 여기에서 끝나지만, 본문에는 계란이 날것인지 익은 것인지, 어떻게 요리하는지에 대해서는 제시하지 않고 있는데,『식경』의 문장은 이처럼 간략하고 분명하지 않아서『제민요술』에 미치지 못한다.

87 '생전법(生腒法)': 유희의『석명(釋名)』「석음식(釋飮食)」제13에 '생전'을 "회 일분(一分)과 가늘게 썬 것 이분(二分)을 합쳐서 섞은 것이다."라고 설명하고 있는데, 생고기로 만든 것이다.『북당서초(北堂書鈔)』권145 '생전이십구(生腒二十九)'에서『식경(食經)』을 인용하여 "삼전법(糝腒法): 양고기 2근을 삶아서 실처럼 썬다. 생강과 계란, 봄에 여뀌[蓼], 가을에 차조기[蘇]를 그 위에 얹는다."라고 했는데, 본절 및 윗절과 서로 참고해 볼 수 있다. 스성한의 금석본을 보면, 문장의 뜻으로 봤을 때,『북당서초』의 '양고기 두 근' 아래에 한 구절이 빠진 게 분명

근, 기름이 포함된 돼지 갈빗살[88] 4냥을 콩간장
에 담근다. 생강을 실처럼 가늘게 썰어 넣고[89] 계
란을 넣는다. 봄과 가을에는 차조기나 여뀌를 넣
어서 담근다.

최식崔寔이 (『사민월령』에서) 이르기를,[90] "정
월에는 각종 장, 즉 육장·간장[清醬]을 담근다."
"4월 입하가 지난 후에는 가물치로 장을 담글 수
있다."

"5월에도 장을 담그는데 상순에 콩을 볶아
서 말렸다가 중순의 경일庚日에 삶고 부수어 말
도末都[91]를 만든다.

6월 말 7월 초가 되면 약간 덜어 내어 외를

斤, 豬肉白四兩,
豆醬清漬之. 縷切,
生薑, 雞子. 春秋
用蘇蓼, 著之.

崔寔曰, 正月,
可作諸醬, 肉醬
清醬. 四月, 立夏
後, 鮦魚作醬[68].
五月, 可爲醬, 上
旬䴕楚狄[69]切豆,
中庚[70]煮之, 以碎
豆作末都. 至六

한데, 그렇지 않고서는 '합자(合煮)'의 '합'자를 설명할 길이 없다.

88 '저육백(豬肉白)': 글자 자체 뜻에 따라 살펴보면 '백'자는 비계로 해석될 수 있으
   나 잘못 첨가된 글자일 가능성이 크다.

89 '누절(縷切)': 『북당서초』에서는 "삶고 익혀서 가늘게 썬다."라고 하였는데, 이 기
   록은 매우 명백하며 『식경』의 문구에서는 다만 도치되었을 뿐이다. "縷切生薑,
   雞子"라고 끊어 읽어서는 안 되는데, 계란은 '누절(縷切)'할 방법이 없고 게다가
   날것인지 익힌 것인지 명확하지 않기 때문이다.

90 '최식왈(崔寔曰)': 이 몇 구절은 모두 『옥촉보전』에서 인용한 최식의 『사민월령』
   에서 보이며, 글자는 다소 차이가 있다.

91 '말도(末都)': 『옥촉보전』의 주에 "말도는 장의 이름이다."라고 되어 있다. 『설문
   해자』와 『옥편』에서도 이 두 글자를 한 가지 장의 이름으로 풀이하고 있다. 스성
   한의 금석본을 보면, '말도' 두 글자의 독음은 '모투(醠酴)'와 아주 흡사한데, 아마
   '말도'는 유장(느룹나무장)을 가리키는 말인 듯하다고 한다. 반면 묘치위는 교석본
   에서, '말도(末都)'는 장속(醬屬)으로 대장(大醬)을 만드는 과정 중에 키질하여 골
   라서 얻은 으깬 콩을 이용하여 만든 장[된장]을 가리킨다고 하였다.

넣어서 장을 담글 수도 있다." "어장을 담글 수도 있다."라고 하였다.

月七月之交, 分以藏瓜. 可作魚醬.

축이鱁鮧[92]를 만드는 방법: 옛날에 한무제(漢武帝)가 오랑캐[夷人]를 쫓으면서 바닷가에 이르렀다. 향기가 났지만 향기 나는 물건을 볼 수가 없어서 사람을 시켜 찾아보게 하였다.

확인해 보니 어부가 생선내장[魚腸]을 조합하여 항아리에 넣은 후에 구덩이를 파서 묻고 흙을[93] 그 위에 덮어 두었던 것이다. (그래서) 향기가 위로 새어 올라왔다. 가져다가 먹으니 맛

作鱁鮧法. 昔漢武帝逐夷至於海濱. 聞有香氣而不見物, 令人推求. 乃是漁父造魚腸於坑中, 以至土覆之. 71 香氣上達. 取而食之, 以爲滋味. 逐

92 '축이(鱁鮧)': 생선내장을 절여 만든 젓갈이다. 소금 외에 꿀에 절일 수도 있다. 심괄(沈括)의 『몽계필담(夢溪筆談)』 권24에는, "송 명제(明帝)가 꿀에 절인 축이(鱁鮧)를 즐겨 먹었는데 한 번에 수 되를 먹었다."라고 하는데, 심괄은 어떻게 먹었는지를 이해하지 못하고 "축이는 오늘날의 오징어 내장인데, 어떻게 꿀에 담가 먹는단 말인가?"라고 하였다. 본권 「포・석(脯腊)」의 '예어포법(鳢魚脯法)'에서 가물치[鳢魚]의 내장을 설명하기를, "뛰어나기가 축이보다 낫다."라고 하였다. 생선 내장은 현재에도 여전히 사람들이 먹고 있는데 다만 아주 적을 따름이다. 묘치위 교석본에 의하면, 본 조항에서 이 편의 마지막에 이르기까지 전부 『식경』과 『사민월령』의 문장을 인용한 후에, 생선내장으로 장(醬)을 만들고 게[蟹]를 저장하는 항목을 별도로 제시한 것은 모두 가사협의 본문이라고 한다.[崔德卿, 「東아시아 젓갈의 出現과 베트남의 느억 맘(N$_U$OC MAM)」 『비교민속학』 제48집, 2012, 214-216쪽 참조.]

93 '지토(至土)': 이 두 글자는 해석할 방법이 없다. 점서본에서는 '견토(堅土)'라고 고쳐 쓰고 있지만 내력을 설명하지는 않았다. 스셩한의 금석본에 따르면, '견(堅)'자는 비록 말을 이해할 수는 있지만 바닷가의 정형과는 서로 부합되지 않아서 '습(溼)'자인 듯한데, '습(溼)'자가 뭉개지면 쉽게 '지(至)'자로 잘못 보이게 된다고 한다. 니시야마 역주본에서는 '초토(草土)'의 잘못이라고 하고 있다. 혹자는 '이지(以至)'를 '지이(至以)'가 도치된 것이라고 하여, 찾는 사람이 이르자 어부가 흙으로 그곳을 덮고 있는 것을 말한 것이라고 한다.

이 아주 좋았다.[94] 오랑캐를 좇다가 이 물건을 얻었기 때문에 이런 이름[축이(逐夷)]을 지은 것이다. 이것이 곧 내장젓갈[魚腸醬]이다.

조기[石首魚][95]와 상어[鯊魚][96] · 숭어[鯔魚][97] 3종류 생선의 내장 · 위부레[肚胞][98]를 취해서 모두 깨끗이 씻고 단지 흰 소금만 쳐서[99] 약간 짭짤하게 한다.[100] 용기 속에 넣어서 단단하게 봉하여 햇볕에 둔다.

여름철에는 20일, 봄과 가을에는 50일, 겨울철에는 100일이 되면 익는다. 먹을 때 생강과 식

夷得此物, 因名之. 蓋魚腸醬也. 取石首魚鯊魚鯔[72]魚三種腸肚胞, 齊淨洗, 空著白鹽, 令小倚[73]鹹. 內[74]器中, 密封, 置日中. 夏二十日, 春秋五十日, 冬百日, 乃好熟. 食時[75]下薑酢等.

---

94 '자미(滋味)': 단옥재(段玉裁)는 『설문해자주(說文解字注)』에서 "味, 滋味也."라고 주석하면서, "자(滋)는 많음을 뜻한다."라고 하였다. '자(滋)'는 천천히 자란다는 의미가 있어서 '자미(滋味)'는 마땅히 "오랫동안 보관하여 천천히 생겨나는 맛"으로 해석해야 한다.

95 '석수어(石首魚)': 조기를 뜻하며, 일명 황화어(黃花魚)로 즉 황어(黃魚)를 가리킨다. 두개골 속에 콩알 크기의 뼛조각이 2개 있는데, 돌과 같이 견고하기 때문에 '석수'라는 이름을 얻었다.

96 '사어(鯊魚)': '상어[鯊漁; 鯊漁]'를 가리킨다. 『설문해자』에서는 "사어(鯊魚)는 낙랑번국(樂浪潘國)에서 산출된다."라고 해석했는데, 이것은 바로 서해의 사어이다.

97 '치어(鯔魚)': 숭어과의 숭어(*Mugil cephalus*)로, 큰 것은 길이가 2자에 이르며 민물과 바다가 만나는 해구에서 서식하는데, 위는 강한 근육을 지니고 있으며 형태는 주판알과 같다.

98 '두포(肚胞)': '두'는 위를 가리키며, '포'는 고기의 부레를 가리킨다.

99 '공(空)'은 단순히 '어떤 물건'을 지칭하는 것으로, '공저백염(空著白鹽)'은 단지 흰 소금만 뿌리고 다른 조미료를 치지 않는 것이다.

100 '의(倚)'는 치우친다는 뜻으로 '소의함(小倚鹹)'은 다소 짠맛에 치우친다는 의미이다.

초 등을 넣는다.

게[蟹]를 저장하는 방법: 9월에 암게를 마련한
다. 암게는 배꼽이 크고 형태가 둥글며 배꼽이 배 아래까지 닿
는다. 수게는 배꼽이 좁고 길다. 준비한 게를 물속에 넣
는데 상처를 입거나 손상되거나 죽게 해서는 안
된다. 하룻밤이 지나면 배 부분이 깨끗해진다.
너무 오래 물에 두면 '황(黃: 알)'을 토해 내는데, 황을 토해 내면
맛이 좋지 않다.

먼저 약간의 묽은 엿당물을 끓인다. 당(餹)은
묽은 엿당이다. (물속에서 하룻밤 보낸) 산 게를 엿
당[101] 물을 담은 항아리 속에 풀어 놓고 하룻밤을
지낸다. 여뀌탕을 끓이고 흰 소금을 넣되 반드시
아주 짜게 해야 한다. (소금을 넣은 여뀌탕이) 식으
면 항아리에 (소금을 넣은) 여뀌즙을 반쯤 넣고,
엿당물 속에 담갔던 게를 꺼내 소금을 넣어 끓인
여뀌즙에 넣으면 게는 바로 죽게 된다. 여뀌를 적게
넣어야지, 많이 넣으면 게가 문드러진다. 항아리 주둥이를
진흙으로 밀봉하여 20일이 지나면 꺼낸다. 게의
배꼽을 열어서 생강가루를 넣고 이전처럼 게의
배꼽을 닫는다.

도가니 속에 넣는데 한 용기에 게 100마리
를 집어넣는다. 원래의 소금물을 끓인 여뀌즙에

藏蟹法. 九月內,
取母蟹. 母蟹臍[76]大
圓, 竟腹下. 公蟹狹而
長. 得則著[77]水中,
勿令傷損及死者,
一宿則[78]腹中淨.
久則吐黃, 吐黃則不好.

先煮薄餹.[79] 餹,
薄餳. 著活蟹於冷
餹甕中一宿. 煮[80]
蓼湯, 和白鹽, 特
須極鹹. 待冷,[81]
甕盛半汁, 取餹中
蟹內著鹽蓼汁中,
便死. 蓼宜少著, 蓼
多則爛.[82] 泥封, 二
十日, 出之. 舉蟹
臍, 著薑末, 還復
臍如初.

內著坩甕中,
百箇各一器. 以

101 스성한의 금석본에는 '당(糖)'으로 되어 있고, 묘치위의 교석본에서는 '당(餹)'으
로 표기하였다.

부어 넣어서[102] 물이 게의 위쪽으로 잠기도록 한다. 밀봉을 하여 공기가 새지 않도록 하면 곧 숙성한다. 특별히 바람을 맞게[103] 해서는 안 된다. 바람을 맞으면 변질되기 쉽고 (변질되면) 맛이 좋지 않다.

　　또 다른 방법: 직접 소금을 탄 여뀌탕을 끓여서 항아리에 담아 강이 있는 곳으로 간다. 게를 구하면 즉시 소금물에 넣고 항아리가 가득 차면 진흙으로 밀봉한다. 비록 위의 방법으로 담근 것처럼 맛있지는 않을지라도 맛은 여전히 괜찮다. 또한 위의 방법과 마찬가지로 바람을 맞는 것을 조심해야 한다. 먹을 때는 생강가루를 넣어서 황[104]의 맛을 살리며, 다시 잔에 생강과 초를 담아서 적셔 먹는다.

前鹽蓼汁澆之, 令沒. 密封, 勿令漏氣, 便成矣. 特忌風裏. 風則壞🈳而不美也.

又法. 直煮鹽蓼湯, 甕盛, 詣河所. 得蟹則內鹽汁裏, 滿便泥封. 雖不及前味, 亦好. 愼🈳風如前法. 食時下薑末調黃, 盞盛薑酢.

---

102 '이전염료즙(以前鹽蓼汁)': 이것은 곧 앞의 "여뀌 탕을 끓이고 흰 소금을 넣는다."의 소금 여뀌즙이다. 이 즙은 먼저 항아리 반쯤 담아서 게를 죽인 이후에 남은 것이다.

103 '풍리(風裏)': 스성한은 금석본에서 '바람이 부는 곳'으로 해석하고 '이(裏)'자는 불필요한 듯하다고 하였으나, 묘치위 교석본에서는 '풍리(風裏)'를 바람을 맞다[當風]는 의미로 보았다.

104 '조황(調黃)': 여기의 '황'은 분명 해황(蟹黃: 게의 간장)을 가리킨다.

● 그림 8
가물치[鱧魚＝黑魚＝烏鱧]

● 그림 9
고등어[鮐魚]

교기

24 "醬. 嘗爲菹酢者": '상(嘗)'은 원각본, 금택초본에서는 '상(甞)'으로 쓰여 있는데 글자는 동일하다. 명초본에는 '상(常)'으로 쓰고 있는데 이는 잘못이다. 호상본 등에서는 '장상위(醬甞爲)' 세 글자가 **빠져** 있다. '저(菹)'는 원각본에서는 '저(葅)'로 쓰고 있으며, 명초본에서는 '저(葅)'로 쓰고 있고, 다른 곳에서도 이 세 글자가 보인다. 묘치위 교석본에서는 '상(甞)'과 '저(菹)'로 통일하여 표기하였다.

25 '생수(鉎鏉)': '생'자는 명청 각본에 '주(鈺)'로, 원각본과 금택초본에 모두 '좌(鉎)'로 되어 있다. 명초본의 '생'이 정확하다. 『대광익회옥편(大廣益會玉篇)』의 '수(鏉)'자의 풀이는 "철에 녹이 슬다.[鐵鉎也.]"이며, '수'는 '생야(鉎也)'이다. 수는 현재 쓰이는 '수(銹)', '수(鏽)'의 원래 글자이다. 현재 광동어 계통의 방언에 '생수(鉎鏉)'라는 명사(sáŋ, sóu로 읽힘, 양평, 음거)가 아직 남아 있다. 다음의 "一本作生縮" 다섯 글자는 원각본, 명초본, 금택초본에 모두 두 줄의 협주(夾注)가 있는데, '수(鏉)'자 아래에 주가 있다. 즉 '생수' 두 글자를 설명하는 것이다.

26 '배(背)': 명청 각본에 '개(皆)'로 잘못되어 있는데 원각본, 명초본, 금택초본에 따라 바로잡는다. '배'는 등을 맞대는 것으로, 아래의 '얼굴[面]'과 상호 대응된다.

27 '자(者)': 원각본, 금택초본에는 '자(者)'자가 있는데, 명초본과 호상본에

는 빠져 있다.

28 '약(若)': 명초본과 명청 각본에 모두 '자(者)'로 잘못되어 있다. 원각본 과 금택초본에 따라 바로잡는다.

29 '욕(欲)': 명청 각본에 '취(炊)'로 잘못되어 있는데 원각본과 명초본, 금 택초본에 따라 고친다.

30 '쇄(碎)': 명청 각본에 '세(細)'로 되어 있다. 원각본, 명초본, 금택초본에 따라 '쇄'로 하는 것이 위 구절 '간거쇄자(揀去碎者)'와 호응된다. 아마 독음이 같아서[지금 관중 방언과 광동 방언에서 '세(細)'와 '쇄(碎)'가 모 두 sei로 읽힌다.] 잘못 쓴 듯하다.

31 '경(頃)': 명청 각본에 '경(傾)'으로 잘못되어 있다. 원각본과 명초본, 금 택초본에 따라 바로잡는다.

32 '초귤(草藠)': 명청 각본에 '초'자가 빠져 있는데 원각본, 명초본, 금택초 본에 따라 보충한다.

33 "각별도말세사(各別擣末細篩)": '각(各)'은 원각본과 금택초본 등에서 는 이 글자와 같은데, 명초본에서는 '명(名)'자로 잘못 쓰고 있다. '사 (篩)'는 원각본은 이 글자와 같으나 명초본과 호상본에서는 '도(篍)'라 고 쓰고 있다.

34 '자(者)': 명초본에 '약(若)'으로 잘못되어 있는데, 원각본, 금택초본과 명청 각본에 따라 바로잡는다.

35 '사승(四升)': 명청 각본에 '삼승(三升)'으로 되어 있고 원각본, 명초본과 금택초본에는 '사승(四升)'으로 되어 있다. 잠정적으로 '사승'으로 한 다. 만약 권7「신국과 술 만들기[造神麴幷酒]」를 기준[신국 한 말[斗]에 살미(殺米) 3섬[石], 분국(笨麴) 한 말에 살미 6말이니, 즉 5:1이다.]으 로 계산하면 '오승(五升)'이 되어야 한다.

36 '이(離)': 명초본에 '잡(雜)'으로, 명청 각본에 '잡(匝)'으로 되어 있다. 원 각본과 금택초본에 따라 '이(離)'로 고친다. 남송의 복각본(複刻本)에 서 '이'자를 '잡(雜)'으로 잘못 쓴 후로 명말에 다시 새길 때 '잡'자의 풀 이가 통하지 않자 동음의 '잡(匝)'으로 바꿨을 가능성이 크다.

37 '괴(塊)': 원각본, 금택초본에서는 이 글자와 같은데, 명초본에서는 '괴 (瑰)'로 잘못 쓰고 있다.

38 '뇌취황심(挼取黃瀋)': 명청 각본에 '접취황재(接取黃滓)'로 잘못되어 있는데 이해할 방법이 없다. 원각본, 명초본, 금택초본에 따라 바로잡는다. 즉 손으로 주물러서 황색의 즙을 짜내는 것이다.

39 '용(用)': 명청 각본에 '용'자가 누락되어 있는데 원각본, 명초본, 금택초본에 따라 보충한다.

40 '지(止)': 명청 각본에 '시(是)'로 잘못되어 있는데 원각본, 명초본, 금택초본에 따라 바로잡는다.

41 '음(飮)': 명청 각본에 누락되어 있는데 원각본, 명초본, 금택초본에 따라 보충한다.

42 '지(脂)': 명초본과 명청 각본에 모두 '시(時)'로 잘못되어 있다. 원각본과 금택초본에 따라 바로잡는다.

43 '견사(絹篩)': 명청 각본에는 '견'자 아래에 '이(膩)'자가 잘못 추가되어 있다. 원각본과 명초본, 금택초본에 따라 삭제한다.

44 '역(亦)': 명청 각본에 '사(邪)'로 잘못되어 있다. 원각본과 명초본, 금택초본에 따라 바로잡는다.

45 '의매지(宜埋之)': 명청 각본에 이 세 글자가 누락되어 있다. 원각본과 명초본, 금택초본에 따라 보충한다.

46 '물(勿)': 명청 각본에 '무(無)'로 되어 있다. 원각본, 명초본, 금택초본에는 모두 '물(勿)'로 되어 있다. 본서에서는 '물'자로 쓰인 경우가 비교적 많으며, '무'자는 거의 쓰지 않으므로 송본 계통에 따라 고친다.

47 '고(苦)': 명청 각본에는 이 글자가 없다. 원각본과 명초본, 금택초본에 따라 보충한다.

48 '일승(一升)': 명청 각본에 '일두(一斗)'로, 원각본과 명초본 및 금택초본에는 '일승(一升)'으로 되어 있다. 한 말[斗]의 육류에 소금을 한 말 쓰게 되면 소금이 너무 많은데다 주(注)에서 특별히 "짜서는 안 된다."라고 명시하고 있기 때문에 이 정도 분량까지 써서는 안 된다. 고로 '일승'이 적합하다.

49 '낭중갱(浪中坑)': '갱'자는 명청 각본에 '혈(坎)'로 잘못되어 있다. 권8 「삶고 찌는 법[蒸焦法]」 '호포육법(胡炮肉法)' 중의 '낭중갱' 및 원각본, 명초본, 금택초본에 따라 '갱'으로 고친다. 낭중갱은 글자 자체의 의미로

보면 해석할 길이 없다. 그러나 묘치위 교석본에 따르면 '낭(浪)'은 '낭(烺)'의 가차체이다. 『집운』에서는 "당랑(燼烺)은 불의 형세이다."라고 하였다. '낭(烺)'은 '낭(閬)'과 통하며 '텅 비다'라는 의미이다. 이른바 '낭중갱(浪中坑)'은 실제 가운데 함몰된 아랫부분에 불을 지필 구덩이를 파는 것이라고 한다.

50 '복(覆)': 스성한의 금석본에서는 '폐(蔽)'로 쓰고 있고, 묘치위의 교석본에서는 '복(覆)'으로 쓰고 있다.

51 '초(焦)': 명청 각본에 모두 '초(焦)'로 되어 있다. 원각본, 명초본, 금택초본에는 '초(燋)'로 되어 있다. 『한서』 권68 「곽광전(霍光傳)」에는 "머리를 태우고 이마를 덴 사람이 귀빈 대접을 받는다.[燋頭爛額爲上客.]"라는 말이 있는데 지금 일반적으로 인용할 때 모두 '초두난액(焦頭爛額)'으로 쓴다. 이것은 바로 '초(燋; 傷火)'와 '초(焦; 火所傷)' 두 글자의 의미가 『설문해자』에서 다소 차이가 있었는데, 후대에는 동등하게 취급했다는 것이다.

52 '영(令)': 원각본, 명초본, 명청 각본에 모두 '합(合)'자로 되어 있으나, 다만 금택초본에 '영(令)'으로 되어 있다. 본서에서는 습관적으로 '영'자로써 '야기하다[引起]', '~한 결과를 빚다' 등의 상황을 설명하고 있으므로, '영'자를 쓰는 것이 더 적합하다.

53 '기미미호(氣味美好)': '미'자는 명초본과 명청 각본에 누락되어 있는데 원각본과 금택초본에 따라 보충한다.

54 '통(通)': 명초본과 호상본 등에서는 이 글자와 같은데, 북송본에서는 '통'자에서 마지막 획수의 받침이 빠진 글자로 되어 있다. 이는 송 진종(眞宗)의 장인인 유통(劉通)의 이름을 피휘하여 고친 것이다. 묘치위 교석본을 보면, 다른 곳의 원각본에서는 모두 한 획을 빠뜨렸고, 금택초본에서도 온전하지 않고 한 획을 뺐는데, 더 이상 교감을 하지 않았다.

55 '주시(周時)': 명청 각본에 '용시(用時)'로 잘못되어 있다. 원각본, 명초본, 금택초본에 따라 바로잡는다.

56 "鯉魚鯖魚第一好. 鱧魚": 현재 이 어류들의 이름은 원각본과 금택초본에 따라 바로잡은 것이다. 명초본에 '청(鯖)'자가 '제(鯑)'자로 잘못되어 있고 명청 각본에는 "鮐魚鱗魚 … 鯉魚"라고 되어 있다.

57 '이승(二升)': 명청 각본에는 '이근(二斤)'으로 되어 있다. 위아래 문장 단락에 따라 소금도 용적에 따라 계산했으니, 원각본과 명초본, 금택초 본 등 송본 계통에 따라 '승(升)'으로 고친다.

58 '범(凡)': 명청 각본에는 이 글자가 없다. 원각본과 명초본, 금택초본에 따라 보충한다.

59 '도(擣)': 명초본에 '귤(橘)'로 잘못되어 있다. 원각본, 금택초본과 명청 각본에 따라 바로잡는다.

60 '청(清)': '청'자는 원각본과 금택초본에 따라 보충한다. 묘치위 교석본 에 의하면, 원각본과 금택초본에서는 '청주(清酒)'라고 쓰어 있는데 명 초본과 호상본에서는 '청(清)'자가 빠져 있다고 하였다.

61 '하(蝦)'는 북송본, 호상본에서는 이 글자와 같으나 명초본에서는 '하(鰕)'로 쓰고 있는데 글자는 동일하다. 묘치위 교석본에서는 일괄적으로 '하(蝦)'자로 쓰고 있다.

62 '염이승(鹽二升)': '이'자는 명초본과 명청 각본에 '일(一)'로 되어 있다. 원각본과 금택초본에 따라 고친다.

63 '전축연반(脠丑延反)': 원각본에 '축연반(丑延反)'으로 쓰어 있다. 명초 본에는 '축'자가 '오(五)'자로 잘못되어 있으며, 금택초본에는 '차(且)'로 잘못되어 있다. 명청 각본에는 '시선반(始蟬反)'으로 표기되어 있다.

64 '생강오합(生薑五合)': 명청 각본에는 '생(生)'자가 없고 '합(合)'자가 '편(片)'자로 되어 있다. 명초본에는 '생'자가 있고, '합'자는 마찬가지로 '편'자로 되어 있다. 원각본과 금택초본에 따라 고친다.

65 '십오매(十五枚)': 명청 각본에 '십일매(十一枚)'로 잘못되어 있다. 원각 본과 명초본, 금택초본에 따라 바로잡는다.

66 '저(著)': 명청 각본에 '저'자가 없다. 원각본, 명초본, 금택초본에 따라 보충한다.

67 '귤(橘)': 명초본과 호상본에서는 '귤피(橘皮)'라고 쓰고 있고 북송본에 서는 단지 '귤(橘)' 한 글자만 있다.

68 '동어작장(鮦魚作醬)': 명초본과 명청 각본에 '작(作)'자가 없으나, 원각 본과 금택초본에는 있다. 『옥촉보전(玉燭寶典)』에서 인용한 최식(崔 寔)의 『사민월령(四民月令)』에 따르면 이 구절은 '취동자작장(取鮦子

作醬)'이다. 이에 잠시 '작'자를 보충한다. 다만 '취(取)'자가 없어서는
안 될 듯한데, '어(魚)'자와 '자(子)'자를 비교해 봤을 때 '자'자가 더욱
나은 듯하다.

69 '초초교(䵻楚狡)': '초(䵻)'는 초(炒)자의 옛날 표기[권7 「백료국(白醪
麴)」참조.]이다. '교(狡)'는 명청 각본에 '교(校)'로 잘못되어 있다. 원
각본과 명초본, 금택초본에 따라 바로잡는다.

70 '중경(中庚)': 명청 각본에 '수(瘦)'로 잘못되어 있다. 원각본과 명초본,
금택초본에 따라 바로잡는다. 중경(中庚)은 중순에서 경을 만나는 날
이다.

71 '토복지(土覆之)': 명초본과 명청각본의 '지(之)'자 다음에 대부분 '법
(法)'자가 하나 더 있는 것은 잘못인데, 원각본과 금택초본에 의거하여
삭제하였다.

72 '치(鯔)': 명청각본에서는 '유(鰡)'자로 잘못 쓰고 있는데 원각본과 명초
본 금태초본에 의거하여 바로잡는다. '치(鯔)'는 이미 좌사(左思)의 『오
도부(吳都賦)』에 보이며 '유'자는 비록 『대광익회옥편(大廣益會玉篇)』
과 『광운』 중에 보일지라도, 도대체 수당시대에 이미 있었던 것인지
혹은 진팽년(陳彭年) 등이 첨가한 것인지 알 방법이 없다. 따라서 송본
계통에 의거하여 '치(鯔)'자로 쓰는 것이 더욱 적합하다.

73 '의(倚)': 명청각본에서는 '배(倍)'로 잘못 쓰고 있는데 원각본, 명초본
및 금택초본에 의거하여서 고친다.

74 '내(內)': 명초본에서는 '육(肉)'자로 쓰고 있는데 원각본, 금택초본 및
명청각본에 의거하여서 고쳐서 바로잡는다.

75 '식시(食時)': 명초본 및 명청각본에서는 '식(食)'자가 빠져 있는데 원각
본, 금택초본에 의거하여서 보충하였다.

76 '제(臍)': 스성한의 금석본에서는 '제(齊)'로 쓰고 있다. 스성한에 따르
면, 명청 각본에 이 단락의 '제'자를 모두 '제(臍)'자로 쓰고 있다. 명초
본의 이 글자도 '제(臍)'자이다. 현재 원각본, 금택초본과 명초본 아래
문장의 표기법에 따라 일률적으로 '제(齊)'자로 쓰지만 '제(臍)'자로 해
석해야 한다. 묘치위 교석본에 의하면, '제(臍)'는 게의 배 부분의 각각
의 속칭이다. 이른바 "암게는 크고 둥글며, 수게는 좁고 길다."라고 하

는 것은 바로 암컷은 둥글고 수컷은 뾰족하다는 것을 가리키며, 민간에서는 '단제(團臍)', '첨제(尖臍)'라고 부른다고 한다.

77 '저(著)': 북송본에는 '저(著)'자가 있는데, 명초본과 명청 각본에 모두 이 글자가 누락되어 있다. 원각본과 금택초본에 따라 보충한다.

78 '즉(則)': 북송본에는 '즉(則)'자로 적혀 있으나 명초본과 명청 각본에 누락되어 있는데 원각본과 금택초본에 따라 보충한다.

79 '당(餳)': 원각본, 금택초본은 이 글자와 소주 중의 첫째 글자를 '당(餳)'으로 쓰고 있다. 다만 아래의 '냉당옹중(冷糖甕中)'의 당(糖)은 모두 '미(米)'가 들어간 글자이다. 잠시 원각본과 금택초본의 원형식을 남겨 둔다. 묘치위 교석본에 의하면, '당(餳)'은 북송본에서는 이 글자와 같은데 연한 엿당을 가리킨다. 명초본에서는 '당(糖)'이라고 쓰고 있다고 하였다.

80 '자(煮)': 명초본과 명청 각본에 '저(著)'로 잘못되어 있으며, 금택초본에는 '자(者)'로 되어 있다. 호상본에서는 '착(着)'으로 쓰고 있는데 모두 잘못이며, 원각본에 따라 바로잡는다. 묘치위 교석본에 의하면 글자가 훼손되어 있지만 '자(煮)'자임을 인식할 수 있으며 다음 문장의 '대냉(待冷)'에 의거해 볼 때 마땅히 '자(煮)'자로 써야 한다고 하였다.

81 '냉(冷)': 명청 각본에 '영(令)'으로 잘못되어 있다. 원각본, 명초본, 금택초본에 따라 바로잡는다.

82 '요다즉란(蓼多則爛)': 명청 각본에 구절 첫머리의 '요'자가 누락되어 있다. 원각본과 명초본에 따라 보충한다.

83 '풍즉괴(風則壞)': 명청 각본에 '풍'자가 빠져 있다. 원각본과 명초본에 따라 보충한다.

84 '신(愼)': 명청 각본에 '치(値)'로 잘못되어 있으며, 원각본과 명초본 및 금택초본에 따라 고친다.

제71장

초 만드는 법[105] 作酢法[85]第七十一

무릇 식초 항아리 밑에는 벽돌[106]이나 돌을 깔아서 습기를 피한다. 초가 임신한 여인 때문에 변질된 것은 수레바퀴자국 속의 마른 흙가루 한 줌을 항아리 속에 넣으면 다시 좋아지게 된다.

凡醋[86]甕下, 皆須安磚石, 以離濕潤. 爲妊娠婦人所壞者, 車轍中乾土末一掬[87]著甕中, 即還好.

대초大酢[107] 만드는 방법:[108] 7월 초이레에 물

作大酢法. 七月

---

105 스성한의 금석본에는 이 부분에 "酢, 今醋也."라는 구절이 있다. 이 표제의 주는 원각본과 금택초본에 모두 없다. 이것은 비교적 이른 판본에 이 주를 누락했거나, 아니면 나중의 판본(즉 원각본이 유통된 이후)에 새로이 첨가하였다는 뜻인데, 후자일 가능성이 더 크다.

106 스성한의 금석본에서는 '전(塼)'으로 쓰고 있고, 묘치위의 교석본에서는 '전(磚)'으로 표기하고 있다.

107 '초(酢)': '초(醋)'자의 본래 자이다. 옛날에는 술을 건넨다[酬酢]의 '초(酢)'로 썼다. 묘치위 교석본에 따르면, 산초(酸醋)의 '초(醋)'는 본래 '초(酢)'로 썼는데, 후에 이 두 글자가 혼용되어 '초(酢)'를 술을 건네는 글자로 썼고, '초(醋)'는 산초(酸醋)의 글자로 썼다. 일반적으로 말해서, 『제민요술』 중에 명사로 사용할 때는 대부분 '초(酢)'자로 사용하고, '초(醋)'는 대부분 형용사로 만드는 '산(酸)'자와 함께 사용한다고 하였다.

108 스성한 금석본에서는 제목만 큰 글자로 하고 나머지는 모두 한 줄로 된 작은 글

을 길어서 만든다. 비율은 키질하지 않은 보리누룩[麥麮] 한 말,[109] 물 3말, 펴서 식힌 좁쌀밥 3말을 준비한다. 항아리의 크기에 따라 이 비례에 비추어 가감하되 항상 가득 채운다.

먼저 보리누룩[麥麮]을 항아리에 넣은 후에 물을 부어 넣고 그다음에 밥을 넣는데, 이렇게 바로 넣되 저어서는 안 된다. 실솜으로 항아리 주둥이를 덮어 주고 (칼집에서) 칼을 뽑아 항아리 위에 가로로 놓아둔다.

7일이 지나 맑은 날 아침에 갓 길어 온 정화수 한 사발을 붓는다. 세 번째 7일 날 맑은 날 아침에 또 (정화수) 한 사발을 붓는다. 부으면 곧 숙성하게 된다. 항상 표주박으로 만든 바가지를 항아리 속에 넣어 두고 식초를 떠내는 데 사용한다. 만약 습기가 있거나 소금기가 있는 그릇을 항아리 속에 넣으면 식초 맛이 변

七日取水作之. 大率麥麮一斗,[88] 勿揚簸, 水三斗, 粟米熟飯三斗, 攤令冷. 任甕大小, 依法加之, 以滿爲限. 先下麥麮, 次下水, 次下飯, 直置勿[89]攪之. 以綿幕甕口, 拔[90]刀橫甕上. 一七日, 旦,[91] 著井花水一椀. 三七日旦, 又著一椀. 便熟. 常置一瓠瓢於甕,[92]以挹酢. 若用濕器鹹器[93]內甕中, 則

자로 쓰고 있는데 묘치위의 교석본에서는 문장 속의 모든 글자를 한 줄로 된 큰 글자로 바꾸어 쓰고 있다. '작대초법(作大酢法)' 다음의 서술은 큰 글자의 본문이 되어야 한다. 본편과 밑의 편이 모두 이러하기에 재차 밝히지 않는다.

109 『제민요술』에는 23종의 초가 있는데, 대다수는 보리누룩[麥麮]을 이용하여 당화와 초 발효의 촉매제로 사용하였다. 그 이외에도 분국과 황증 등을 사용하였으며, 술지게미나 술초[酒醋]와 초장 등을 넣기도 하였다. 물을 제외하고 어떠한 배합료도 사용하지 않는 것으로는 '동주초(動酒酢)'와 『식경』에서 인용한 밀초(蜜醋) 등이 있다. 묘치위 교석본을 보면, 남방미초(南方米醋)는 일반적으로 어떠한 누룩류나 초산균[醋母]도 사용하지 않으며, 단지 쌀과 물로써는 여름철에만 빚는다. 이러한 양조법은 『제민요술』에는 기재되어 있지 않다고 한다.

질된다.

또 다른 방법:[110] 또 7월 7일에 물을 긷는다. 비율은 보리누룩[麥䴷] 한 말, 물 3말, 익힌 좁쌀밥 3말을 준비한다. 항아리가 크고 작음에 따라서 가득 채워 넣는다. 물과 누런 곰팡이[黃衣]는 당일날 한 번에 넣는다. 밥은 3등분하고 7일이 되어 처음 만들 때 1/3을 넣는데, 당일 밤이 되면 기포가 생겨난다. 세 번째 7일이 되면 다시 1/3을 고두밥으로 지어서 넣는다. 또 3일이 지나면[111] 다시 1/3을 넣는다.

오직 실솜으로 항아리 주둥이를 덮고 항아리 주둥이 위에 횡으로 칼을 놓거나 물을 붓지는 않는다. 만약 가득 차서 넘치면 시루를 올려 준다.[112]

壞酢味也.

又法. 亦以七月七日取水. 大率麥䴷[94]一斗, 水三斗, 粟米熟飯三斗.[95] 隨甕大小, 以向滿爲度. 水及黃衣, 當日頓下之. 其飯分爲三分, 七日初作時下一分, 當夜即沸. 又三七日, 更炊一分投之. 又三日, 復投一分. 但綿幕甕口, 無横刀[96]益

---

110 현재 이 '우법(又法)'은 다음 문장의 '우법' 및 '전건삼종초(前件三種酢)'의 세 단락과 연결되어 있다. 묘치위의 교석본에 의하면, 원래는 모두 아랫부분의 '출미신초법(秫米神酢法)' 조항의 뒤에 나열되어 있어서 '출미신초(秫米神酢)'의 '우법'이었는데, 이렇게 도치된 것은 잘못이라고 한다. 묘치위는 이 두 가지의 '우법'은 모두 좁쌀초[粟米醋]로서 차조초[秫米醋]의 '우법'이라고 할 수 없다고 한다. 또한 본 조항의 '우법'은 "無横刀益水之事."를 설명하고 있다. 이는 바로 "대초법(大酢法)"과 같은 '사(事)'를 겨냥해서 한 말로, 이는 좁쌀의 '대초'와 같은 유이다. 다만 칼을 옆으로 놓는 등의 일을 없앴을 따름이라고 한다.

111 '우삼칠(又三七)': 앞에 다른 삼칠일이 없는데, 여기에서 '우삼칠일(又三七日)'이라고 한 것은 상당히 의심스럽다. 아마도 여기는 '이칠(二七)'이며, 아래 구절의 '우삼일'은 '삼칠일'이 되어야 마땅하다.

112 '일즉가증(溢即加甑)': 이 초는 재료가 많으나 물이 적으므로, 넣어서 양조한 후에는 밥알이 물을 흡수하고 팽창하여 초의 찌꺼기가 위로 떠올라서 항아리 밖으

또 다른 방법: 또 7월 초이렛날에 만든다. 비율은 보리누룩[麥䴷] 한 되, 물 9되, 좁쌀밥 9되를 준비한다.

동시에 넣어서 항아리에 가득 차게 하고, 실솜을 이용해서 항아리를 덮는다. 세 번째 7일이 되면 숙성된다.

위의 세 가지 방식으로 만든 초는 대개 맑은 액이 적고 찌꺼기가 많다. 10월이 되면 술을 짜는 것과 같이 포대에 넣어 눌러 짜서 저장한다. 지게미는 (물을 타서) 별도의 항아리 속에 넣어 맑게 여과한 후에 눌러 짜서 먼저 먹는다.

차좁쌀[秫米]로 신초神酢 만드는 법: 7월 초이렛날에 만든다. 항아리를 방안에 둔다. 비율은 보리누룩[麥䴷] 한 말, 물 한 섬, 차좁쌀 3말을 준비한다.

차좁쌀이 없으면 찰기장쌀도 사용하기에 적합하다.

항아리의 크고 작음에 따라서 (이 비례에 맞추어 재료를 가감하되) 가득 채워 놓는다. 먼저 물

水之事. 溢即加甑.

又法. 亦七月七日作. 大率麥䴷[97]一升, 水九升, 粟飯[98]九升. 一時頓下, 亦向滿爲限, 綿幕甕口. 三七日熟.

前件三種[99]酢, 例淸少澱多.[100] 至十月中,[101] 如壓酒法, 毛袋壓出, 則貯之. 其糟, 別甕水澄, 壓取先食也.

秫米神酢法. 七月七日作. 置甕於屋下. 大率麥䴷一斗, 水一石, 秫米三斗. 無秫者, 黏黍米亦中用. 隨甕大小, 以向滿爲限. 先量

로 넘친다. 따라서 시루를 얹어서 이를 방지하는 것이다.

을 헤아려서 보리누룩[麥䴷]을 담근다.

그런 후에 쌀을 깨끗이 씻어 두 번 뜸 들여 밥을 짓고 펴서 식힌다. (밥덩이가 뭉쳐 있으면) 밥덩이를 잘게 쪼개어[113] 덩어리가 되지 않게 한다. 한 번에 넣어 양조하고 거듭 넣지는 않는다. 또 손을 항아리 속에 넣어서 작은 밥덩이를 주물러 흩뜨리고 힘껏 저으며 섞어서 죽처럼 고르게 될 때까지 한다.

실솜으로 항아리 주둥이를 덮는다. 첫 번째 7일이 지나면 한 번 저어 주고, 두 번째 7일(14일)이 지나면 또 한 번 저어 주고, 세 번째 7일(21일)이 지나면 다시 한 번 저어 준다. 한 달이 지나면 완전하게 숙성된다.

10섬들이의 항아리에 (양조한 후에 남아서) 가라앉은 찌꺼기는 5말에 불과하며 얻은 초는 몇 년을 보관할 수 있는데 날짜가 오래되어도 효험을 발휘한다. 쌀뜨물은 즉시 따라 내고 개나

水, 浸麥䴷訖. 然後淨淘米, 炊爲再餾, 攤令冷. 細擘飯[102]破, 勿令[103]有塊子. 一頓[104]下釀, 更不重投. 又以手[105]就甕裏搦破小塊, 痛攪令和, 如粥乃止. 以綿[106]幕口. 一七日, 一攪, 二七日, 一攪, 三七日, 亦一攪.[107] 一月日, 極熟. 十石甕, 不過五斗澱, 得數年停, 久爲驗. 其淘米泔即瀉去, 勿令狗鼠

---

113 '세벽반파(細擘飯破)': 원래 '세벽국파(細擘麴破)'로 되어 있는데 잘못이다. 묘치위에 의하면, 이 초는 근본적으로 누룩을 사용하지 않는다고 한다. 누룩은 작은 덩어리로 쉽게 쪼개지지 않는데, 만약 보리누룩[麥䴷]을 가리킨다면 보리누룩은 더 이상 쪼갤 필요가 없다. 이 초는 아래의 '출미초(秫米酢)'와 같은 유로서, 비율을 보면 초가 많고 찌꺼기는 적다. 초와 찌꺼기의 조화는 묽은 죽과 서로 같으며, 초가 조작되는 것은 바로 '밥덩이를 쪼개어 흩뜨린다.[擘破飯塊.]'라는 것이므로, '반(飯)'으로 고쳐야 한다.

쥐가 먹지 않게 한다. 지은 찐 밥[饙黍]¹¹⁴은 사람이 먹어서는 안 된다.

좁쌀과 누룩으로 초를 만드는 법: 7월 말, 3월 말이 가장 좋은 시기이며, 8월과 4월에도 만들 수 있다. 비율은 분국笨麴 가루 한 말, (맑은 날 새벽에 갓 길어 온) 정화수 한 섬, 좁쌀밥 한 섬을 준비한다.

다음 날 아침에 식초를 만든다면 당일 밤에 밥을 짓고 얇게 펴서 식힌다.

태양이 떠오르기 전에 정화수를 길어 말[斗]의 용량을 재어서 항아리에 붓는다. 밥의 양을 헤아려 동이나 고리짝[栲栳]¹¹⁵ 속에 넣고, 그런 후에 항아리에 쏟아붓는다. 쏟아부을 때는 직접 기울여 넣되 손으로 밥을 넣으면 안 된다.

고봉으로 누룩가루를 달아서 밥 위에 쏟아붓는다. 절대 휘저어서는 안 되며 또한 옮겨서도¹¹⁶ 안 된다.

실솜으로 항아리 주둥이를 덮어 준다. 세 번

得食.⑩ 饙黍亦
不得人唼之.⑩

粟米麴作酢
法. 七月三月⑩
向末爲上時, 八
月四月亦得作.
大率笨麴末一斗,
井花水⑪一石,
粟米飯一石. 明
旦作酢, 今夜炊
飯,薄攤使冷. 日
未出前, 汲井花
水, 斗量著甕中.
量飯著盆中, 或
栲栳中, 然後瀉
飯著甕中. 瀉時
直傾下, 勿以手
撥飯. 尖⑫量麴
末, 瀉⑬著飯上.

---

114 '분서(饙黍)': 이것은 지어서 익힌 밥의 범칭으로서, 곧 '두 번 뜸 들인 밥[再餾飯]'이다.

115 '고로(栲栳)': 버드나무 가지를 엮어서 짠 물건을 담는 그릇으로, 모양이 말[斗]과 같아서 파두(筶斗)라고도 부른다.

116 '이동(移動)': 아직 숙성하기 전에 양조할 항아리를 옮기는 것을 가리킨다.

째 7일이 지나면 숙성하게 된다. 맛이 좋고 진하며 찌꺼기도 적고,[117] 오래되면 오래될수록 좋아진다.

초가 익지 않았는데 이미 익었다고 하여 항아리를 바꾸면[118] 대개 맛이 상하게 된다. 초가 익으면 그런 것을 꺼릴 필요가 없다. 윗면의 맑은 액을 따라 내어 별도의 항아리에 넣어서 저장한다.

차조로 초 만드는 법: 5월 초 닷샛날에 만드는데 7월 초이레가 되면 숙성한다. 5월에 접어들면 좁쌀밥을 거두어 초장醋漿[119]을 만들어서 초를 양조할 준비를 하는데, 물은 사용하지 않는다. 장수漿水는 시큼할수록 좋다.

마른 누룩을 가루로 내고 비단체로 친다.

메좁쌀과 차좁쌀을 사용하는[120] 것이 가장

愼勿撓攪, 亦勿移動. 綿幕甕口. 三七日熟. 美釅少澱, 久停彌好. 凡酢未熟已熟而移甕者, 率多壞矣. 熟卽無忌.■ 接取清, 別甕著之.■

秫米酢■法. 五月五日作, 七月七日熟. 入五月則多收粟米飯醋漿,■ 以擬和釀, 不用水也. 漿以極醋爲佳. 末乾麴, 下絹

---

117 '미엄소전(美釅少澱)': 이 초는 초와 찌꺼기가 비교적 되므로, 초가 만들어지면 농도가 진하고 찌꺼기가 적어서 출조율과 초산의 함유량이 상대적으로 높다. 오늘날 일반적인 초는 3-5%의 초산을 함유하고 있다.

118 '已熟而移甕者': '이(已)'는 '오래지 않아', '즉시'의 의미이며, '이숙(已熟)'은 '익으려고 한다', '빨리 익는다'라는 뜻이다. 스성한의 금석본에 의하면, 아래 문장의 '熟卽無忌'와 연관 지어 볼 때, 여기의 '이숙' 두 글자는 분명히 불필요하다.

119 '초장(醋漿)': 전분질이 산화된 장액으로 접종제(接種劑)를 만든다. 묘치위 교석본을 보면, 산서성의 진초(陳醋)는 일종의 특별한 초장[좁쌀[粟米], 고량(高粱)과 초국(醋麴)을 혼합하여 사용한다.]을 사용하여 초산균[醋母]을 만들어 투입한다. 그 양조방법은 초와 찌꺼기를 섞어서 초장만 사용하고 물은 한 방울도 사용하지 않는 것인데, 이는 『제민요술』과 서로 동일하다고 하였다.

좋지만, 찰기장쌀도 괜찮다.

쌀 한 섬, 누룩가루 한 말을 사용하는데 누룩이 많으면 초의 맛이 좋지 않다. 쌀은 단지 2번 김을 내어서 쪄야 하는데, 여러 차례 일 필요는 없다.

첫 번째 쌀을 인 뜨물은 따라 버리고, 두 번째 쌀을 인 뜨물은 남겨서 찐 밥을 담근다. 찐 밥이 뜨물을 다 빨아들이게 한 후 다시 시루 속에 넣고 두 번 김을 내어 밥을 짓는다.

(다시 지은 찐 밥을) 쏟아 내고 펴서 열기를 식히고 사람의 체온정도가 되면 동이 속에 넣고 섞는데, 덩이진 밥은 주물러 흩뜨리고 누룩가루를 섞되 반드시 고르게 해 주어야 한다.

초장술을 넣고 밥을 으깨고 흩뜨려서 (모든 혼합물이) 묽은 죽처럼 되게 한다. 죽이 너무 되면 초의 양이 적어지고[121] 너무 묽으면 초의 맛이

篩. 經用粳秫米爲第一, 黍米亦佳. 米一石, 用麴末一斗, 麴[118]多則醋不美. 米唯再餾,[119] 淘不用多遍. 初淘潘汁瀉却, 其第二淘泔, 即留以浸饋.[121] 令飮泔汁盡, 重裝作再餾飯. 下, 㦿[122]去熱氣, 令如人體, 於盆中和之, 擘破[123]飯塊, 以麴拌之, 必令均調. 下醋漿,[124] 更搦破, 令如薄粥.[125]

---

120 "下絹篩, 經用": 스성한의 금석본에서는 '하건체(下絹篩)'와 '경용(經用)'을 한 문장으로 붙여 쓰고 있다. 스성한에 따르면, '경'자는 해석할 수 없다. 자형이 유사한 '경(逕)'자 즉 '직접[徑直]'의 뜻으로 생각된다. 또한 '후(候)', '비(備)'자가 뭉개진 것일 수도 있다고 한다.

121 '초극(酢尅)': 초의 양이 줄어드는 것을 가리킨다. 초와 찌꺼기가 지나치게 걸쭉하게 되어 액체의 비율이 낮아지고, 이에 따라 초액이 감소된다. 아울러 끈적거리게 되어 곰팡이가 피는 것을 유도하여 좋은 초를 만들기가 더욱 어렵다. 심지어 너무 된 경우에는 발효온도를 더욱 높여서 '소배(燒酢: 열이 나서 원료가 변질된다.)'를 일으켜 완전히 못 쓰게 된다. 다음 문장에서 냉수를 사용하여 때때로 항아리 밖에 뿌려서 열기를 발산시키는 것 또한 발효온도를 낮추게 하여 소배를

진하지 않게 된다.

항아리 속에 넣는데 항아리의 크고 작음에 따라서 항상 가득 채워 넣는다.

첫 7일간은 매일 한 차례씩 저어 주고, 7일이 지나면 열흘에 한 차례씩 저어 주고, 30일이 되면 그만둔다.

처음에는 항아리를 북쪽 그늘진 곳의 바람이 불고 서늘한 곳에 두고 햇빛을 보게 해서는 안 된다.

수시로 차가운 물을 길어서 항아리 밖에 뿌려 열기를 빨아들인다. 그러나 생수가 항아리 속에 들어가지 않도록 해야 한다.

10섬들이 항아리를 사용하면 (초를 만들고 난 뒤에는) 단지 5-6말의 찌꺼기가 남는다. 위쪽의 맑은 초를 따라 내어 다른 항아리 속에 담아 두면 몇 년을 보관할 수 있다.

보리[大麥]로 초 만드는 방법: 7월 초이레에 만든다. 만약 7월 초이레에 만들 수 없을 때는 반드시 저장을 해 두었다가 초이레에 물을 길어 15일에 만든다. 이 두 날을 제외하고 (나머지 날은)

粥稠即酢剋, 稀則味薄. 內著甕中, 隨甕大小, 以滿爲限. 七日間, 一日一度攪之, 七日以外, 十日一攪, 三十日止. 初置甕於北蔭[126]中風涼之處, 勿令見日. 時時汲冷水遍澆甕外, 引去熱氣. 但勿令生水入甕[127]中. 取十石甕, 不過五六斗糟耳. 接取淸, 別甕貯之, 得停數年也.

大麥酢法. 七月七日作. 若七日不得作者, 必須收藏取七日水, 十五日

피하고자 함이다. '극(尅)'을 스성한의 금석본에서는 '극(尅)'으로 쓰고 있다. 극['극(勊)'으로 써야 한다.]은 감소의 뜻이다. 묘치위 교석본에서는, 북송본에서는 '극(尅)'으로 쓰고 있으며, 명초본과 호상본에서도 '극(尅)'으로 쓰고 있는데 글자는 동일하다고 하였다.

모두 만들지 않는다. 방문 안쪽 가까운 곳에 초 항아리를 둔다.

대체적인 비율은 밀로 만든 보리누룩[麥䴷] 한 섬, 물 3섬, 거칠고 자잘한[細造][122] 보리 한 섬, 밥[米] 짓는 데 사용하지 않기 때문에 거친[利嚴][123] 낟알도 좋아서 '조造'를 사용한다. 키질을 끝낸 후에 깨끗하게 일고 씻어서 두 번 김을 내어 밥을 짓는다. 펴서 사람의 체온과 같이 약간 따뜻하게 한다. (이같이 식힌) 밥을 양조할 항아리 속에 넣고 주걱으로 젓는다. 항아리 주둥이를 실솜

作. 除此兩日則不成. 於屋裏近戶裏邊置甕. 大率小麥䴷一石, 水三石, 大麥細造一石, 不用作米則利嚴, [128] 是以用造. 簸訖, 淨淘, 炊作再餾飯. 撣令小暖如人體. 下釀, 以杷攪之.

122 '세조(細造)': 스성한의 금석본에 따르면, '조(糙)'는 '거친 쌀(粗米)', 즉 바깥의 두꺼운 껍질만을 벗긴 곡식 낟알이다. 여기의 '맥조(麥造)'는 아마 '거친 낟알', 즉 딱딱한 껍질만 벗기고 눌러 빻은 보리알인 듯하다. 묘치위 교석본에 의하면, '조(造)'는 일종의 거칠게 도정하는 방법의 속어라고 한다. 『사시찬요』 「칠월(七月)」편의 '맥초(麥醋)'에서는 대맥을 도정하여 반은 쌀을 만들고, 반은 껍질째 있는 것을 '일조(一糙)'라 한다. 류제의 논문을 보면, 『제민요술』에 보이는 '용(舂)', '시(師)', '조(造)'는 모두 찧고 가는 것을 가리키나 그 정도에는 차이가 있다. '용'은 일반적으로 절구에 곡물을 넣고 절구 공이로 찧어서 곡물의 껍질을 벗기는 것을 가리키며, '시'는 곡식 알갱이를 찧어서 분말을 만드는 것을 가리킨다. '조'는 어느 정도 알갱이를 찧는다는 말로서, 도정하는 정도가 상대적으로 거칠다고 한다.

123 '엄(嚴)'은 뾰족하고 거칠다는 뜻이 있는데, '엄(釅)'을 가차하여 설명한 것이다. 뒷부분의 '대맥초법(大麥酢法)' 조항에 있는 '香美淳嚴'이라는 구절 역시 마찬가지이다. 『일체경음의』 권22에서는 "초(酢)가 정도를 넘는 것을 일러 엄(釅)이라고 한다."라고 하였다. '이엄(利嚴)'을 스성한의 금석본에서는 '과려(科麗)'라고 쓰여 있다. 스성한에 따르면, '과'자는 원래 자형이 유사한 '이(利)' 혹은 독음이 유사한 '가(可)'자로 의심되며, '여'자는 원래 자형이 유사한 '추(麤)'자라고 한다. '추'는 '크다'이며, 낟알이 큰 것은 '조(粗)'의 원래의 해석인 '정제되지 않음'의 의미를 담고 있다.

으로 덮어 준다.

3일이 되면 곧 발효를 한다. 발효할 때는 여러 차례 자주 저어 주는데, 젓지 않으면 흰색의 골마지[白醭]124가 생겨나서, 초의 향기와 맛이 좋지 않다. 멧대추가지[棘子]로 잘 저어 준다.

잘못하여 사람의 머리카락이 초항아리 속에 떨어지면 곧 초가 상하게 된다. 무릇 초가 모두 이와 같은 경우에 머리카락을 건져 내면 원래대로 회복된다. 6-7일 후에 5되의 좁쌀을 깨끗하게 이는데, 좁쌀은 너무 많이 정미할 필요는 없다.

두 번 김 내어 밥을 짓는다. 또한 펴서 사람의 체온과 같이 따뜻하게 하여 고두밥을 넣어 준다. 주걱으로 젓고 실솜으로 덮어 준다. 3-4일이 지나 살펴보아 고두밥이 삭으면 저어서 맛을 본다. 맛이 달콤하면 다 된 것이다. 만약 아직 쓴맛이 나면 다시 2-3되의 좁쌀로 두 번 김을 내어 밥을 짓고 고두밥을 넣어 준다. 뜻에 따라 양을 조절한다. 14일(두 번째 7일)이 지나면 먹을 수 있다. 21일(세 번째 7일) 이후에는 잘 되어 완전하게 숙성된다. 향기롭고 맑은 한 잔의 초에 물

綿幕甕口. 三日便發. 發時129數攪, 不攪則生白醭, 生白醭則不好.130 以棘子徹底攪之. 恐有人髮落中, 則壞醋. 凡醋悉爾.131 亦去髮則還好. 六七日, 淨淘粟米五升, 米亦不用過細. 炊作再餾飯. 亦攤如人體投之. 杷攪, 綿幕. 三四日, 看米消,132 攪而嘗之. 味甜美則罷. 若苦者, 更炊二三升粟米投之. 以意斟量. 二七日可食. 三七日好熟. 香美淳嚴.133 一盞醋, 和水一椀, 乃可食之. 八月中, 接取

---

124 '백복(白醭)': 초 찌꺼기 위에 자란 흰색의 곰팡이다.

한 대접을 타야 비로소 먹을 수 있다.

8월이 되면 위의 맑은 액을 떠내어 다른 항아리 속에 담아 저장한다. 동이로 항아리 주둥이를 덮고 다시 진흙으로 봉하면 몇 년간 보관할 수 있다.

아직 익기 전 2-3일간은 반드시 냉수를 항아리 바깥에 뿌려서 표면의 열기를 흡수하도록 하되 생수가 항아리 속에 들어가지 않게 한다. 만약 기장쌀이나 차좁쌀을 넣어 주면 더욱 좋다. 흰색이나 황백색[125]의 좁쌀도 좋다.

구운 떡[燒餅][126]**으로 초를 양조하는 법**: 이 역시 7월 초이렛날에만 만든다. 비율은 보리누룩[麥麨] 한 말, 물 3말을 기준으로 삼아 항아리의 크고 작음에 따라서 임의대로 분량을 늘린다. 물과 보리누룩[麨]도 첫날에 전부 (양조할 항아리 속에) 넣는다. 만들기 시작하는 날에 몇 되의 밀가루를 (물을 타서) 연하게 저어 구운 떡[燒餅]을 만들고 식혀 항아리 속에 넣는다. 하룻밤이 지나 떡이 다 삭은 것을 보면 다시 구운 떡을

清, 別甕貯之. 盆合, 泥頭, 得停數年. 未熟時, 二日三日,⑱ 須以冷水澆甕外, 引去⑱熱氣, 勿令生水入甕中. 若用黍秫米投⑱彌佳. 白蒼粟米亦得.

澆餅⑱作酢法. 亦七月七日作.⑱大率麥麨一斗, 水三斗, 亦隨甕大小, 任人增加. 水麨亦當日頓下. 初作日, 軟溲數升麵, 作燒餅, 待冷下之. 經宿, 看餅漸消盡,

---

125 '백창속미(白蒼粟米)': 스성한의 금석본에서는 '창(蒼)'을 '창(倉)'으로 쓰고 있다. 스성한은 본문 속의 의미로 볼 때 '창(蒼)'이 옳으며, 그 의미는 '백(白)'과 더불어 상대적인 색깔로서 황백색을 의미한다고 한다.
126 '소병(燒餅)'은 불에 지져서 얇은 전병을 만드는 범칭으로서, 오늘날의 '소병(燒餅)'은 아니다.

만들어 넣어 준다. 4-5차례 넣어 주면 곧 좋은 맛이 들며, 기포가 나지 않으면 더 이상 넣어 줄 필요가 없다. 무릇 가장자리가 얇은 각종 밀가루 떡은 단지 구워서 익힌[燒煿]**127** 것만 넣어 줄 수가 있다.

술을 초로 전환하는 방법:**128** 무릇 술이 잘못되어 맛이 시었거나, 혹은 처음에는 좋았는데 뒤에 시게 되어 아직 짜지 않은 것은 모두 전환하여 초를 만들 수 있다.

일반적인 비율은 5섬의 좁쌀술 지게미에 다시 누룩가루 한 말을 넣고, 보리누룩[麥䴷] 한 말, 정화수井花水 한 섬을 준비한다. 좁쌀 밥 2섬을 퍼서 사람의 체온과 같이 식히고 고두밥을 넣어 준다. 주걱으로 저은 후 실솜으로 항

更作燒餠投. 凡四五投,**139** 當味美沸定便止. 有薄餠緣諸麵餠,**140** 但是燒煿**141**者,皆得投之.

迴酒酢法. 凡釀酒失所味醋者,或初好後動未壓**142**者,皆宜迴作醋. 大率五石米**143**酒醅,更著麴末一斗,麥䴷一斗,井花水一石. 粟米飯兩石,攪**144**

---

127 '박(煿)':『옥편』에서는 '작(焯)'자로 풀이하고 있기에 '소박(燒煿)'의 의미는 '굽는다'는 뜻이다.

128 '회주초법(迴酒酢法)': 이것은 시어 버린 막걸리나 익은 막걸리를 양조방식을 바꾸어서 초 만드는 방법이다. 다음 단락의 '동주초법(動酒酢法)'은 이미 술을 짠 후의 청주가 시어진 후에 양조방식을 바꾸어서 초를 만드는 방법이다. 묘치위에 의하면, 순도가 낮은 담주(淡酒)의 주둥이를 막아 놓으면 오래지 않아 자연적으로 산화되어 시게 된다. 이것은 초산균이 자연계 도처에 존재하기 때문으로, 담주의 도수가 낮으면 공기 중에서 유입되는 초산균을 억제할 수 없어서 초산이 왕성하게 생성된다. 이 같은 현상은 인류가 술을 만들 때부터 발견한 것이다. 『제민요술』에서는 바로 이러한 원리를 이용하여 '어떤 세력을 유리하게 인도하여[因勢利導]' 양조방식을 바꾸어서 신 술을 초로 만드는 것인데, 양식을 낭비하지 않고도 새로운 산품을 얻는 방법이다.

아리 주둥이를 덮어 주고, 매일 두 차례 저어 준다.

봄과 여름철에는 7일이면 숙성하고, 가을과 겨울철에는 다소 느리다. 모두 향기와 맛이 좋으며, 맑아서 찌꺼기가 없다. 1개월 후에는 떠내어서 별도의 항아리에 담아 보관한다.

신 술[動酒]로 초를 만드는 방법: 봄술을 짜낸 후에 시어 버려 마실 수 없는 것은 모두 초를 만들 수 있다. 일반적인 비율은 술 한 말에 물 3말을 섞어 항아리 속에 담아 햇볕을 쬐게 한다. 비가 내리면 동이로 항아리 주둥이를 덮어 물이 들어가지 않게 한다. 날씨가 맑으면 동이를 걷어낸다.

7일이 지나면 냄새가 나고, 윗면에 한 층의 곰팡이가 스는데 이상하게 생각해선 안 된다. 단지 놓아두고 옮기거나 저어서는 안 된다. 몇십 일이 지난 후에 초가 만들어지면 곰팡이도 가라앉고, 오히려 맛과 향이 좋다. 날이 오래되면 오래될수록 좋아진다.

또 다른 방법: 일반적인 비율은 술 2섬에 보리누룩[麥䴥] 한 말을 더하고, 좁쌀밥 6말을 약간 따뜻할 때 넣어 준다.

주걱으로 저어서 실솜으로 항아리 주둥이를

令冷如人體, 投之. 杷攪, 綿幕甕口, 每日[145]再度攪之. 春夏[146]七日熟, 秋冬稍遲. 皆美香, 清澄. 後一月, 接取, 別器貯之.

動酒酢法. 春酒壓訖而動不中飲者, 皆可作醋. 大率酒一斗, 用水三斗, 合甕盛, 置日中曝之. 雨則盆蓋之, 勿令水入. 晴還去盆. 七日後當臭, 衣生, 勿得怪也. 但停置, 勿移動撓攪[147]之. 數十日, 醋成, 衣沈, 反更香美. 日久彌佳.

又方. 大率酒兩石, 麥䴥一斗, 粟米飯六斗, 小暖[148]投之. 杷攪,

덮는다. 14일이 되면 숙성한다. 아주 맛있고 진하다.

신초神酢 만드는 법:[129] 7월 초이렛날에 재료를 배합해야 하며, 반드시 좋은 항아리를 사용해야 한다. 마른 황증黃蒸 찐 것 1섬[130]과 쪄서 익힌 밀기울[131] 3섬을 준비한다. 무릇 이 두 가지의 재료는 따뜻할 때 고루 섞어 준다.

물의 분량은 재료가 물속에 잠길[132] 정도여야 한다. 물이 너무 많으면 초가 너무 싱거워져서 좋지 않다. 항아리 속은 따뜻하게 하여 이틀 밤을 보낸다. 3일째에 짜되 술을 짜는 것처럼 한다. 짠 후에는 맑게 여과시켜 큰 항아리 속에 담는다.

2-3일이 지나면 항아리에서 열이 나기에 반드시 찬물을 뿌려 줘야 하는데, 그렇지 않으면 초가 상하게 된다.[133] 윗면에 만약 흰 골마지[白醭]

綿幕甕口. 二七日
熟. 美釅殊常矣.

神酢法. 要用七
月七日合和. 甕須
好. 蒸乾黃蒸一斛,
熟蒸麩三斛. 凡二
物, 溫溫暖, 便和
之. 水多少, 要使
相腌漬. 水多則酢
薄不好. 甕中臥[149]
經再宿. 三日便壓
之, 如壓酒法.[150]
壓訖, 澄清,[151] 內
大甕中. 經二三日,
甕熱, 必須以冷水
澆之,[132] 不爾, 酢

---

129 『제민요술』의 본문에서 이 조항 이하는 모두 식량으로 직접 초를 양조하는 내용을 담고 있는데, 식량으로 가공한 부식품인 밀기울과 조거 및 술지게미로 양조한 것이다. 식량을 절약할 뿐만 아니라 초의 품질 역시 좋다.

130 '증건황증(蒸乾黃蒸)': 황증의 특수처리법으로서, 마른 황증을 거듭 찐 것이다.

131 '부(麩)': 이는 '밀기울[麩]'자이다. 묘치위 교석본에 의하면, 사천성의 각지에서는 초를 양조할 때에도 대부분 밀기울을 사용하는데, 고체발효법을 사용하며, 숙성한 후에는 물을 초에 뿌리고 여과하여 초액을 받아 낸다고 한다.

132 스성한의 금석본에는 '엄(淹)'으로 되어 있고, 묘치위의 교석본에는 '엄(腌)'으로 되어 있지만, 전체 문장의 의미로 볼 때 스성한의 견해가 적합하다고 생각된다.

133 압착하여 짜낸 초액은 여전히 발효가 왕성한 초기에는 대량의 열을 방출한다. 묘

가 생기면 붙어 있는 것을 걸어 낸다.

만 1개월이 되면 초가 숙성되어서 먹을 수 있다. 갓 숙성할 때에는 뜨거운 요리에 끼얹어 먹어서는 안 된다. 이러한 금기를 어기면 항아리 속의 초가 상하게 된다.

만약 황중과 밀기울이 없다면 보리누룩[麥䴷] 한 섬[石],[134] 좁쌀 밥 3섬[斛]을 섞어서 만드는데, 만드는 방법은 황중과 동일하다. 담아서 보관하는 방법은 앞의 경우와 같다. 항아리 위는 항상 실솜으로 덮어 주되, 너무 촘촘하게 덮을 필요는 없다.

지게미와 겨로 초[糟糠酢] 만드는 방법:[135] 방 안에 항아리를 두고 봄, 여름, 가을, 겨울 사계절 모두 짚으로 항아리 주변을 감싸 주는데, 감싸지 않으면 악취가 생긴다. 일반적인 비율은

壞. 其上有白醭浮, 接去之. 滿一月, 酢成可食. 初熟, 忌澆熱食. 犯之必壞酢. 若無黃蒸及䴷者, 用麥䴷一石, 粟米飯三斛[153]合和之, 方與黃蒸同. 盛置如前法. 甕常以綿冪之, 不得蓋.

作糟糠酢法. 置甕於屋內, 春秋冬夏, 皆以穰[154]茹甕下, 不茹則臭. 大

치위에 의하면, 만약 온도가 지나치게 높으면 초산균(醋酸菌) 자체가 활발하지 않아서 에탄올 주정이 산화[乙醇氧化]되고, 초산[乙酸]이 되는 마지막 '공정[工序]'이 멈추게 되어 초가 자연적으로 상하게 된다. 아직 초가 숙성되기 전에 온도가 지나치게 높기 때문에 초가 상하는 것을 양조학에서는 '소배(燒醅)'라 칭한다고 한다.

134 '일석(一石)': 여기의 '일석'은 '일곡(一斛)'과 완전히 같다.

135 이 초는 술지게미[酒糟]와 조껍질을 사용하여 양조하는 것으로, 누룩재료와 초 찌꺼기를 넣지 않고, 단지 술지게미에 남아 있는 힘에 의지하여 발효, 양조한다. 묘치위 교석본에 따르면, 산서성의 유명한 초는 조껍질을 원료로 하고 좁쌀, 고량과 보리와 완두로 누룩을 제조하여 만든 초장과 섞어 넣어서 양조하는데, 이 또한 고체발효법을 사용한 것이라 하였다.

술지게미와 조거를 반반씩 사용하는데, 거친 겨는 사용하기 적합하지 않으며, 아주 부드러운 지게미는 진흙같이 되므로 단지 (거칠지도 부드럽지도 않은 것으로 키질할 때) 중간쯤인 것을 거두어 사용하면 좋다. 지게미와 겨를 섞을 때는 반드시 고르게 섞어야 하며, 덩어리가 져서는 안 된다.

먼저 항아리 속에 가시나무나 대나무로 짠 '용수[籔: 술을 거르는 데 사용하는 구멍 뚫린 용구]'를 넣는다.[136] 그런 연후에 겨와 지게미 혼합물을 용수의 바깥에 채워 넣는다. 평평하게 고루 넣고 손으로 눌러 주어, 항아리 입구 한 자 정도 깊이까지 채우면 그만둔다. 찬물을 길어 용수의 둘레에 고루 뿌려 주는데, 용수 속의 물이 넣은 지게미의 절반 정도의 깊이가 되면 멈춘다. 뚜껑으로 항아리 주둥이를 덮는다. 매일 4-5차례 사발로

率酒糟粟糠中半, 麤糠不任用, 細則泥, 唯中間收者佳. 和糟糠, 必令均調, 勿令有塊. 先內荊竹籔[155]於甕中. 然後下糠糟於籔[156]外. 均平以手按之, 去甕口一尺許便止. 汲冷水,[157] 繞籔外均澆之, 候籔中水深淺半糟便止. 以蓋覆甕口. 每日四五度, 以梡挹取[158]籔中汁, 澆四畔糠糟上. 三日

---

136 이 초는 술지게미 중의 잔여주정과 또 조 껍질 중의 잔여 전분을 이용하여 양조한 것으로, 마지막에는 호기성(好氣性)의 초산균에 의해 분비되는 일종의 특수한 효소인 옥시다제[氧化酶]가 주정이 공기 중의 산소가 산화작용을 일으키도록 하여 초산을 생성하게 한다. 묘치위 교석본에 의하면, 그 양조법은 '용수[酒籔]'를 지게미와 겨의 원료 사이에 두고, '용수[籔]' 바깥의 원료에 물을 뿌려서 원료의 효소가 분해되어 초액이 '용수[籔]'에 스며들게 하는 것이다. 그러나 처음 용액의 산도는 극히 낮기 때문에 여러 차례 '용수[籔]' 중의 초액을 초모(醋母)로 하여서 '용수[籔]' 밖의 지게미에 부어 줘 지속적으로 효소가 분해되어 끊임없이 '용수[籔]' 중에 스며들게 해야 한다. 마지막에 이것이 쌓여서 '용수[籔]' 중의 액의 농도가 진해지는데, 그 방법은 상당히 교묘하다고 한다.

용수 속의 즙을 떠내어 겨와 지게미 위에 두루 부어 준다.

3일이 지나면 지게미가 숙성하여 향기가 나게 된다. 여름철엔 7일, 겨울철엔 14일 후에 맛을 보아서 초가 이미 매우 맛이 들고 지게미와 겨의 냄새가 없으면 숙성된 것이다.

만약 여전히 쓴맛이 나면 아직 숙성되지 않은 것이니, 앞의 방법과 같이 다시 물을 부어 준다.[137] 잘 숙성되기를 기다렸다가 용수 속의 진한 용액을 떠내어 별도의 그릇에 담아 둔다.

다시 찬물을 길어서 부어 주되 맛이 담백해지면 그만둔다. 물을 부어 줄 때는 당일에 모두 끝낸다. 지게미는 돼지에게 먹일 수 있다. 처음 용수에서 떠낸 진한 즙은 여름에는 20일을 보관할 수 있고, 겨울에는 60일을 보관할 수 있다. 이후에 물을 부은 것은 단지 3-5일 이내에만 먹을 수 있다.

술지게미로 초를 만드는 방법: 봄술[春酒]의 술지게미로 만든 것은 매우 진하며, (분국으로 만든) 이주[頤酒]의 지게미로도 만들 수 있다. 그러나 만약 초를 만들려고 생각한다면 지게미는 항상 축축하게 보관해야 한다. 지게미를 짜서 아주 마른

後, 糟熟，🔢 發香氣. 夏七日, 冬二七日, 嘗酢極甜美.🔢 無糟糠氣, 便熟矣. 猶小苦者, 是未熟, 更澆如初. 候好熟, 乃把取簍🔢中淳濃者, 別器盛. 更汲冷水澆淋, 味薄乃止. 淋法, 令當日即了. 糟任飼豬. 其初把淳濃者, 夏得二十, 冬得六十日.🔢 後淋澆者, 止得三五日🔢供食也.

酒糟酢法.🔢 春酒糟則釅，🔢 頤酒🔢糟亦中用. 然欲作酢者, 糟常濕下.🔢 壓糟極燥者,

<hr>

[137] '경요여초(更澆如初)': 다시 '용수[簍]' 중의 즙을 떠내어 '용수[簍]' 밖의 지게미와 겨 위에 부어 주는 것을 말하며, 다시 찬물을 붓는 것을 가리키지는 않는다.

것은 (만든 초의) 맛도 옅어진다.[138]

만드는 방법으로는 맷돌을 이용하여 곡물을 눌러서 부수고[139] 물과 섞어서 찐다. 익으면 쏟아 내어 펴서 열기를 식히고, 지게미와 섞되[相拌][140] 반드시 고루 섞어야 한다. 일반적인 비율로 술지게미는 항상 더 많이 넣는다. 고루 섞은 후에 구멍이 뚫린 항아리에서 보온 발효시키는데,[141] 항

酢味薄. 作法, 用石磑子辣[188]穀令破, 以水拌而蒸之. 熟便下, 揮去熱氣, 與糟相拌, 必令其均調. 大率糟常居多. 和訖,

---

138 '초미박(酢味薄)': 이 초는 어떠한 누룩원료도 넣지 않고, 완전히 술지게미로 양조한 것이다. 술지게미가 유일한 초모(醋母)이다. 묘치위 교석본에 따르면, 술지게미를 짜서 아주 건조해지면 주정의 잔여량이 극히 한정되어, 초산균이 효소 분해 작용을 하는 '바탕의 원료[底物]'가 매우 적어진다. 가령 곡식을 넣어서 원료로 삼지만, 누룩이 없이 전적으로 지게미 중의 아주 적은 잔여 주정에 의존하면 곡물이 당화, 주화하는 작용이 매우 힘을 얻지 못하여 초맛도 자연적으로 옅어지고, 또한 곡물도 작용을 일으키지 못하며, 지게미의 일부가 초 찌꺼기 속에 남게 된다.

139 '석애자(石磑子)'는 '석마(石磨)', 즉 맷돌이다. '날(辣)'은 '날(掣)'자에서 가차한 것으로서 일종의 가는 방법의 속어이다. 곡식을 갈 때는 맷돌의 곡식투입구[磨眼]에 한 차례 넣은 곡물의 분량에 따라서 그 부수는 정도 또한 다르다. 넣는 것이 많으면 많을수록 더욱 거칠게 갈아지는데, 많으면 겨우 껍질만 벗겨지고 점차 약간 눌러져 부서질 뿐이다. 『사시찬요』「칠월(七月)」편에서 맥으로 초를 만드는 법으로 "맷돌이 갈아서 부수는 데 적당하다.[磨中掣破.]"라고 하고 있다.

140 '상반(相拌)': 스성한의 금석본에서는 '반(牛)'으로 표기하였으나, '서로 어우러지다'로 해석하였다. '반(拌)'은 양송본에서는 '반(牛)'으로 쓰여 있는데 잘못이며, 명청 각본에는 '반(拌)'으로 쓰여 있는데 옳다. 다음 문장에서 "반드시 고루 섞어야 한다. 일반적인 비율로 술지게미는 항상 더 많이 넣는다."라고 하고 있기 때문에, 단지 '반(拌)'이 옳다고 할 수 있다.

141 『제민요술』에 언급된 23가지 종류의 초 중에서 오직 이 초만이 고체 상태에서 발효를 하며, 나머지는 모두 액체 발효를 한다. '와(臥)': 초의 재료를 항아리 속에 넣고, 항아리 주둥이를 덮는 것은 보온발효에 유리하다. '견옹(甄甕)': 바닥 가까이의 항아리 벽에 구멍을 낸 항아리이다. 고체발효를 하기 때문에 초 찌꺼기가

아리가 가득 차게 넣어 준다. 실솜으로 항아리 주둥이를 덮어 준다.

7일이 지나 초에 향기가 나면 숙성된 것이므로 물을 부어서 잠기도록 한다.

하룻밤 지나면 도기의 밑구멍에서 맑은 즙이 흘러나온다.[142]

여름에 만든 것은 찬물을 부어 주어야 하며, 봄과 가을철에 만드는 것은 보온을 해 줘야 한다. 짚으로 항아리를 감싸 주거나 심지어 뜨거운 물을 부어 주는데, 생각에 따라 적절하게 조절한다.

지게미 초[糟酢]를 만드는 방법: 봄술의 지게미[143]를 물에 타서 섞고, 덩어리를 손으로 으깨어 흩뜨려 혼합물의 농도를 아직 짜지 않은 술과 같

臥於酳🈂甕中, 以
向滿爲限. 以綿幕
甕口. 七日後, 酢
香熟, 便下水, 令
相淹漬. 經宿, 酳
孔子下之. 夏日作
者, 宜冷水淋,🈂
春秋作者, 宜溫
臥. 以穰🈂茹甕,
湯淋之, 以意消息
之.

作糟酢法. 用春
糟, 以水和, 搦🈂
破塊, 使厚薄如

숙성한 후에는 물을 초에 부어 주어야 하며, 항아리 밑바닥의 구멍은 부은 물이 초로 빠져 나오도록 설치된 것으로, 윗면에서 물을 붓고 나면 아래쪽 구멍으로 초액이 흘러나오게 된다. 묘치위 교석본에 의하면, 고체 발효된 초는 통상적으로 대부분 이러한 방법을 채용하고 있는데, 어떤 것은 구멍 안의 벽에 소공(疏孔)의 여과장치를 달거나 혹은 항아리 위에 여과장치를 올려놓았다. 액체 상태로 발효하는 것은 대부분 압착법을 사용한다고 하였다.

142 스성한은 도기의 밑구멍을 막아 주었다가 하룻밤이 지나면 이것을 뽑아내어 맑은 초가 흘러나오도록 했다고 해석하고 있다. 이렇게 물을 부어서 하루 동안 물에 잠기게 하면 더 농도가 진한 초를 우려낼 수 있지만, 위의 각주에서 언급된 묘치위의 설명과 도기의 밑구멍을 막지 않은 상태일 경우 물을 부으면 바로 도기 밑으로 빠져나가기 때문에 하룻밤 재우는 의미가 전혀 없어진다.

143 '춘조(春糟)'는 '춘주조(春酒糟)'로 써야 할 것으로 보인다.

이 한다.

3일이 지난 후에 2섬 전후의 맑은 즙을 짜내고 4말의 좁쌀 밥을 지어서[144] 넣어 준다. 동이를 그 위에 덮고 진흙으로 밀봉한다.

21일이 지난 후에 초가 숙성하면 아주 향기롭고 진해진다. 여름 내내 보관할 수 있다. 항아리는 방안의 그늘진 곳에 놓아두어야 한다.

『식경』에서 콩[大豆]으로 천세고주千歲苦酒[145]를 만드는 방법: 콩 한 말을 일어서 깨끗이 씻고 담가서 불린다[澤].[146] 쪄서 햇볕에 잘 말리고 거르지 않은 술을 붓는다.

양에 관계없이 모두 이와 같은 비율에 따른다.[147]

未壓酒.[173] 經三日，壓取清汁[174]兩石許，著熟粟米飯四斗投之. 盆覆，密泥. 三七日[175]酢熟，美釀. 得經夏[176]停之. 甕置屋下陰地.[177]

食經作大豆千歲苦酒法. 用大豆一斗，熟汏[178]之，漬令澤. 炊，曝極燥，以酒酷[179]灌之. 任性多少，以此爲率.

---

144 '숙속미반(熟粟米飯)'은 명초본에서는 본문과 같은데, 북송본과 호상본에서는 '숙(熟)'을 '열(熱)'로 쓰고 있다. 밥을 넣는 것은 『제민요술』의 본문에서는 모두 차가운 밥 또는 따뜻한 밥인데, 묘치위 교석본에서는 명초본에 따라서 '숙(熟)'으로 표기하였다고 한다.

145 '고주(苦酒)'는 초의 별칭으로서 『식경』과 『식차』에서만 칭하는 이름이다. 『명의별록(名醫別錄)』에서는 '초'에 대해서 "쓴맛이 있는 것을 민간에서는 '고주'라고 부른다."라고 하였다. 당나라 매표(梅彪)는 『석약이아(石藥爾雅)』 권상(上) 「석제약은명(釋諸藥隱名)」에서 "초(酢)는 일명 고주라고 한다."라고 하였다.

146 '택(澤)'은 물을 흡수하여 불린다는 의미이다.

147 본 조항에서는 거르지 않은 술[酒酷]에 대한 용량을 설명하지 않았으며 또한 거르지 않은 술[酒酷]에 붓는 농도도 제시하지 않았는데, 양에 관계없이 이 같은 비율에 따를 수는 없다. 『식경』의 문장이 비록 간략하기는 하지만, 아마도 '주배(酒酷)' 아래에 몇 말인지가 빠져 있는 듯하다.

소두小豆로 천세고주 만드는 방법:[148] 생소두 5말을 물에 담근 후 항아리에 넣는다.

찰기장쌀로 고두밥을 만들어 소두 위에 덮어 준다. 술 3말을 그 위에 붓는다.

실솜으로 항아리 주둥이를 덮어 준다. 20일이 지나면 고주가 숙성된다.

밀[小麥]을 이용하여 고주를 만드는 방법: 밀 3말을 쪄서 삶는다. 항아리 속에 담고 베로 항아리 주둥이를 밀봉한다.

7일 후에 열어서 묽은 술 2섬을 그 속에 부어 주면 오랫동안 두더라도 상하지 않게 된다.

물로 고주를 만드는 방법: 여국女麴[149]과 거친

作小豆千歳苦酒法. 用生小豆五斗,⑱ 水汰, 著⑱甕中. 黍米作饋, 覆豆上. 酒三石灌之. 綿幕甕口. 二十日, 苦酢成.

作小麥苦酒法. 小麥三斗, 炊令熟. 著㙷⑱ 中, 以布密封其口. 七日開之, 以二石薄酒沃之, 可久長不敗也.

水苦酒法. 女

---

148 묘치위 교석본에 이르길, 이 조항부터 '외국고주법(外國苦酒法)'의 조항에 이르기까지는 모두 『식경』의 문장을 인용하였다.

149 '여국(女麴)': 『식경』과 『식차』에서 사용하는 명칭으로, 차조 누룩이나 보리누룩 [麥䴷]을 가리킨다. 다음 편에서 『식경』을 인용한 것에 '출미여국(秫米女麴)'이 있는데 이는 곧 본서 권9 「채소절임과 생채 저장법[作葅藏生菜法]」에서 『식차』의 '출도미(秫稻米)' 여국(女麴)을 인용한 것이다. 『식차』에서는 또 "여국은 맥황의(麥黃衣; 맥혼)이다."라고 하였다. 묘치위 교석본을 참고하면, 이 초는 거친 쌀을 사용하고 있어 남방의 쌀로 만든 초(醋) 계통에 속한다. 『식경』과 『식차』의 기록은 남방의 특색을 가지고 있다. 초의 원료에는 보리, 밀, 고량, 좁쌀, 옥촉서(玉蜀黍), 콩류, 쌀, 조껍질, 곡물의 껍질, 술, 술지게미 등이 있다. 『제민요술』의 각종의 초에 사용되는 원료는 좁쌀, 차좁쌀, 기장쌀, 보리, 밀가루, 거르지 않은 술, 술, 밀기울, 술지게미, 조 껍질, 대두, 소두, 밀, 거친 좁쌀이 있으며 고량과 옥촉서를 제외하고는 모두 사용하였다. 마지막의 두 사례는 『식경』을 인용하여 직

좁쌀[麤米]¹⁵⁰ 각각 2말을 한 섬의 맑은 물에 하룻밤 담갔다가 즙을 짜낸다.

좁쌀로 밥을 지어¹⁵¹ 익혀 열기가 있을 때 항아리에 넣는다. 좁쌀 담근 즙을 항아리 가를 따라 조금씩 부어 넣어서 누룩과 밥이 뒤집어지지 않게 한다.

흙으로 항아리 주둥이 사방을 바르고 중앙에 구멍을 낸 후 널빤지로 그 위를 덮어 준다. 여름철에는 13일이 지나면 초가 된다.

속성으로 고주 만드는 방법: 찰기장쌀 한 말에 물 5말을 더해 끓여서 죽을 쓴다. 누룩 한 근을 불에 태워 표면을 누렇게 한 후 쳐서 부수어 항아리 바닥에 넣는다.(죽을 누룩에 붓는다.) 진흙으로 밀봉하고¹⁵² 이틀이 지나면 초

麴¹⁸³麤米各二斗,
清水一石, 漬之一
宿, 沛取汁. 炊米¹⁸⁴
麴飯令熟, 及熱¹⁸⁵
酘甕中. 以漬米汁
隨甕邊稍稍沃之,
勿使麴發飯起. 土
泥邊, 開中央,¹⁸⁶ 板
蓋其上. 夏月,¹⁸⁷
十三日便醋.

卒¹⁸⁸成苦酒法.
取黍米一斗, 水五
斗,¹⁸⁹ 煮作粥. 麴
一斤, 燒令黃, 搥
破, 著甕底. 以熟

접 꿀을 사용하면서 당화의 과정을 생략하고 있는데, 오늘날에는 대부분 사탕수수 등의 찌꺼기를 이용한다고 하였다.

150 '추미(麤米)': '추'자는 '조(粗)'자가 되어야 마땅한 듯하다. 즉 잘 빻아지지 않은 쌀이다.

151 '취미국반(炊米麴飯)': 여국(女麴)과 쌀을 하룻밤 담근 후에 걸러 내어 '미국(米麴)'을 지어서 밥하는 것을 가리킨다. 스성한의 금석본에서는 '국'자를 해석할 수 없으며, 아마 '작(作)'자를 잘못 썼거나 아니면 '불완전한 문장'일 가능성이 더 크다고 보았다. 즉 "炊米飯令熟, 及熱和麴投甕中."이 완전한 문장이라고 지적하였다.

152 '이숙호니(以熟好泥)': 이 구절은 잘못되었거나 빠진 부분이 있다. 스성한의 금석본에서는 문장의 의미상 "著粥其上. 密泥"가 되어야 한다고 보았으며, 묘치위 교석본에서는 '이(泥)' 다음에는 분명히 '이지(泥之)'나 '이봉(泥封)'이라는 글자

가 된다.

이미 맛을 보았음에도[153] 줄곧 신맛이 나는 것 또한 좋지 않다. (이때는) 좁쌀밥 한 말을 지어서 넣어 준다. 14일이 지나면 맑아지는데 맛도 좋고 진해서 대초大醋와 차이가 없다.

(검게 그을려 말린) 검은 매실[烏梅][154]로 고주 만드는 방법: 검은 매실의 씨를 빼고, 한 되 전후의 검은 매실의 과육을 고주 5되에 며칠간 담갔다가 햇볕에 말리고 찧어서 가루를 낸다.

먹으려고 할 때마다 꺼내어 물에 넣으면 곧 초가 된다.

꿀[蜜]로 고주 만드는 방법: 물 한 섬에 꿀 한 말을 고르게 잘 섞는다.

好泥, 二日便醋. 已嘗經試, 直醋亦不美. 以粟米飯⑩一斗投之. 二七日後, 清澄美釅, 與大醋不殊也.

烏梅苦酒法. 烏梅去核一升許肉, 以五升⑪苦酒漬數日, 曝乾, 擣作屑. 欲食, 輒投水中, 即成醋爾.⑫

蜜苦酒法. 水一石, 蜜一斗, 攪

가 빠져 있을 것으로 추측하였다. 또한 이 초는 죽(粥)과 국(麴)으로 배합하여 양조했다는 설명이 없다. 황록삼의 『방북송본제민요술고본(仿北宋本齊民要術稿本)』(이후 황록삼교기로 약칭)에 따르면 "'이숙(以熟)'은 … 이내 '입죽(入粥)'의 음이 유사하여 잘못된 것이다."라고 하였으나 『식경』은 항상 이와 같이 빠진 부분이 많다.

[153] '이상경시(已嘗經試)': 가사협이 일찍이 『식경』에 기록된 것에 의거하여 시험해 보았는데 그 결과 '초(醋)' 역시 결코 좋지 않았다고 한다. 다시 좁쌀 밥 한 말을 더하고서 14일이 경과된 후에야 비로소 좋아졌는데, 이것은 졸지에 빨리 초를 만든 것은 아니다.

[154] '오매(烏梅)': 푸른 매실[靑梅]을 굴뚝 위에서 연기를 쐬어 말려 검게 된 것이다. 권4「매실·살구 재배[種梅杏]」에는 '작오매법(作烏梅法)'이 있으나 가사협은 "약으로만 쓰이며, 음식에 조미료로 쓸 수는 없다."라고 하고 있는데, 『식경』은 초(醋)를 양조하고 음식물을 조리하였다고 기록하였다.

항아리 주둥이를 단단히 덮고 햇볕을 쪼인다. 20일이 지나면 숙성된다.

나라 밖[外國]의 고주 만드는 방법: 꿀 한 근, 물 3홉을 용기 속에 넣고 봉한다. 그 속에 고수[155] 열매 몇 개를 넣어 두면 벌레가 생기지 않는다.

정월 초하룻날에 만들면 9월 초아흐레에 숙성된다. 청동숟가락 한 술의 초에 물을 타면 30인이 먹을 수 있다.

최식이 이르기를, "4월 초나흘에 초를 만들 수 있다. 5월 초닷새에도 초를 만들 수 있다."라고 하였다.

使調和. 密[193]蓋甕口, 著日中. 二十日可熟也.

外國苦酒法. 蜜一升, 水三合,[194] 封著器中. 與少胡荽子[195]著中, 以辟, 得不生蟲. 正月旦[196]作, 九月九日熟. 以一銅匕水[197] 添之, 可三十人食.

崔寔[198]曰, 四月四日[199]可作酢. 五月五日亦可作酢.

---

155 '수(荽)': '수(荽)'와 같으며, 미나리과의 고수[莞荽; *Coriandrum sativum*]이다. 1-2년생 채소로 통칭하여 향채라고 한다. 『일체경음의(一切經音義)』 권24 '향수(香荽)'조에는 "또 수(荽)라고 쓰며 … 『운약(韻略)』에서 말하기를 '호수는 향채이다.'"라고 하였다. 『식경』에서는 그 씨를 벌레를 물리치는 데 사용한다. 권10에는 「(59) 고수[胡荽]」가 있는데, 이는 곧 도꼬마리[蒼耳]이며, 『식경』에서 가리키는 것은 아니다.

● 그림 10
고리[栲栳]

● 그림 11
용수[篘]

교 기

[85] '법(法)': '법'자는 명청 각본에 없다. 원각본, 명초본, 금택초본에 따라 보충한다.

[86] '초(醋)': 원각본 및 명초본에서는 '초(醋)'로 쓰여 있고 금택초본과 호상본에서는 '초(酢)'로 쓰여 있으나 글자는 동일하다.

[87] "車轍中乾土末一掬": 이 구절은 명청 각본에 "磚轍中乾土末淘"로 되어 있고, 명초본에 '말(末)'자가 '목(木)'으로 잘못되어 있다. 원각본과 금택초본에 따라 바로잡는다. '철'은 수레바퀴가 구른 흔적이다. 묘치위 교석본에 의하면, '건토말(乾土末)'의 '말(末)'은 원각본과 호상본에서는 글자가 같으나, 금택초본에서는 '미(未)'로 되어 있으며, 명초본에서는 '목'으로 잘못 쓰여 있다고 하였다.

[88] '일두(一斗)': 명청 각본에 '이두(二斗)'로 잘못되어 있다. 원각본과 명초본, 금택초본에 따라 고친다.

[89] '물(勿)': 명청 각본에 '물(物)'로 잘못되어 있다. 원각본과 명초본, 금택초본에 따라 바로잡는다.

[90] '발(拔)': 명청 각본에 '반(扳)'으로 잘못되어 있다. 원각본과 명초본, 금택초본에 따라 수정한다.

91 '일칠일단(一七日旦)': 명청 각본에 '일'자가 빠져 있다. 원각본과 명초본, 금택초본에 따라 보충한다.

92 '어옹(於甕)': 명청 각본에 이 두 글자가 빠져 있다. 원각본과 명초본, 금택초본에 따라 고쳤다.

93 '함기(鹹器)': 명청 각본에 이 두 글자가 빠져 있다. 원각본과 명초본, 금택초본에 따라 보충한다.

94 '맥혼(麥㷬)': 명청 각본에 '맥면(麥麪)'으로 잘못되어 있다. 원각본과 명초본, 금택초본에 따라 바로잡는다.

95 '삼두(三斗)': 명초본과 명청 각본에 모두 '이두(二斗)'로 되어 있다. 원각본과 금택초본에 의거하여 고쳐 두었다.

96 '횡도(橫刀)': 명청 각본에 '기도(機刀)'로 잘못되어 있다. 원각본과 명초본, 금택초본에 따라 바로잡는다.

97 '맥혼(麥㷬)': '혼'자는 명청 각본에 '면(麪)'으로 잘못되어 있다. 원각본과 명초본, 금택초본에 따라서 수정하였다.

98 '속반(粟飯)'은 명초본과 호상본에는 '속반(粟飰)'이라고 쓰여 있는데, '반(飰)'은 '반(飯)'의 속사(俗寫)이다. 북송본에선 '속미(粟米)'로 잘못 쓰고 있다.

99 '삼종(三種)': 명초본과 명청 각본에 '이종(二種)'으로 잘못되어 있다. 원각본과 금택초본에 따라 바로잡는다. 묘치위 교석본에 의하면, 북송본에서는 '삼종'으로 쓰여 있으며, 명초본과 호상본에서는 '이종(二種)'으로 쓰여 있는데 잘못된 것이다. 이것은 이 두 종류의 '우법(又法)'이 원래는 '출미신초법(秫米神酢法)' 조항의 아래에 있음으로 인해 생긴 것이라고 한다.

100 '청소전다(清少澱多)': 명청 각본에 '소(少)'가 '사(沙)'로 잘못되어 있다. 원각본과 명초본, 금택초본에 따라 바로잡는다. 다만 본장 앞부분의 '차조로 신초 만드는 법[秫米神酢法]'에서 "十石甕, 不過五斗澱"이라고 한 점으로 보건대 '清多澱少'가 되어야 한다.

101 '십월중(十月中)': 명청 각본에 '십월종(十月終)'으로 잘못되어 있다. 원각본과 명초본, 금택초본에 따라 바로잡는다.

102 '반(飯)': 스성한의 금석본에는 '국(麴)'으로 되어 있다. 스성한에 따르

면, 명청 각본에 '면(麪)'으로 잘못되어 있는데 원각본과 명초본, 금택
초본에 따라 바로잡으며, 본편의 몇 군데에 같은 경우가 있다고 한다.

103 '영(令)': 북송본, 호상본 등에서는 '영(令)'이라고 쓰고 있는데, 명초본
에서는 '금(今)'이라 잘못 쓰고 있다.

104 '일돈(一頓)': 명청 각본에 '이돈(二頓)'으로 잘못되어 있다. 원각본과
명초본, 금택초본에 따라 바로잡는다.

105 '수(手)': 명초본과 명청 각본에 '수(水)'로 잘못되어 있다. 원각본과 금
택초본에 따라 바로잡는다. 묘치위 교석본에 의하면, '우이수(又以手)'
의 '수(手)'는 북송본에서도 이 글자와 같다고 하였다.

106 '면(綿)': 명초본과 호상본에서는 '면(綿)'으로 쓰여 있다. 북송본에서는
'면(縣)'자로 쓰는데 글자는 동일하다. 묘치위 교석본에서는 '면(綿)'자
로 통일하고 있다.

107 '일교(一攪)': 명청 각본에 '이교'로 잘못되어 있다. 원각본과 명초본, 금
택초본에 따라 바로잡는다.

108 '득식(得食)': 명청 각본에 '득'자 위에 '담(啖)'자가 더 있다. 이 글자는
불필요한 것이 분명하다. 원각본과 명초본, 금택초본에 따라 삭제한
다.

109 "饙黍亦不得人啖之": '분서'는 명청 각본에 '귀첨(貴添)'으로 잘못되어
있다. 구절 말의 '지(之)'자는 명청 각본에 누락되어 있다. 원각본과 명
초본, 금택초본에 따라 바로잡고 보충한다.

110 '삼월(三月)': 북송본에서는 '삼월'로 쓰여 있으나, 명초본과 명청 각본
에 '이월'로 잘못되어 있다. 원각본과 금택초본에 따라 바로잡는다. 아
래 구절이 '파월사월(八月四月)'이므로 반드시 '삼(三)'이 되어야 함을
증명할 수 있다.

111 '정화수(井花水)': 스성한의 금석본에서는 '정화수(井華水)'로 쓰고 있
다. 스성한에 따르면, 원각본, 금택초본은 여기에서 모두 '정화수(井華
水)'로 썼으나 뒤에는 '정화수(井花水)'라고 되어 있다. '화(花)'자는 육
조인들이 쓰면서 점차 확대된 것으로 이전에는 모두 '화(華)'자를 썼다.

112 '첨(尖)': '첨'자는 명청 각본에 '수(水)'로 잘못되어 있다. 원각본과 명초
본, 금택초본에 따라 바로잡는다.

⊞ '사(寫)': '사'자는 명청 각본에 '위(爲)'로 잘못되어 있다. 원각본과 명초본, 금택초본에 따라 고친다.

⊞ '기(忌)': 명청 각본에 '망(忘)'으로 잘못되어 있다. 원각본과 명초본, 금택초본에 따라 수정하였다.

⊞ '저지(著之)': 원각본과 금택초본 및 북송본에는 '저야(著也)'로 되어 있으며, 명초본과 명청 각본에 '저지(著之)'로 되어 있다. 『제민요술』에 '야(也)'자로 구절을 마치는 경우가 많은데 의미가 없으며, 후대의 습관과도 꼭 같지 않다. 여기에서 '지(之)'로 하는 것이 더 적합하다.

⊞ '초(酢)': 명초본과 명청 각본에 '초(醋)'로 되어 있다. 원각본과 금택초본에 따라 '초(酢)'로 한다.

⊞ '장(漿)': 명청 각본에 이 단락의 '장'자가 모두 '장(醬)'으로 잘못되어 있다. 원각본과 명초본, 금택초본에 따라 바로잡는다.

⊞ '국(麴)': 명청 각본에 '면(麵)'으로 잘못되어 있다.

⊞ '미유재류(米唯再餾)': 명청 각본에 '미'자가 빠져 있다. 원각본과 명초본, 금택초본에 따라 보충한다.

⊞ '사(寫)': 스성한의 금석본에서는 '사(寫)'를 쓰고 있다. 스성한은 명청 각본에 '사'를 '위(爲)'로 잘못 썼으며, 원각본과 명초본, 금택초본에 따라 바로잡는다고 하였다.

⊞ '유이침분(留以浸饙)': 스성한의 금석본에서는 '분'으로 쓰고 있으나, '분'은 '궤(饋)'의 잘못으로 보고 있다. 스성한에 따르면 명청 각본에 '유이침분(餾以浸饋)'으로 잘못되어 있다. 본편의 '궤'자는 명청 각본에 '분(饋)'으로 틀리게 쓰지 않은 경우가 드물다고 하였다.

⊞ '탄(撣)': 명초본과 금택초본에 모두 '휘(揮)'로 잘못되어 있는데, 원각본에 따라 바로잡는다. 명초본 두 권의 '탄'자는 대부분 '휘'로 잘못되어 있다. 탄은 '서둘러 털다', 즉 '빠르게 두드리다'의 뜻으로 풀이된다. 묘치위 교석본에 의하면, 본권 속에 등장하는 각 '탄(撣)'자는 북송본, 호상본 등에서는 모두 글자가 같고, 명초본에서는 대부분 '휘(揮)'로 썼는데, 여기서도 마찬가지이다. 묘치위는 '탄(撣)'은 '닦다', '추켜올리다[拂]'라는 의미인데, 파생되어 펴서 펼치다는 의미가 되어 펴서 흩뜨려 열기를 발산키는 것을 이른다고 한다.

☒ '벽파(擘破)': 명청 각본에 '벽거(擘去)'로 잘못되어 있다. 원각본과 명초본, 금택초본에 따라 바로잡는다.

☒ '초장(醋漿)': 북송본에서는 '초장(醋漿)'으로 쓰고 있으나, 명초본에는 '장초(漿醋)'로 잘못되어 있고, 명청 각본에는 '장초(醬醋)'로 잘못되어 있다. 원각본과 금택초본에 따라 바로잡는다.

☒ '영어박죽(令如薄粥)': 명청 각본에 '여(如)'자가 빠져 있다. 원각본과 명초본, 금택초본에 따라 보충한다.

☒ '북음(北蔭)': 원각본에 '비음(比蔭)'으로 잘못되어 있다. 명초본과 금택초본, 명청 각본에 따라 바로잡는다.

☒ '입옹(入甕)': 명청 각본에 '입'자가 빠져 있다. 원각본과 명초본, 금택초본에 따라 보충한다.

☒ '이엄(利嚴)': 스성한의 금석본에서는 '과려(科麗)'라고 쓰고 있다. 반면 묘치위 교석본에 의하면, 금택초본에서는 '이엄(利嚴)'이라고 쓰고 있는데, 원각본, 명초본, 호상본에서는 '과려(科麗)'로 쓰고 있어서 해석이 되지 않는다. 마땅히 형태상의 잘못이라고 하였다.

☒ "三日便發. 發時": '삼'자는 명청 각본에 '이(二)'로 잘못되어 있으며, 다음 구절 첫머리의 '발'자가 누락되었다. 원각본과 명초본, 금택초본에 따라 바로잡고 보충한다.

☒ '生白醭則不好': 명청 각본에 구절 첫머리의 세 글자(아마 위 구절 마지막과 중복되어 잘못 섞인 듯하다.)가 없는데, 원각본과 명초본 및 금택초본에 따라 보충한다. '복'은 식초 위에 생긴 흰색 '균피(菌皮)'이다.

☒ '범초실이(凡醋悉爾)': 명청 각본에 구절 첫머리 '범초(凡醋)' 두 글자가 누락되어 있다. 원각본과 명초본, 금택초본에 따라 보충한다.

☒ '간미소(看米消)': 명청 각본에 '看水消'로, 명초본에 '看水清'으로 되어 있다. 원각본과 금택초본에 따라 바로잡는다. 묘치위 교석본에 의하면, 북송본에서는 '미소(米消)'로 쓰여 있는데, 다음 문장에는 '看餅漸消盡'이 있다. 명초본에서는 '수청(水清)'이라고 쓰여 있는데 분명 형태상의 잘못이라고 하였다.

☒ '엄(嚴)': 스성한의 금석본에서는 '엄(釅)'으로 쓰고 있다. 스성한에 의하면 원각본, 금택초본에 모두 '엄(嚴)'으로 되어 있는데, 본서 전후의

여러 예에 따라 명청 각본과 마찬가지로 '엄(釅)'으로 해야 한다고 보았다.

▨ '이일삼일(二日三日)': 명청 각본에 '一日三日'로 되어 있다. 원각본과 명초본, 금택초본에 따라 바로잡는다.

▨ '인거(引去)': 금택초본에 '별거(別去)'로, 명청 각본에 '인출(引出)'로 되어 있다. 원각본과 명초본에 따라 고친다.

▨ '서출미투(黍秫米投)': 명청 각본에 '출'자가 누락되어 있다. '투(投)'는 북송본과 호상본에서는 '투(投)'로 적혀 있으나 명초본에 '교(攪)'로 잘못되어 있다. 원각본과 금택초본에 따라 보충한다.

▨ '요병(澆餅)': 묘치위 교석본에서는 이처럼 '요병'으로 쓰고 있으나, 스성한의 금석본에는 '소병(燒餅)'으로 표기하고 있다.

▨ '七月七日作': 명청 각본에 '작(作)'자가 없다. 원각본, 명초본과 금택초본에 따라 보충한다.

▨ '凡四五投': 스성한의 금석본에는 '오(五)'와 '투(投)' 사이에 '도(度)'자가 있다. 스성한에 따르면, 원각본과 금택초본에 '도(度)'자가 없으며, 명청 각본에 '凡四五投後'로 되어 있는데, 명초본의 '凡四五度投'가 가장 합리적인 듯하다고 한다.

▨ '박병연제면병(薄餅緣諸麵餅)': 명청 각본에는 '병'자가 빠져 있다. 원각본과 명초본, 금택초본에 따라 보충해서 넣는다. 묘치위 교석본에 의하면, '제면병(諸麵餅)'은 위 문장이 '박병연(薄餅緣)'과 이어져서 구(句)를 이루고 있는데, 북송본과 호상본은 이 문장과 같다. 가장자리가 얇은 각종의 떡[餅]을 지칭한다. 명초본은 '제국병(諸麴餅)'이라고 잘못 쓰고 있다고 하였다.

▨ '박(煿)': 명초본과 명청 각본에 '박(煿)'으로, 금택초본에는 '연(煉)'으로 되어 있다. 원각본에 따라 '박(煿)'으로 한다. 『집운』에 따르면 '박(煿)'은 '폭(爆)'이며, '불로 굽는 것(火乾)'이다.

▨ '미압(末壓)': 명청 각본에 '미압(味壓)'으로 잘못되어 있다. 원각본, 명초본과 금택초본에 따라 바로잡는다.

▨ '오석미(五石米)': 명청 각본에 '오두미(五斗米)'로 잘못되어 있다. 원각본, 명초본과 금택초본에 따라 고친다.

■ '탄(撣)': 북송본에서는 이 글자와 같은데, 명초본과 호상본에선 '탄(攤)'으로 쓰고 있고, 명청 각본에 '탄(攤)'으로 되어 있다. 명초본에는 원래 비어 있는데 '탄(攤)'자를 보충해서 넣었다. 원각본과 금택초본에는 '탄(撣)'으로 되어 있으며 이는 본편 전후 각 단락의 예와 같다.

■ '매일(每日)': 북송본과 호상본에서는 '매일'로 쓰고 있는데, 명초본에서는 '매파(每杷)'로 잘못 쓰고 있다. 또한 명초본에도 '일(日)'자가 '파(杷)'로 잘못되어 있다. 원각본, 명초본과 금택초본에 따라 고친다.

■ '춘하(春夏)': 명청 각본에 '춘하(春下)'로 되어 있다. 원각본, 명초본과 금택초본에 따라 바로잡는다.

■ '요교(撓攪)': 명청 각본에 '교요(攪撓)'로 되어 있다. 원각본, 명초본과 금택초본에 따라 순서를 뒤바꾼다.

■ '소난(小暖)': 명청 각본에 '소난(少暖)'으로 잘못되어 있다. 원각본, 명초본과 금택초본에 따라 수정한다.

■ '와(臥)': 북송본에서는 이와 같으나, 명초본과 명청각본에 '용(用)'으로 잘못되어 있다. 원각본과 금택초본에 따라 바로잡는다.

■ "便壓之, 如壓酒法": 두 '압(壓)'자는 명청 각본에 모두 '목(睦)'으로 잘못되어 있다. 원각본, 명초본과 금택초본에 따라 고친다.

■ '징청(澄清)': 북송본에서도 '청'자로 쓰여 있으나 '청'자는 명초본에 '지(漬)'로 잘못되어 있다. 원각본, 명초본과 금택초본에 따라 바로잡는다.

■ '必須以冷水澆之': 명청 각본에 '수(須)'자가 없고, 원각본과 금택초본에는 '지(之)'자가 없다. 명초본에 따라 두 글자를 보존한다. 묘치위 교석본에 의하면, '요(澆)'자로 쓰여 있는데 명초본과 호상본에서는 '요지(澆之)'라고 쓰고 있다고 하였다.

■ '삼곡(三斛)': 명청 각본에 '일곡(一斛)'으로 되어 있다. 원각본, 명초본과 금택초본에 따라 '삼곡'으로 고친다.

■ '양(穰)': 원각본에는 '양(䒤)'으로 되어 있다. 금택초본에 '기(其)'라고 한 것은 잘못된 글자이나, 근거로 삼고 있는 원본이 '초머리[艸]'가 들어간 글자임을 분명히 보여 준다. '양(穰)'은 본서의 전반부[예를 들면 권 1 「종자 거두기[收種]」의 '양초(䒤草)']에서는 '초머리[艸]'가 들어간

글자를 썼으나, 7권 이후에는 '화(禾)'자가 들어간 글자가 많다. 그러므로 명초본과 명청 각본의 '양(穰)'자를 남겨 둔다.

155 '형죽추(荊竹籙)': 명청 각본에 '荊葉竹'으로 되어 있다. 원각본, 명초본과 금택초본에 따라 바로잡는다.

156 '추(籙)': 명청 각본의 이곳과 아래 몇 군데의 '추'자는, 원각본과 명초본 및 금택초본에 모두 '추'자로 되어 있다. 추는 『집운』「하평성(下平聲)·십팔용(十八龍)」에 따르면 '추(篘)'자의 다른 표기법이며 '술을 걸러 뜨는 것[漉取酒也]'으로 풀이된다. 즉 술을 거르는 데 사용되는 도구이며 동사로도 쓰일 수 있다. 묘치위 교석본에 의하면, '추(籙)'는 대껍질로 짠 긴 통모양으로, 찌꺼기를 사이에 두고 술을 추출하는 용기로서 속칭 '주추(酒籙)'라고 일컫는다. 『사시찬요』「칠월(七月)」편에서는 '맥추(麥籙)'를 또 '추(篘)'라고 쓰고 있으며, 『제민요술』에서 '추(籙)'로 쓴 것은 후대 사람이 고쳐 쓴 것이라고 하였다.

157 '급냉수(汲冷水)': 명청 각본에 '급(汲)'이 '급(及)'으로 잘못되어 있다. 원각본과 명초본, 금택초본에 따라 바로잡는다.

158 '읍취(挹取)': 이곳의 '읍'과 아래 부분의 '읍(挹)' 2개는 명청 각본에 모두 '파(杷)'로 잘못되어 있다. 원각본과 명초본, 금택초본에 따라 고친다.

159 '숙(熟)': 명청 각본에 모두 '열(熱)'로 잘못되어 있다. 원각본과 명초본, 금택초본에 따라 바로잡는다. 묘치위 교석본에 의하면, '조숙(糟熟)'은 각본에서는 동일하다. 술지게미와 겨를 조제하여 초 찌꺼기를 숙성하는 것을 가리키나 실제는 함께 숙성되지 않아 '숙(熟)'은 '열(熱)'로 써야 될 듯하다. 이는 초 찌꺼기가 발효하면서 열이 생기고 향기가 나는 것을 가리킨다. 위 문장의 '신초법(神酢法)'에서 "2-3일이 지나면 항아리에서 열이 난다."라고 하였는데, 이것은 바로 발효할 때 열이 발생하는 점에서 유사하다고 하였다.

160 '미(美)': 명청 각본에 '미'는 '미(味)'로 잘못되어 있다. 원각본과 명초본, 금택초본에 따라 고친다.

161 '추(籙)': 명청 각본에 '복(復)'으로 잘못되어 있다. 원각본과 명초본, 금택초본에 따라 바로잡는다.

162 '冬得六十日': 명청 각본의 구절 첫머리에 '내지(乃止)' 두 글자가 있다.

원각본과 명초본, 금택초본에 따라 삭제한다.

163 '삼오일(三五日)': 명초본의 '일'자가 '월(月)'자로 잘못되어 있다. 원각본과 명초본, 금택초본에 따라 수정한다.

164 '법(法)': '법'자는 원각본과 금택초본에 '자(者)'로 되어 있다. 명초본과 명청 각본에 따라 마땅히 '법'자가 되어야 한다.

165 '엄(釅)': 명청 각본에 '압(壓)'으로 잘못되어 있다. 원각본과 명초본, 금택초본에 따라 바로잡는다.

166 '이주(頤酒)': 권7「분국과 술[笨麴并酒]」에는 '이주(頤酒)'가 있는데, 이 글자는 원각본, 명초본, 호상본에서는 '이(頤)'자로 쓰여 있지만, 금택초본에서는 '순(順)'자로 쓰여 있어서 잘못된 것이다. 명초본과 명청 각본에 '수(須)'로 잘못되어 있다. 금택초본에 따라 바로잡는다.

167 '상습하(常濕下)': 스성한의 금석본에서는 '습'을 '습(溼)'으로 쓰고 있다. 스성한은 명청 각본에 '습' 다음에 '자(者)'자가 있으나, 원각본과 명초본, 금택초본에 따라 삭제한다고 하였다.

168 '날(辣)': 스성한의 금석본에서는 '날' 뒤에 '낭갈절(郎葛切)'을 추가하여 쓰고 있다. 스성한에 따르면, 원각본과 명초본, 금택초본에서는 '낭갈절(郎葛切)'이라고 작은 글자의 협주를 두었는데, '날(辣)'자의 음주이다. 명청 각본에서는 전체에 '극부저절(棘部著切)'이라고 쓰고 정문으로 삼았는데, 송본 계통에 따라 바로잡아야 한다.

169 '견(䤕)': 스성한의 금석본에는 '인(䤖)'으로 쓰고 있다. 스성한에 따르면, 명청 각본에 '초(酢)'로 되어 있는데 모두 잘못된 글자이다. 원각본과 명초본, 금택초본의 '인(䤖)'자 역시 잘못된 글자이며 '견(䤕)'자가 마땅하다. 이에 송본 계통의 '인(䤖)'자를 잠시 보류하나 '견(䤕)'자로 쓰는 것이 적합하다. '견옹(䤕甕)'은 바닥에 구멍이 있어 원하는 대로 열었다가 닫을 수 있다. 구멍을 막으면 액체를 담을 수 있고, 구멍을 열면 액체가 흘러 나가며 고체 '찌꺼기'만 남는다. 묘치위 교석본에 의하면, '인(䤖)'은 "술로써 입을 헹군다.[以酒漱口.]"라는 의미이고, '견(䤕)'은 "구멍을 통해서 술을 내린다.[以孔下酒.]"라는 뜻이라고 한다.

170 '냉수림(冷水淋)': 명초본과 명청 각본에 '임'자 아래에 '지(之)'자가 있는데 원각본과 금택초본에는 없다. 아래 구절 '의온와(宜溫臥)'를 보건

대 이 '지(之)'자가 있어서는 안 된다. 묘치위 교석본에 따르면, 북송본에서는 '임(淋)'으로 쓰여 있으며, 이것은 물을 항아리 속에 붓는 것을 의미하지, 항아리 밖에 붓는 것은 아니다. 이것은 고체형태의 발효이기 때문에 물을 붓는 것을 '임(淋)'이라고 일컫는다고 하였다.

171 '양(穰)': 명청 각본에 '여(旅)'로 잘못되어 있다. 원각본과 명초본, 금택초본에 따라 '양(穰)'으로 한다.

172 '익(搦)': 명청 각본에 '죽(粥)'으로 잘못되어 있다. 원각본과 명초본, 금택초본에 따라 '익(搦)'으로 한다.

173 '주(酒)': 북송본에도 '주'로 쓰여 있으나, 명초본과 명청 각본에 '수(須)'로 잘못되어 있다. 원각본과 금택초본에 따라 '주'로 한다.

174 '청즙(清汁)': 명청 각본에 '청수즙(清水汁)'으로 잘못되어 있다. 원각본과 명초본, 금택초본에 따라 '수'자를 삭제한다.

175 '삼칠일(三七日)': 북송본에서도 '삼칠일'로 쓰여 있으나, 명초본과 명청 각본에 '이칠일(二七日)'로 되어 있다. 원각본과 금택초본에 따라 바로잡는다.

176 '경하(經夏)': 명청 각본에 '경'자가 없다. 원각본과 명초본, 금택초본에 따라 보충한다.

177 '음지(陰地)': 명청 각본에 '지'자 다음에 '지처(之處)'의 두 글자가 있다. 명초본에도 이 두 글자가 있는데, 훗날 보충하였음이 분명하다. 원각본과 금택초본에 따라 삭제한다. 묘치위 교석본에 의하면, '지(地)'자 아래에 명초본과 명각본에서는 '지처(之處)'라는 두 글자가 있지만 북송본에는 없다. 명초본에서는 (제목 다음의) 두 줄로 된 작은 글자는 '지(地)'자까지 이르고 단지 한 칸이 비어 있는데, 이 두 글자는 빈 공간에 빽빽하게 쓰여 있기 때문에 글자가 특별히 작다. 확실히 후인이 명대 각본에 의거해 첨가한 것으로서 군더더기가 되어 버렸다고 하였다.

178 '태(汰)': 명초본과 명청 각본에 '옥(沃)'으로 되어 있는데, 원각본과 금택초본에 따라 고친다. 여기에서는 단지 (일어) 씻는 것이며, 이 외에 물에 담그는 것[水浸; 漬]이 있는데 다음 구절의 '침(浸; 沃)'과는 다르므로, '옥(沃)'이 아니라 '태(汰)'로 할 수밖에 없다.

179 '주배(酒酵)': 명청 각본에 '배'자가 없다. 원각본과 명초본, 금택초본에 따라 보충한다.

📵 '오두(五斗)': 명청 각본에 '육두(六斗)'로 되어 있다. 원각본과 명초본, 금택초본에 따라 '오두'로 한다.

📵 '저(著)': 명청 각본에 '즉(則)'으로 되어 있다. 원각본과 명초본, 금택초본에 따라 바로잡는다.

📵 '저강(著堈)': 명초본과 명청 각본에 '자강(者堢)'으로 되어 있는데 원각본과 금택초본에 따라 바로잡는다. 묘치위 교석본을 보면, '저강(著堈)'은 북송본에서는 이 문장과 같으며 호상본에서는 '자강(者堈)'으로 쓰여 있는데 이는 잘못이라고 한다.

📵 '여국(女麴)': 명청 각본에 '취국(取麴)'으로 되어 있다. 원각본과 명초본, 금택초본에 따라 바로잡는다.

📵 "浺取汁, 炊米": 명청 각본에 '제'자가 '비(沸)'로, '취'자가 '자(滋)'로 잘못되어 있다. 원각본과 명초본, 금택초본에 따라 바로잡는다. '제(浺)'의 음은 zǐ이며 '걸러서 취하다'의 뜻이다. '제'는 명초본에서는 이 글자와 같으며 원각본에서는 '제(浺)'로 쓰고 있는데 잘못된 글자를 따른 것이다. 금택초본에서는 '연(練)'이라고 잘못 쓰고 있으며 명각본에서는 '비(沸)'로 잘못 쓰고 있다. 묘치위는 '제(浺)'는 고문의 '제(濟)'자로서『주례(周禮)』「천관(天官)·주정(酒正)」의 정현의 주에서 "청(淸)은 단술을 거른 것이다."라고 하였다. 이는 곧 압착해서 짠 술액으로 여기서는 누룩 쌀을 건져 내어서 담근 즙을 가리킨다.

📵 '급열(及熱)': 명초본과 명청 각본에 '극열(極熱)'로 되어 있다. 원각본과 금택초본에 따라 '급열'로 한다. '급열'은 오늘날 입말 중의 '뜨거울 때를 틈타서' 혹은 '뜨거울 때를 이용하여'의 뜻이다. 묘치위 교석본에 의하면, 북송본에서는 '급열(及熱)'로 쓰고 있으며 이는 열기를 틈탄다는 의미이다. '두(酘)'는 북송본에서는 이 글자와 같은데, 초를 만드는 방법은 여기서만 겨우 보이며 명초본과 호상본에서는 여전히 '투(投)'로 쓰고 있다고 하였다.

📵 "土泥邊, 開中央": '토'자는 학진본에 '상(上)'으로 되어 있고, '니'자는 명초본과 명청 각본에 '장(張)'으로 되어 있다. '개'자는 명초본과 명청 각본에 '간(間)'으로 되어 있다. 북송본에서는 이 문장과 같은데 명초본과 호상본에서는 "土張邊, 間中央"이라고 잘못 쓰여 있다. 원각본과 금택

초본에 따라 고친다.

187 '하월(夏月)': 명초본과 명청 각본에 '하거(下居)'로 되어 있다. 원각본과 금택초본에 따라 바로잡는다.

188 '졸(卒)': 명청 각본에 '신(新)'으로 되어 있다. 원각본과 명초본, 금택초본에 따라 수정한다.

189 '두(斗)': 명청 각본에 '승(升)'으로 되어 있다. 원각본과 명초본, 금택초본에 따라 정정한다.

190 '반(飯)': 명청 각본에 '반'자가 없다. 원각본과 명초본, 금택초본에 따라 보충한다.

191 '승(升)': 명청 각본에 '근(斤)'으로 되어 있다. 원각본과 명초본, 금택초본에 따라 바로잡는다.

192 '이(爾)': 명청 각본에 '이(耳)'로 되어 있다. 원각본과 명초본, 금택초본에 따라 '이(爾)'로 한다.

193 '밀(密)': 명초본과 명청 각본에 '밀(蜜)'로 잘못되어 있다. 원각본과 금택초본에 따라 고친다.

194 '삼합(三合)': 명청 각본에 '이합(二合)'으로 되어 있다. 원각본과 명초본, 금택초본에 따라 바로잡는다.

195 '호수자(胡荽子)': 명청 각본에 '맥(蔢)'으로 되어 있다. 원각본과 명초본, 금택초본에 따라 '수(荽)'로 한다.

196 '정월단(正月旦)': 명청 각본에 '단'자가 없다. 원각본과 명초본, 금택초본에 따라 보충한다.

197 '일동비수(一銅匕水)': '동비(銅匕)'는 명초본에는 문장과 같으며 곧 동으로 만든 구기[瓢]이다. '비'자는 학진본에 중복되어 나타나며, 명청 각본에는 '비'자가 한 칸 비어 있다. 원각본과 명초본, 금택초본에 따라 바로잡는다. 북송본에서는 '동비'를 '동상(銅上)'으로 잘못 쓰고 있고, 호상본에는 '동칠(同七)'로 잘못 쓰고 있다.

198 '최식(崔寔)': 명청 각본에 '최씨(崔氏)'로 잘못되어 있다. 원각본과 명초본, 금택초본에 따라 바로잡는다.

199 '사월사일(四月四日)': 명청 각본에 '사월' 두 글자가 없다. 원각본과 명초본, 금택초본에 따라 보충한다.

<table>
<tr>
<td>

제72장
두시 만드는 방법 作豉法¹⁵⁶第七十二

</td>
</tr>
</table>

두시 만드는 방법:¹⁵⁷ 먼저 그늘진 방을 따뜻하게 하고 방안에 2-3자 깊이로 구덩이를 판다.¹⁵⁸

지붕은 반드시 초가여야 하며 기와지붕은 좋지 않다.¹⁵⁹ 진흙으로 문과 창을 밀봉하여¹⁶⁰ 바

作豉法. 先作
暖蔭屋, 坎地深
三二尺. 屋必以
草蓋, 瓦則不佳.
密泥塞屋牖, 無

---

156 원래는 이 부분에 '법(法)'자가 없으나, 묘치위 교석본에서는 권 첫머리의 목록에 의거하여 '법'자를 덧붙이고 있다.

157 '작시법(作豉法)' 조항은 원래 제목만 큰 글자로 쓰여 있고 내용은 전부 두 줄로 된 작은 글자로 되어 있었는데, 묘치위 교석본에서는 모두 큰 글자로 고쳐 쓰고 있다. 니시야마의 역주본, 107-108쪽에서 '시(豉)'는 일본의 말린 낫토[乾納豆]에 해당한다고 한다. 콩은 여러 종류의 발효균을 번식시키고 단백질은 아미노 물질과 펩톤 등으로 변하며, 소금을 넣은 것을 '염시(鹽豉)'라고 일컫는다. '시'는 '누런 곰팡이[黃衣]가 된 콩'이라고도 말한다. 오늘날 일본의 하마도 낫토[濱名納豆]와 같은 유이지만 '시'는 바로 먹는 것이 아니고, 혼식하는 경우도 삶고 조리한다. 또 '시'는 조미료로 사용되는데『제민요술』에서는 소금 다음으로 용례가 많은 조미료이다.

158 '坎地深三二尺': 지면에서 2-3자[尺] 깊이로 땅을 파서 반지하실 형태의 밀폐된 따뜻한 구덩이를 만드는 것이다.

159 기와집은 초가집처럼 따뜻하지 않다.

람이나 벌레, 쥐가 들어가게 해서는 안 된다. 작은 문을 내어서 겨우 한 사람만 들어갈 수 있도록 한다. 짚으로 짠 두꺼운 발[橐籬]¹⁶¹을 만들고 걸어서 문 입구를 막아 준다.

4, 5월이 가장 좋은 시기이고, 7월 20일 이후에서 8월까지가 중간쯤의 시기이다. 나머지 달에도 만들 수 있다. 그러나 겨울은 너무 춥고 여름은 너무 더워서 온도를 적당하게 조절하기가 매우 어렵다.

보통 계절이 교차되는 시기에는 절기가 안정되지 않아서 적합한 온도를 유지하기가 어렵다. 평상시에는 항상 매 계절의 첫째 달[四孟月]¹⁶² 초열흘 이후에 만들면 성공하기 쉬우며 좋다.

일반적인 표준은 항상 사람 겨드랑이 속의 온도가 가장 적합하다. 만약 (날씨가 춥거나 더운 것의) 차이가 크면[若等]¹⁶³ 조절하기가 쉽지

令風及蟲鼠²⁰⁰入也. 開小戶, 僅得容人出入. 厚作橐籬²⁰¹以閉戶.

四月五月爲上時, 七月二十日²⁰²後八月爲中時. 餘月亦皆得作. 然冬夏大寒大熱, 極難調適. 大都每四時交會²⁰³之際, 節氣未定, 亦難得所. 常以四孟月十日後作者, 易成而好. 大率常欲令溫如人腋下爲佳. 若等不

---

160 '密泥塞屋牖': '옥'자는 아마 '호(戶)'자 혹은 '창(窗)'자가 잘못된 것으로 보인다. 북송본과 호상본에서는 '밀(密)'자로 되어 있는데, 명초본에서는 '밀(蜜)'자로 잘못 쓰여 있다.

161 '고리(橐籬)': 짚으로 짠 문의 거적이다.

162 '사맹월(四孟月)': 사계절의 첫 번째 달로서, 정월, 4월, 7월, 10월을 뜻한다.

163 '약등(若等)': '등'자를 어떻게 해석할 것인가에 대해 학자들의 견해에 차이가 있다. 스성한은 '등'자를 '차이가 있다'로 해석한 반면, 묘치위는 '약'은 '이와 같은'의 의미이고, '등'은 '마찬가지'의 의미로 보아서 '약등'을 '이렇게[這等]'로 해석하였다. 스성

않으니 차라리 차가울지언정 덥게 해서는 안 된다. 날씨가 추우면 짚으로 덮어 주어 따뜻하게 할 수 있지만 더우면 악취가 나고 부패하게 된다.

3칸의 집에는 콩 100섬으로 두시를 만드는데, 콩 20섬을 한 무더기[聚]로 한다. 항상 만들 때는 매번 이어서[番次]¹⁶⁴ 만들면 방안에 늘 열기가 있어서 봄, 여름, 가을, 겨울에도 모두 짚을 덮어 줄 필요가 없다.

만드는 양이 적으면 단지 겨울에만 짚으로 콩을 덮어 주면 된다. 아주 적을 경우에는 10섬을 한 무더기[聚]로 삼는데, 만약 3-5섬[石]일 경우에는 스스로 따뜻해지지 못해서 적당한 온도를 얻기 어렵기 때문에 반드시 10섬을 표준으로 삼아야 한다.

묵은 콩으로 만드는 것이 더욱 좋다. 왜냐하면 새로 거두어들인 콩은 아직 축축하여서 익은 정도가 고르게 되지 않기 때문이다. 깨끗이 키질을 하고 큰 솥에 넣고 삶아서 소에게 먹이는 콩과 같이 퍼지게 한다. 손으로 집어서 부드럽다고

調, 寧傷冷, 不傷熱. 冷🔲則穰覆還暖, 熱則臭敗矣.

三間屋, 得作百石豆, 二十石爲一聚. 常作者, 番次相續, 恒🔲有熱氣, 春秋冬夏, 皆不須穰覆. 作少者, 唯須🔲冬月乃穰覆豆耳. 極少者, 猶須十石爲一聚, 若三五石, 不自🔲暖, 難得所, 故須以十石爲率.

用陳豆彌好. 新豆🔲尚濕, 生熟難均故也. 淨揚簸, 大釜煮之, 申舒如飼牛豆.🔲 捊軟便

한의 견해가 타당하다고 판단하여 '차이가 크면'으로 해석했음을 밝혀 둔다.

164 '번(番)'은 차례를 바꾸는 것으로, '번차(番次)'는 앞뒤로 차례가 이어진다는 의미이다.

느끼면 된 것이다. 너무 익으면 만든 두시가 문드러지게 된다. (익힌 것을) 걸러 내어 깨끗한 땅 위에 편다.

겨울에는 약간 따뜻하게 해 주고 여름철에는 완전히 식힌다. 이내 그늘진 방안으로 옮겨 쌓아 둔다. 매일 두 차례 들어가서 살펴보는데, 손으로 콩 무더기 안을 찔러 보고 살펴서 사람 겨드랑이의 온도와 같이 따뜻하면 뒤집어 주어야 한다.

뒤집는 방법은 주걱이나 가래로 무더기 표면의 차게 식힌 콩을 긁어서[165] 새로 쌓을 무더기의 가운데에 넣고 그 순서에 따라서 긁어내어 줄곧 작업을 완성한다. (이와 같이 하면) 차가운 것은 자연스럽게 안쪽 깊이 묻히고 따뜻한 것은 자연히 표면에 놓이게 된다. 또한 뾰족한 무더기를 만들되 비탈의 경사가 지나치게 완만하게[婆陀][166]

止. 傷熟則豉爛.⑩ 漉著淨地㧬⑪之. 冬宜小暖, 夏須極冷. 乃內蔭屋中聚置.⑫ 一日再入, 以手剌豆堆中候看, 如人腋下暖, 便須⑬𧃲之. 𧃲法,⑭ 以杷杴略取堆裏冷豆爲新堆之心,⑮ 以次更略, 乃至於盡. 冷者自然在內, 暖者自然居外.⑯ 還作尖堆, 勿令婆陀. 一日再候, 中暖更𧃲, 還

---

165 '파험약취(杷杴略取)': 주걱이나 가래로 한꺼번에 사용한다는 의미이다. 가래로 콩 무더기 표면의 차가운 콩을 약간 걸어 내고, 다시 가래질하여 한 더미를 모은 후 표면의 차가운 콩을 새로운 무더기의 가운데에 넣고, 안쪽의 따뜻한 콩을 새로운 무더기의 표면에 둔다. '약(略)'은 '약(掠)'과 같으며, 바깥층의 것을 긁어내는 것이다.

166 '파타(婆陀)': 『광아』 「석고이(釋詁二)」에 "피타(陂陀)는 사(衺)이다."[사(衺)는 현재의 '사(斜)'자이다.]라고 되어 있다. 즉 경사(傾斜)이다. 『한서(漢書)』 권117 「사마상여전(司馬相如傳)」의 '파지피타(罷池陂陁)'에 곽박(郭璞) 주는 "옆이 기울다.[旁頹也.]"라고 하였다. 즉 언덕 사면의 경사도가 낮은 것이다. 『초사(楚辭)』 「초혼(招魂)」에도 '시피타사(侍陂陁些)'구절에 왕일(王逸)이 '긴 섬돌[長陛]' 즉

해서는 안 된다. 매일 두 차례씩 살펴보아 만약 속이 따뜻하면 다시 뒤집어 주고, 앞의 방법과 같이 다시 뾰족하게 무더기를 만들어 준다. 만약 뜨거워서 손을 덴다면[167] 한도가 지나친 것이니 [失節][168] 열에 상하게 된다. 무릇 4-5차례 뒤집어 주면 안쪽과 바깥쪽이 고루 따뜻해진다. 흰색 곰 팡이가 약간 보일 때 새로 뒤집어 준 후에 무더 기의 끝부분을 뾰족하게 약간 드러내고 평평하 게 해서 둥글게 수레바퀴 모양으로 만드는데, 수 레바퀴[豆輪][169]의 두께는 대략 2자 전후로 한다. 다시 손을 집어넣어서 살펴 따뜻하면 또 뒤집어 준다.

뒤집어 주는 것이 끝나면 주걱으로 콩 무더 기를 대략 한 자 5치 두께로 약간 얇고 평평하게 고무래질한다. 세 번째 뒤집어 주면 콩의 두께가 한 자 정도로 줄어들게 되며, 네 번째 뒤집어 주 면 그 두께가 6치 정도로 줄어들게 된다. 이때

如前法作尖堆. 若熱湯人手者, 即爲失節[211]傷熱矣. 凡四五度翻, 內外均暖. 微著白衣, 於新翻訖時, 便小撥峰頭令平, 團團如車輪, 豆輪厚二尺許乃止. 復以手候, 暖則還翻.[218] 翻訖, 以杷平豆, 令漸薄,[219] 厚一尺五寸許. 第三翻, 一尺, 第四翻, 厚六寸. 豆便內外均暖, 豉爲粗定.[220] 從此以

‘계단[陛]과 같은 완만한 경사’라고 주를 붙였다.

167 ‘탕(湯)’: 현재 ‘탕(燙)’으로 많이 쓰인다. 『산해경』 「서산경(西山經)」에는 “그 술 을 끓여 백 개의 술동이를 만들었다.[湯其酒百樽.]”라는 구절이 있는데, 즉 데운 술[燙酒]이다.

168 ‘실절(失節)’: ‘한도를 초과하다’, 즉 ‘조절을 놓치다’이다.

169 ‘두륜(豆輪)’은 뾰족한 부분을 평평하게 한 후의 두퇴(豆堆)를 말한다. 의미가 분 명하지 못하여 다소 억지스러운데, 황록삼교기(黃麓森校記)에서는 ‘두(豆)’가 ‘지 (至)’자와 글자형태가 유사하여 잘못 쓰였다고 하였다.

콩은 안팎으로 고르게 따뜻해지고, 또한 모두 흰 곰팡이가 피면 두시는 대체로 반숙성한 상태가 된다. 이 이후부터 누런 곰팡이[黃衣]가 생겨난다. 다시 콩을 펴서[170] 단지 3치 두께로 하고, 3일 동안 문을 닫아 둔다. 이 이전에는 (옛날처럼) 매일 두 차례 들어가서 살펴본다.

3일이 지나 문을 열고 다시 동서 방향으로 가래질[杴]하여 이랑을 지어 콩을 갈이하듯이 하는데,[171] 그 두께와 조밀도는 고르게 해 준다. 가래로 긁어내는 정도는 반드시 지면까지 닿도록 해야 한다.

만약 콩이 (긁어내지 못하고) 지면에 붙어 있으면 즉시 문드러지게 된다. 두루 갈이하며, 가래로 콩을 갈이할 때는 항상 3치 두께로 해 준다. 하루걸러 갈아 준다.

이후에 콩에 모두 누런 곰팡이[黃衣]가 생겨서

後, 乃生黃衣. 復攤豆[221]令厚三寸, 便閉戶三日. 自此以前, 一日[222]再入.

三日開[223]戶, 復以杴東西作壟耩豆, 如穀壟形, 令稀稠均調.[224] 杴剗法, 必令至地.[225] 豆若著地,[226] 即便爛矣. 耩遍, 以杷耩豆, 常令厚三寸. 間日耩之. 後豆著黃衣, 色均

---

170 '탄(攤)'은 여기서는 '펴다[攤]'의 뜻이다. 본 장 뒷부분의 '식경작시법(食經作豉法)'에서는 "또 얇게 편다.[又薄攤之.]"라고 하였는데 의미가 동일하다.

171 '강(耩)'은 북송본에서 '강(搆)'자로 쓰고 있는데 의미는 동일하다. 그러나 다음 문장의 '以杷耩豆'에서는 여전히 '강(耩)'자로 쓰고 있는데, 이것은 명초본과 호상본에서는 일률적으로 '강(耩)'자로 쓴 것을 따른 것이다. 묘치위 교석본에 의하면, 다음 문장에서 가래를 사용하여 콩을 '반드시 땅까지 닿도록 해야 한다.[必令至地.]'라고 한 것에 의거해 볼 때, 콩을 가래질하여 원래의 지면에서 분리시킨다는 의미로서, 이랑 형태로 만든 연후에 다시 평평하게 가래질하면서 여전히 3치 두께를 유지하였다고 한다.

색깔이 고르게 되면 비로소 콩을 방 밖으로 옮기고 깨끗하게 키질하여서 곰팡이를 털어 낸다. (위에서 언급한) 콩을 펴는 두께와 수치는 단지 대략적인 평균이다.

날씨가 차가우면 약간 두껍게 모아 두고 더우면 약간 얇게 펴 주되, 특히 (온도를) 잘 참작하여 결정한다.

키질이 끝나면 큰 항아리에 물을 반쯤 담고 콩을 항아리에 넣어 주걱으로 재빨리 흔들어 씻는다. 만약 처음에 콩을 삶을 때 지나치게 익었다면 재빨리 손으로 깨끗하게 저어서 씻고 바로 걸러 주며, 만약 처음에 콩을 삶을 때 다소 설익었다면 깨끗하게 저어서 잠깐[172] 동안 물에 담가 (불려) 콩을 약간 부드럽게 한다. 콩이 부드럽지 않으면 두시가 숙성되기 어렵다.[173] 너무 부드러우면 두시가 문드러지게 된다.

물이 너무 많으면 깨끗하게 씻기 어렵다.[174] (따라서) 항아리에 물을 반쯤 채운다. 씻

足, [227] 出豆於屋外, 淨揚簸去衣. 布豆尺寸之數, 蓋是大率中平之言矣. 冷即須微厚, 熱則須微薄, 尤須以意斟量之.

揚簸訖, 以大甕盛半甕水, [228] 內豆著甕中, 以杷急抖之使淨. 若初煮豆傷熟[229]者, 急手抖淨即[230]漉出, 若初煮豆微生, 則抖淨宜少停之. 使豆小軟則難熟. 太軟則豉爛. 水多則難

---

172 스성한의 금석본에서는 '소(小)'라고 쓰고 있고, 묘치위 교석본에서는 '소(少)'로 적고 있다. 문맥상 묘치위의 견해가 적합한 듯하다.

173 '즉난숙(則難熟)': 스성한의 금석본에 따르면, 아래 위 문장의 배열로 봤을 때, '즉'자의 앞에 '불연(不軟)' 두 글자가 있어야 한다. 아마 윗 구절의 끝 부분에 '소연(小軟)' 두 글자가 있어서, 이곳의 '불'자가 '소(小)'자와 유사하고 또 '연'자가 같기 때문에 잘못 보고 베낄 때 누락한 것으로 보인다.

174 '水多則難淨': 스성한의 금석본에서는 이 구절이 사리에 맞지 않으며, '정(淨)'은

어서 걸러 내어 광주리에 담는데 단지 반쯤 채운다.

한 사람은 광주리를 잡고 (물을 부을 항아리 위에 올려놓고) 다른 한 사람은 다시 물을 길어서 항아리 위에 올려 둔 광주리 안에 붓는다. 재빨리 광주리를 흔들면서 물이 맑아질 때까지 두시를 씻는다.

물을 맑을 정도로 일어서 씻지 않으면 두시가 쓰게 된다. 물을 다 걸러 내면 자리 위에 붓는다.[175]

먼저 곡물의 껍질[穀䕡][176]을 많이 모아 둔다.

淨. 是以正須半甕爾.㉛ 漉出, 著筐中, 令半筐許. 一人捉㉜筐, 一人更㉝汲水於甕上就筐中淋之.㉞ 急斗擻筐, 令極淨, 水清乃止. 淘不淨,㉟ 令豉苦. 漉水盡, 委著席上.㊱ 先多收穀䕡.

'조(調)'자, '절(節)'자 혹은 '녹(漉)'자인 듯하다고 지적하였다. 그런데 묘치위 교석본에 따르면 물이 적을 때는 흔들면 쉽게 마찰이 되어 겉의 오물을 걸어 내기 쉬운데, 물이 많으면 떠다녀서 서로 부딪히지 않으므로 오물이 쉽게 떨어지지 않고 도리어 두시의 농도가 열어진다고 한다.

175 '위(委)': 아래에 물건을 두는 것을 일러 '위(委)'라고 한다. 이것은 자리 위에 쏟아 내는 것을 가리킨다. 윗 문장에서 '녹(漉)'은 '역(瀝)'을 가리키며, 수분을 제거하는 것이지 '여과하는 것[漉出]'을 가리키지는 않는다. 묘치위 교석본에는 서술 상의 의문이 있다고 한다. 두시가 너무 많으면 한꺼번에 광주리에 물을 부어서 씻을 수 없다. 따라서 반드시 여러 차례 광주리 안에 물을 담아서 걸러 내어 자리 위에 쏟아야만 온전하게 처리가 끝나는데, 문장 중에는 이러한 설명이 없다. 서술상의 면밀함이 결여되어 있는 것으로 보인다.

176 '직(䕡)': 『옥편』에서는 '고직(苦䕡)'의 '직(䕡)'자의 또 다른 표기법이라고 해석하였다. 『광운(廣韻)』「입성(入聲)·이십사직(二十四職)」 역시 마찬가지이지만, 여기에서는 이렇게 해석할 수 없다. 『제민요술』의 앞부분 「잡설」에는 '자서에 기재되어 있지 않은 글자'인 '직(䅉)'자가 있는데 스성한의 금석본에서는 '익(杙)'자로 해석해야 한다고 하면서, 이 '직(䕡)'자를 그 '직(䅉)'과 같은 것으로 가정하였다. 반면 묘치위 교석본에서는 '직(䕡)'은 곡물의 껍질과 절단된 줄기, 잎 같은

이때 곡물의 껍질을 그늘진 방안의 구덩이 속에 넣는데 곡물의 껍질을 2-3자 두께로 구덩이 바닥에 채워 준다[揞].[177]

거친 멍석을 구덩이에 두르고[178] 콩을 구덩이 속에 넣는다.

한 사람이 구덩이 속에 들어가서 발로 콩을 밟아 단단하게 다져 둔다. 콩을 다 넣었으면 거적으로 그 위를 덮어 준다. 거적 위에 다시 2-3자 두께로 곡물의 겨를 쌓아 두고[179] 발로 잘 밟아 준다.

여름철에는 10일이 지나고, 봄과 가을에는 12-13일이 지나고, 겨울에는 15일이 지나면 숙성된다.

날짜가 너무 길어지면 두시가 쓰게 되고, 일

於此時內穀藬於蔭屋窖中, 㨉穀藬作窖底, 厚二三尺許. 以蘧蒢蔽窖, 內豆於窖中. 使一人在窖中以脚躡豆, 令堅實. 內豆盡, 掩席覆之. 以穀藬埋席上, 厚二三尺許, 復躡令堅實. 夏停十日, 春秋十二三日, 冬十五日, 便熟. 過此以往■則傷苦, 日

유를 가리킨다고 하였다. 본서에서는 묘치위의 견해에 따라 '곡물의 껍질'로 해석하였음을 밝혀 둔다.

[177] '부(揞)': 스성한의 금석본에 따르면 여기의 '부'는 '파다[掘]'로 해석할 수 없고 다만 '모아 쌓다'로만 풀이할 수밖에 없다고 하였으나, 묘치위 교석본에서는 '긁어서 편다'는 의미로 해석하고 있다.

[178] '거저(蘧蒢)'는 거친 대나무자리이다.[권7 「백료국(白醪麴)」 참조.] '폐교(蔽窖)'는 이 자리를 구덩이 바닥의 곡물 찌꺼기 위에다가 덮는다는 의미이다.

[179] '以穀藬埋席上': '매(埋)'는 자형이 근접한 '퇴(堆)'자를 잘못 보고 베껴 쓴 듯하다. 묘치위 교석본에 의하면, 원래 먼저 바닥 아래에 자리[席; 蘧蒢]를 깔고, 다시 말아 덮어서 다시 곡물의 껍질을 그 위에 덮는다. 이처럼 이 구덩이에 두시를 덮는 방법은 두시의 상하 양면이 모두 자리를 사이에 두고, 상하 양쪽이 모두 2-3자 두께의 곡물껍질을 깔거나 덮는 것이라고 하였다.

수가 부족하면 두시의 색깔이 옅어져서 사용할 분량이 늘어난다. 다만 적당하게 숙성하면 자연스럽게 향기롭고 맛도 좋다.

만약 스스로 만들어 먹으면서 오랜 시간 동안 보관하고자 하는데 자주[180] 만들 수 없는 경우, 두시가 숙성한 후에 꺼내서 햇볕에 말리면 1년을 보관할 수 있다.

두시는 잘 만들기 어렵고 상하기도 쉬우니 반드시 조심스럽고 예민한 사람이 해야 하며, 하루에도 몸소 두 차례 살펴야 한다. 잘 조절하지 못해 너무 열이 나서 상하게 되면 질척해져 악취가 나고 문드러져서 개, 돼지도 또한 먹지 않는다. 냉기로 인해 상한 것은 비록 다시 따뜻하게 해 줄지라도 두시의 맛은 역시 좋지 않다. 따라서 특히[181] 온도에 유의해야 하며 적당하게 유지하는 것은 술을 만들 때보다 조절하기 어렵다.[182]

數少者, 豉白而用費. 唯合熟,⬛ 自然香美矣. 若自食欲久留不能數作者, 豉熟則出⬛曝之, 令乾, 亦得周年.

豉法難好易壞, 必須細意人, 常一日再看之. 失節傷熱, 臭爛如泥, 豬狗亦不食. 其傷冷者, 雖還復暖, 豉味亦惡. 是以又須留意, 冷暖宜適, 難於調酒.

---

180 '삭(數)': 즉 '여러 차례'이다.(권1 「조의 파종[種穀]」, 권2 「암삼 재배[種麻子]」, 권3 「아욱 재배[種葵]」 등을 참조.)

181 '우수(又須)': '우'자는 독음이 유사한 '우(尤)'자를 잘못 쓴 듯하다. '우수유의(尤須留意)'는 『제민요술』 중 매우 자주 보이는 구절이다.

182 '난어조주(難於調酒)': 『제민요술』에 언급된 두시 양조에서는 어떠한 누룩류도 접종제로 삼지 않는다.(오늘날에는 쌀누룩 곰팡이를 종자로 접종한다.) 또한 콩을 온전한 알갱이로서, 반쯤 삶아서 밀폐된 공간에 넣어서 누런 곰팡이[黃]를 띄우는 것은 밀 누룩 제조보다 어렵다. 왜냐하면, 밀누룩의 밀은 가루로 부수면 또 누룩곰팡이[麥麴]와 접종하는 면적이 넓기에 누룩곰팡이의 번식에 용이하지만, 콩은 알갱이가 크고 가루로 부수어지지 않아서 그 접종 면이 단지 콩의 표면에만

만약 겨울에 처음으로 만든다면 먼저 곡물 겨로 지면을 태워 따뜻하게 하되 새까맣게 태워서는 안 된다.

그런 후에 지면을 깨끗하게 청소한다. 콩을 그늘진 방으로 옮긴 후에 뜨거운 물을 기장 짚에 뿌려서 따뜻하고 촉촉하게 하여 콩무더기 위에 덮어 준다.

매번 뒤집어 주며 또 처음에 사용한 기장 짚은 지면의 사방에 덮어 준다.

만약 겨울에 만드는데 두시는 적고 방이 차갑다면 기장 짚을 깔아도 여전히 따뜻하지 않으므로, 그늘진 방안에 약간 연기가 나게끔 불을 피워서 먼저 따뜻하게 해 준다. 그렇지 않으면

如冬月初作者,
須先以穀薶燒地
令暖, 勿焦.⓴ 乃
淨掃. 內豆於蔭
屋中, 則用湯澆
黍穄穰⓵令暖潤,
以覆豆堆. 每䎃
竟, 還以初用黍
穰周匝⓶覆蓋.

若冬作豉少屋
冷,⓷ 穰覆亦不
得暖者, 乃須⓸於
蔭屋之中, 內微燃

존재하기 때문이다. 묘치위에 의하면, 온도가 지나치게 낮으면 발효가 이루어지지 않고, 온도가 지나치게 높으면 균이 죽게 되며, 균이 살더라도 발효가 더뎌져서 두시는 악취가 나고 문드러지므로 위의 문장과 같이 "개, 돼지도 먹지 않는[豬狗亦不食]" 상황이 된다. 적절한 온도로 맞추는 것이 가장 중요한 관건이고, 반드시 수시로 관찰하고 콩더미를 뒤집어 줘서 안팎이 고루 열을 받도록 하여야 발효가 정상적으로 이루어진다. 누런 곰팡이가 충분하게 자라고 안팎이 모두 다 숙성이 되면, 발효가 고루 행해져서 비로소 첫 단계가 마무리된다. 그런 연후에 누런 곰팡이가 생긴 반제품의 두시를 밀폐된 방에서 꺼내서 키를 이용해 물에서 흔들어 곰팡이[黃衣]를 깨끗이 씻는다. 그 목적은 미생물의 분해 작용을 정지시키는 데 있으며, 그 후에 밀폐된 구덩이 속에 묻어서 후차적으로 숙성하는 단계를 거치게 되는데, 산화되어 검은색이 생기면 비로소 부드럽고 연하고 향기로운 두시가 만들어진다['담시(淡豉)']. 두시의 발효과정은 아주 복잡하고 좋은 단백질로 분해시키는 데 가장 적합한 온도를 맞추는 것이 관건이기 때문에, 양조보다 살피기가 더욱 어렵다고 하였다.

냉기에 상하게 된다. 봄과 가을철에도 차거나 따뜻한 온도를 고려해야 하며, 차가우면 반드시 덮어 주어야 한다.

사람이 들어가고 나올 때는 모두 더욱 신중하게 하여 문을 꼭 닫고 열기가 새어 나가지 않도록 한다.

『식경』의 두시 만드는 방법:[183] 여름철 5월에서 8월까지가 적합한 달이다. 표준의 비율은 콩 한 섬을 잘 씻어서[澡][184] 하룻밤을 담갔다가 다음 날 아침에 꺼내서 찐다. 찌는 정도는 손으로 껍질을 집어 으깨지면 적당하다.

땅위에 펴 두는데 땅이 좋지 않으면 자리 위에 편다. 2치 전후의 두께로 (두시를) 편다. 콩이 완전히[通][185] 식으면 띠풀[茅]을 2치 전후의 두께로 덮어 준다.

3일이 지난 후에 살펴보아 반드시 통째로 모두 누렇게 되면 잘된 것이다.

煙火, 令早暖. 不爾則傷寒[245]矣. 春秋量其寒暖, 冷亦宜[246]覆之. 每人出, 皆還謹密閉戶, 勿令泄其暖熱之氣也.

食經作豉法. 常夏五月至八月, 是時月也. 率一石豆, 熟澡之, 漬一宿, 明日, 出, 蒸之. 手捻其皮破則可. 便敷於地,[247] 地惡者, 亦可席上敷之. 令厚二寸許[248] 豆須通冷, 以青茅覆之, 亦厚二寸許. 三日

---

183 '食經作豉法'과 뒷부분의 '作家理食豉法', '作麥豉法'은 원래는 표제만 큰 글자로 쓰이고 나머지는 모두 두 줄로 된 작은 글자였지만, 묘치위 교석본에서는 일괄적으로 고쳐서 큰 글자로 쓰고 있는 데 반해, 스성한은 제목만 큰 글자로 쓰고, 나머지는 한 줄로 된 작은 글자로 쓰고 있다.

184 '조(澡)': 일어서 씻는다는 의미이다. 이 글자는 앞 문장의 '감(堪)'과 더불어『식경』에서 전용하여 사용하는 것으로,『제민요술』의 본문에는 이 글자가 없다.

185 '통(通)'은 '두루 철저하게'라는 의미이다.

덮은 띠풀을 걷어 내고 또 얇게 편 후 손가락으로 그어서 같이한 이랑 모양으로 만든다. 하루에 2-3차례 이와 같이 하고, 무릇 3일이 지나면 그만둔다.[186]

다시 콩을 삶아서 진한 즙을 취하고 차좁쌀로 만든 여국女麴[187] 5되, 소금 5되를 두시에 넣어서 섞는다. 콩즙을 거르고 고르게 섞는다.

손으로 쥐어 보아 만약 즙액이 손가락 마디 사이로 빠져나오면 적당하다.

젓기를 끝내면 항아리[瓶][188] 속에 넣는데, 만일 항아리에 차지 않으면 교상엽矯桑[189]葉으로 빈틈을 채워 준다. 누르지 말아야 한다. 이내 진흙으로 밀봉하여 뜰에 둔다.

27일이 지나면 쏟아 내어 펴서 햇볕에 말린다.[190] 다시 삶는데, 삶을 때는 교상엽의 즙을 끓여 그 위에 뿌려 준다.

視之, 要須通得黃爲可. 去茅㊾ 又薄揮之, 以手指畫之, 作耕壟. 一日再三如此, 凡三日作此, 可止. 更煮㊿豆, 取濃汁, 并秫米女麴五升, 鹽五升, 合此豉中. 以豆汁灑溲之, 令調. 以手搏, 令汁出指間, 以此爲度. 畢, 納瓶中, 若不滿瓶, 以矯桑葉滿之. 勿抑. 乃密泥之中庭. 二十七日, 出, 排

---

186 '작차가지(作此可止)': '작차'의 두 글자는 '군더더기 글귀[衍文]'인 듯하다. 최소 '차'자는 불필요한 것이다.

187 '출미여국(秫米女麴)': 차좁쌀로 만든 누룩덩이로, 권9「채소절임과 생채 저장법[作菹藏生菜法]」에서 『식차』의 '출도미여국(秫稻米女麴)'을 인용하고 있다. 『식경』과 『식차』의 내용은 유사한데, '출미(秫米)'는 찹쌀을 가리키며 『제민요술』에서 말하고 있는 차조와는 다르다.

188 문장에 연이어 두 번 등장하는 '병(瓶)'자는 북송본에선 이 글자와 같으나, 명초본과 호상본에서는 '병(缾)'으로 쓰여 있는데 이는 잘못 쓰인 글자이다.

189 '교상(矯桑)': 어떤 식물인지 구체적이지 않다. 아마 큰 야생 뽕나무[矯]일 것이다.

190 '배폭(排曝)': 펴서 말린다는 의미이다.

삶을 때는 콩을 삶을 때 소요되는 시간만큼
삶는다. 재차 다시 편다.

이와 같이 3번 찌고, 3번 햇볕에 말리면 완
성된다.

가정용[家理食] 두시를 만드는 방법:[191] 적당하
게 원하는 만큼 만든다. 마르고 깨끗한 콩을 선
택하여 하룻밤 담가 두었다가, 이튿날 아침에 밥
을 짓는 것과 같이 삶는다.

만약 한 섬의 두시를 만들려고 한다면 콩 한
섬을 삶는다. 삶은 후에는 마치 여국을 만드는
것처럼[192] 신선한 띠풀로 덮어서 보온을 해 준다.
14일이 지나면 콩에 누런 곰팡이[黃衣]가 생겨난
다.

키질을 하여 누런 곰팡이를 제거하고, 다
시 햇볕을 쬐어 말린다. 말린 후에는 다시 물
에 물렁해지도록 담가서 손으로 주무르는데
즙이 손가락 사이[193]로 빠져나오면 좋다. (그런

曝[251]令燥. 更蒸之
時, 煮矯桑葉汁灑
溲[252]之. 乃蒸如炊
熟久. 可復排之.
此三[253]蒸曝則成.

作家理食豉
法. 隨作多少. 精
擇豆, 浸一宿,
旦,[254] 炊之, 與炊
米同. 若作一石
豉, 炊一石豆.[255]
熟, 取生茅臥之,
如作女麴形. 二
七日, 豆生黃衣.
簸去之, 更曝令
燥. 後以水浸令
濕,[256] 手搏[257]之,
使汁出, 從指歧

---

191 '작가리식시법(作家理食豉法)': '가리(家理)'는 가정에서 사용하는 것이다. 이 조
항에서 다루는 것은 담두시(淡豆豉)로서, 『식경』의 "여작여국형(如作女麴形)" 등
에서 증명된다.

192 '여국(女麴)'의 와법(臥法)'에 대해 본서 권9 「채소절임과 생채 저장법[作菹藏生菜
法]」에서 『식경』을 인용하여, "개사철쑥[青蒿]으로 위아래로 덮어서 평상 위에 두
는데, 맥국을 만드는 방법과 같다."라고 하였다. 『식차』의 '엄(奄)'은 『식경』의
'와(臥)'이다.

후에) 항아리 속에 넣는다. 땅에 구덩이[194]를 파
는데 대개 크기는 두시를 넣을 항아리가 들어
갈 정도로 한다.

구덩이 속에 불을 질러 뜨겁게 하고 항아
리를 구덩이에 넣는다. 두시의 윗부분에 3치
두께로 뽕잎을 덮어 준다. 항아리 주둥이는 물
건으로 잘 단단하게 덮어 주고 진흙으로 봉한
다.

10일이 지나 숙성이 되면, 꺼내어 햇볕에 반
쯤 말려서 눅눅하게[浥浥][195] 한다. 또 쪄서 익히
고,[196] 또 볕에 말린다. 이와 같이 세 차례 반복하
면 완성된다.

間出, 爲佳. 以著
瓮器中. 掘地作
埳, 令足容瓮器.
燒埳中令熱, 內
瓮著埳中. 以桑
葉蓋豉上, 厚三
寸許. 以物蓋[258]
甕頭令密, 塗之.
十[259]許日成, 出,
曝之, 令浥浥然.
又蒸熟, 又曝. 如
此三徧, 成矣.[260]

---

193 호상본에서는 '기(歧)'로 쓰고 있고, 원각본과 명초본에선 '기(岐)'로 쓰고 있는데,
이 두 글자는 옛날에 통용되던 글자이다. 육조시대 이후부터 갈림길이란 글자는
'지(止)'부수를 따랐는데,『당운(唐韻)』에서는 명백하게 이 두 글자를 구분하여,
"기(岐)는 산 이름이고, 기(歧)는 갈림길이다."라고 하였다. 이후에는 이렇게 구
분하여 사용하였다.『제민요술』의 다른 곳에도 대부분 '기(歧)'로 쓰고 있는데,
묘치위 교석본에서는 '기(歧)'로 통일하여 쓰고 있다.

194 '감(埳)': 지면보다 낮은 땅굴이다. '담(窞)'으로 쓰기도 한다. 북송본에서는 '감
(埳)'으로 쓰고 있는데, '감(坎)'과 동일하다. 명초본과 호상본에는 '감(埳)'으로 잘
못 쓰여 있다. 다음 문장의 2개의 '감(埳)'자는 금택초본, 명초본, 호상본 등에서
는 '감(埳)'으로 잘못 쓰고 있다.

195 '읍읍(浥浥)': 반 건조한 상태로 약간의 습기를 머금은 것이다. (권5「자초 재배[種
紫草」 참조.)

196 '증숙(蒸熟)': '숙'자는 '열(熱)'자의 잘못으로 보인다. 메주를 만드는 콩은 이미 쪄
서 익힌 것인데, 메주가 된다는 것은 익었다는 뜻이므로 쪄서 익힌다고 다시 말
해서는 안 된다.

맥시麥豉를 만드는 방법: 7월, 8월에 만들며, 나머지 달에 만드는 것은 좋지 않다. 밀을 찧어서 곱게 갈아 밀가루를 만들고 물에 고루 섞어서 찐다. 김이 나도록 삶아 꺼내어 펴서 식히고, 손으로 주물러서 으깬다. 펴서 덮는 등의 과정은 보리누룩[麥䴷]과 황증黃蒸을 만드는 것과 동일하다.

7일이 지나면 누런 곰팡이가 길게 자라는데, 키질을 할 필요는 없다. 끓인 소금물을 전부 고르게 뿌려서 축축하게 한다. 다시 쪄서 김이 나도록 푹 익히고 식힌 후에 시루에서 내려놓는다. 펴서 열기를 없애고, 따뜻할 때 항아리에 담아서, 동이를 덮어 퇴비더미 속에 넣고 띄운다.[197]

14일이 지나면 색깔이 검게 되고, 향기가 나며 맛도 좋아 숙성된 것이다. 손으로 쥐어서 마치 양조할 때 신국神麯을 만드는 것처럼 작은 덩이를 만든다.

구멍을 뚫고 새끼줄을 끼워[198] 집 안에 걸어

作麥豉法. 七月八月中作之, 餘月則不佳. 䬼[261]治小麥, 細磨爲麵, 以水拌而蒸之.[262] 氣餾好熟, 乃下, 撣之令冷, 手挼令碎.[263] 布置覆蓋, 一如麥䴷[264]黃蒸法. 七日衣足, 亦勿簸揚. 以鹽湯周徧灑潤之. 更[265]蒸, 氣餾極熟, 乃下. 撣去熱氣, 及暖內甕中, 盆蓋, 於䕃[266]糞中煨之. 二七日, 色黑, 氣香, 味美, 便熟.[267] 搏

---

197 '양분(䕃糞)'은 볏짚과 겨로 만든 퇴비이다. 발효할 때 발생하는 열을 이용하여 보온하여 띄워서 양조한다. '분'은 청소 폐기물로, 반드시 동물의 배설물을 가리키는 것은 아니다. '욱(煨)'은 '열을 보존하는 것[保熱]'이다.

198 '위관(爲貫)'은 구멍을 뚫어서 하나하나 줄줄이 다는 것으로, 마치 동전을 꿰는 형태와 같다.

둔다. 밖에는 종이 봉지를 씌워[199] 파리나 재 먼지가 묻어 더럽혀지는 것을 방지한다. 사용할 때는 덩이째로 뜨거운 물에 넣고 끓여서 색깔이 충분해지도록 우려 낸다. 바깥의 찌꺼기를 깎아 내어 다시 걸어 둔다.[200]

한 덩어리[201]로 몇 차례나 삶아 사용할 수 있다. 향기가 나고 또한 맛이 좋아[202] 두시豆豉[203]보다도 더욱 좋다. 쪼개어 뜨거운 물에 담가 갈아서 가루로 사용해도 좋다. 그러나 이 같은 탕즙은 혼탁하여서 덩이째로 끓인 맑은 즙만 못하다.

作小餅,　如神麴形.　繩穿爲貫,屋裏懸之.　紙袋盛籠,　以防靑蠅塵垢之汚. 用時, 全餅著湯中煮之, 色足漉出.　削去皮粕, 還擧. 一餅得數遍煮用.　熱香美, 乃勝豆豉. 打破, 湯浸, 硏用亦得. 然汁濁, 不如全煮汁淸也.

---

199 '농(籠)': 종이봉지를 밖에 씌운다는 의미이다.

200 '환거(還擧)': '거'(擧)자에 대해 스성한의 금석본에서는 '꺼내다'라는 의미로 보았다. 반면 묘치위 교석본에 따르면 '환(還)'은 앞문장의 '屋裏懸之'에 이어서 하는 말이다. 이 '거'는 거두어 저장한다는 의미는 아니라고 하면서, '환거'를 '이전처럼 걸어 둔다'로 해석하였다.

201 '일병(一餅)'의 병(餅)은 북송본과 호상본에는 이 글자와 같은데, 명초본에는 '병(餠)'으로 잘못 쓰고 있다.

202 '열(熱)': 이 글자는 잘못 들어간 듯하다. 앞부분의 '탕중(湯中)' 두 글자 앞에 있어야 할 것으로 생각된다.

203 '시(豉)': 북송본과 호상본에서는 '시(豉)'자로 쓰고 있는데, 명초본에선 '파(豉)'로 잘못 쓰고 있다.

● 그림 12
두시[豉]

200 '서(鼠)': 명청 각본에 '중(衆)'으로 잘못되어 있다. 원각본과 명초본, 금택초본에 따라 바로잡는다.

201 '이(䤥)': 명청 각본에 '이(離)'로 잘못되어 있다. 원각본과 명초본, 금택초본에 따라 고친다.

202 '이십일(二十日)': 명청 각본에 '二七日'로 잘못되어 있다. 원각본과 명초본, 금택초본에 따라 수정한다.

203 '매사시교회(每四時交會)': '매'자는 명청 각본에 '재(在)'로 되어 있다. 명초본과 원각본, 금택초본이 같으며 '매'로 되어 있다. '교'자는 명초본에 '문(文)'으로 잘못되어 있다. 묘치위 교석본에 의하면, 북송본과 호상본에는 '교회(交會)'라고 적혀 있다고 하였다.

204 '냉(冷)': '냉'자는 명청 각본에 '영(令)'으로 잘못되어 있다. 원각본과 명초본, 금택초본에 따라 바로잡는다.

205 '항(恒)': 원각본과 명초본, 금택초본은 송대 피휘(避諱)의 규칙에 따라 마지막 필획을 생략하여 '항(恒)'으로 썼다. 명청 각본에서는 '상(常)'으로 고쳤다.

⑳⑥ '수(須)': 북송본에는 이 글자와 같은데, 명초본과 호상본에는 '지(至)'로
쓰여 있다.

⑳⑦ '자(自)': '자'자는 명청 각본에 '수(須)'로 잘못되어 있다. 원각본과 명초
본, 금택초본에 따라 바로잡는다.

⑳⑧ '신두(新豆)': 금택초본에 '잡두(雜豆)'라고 잘못되어 있다.

⑳⑨ '신서여사우두(申舒如飼牛豆)': '신'은 명청 각본에 '중(中)'으로 잘못되
어 있다. '우'는 북송본, 명초본과 명청 각본에 모두 '생(生)'으로 잘못되
어 있다. 원각본과 금택초본에 따라 바로잡는다. '신서'는 콩 알갱이가
물에 불어 커진 모습이다.

⑳⑩ '상숙즉시란(傷熟則豉爛)': 명청 각본에 '숙(熟)'이 '열(熱)'로, '시(豉)'가
'두(豆)'로 잘못되어 있다. 원각본과 명초본, 금택초본에 따라 바로잡
는다.

⑳⑪ '탄(揮)': 북송본과 호상본에는 '탄(揮)'으로 쓰여 있지만, 명초본에는
'택(擇)'으로 잘못 쓰여 있다.

⑳⑫ '치(置)': 명청 각본에 '지(至)'로 잘못되어 있다. 원각본과 명초본, 금택
초본에 따라 바로잡는다.

⑳⑬ '편수(便須)': 북송본에서는 이 글자와 같으나, 명초본과 호상본에서는
'수(須)'자가 빠져 있다. '번(飜)'은 '번(翻)'과 같이 쓰인다.

⑳⑭ '번법(飜法)': 명청 각본에 '번'자가 빠져 있다. 원각본과 명초본, 금택초
본에 따라 보충한다.

⑳⑮ '신퇴지심(新堆之心)': 명초본에는 '心堆之心', 금택초본에는 '雜堆之心',
명청 각본에는 '心堆之必'로 되어 있다. 원각본에 따라 바로잡는다.

⑳⑯ '자연거외(自然居外)': 명청 각본에 '자연' 두 글자가 누락되어 있는데
원각본과 명초본, 금택초본에 따라 보충한다.

⑳⑰ '실절(失節)': 학진본에 '실'자가 '첨(尖)'으로 되어 있다.

⑳⑱ '환번(還飜)': 명청 각본에 '환'자가 '범(凡)'으로 되어 있다. 원각본과 명
초본, 금택초본에 따라 바로잡는다.

⑳⑲ '영점박(令漸薄)': 명청 각본에 '영'자가 빠져 있다. 원각본과 명초본, 금
택초본에 따라 보충한다.

⑳⑳ '조정(粗定)': '조(粗)'는 명초본과 명청 각본에 '초(初)'로 되어 있다. 북

송본에는 '조정(粗定)'이라고 쓰여 있다.

221 두(豆)': 북송본에는 '두(豆)'로 되어 있는데, 호상본에는 '구(具)'로 잘못 쓰고 있다. 명초본에 '차(且)'로, 명청 각본에 '구(具)'로 잘못되어 있다. 원각본과 명초본, 금택초본에 따라 보충한다.

222 "自此以前, 一日": 명청 각본에 이 여섯 글자가 빠져 있다. 원각본과 명초본, 금택초본에 따라 고친다.

223 '개(開)': 명청 각본에 '폐(閉)'로 잘못되어 있다. 원각본과 명초본, 금택초본에 따라 바로잡는다.

224 '令稀穊均調': 명청 각본에 '영'자가 '용(用)'자로 잘못되어 있다. '희(稀)'자는 '희(稀)'자로 잘못되어 있고, '미(穊)'자가 '익(稷)'[명초본의 '미(穊)'자 역시 이러하다.]자로 잘못되어 있다. 원각본과 금택초본에 따라 바로잡는다.['미(穊)'자의 해석은 권1의 「밭갈이[耕田]」 참조.] 묘치위 교석본에 의하면, '미(穊)'는 북송본에서는 '이(穊)'자로 쓰여 있는데, '미(穊)'의 글자가 줄여서 쓰인 것이며, 이것은 '기(概)'의 이체자로서 조밀하다는 의미로, '희(稀)'와 상대적인 의미이다. 명초본과 호상본에서는 '팔(八)'이 빠지고, '익(稷)'자로 잘못 만들어져 있다. 『영락대전』권 14384에 '기(冀)'자는 예서비문(禮書碑文)에서는 이 '기(冀)'자로 쓰여 있으며, 『광운』을 인용하여, "글자는 본래 '기(冀)'자로 쓰여 있었는데, 경전에서는 줄여서 '기(冀)'자로 썼다."라고 하였다.

225 '지지(至地)': '지(至)'는 명청 각본에 '치(置)'로 잘못되어 있다. 원각본과 명초본, 금택초본에 따라 바로잡는다.

226 '저지(著地)': 스성한의 금석본에서는 '착지(着地)'로 쓰고 있다. 스성한에 따르면, 명청 각본에 '착(着)'자 아래에 '황(黃)'자가 더 있다. 원각본과 명초본, 금택초본에 따라 삭제한다.

227 '족(足)': 북송본에서는 '족(足)'으로 쓰여 있는데, 명초본과 명청 각본에 '시(是)'로 잘못되어 있다. 원각본과 금택초본에 따라 바로잡는다.

228 '성반옹수(盛半甕水)': 명청 각본에 '성'자 아래에 '지(之)'자가 더 있다. 원각본과 명초본, 금택초본에 따라 삭제한다.

229 '숙(熟)': 명청 각본에 '열(熱)'자로 잘못되어 있다. 원각본과 명초본, 금택초본에 따라 바로잡는다.

230 '즉(即)': 명초본과 명청 각본에 '즉(則)'자로 되어 있다. 원각본과 금택초본에 따라 고친다.

231 '반옹이(半甕爾)': 명청 각본에는 '이'자 위에 '어(於)'자가 더 있다. 원각본과 명초본, 금택초본에 따라 삭제한다.

232 '착(捉)': 명청 각본에 '작(作)', 금택초본에 '제(提)'로 되어 있다. 원각본과 명초본에 따라 '착(捉)'으로 한다.

233 '갱(更)': 명청 각본에 이 글자가 빠져 있는데, 원각본과 명초본, 금택초본에 따라 보충한다.

234 '임지(淋之)': 명청 각본에 '지(之)'자가 빠져 있는데 원각본과 명초본, 금택초본에 따라 보충한다.

235 '부정(不淨)': 명청 각본에 '불결정(不潔淨)'으로 되어 있고 원각본과 명초본, 금택초본에 따라 '결(潔)'자를 삭제한다.

236 '상(上)': 명청 각본에 '지(止)'로 잘못되어 있다. 원각본과 명초본, 금택초본에 따라 고친다.

237 '과차이왕(過此以往)': 명청 각본에 '이'자가 빠져 있다. 원각본과 명초본, 금택초본에 따라 보충한다.

238 '합숙(合熟)': 명초본과 명청 각본에 '식차(食此)'로 잘못되어 있다. 원각본과 금택초본에 따라 바로잡는다. 묘치위 교석본에 의하면, 북송본에서는 '합숙(合熟)'으로 쓰여 있으며, 숙성하여 정도가 적합하게 된 것을 가리킨다고 하였다.

239 '시숙즉출(豉熟則出)': '시'자는 명청 각본에 '두(豆)'로 잘못되어 있다. '즉'자는 명초본과 명청 각본에 모두 '취(取)'로 되어 있고 금택초본에 '숙(熟)'자가 없다. 원각본에 따라 '시숙즉출(豉熟則出)'로 한다. 묘치위 교석본에 의하면, 북송본에서는 '즉(則)'으로 쓰여 있는데, 명초본과 호상본에서는 '취(取)'로 쓰여 있으며, '칙'위에 '숙(熟)'자는 금택초본에는 빠져 있다고 하였다.

240 "燒地令暖, 勿焦": 스성한의 금석본에서는 '난(暖)'을 '난(煖)'으로, '초(焦)'를 '초(憔)'로 쓰고 있다. 스성한에 따르면 '난(煖)'자는 명청 각본에 '열(熱)'로, 학진본에 '숙(熟)'으로 되어 있다. 원각본, 명초본과 금택초본에 따라 '난(煖)'으로 한다. '초'자는 명청 각본에 '초(焦)로 되어 있다.

[241] '用湯澆黍穄穰': 스성한의 금석본에서는 '양(穰)'을 '양(糞)'으로 쓰고 있다. 스성한에 따르면 '용(用)'자는 명청 각본에 '영(令)'으로 잘못되어 있는데, '양'은 명초본과 명청 각본에 모두 '이(裏)'로 잘못되어 있다. 원각본과 금택초본에 따라 바로잡는다. 묘치위 교석본에 의하면, 본편의 각각의 '양(穰)'자는 북송본과 명초본에서는 간혹 '양(糞)'으로 쓰여 있고, 명초본과 호상본에서는 '이(裏)'자로 잘못 쓰여 있으며, 호상본에서는 간혹 '양(襄)'으로 잘못 쓰여 있다. 묘치위 교석본에서는 일괄적으로 '양(穰)'으로 쓰고 있다.

[242] '잡(匝)': 명청 각본에 모두 '이(而)'로 잘못되어 있다. 원각본과 명초본, 금택초본에 따라 바로잡는다. 묘치위 교석본에 의하면, 명초본에서는 '잡(匝)'자라고 쓰여 있고, 북송본에서는 '잡(帀)'자로 쓰여 있으며 글자는 동일하다고 하였다.

[243] '냉(冷)': 명청 각본에 '영(令)'으로 잘못되어 있다. 원각본과 명초본, 금택초본에 따라 바로잡는다.

[244] '내수(乃須)': 명청 각본에 '내정수(乃淨須)'로 잘못되어 있다. 원각본과 명초본, 금택초본에 따라 '정'자를 삭제한다.

[245] '상한(傷寒)': 명청 각본에 '상'자가 누락되어 있다. 원각본과 명초본, 금택초본에 따라 보충한다.

[246] '냉역의(冷亦宜)': 명청 각본의 구절 첫머리에 '열(熱)'자가 더 있는데, 원각본과 명초본, 금택초본에 따라 삭제한다.

[247] "手捻其皮破則可. 便數於地": 명청 각본에 "捻豆破, 使數冷地"로 되어 있다. 원각본과 명초본, 금택초본에 따라 바로잡는다.

[248] '영후이촌허(令厚二寸許)': 명청 각본에 '영'자가 빠져 있다. 원각본과 명초본, 금택초본에 따라 보충한다.

[249] '거모(去茅)': 북송본에서는 '거(去)'로 쓰여 있으며, 명초본과 명청 각본에 '출모(出茅)'로 잘못되어 있다. 원각본과 금택초본에 따라 고친다.

[250] '갱자(更煮)': 명청 각본 '갱'자 아래에 '저(著)'자가 더 들어가 있다. 원각본과 명초본, 금택초본에 따라 삭제한다.

[251] '폭(曝)': 명청 각본에 이 글자가 빠져 있다. 원각본과 명초본, 금택초본에 따라 보충한다.

252 '쇄수(灑溲)': 명초본에는 '수쇄(溲灑)'로, 명청 각본에는 '수록(溲漉)'으로 되어 있다. 원각본과 금택초본에 따라 바로잡는다. 묘치위 교석본에 의하면, '쇄수(灑溲)'는 북송본에서는 '세수(洒溲)'라고 쓰여 있으며, 명초본에서는 '수쇄(溲灑)'라고 거꾸로 쓰여 있는데[마땅히 쇄(灑)를 먼저하고 수(溲)를 뒤에 써야 한다.], 호상본에서는 수록(溲漉)으로 잘못 쓰고 있다. '쇄(灑)'와 '세(洒)'는 같은 자이다. 묘치위 교석본에서는 통일하여 '쇄(灑)'로 쓰고 있다.

253 "可復排之. 此三": 명청 각본에는 '삼'이 '이(二)'로 되어 있다. 원각본과 명초본, 금택초본에 따라 바로잡는다. 묘치위 교석본에 의하면, '배(排)' 다음에는 응당 '폭(曝)'자가 빠져 있다. 다음 조항에 "如此三遍"이 있으므로, 본 문장의 '차(此)' 앞에는 '여(如)'자가 빠진 듯하다고 지적하였다.

254 '단(旦)': 명청 각본에 '차(且)'로 잘못되어 있다. 원각본과 명초본, 금택초본에 따라 바로잡는다.

255 "作一石豉, 炊一石豆": 명청 각본에 '시취일석(豉炊一石)' 네 글자가 빠져 있다. 아마 '일석(一石)' 두 글자가 같아서 잘못 본 결과인 듯하다. 원각본과 명초본, 금택초본에 따라 보충한다.

256 '後以水浸令濕': '후'자는 명청 각본에 '복(復)'으로 되어 있는데 좀 더 나은 듯하다. 다만 '후'자는 해석 가능하므로, 원각본과 명초본, 금택초본에 따라 '후'로 한다. '침'자는 명초본과 명청 각본에 '습'으로 되어 있는데, 원각본과 금택초본의 '침'자만큼 분명하지 않다. 묘치위 교석본에 의하면, 북송본에서는 '수침(水浸)'으로 쓰여 있다고 한다.

257 '단(搏)': 스성한의 금석본에서는 '투(投)'를 쓰고 있다. 스성한에 따르면, 명청 각본에 '단(搏)'으로 되어 있으며 위의 단락과 같다. 원각본과 명초본, 금택초본에 같이 '투(投)'로 되어 있다. 송 판본 계통에 있는 원래의 '투'자를 잠시 보류한다. '투'자는 해석하기 쉽지 않다. 만약 '단'자가 아니라면 '투'자와 자형이 유사한 '뇌(挼)'자가 되어야 한다. 묘치위 교석본에 의하면, '단(搏)'은 손으로 뭉친다는 의미로, 양송본과 호상본에서는 '투(投)'자로 잘못 쓰여 있으며, 진체본과 청각본에서는 '단(搏)'으로 쓰여 있는데 이것이 옳다고 하였다.

258 '이물개(以物蓋)': 여기에는 원각본과 명초본, 금택초본에 따라 "甕頭令密, 塗之. 十許日成, 出, 曝之, 令浥浥然. 又蒸熟, 又曝"의 22글자를 보충한다. 호상본에는 이 22자가 **빠져** 있다.

259 '십(十)': 북송본에서는 '십(十)'이라 쓰고 있는데, 명초본에서는 '복(卜)'으로 잘못 쓰고 있다.

260 "三徧, 成矣": '의'자는 원각본과 명초본, 금택초본에 따라 보충한다. 묘치위 교석본에 의하면, 금택초본에서는 "삼숙성의(三宿成矣)"라고 잘못 쓰여 있다고 하였다.

261 '벌(䏶)': 명초본에 '내(䐑)'로, 명청 각본에 '예(預)'로 되어 있다. 원각본과 금택초본의 '예(䏶)'에 따라 현재 통용되는 '벌(䏶)'로 고친다. 묘치위 교석본에 의하면, '벌(䏶)'은 각본에서는 모두 형태가 유사하여, 다양하고 괴이한 글자로 잘못 쓰고 있다. 다른 곳에도 대부분 이 글자가 있는데, 이에 근거하여 고쳐서 바로잡았다고 한다.

262 '수반이증지(水拌而蒸之)': 명청 각본에 '수반지이증(手拌之而蒸)'으로 되어 있다. 원각본과 명초본, 금택초본에 따라 고친다.

263 '쇄(碎)': 명청 각본에 '세(細)'로 되어 있다. 원각본과 명초본, 금택초본에 따라 수정하였다.

264 '혼(㸌)': 명청 각본에 '국(麴)'으로, 금택초본에 '단(㸆)'으로 되어 있다. 원각본과 명초본에 따라 '혼'으로 한다.

265 '갱(更)': 명청 각본에 '요(要)'로 잘못되어 있다. 원각본과 명초본, 금택초본에 따라 바로잡는다.

266 '양(蠰)': 명청 각본에 '사(蠹)'로 잘못되어 있다. 원각본과 명초본, 금택초본에 따라 고쳤다. 묘치위 교석본에 의하면, 양송본에서는 '양(蠰)'으로 쓰여 있는데, 호상본에는 '사(蠹)'로 잘못 쓰여 있다.

267 "味美, 便熟": 명청 각본에 '미(美)'자가 누락되어 있다. 원각본과 명초본, 금택초본에 따라 보충한다. '숙(熟)'자는 '열(熱)'자로 잘못되어 있다. 원각본과 명초본, 금택초본에 따라 바로잡는다.

제73장
팔화제[204] 八和虀第七十三

(팔화는) 첫째가 마늘[蒜][205]이고, 둘째가 생강 [薑]이고, 셋째는 귤껍질[橘], 넷째는 백매白梅이고, 다섯째는 잘 익은 밤[栗黃], 여섯째는 메좁쌀밥, 일곱째는 소금이며, 여덟째는 식초[酢]이다.

양념을 찧는 절구는 무거워야 하며, 무겁지 않으면 움직일 때 먼지가 일며 (찧을 때) 마늘이 다시 튀어나오게 된다. 절구의 바닥은 평평하고 넓으며 둥글

蒜一, 薑二, 橘三, 白梅四, 熟栗黃五, 粳米飯六, 鹽七, 酢[288]八.

虀臼欲重, 不則傾動起塵, 蒜復跳出也.   底欲平寬而

---

204 '제(虀)': 일종의 맵고 신맛이 나는 잘게 썬 조미료이며, '제(齏)'라고도 쓴다. 정현이 『주례(周禮)』「천관(天官)」에 주를 달아, 신 채소를 잘게 썬 것을 '제(虀)'라고 하며 온전한 것을 일러 '저'라고 한다고 하였다. 본편에는 겨자장[芥子醬]이 있다. 권3 「들깨·여뀌[荏蓼]」, 「양하·미나리·상추 재배[種蘘荷芹蘆]」, 권9 「손·반(飧飯)」에서는, '요(蓼)'는 '거(蕖)'라고 할 수 있으며 '산제(蒜虀)'가 있고 호근, 여뀌[蓼]에 식초를 더한 '표제'가 있는데 이들은 모두 맵고 냄새나는 맛과 분별할 수가 없다고 하였다. 여기서의 '팔화제'는 여덟 종류의 찧어서 조제하여 만든 다양한 맛의 조미료이다.

205 본편의 각 '산(蒜)'자는 명초본과 호상본에서는 이와 동일하지만 북송본에서는 대부분 '산(蒜)'으로 쓰고 있는데, 이는 민간에서 와전된 글자이다. 묘치위 교석본에서는 통일하여 '산(蒜)'으로 쓰고 있다.

어야 한다. 절구의 바닥이 뾰족하면 절굿공이가 잘 찧어지지 않아 마늘은 거친 덩어리가 생긴다. (가장 좋은 것은) 단목으로 양념을 찧는 절구와 공이를 만드는 것이다. 단목은 단단하여 즙이 잘 스며들지 않는다. 절굿공이의 끝의 크기는 절구의 바닥과 서로 잘 들어맞아야 한다. 절굿공이의 끝을 치는 면이 넓으면 손의 힘이 덜 들고 양념도 잘 찧어지며 마늘도 다시 튀어나오지 않는다. 절굿공이는 4자 길이가 좋다. 절구 안에 들어가는 부분은 7-8치이며 둥글게 만든다. 그 위는 (절구 밖으로 드러나는 것은) 팔각형으로 만든다. 바로 서서 재빨리 찧는다. 늦게 찧으면 마늘의 매운맛이 사람의 코를 찌른다. 오래 찧으면 반드시 사람을 교대해야 한다. 양념을 찧을 때는 오래되어야 비로소 잘 다져지며 급하게 해서는 안 된다. 오래 앉아 있으면 피로감을 느끼며 앉아 있는 사람이 일어서면 먼지가 일게 된다. (앉은 사람이 너무 가까워서) 매운 맛이 코를 찌르면 땀을 문지를 때 간혹 양념을 더럽게 된다. 반드시 서서 찧어야 한다.

마늘:[206] 딱딱한 껍질을 깨끗이 벗겨 내고 아랫부분의 '강근強根'[207]을 잘라 낸다. (강근을) 잘라

圓. 底尖擣不著, 則蒜有廳成. 以檀木爲韲杵臼.[269] 檀木[270]硬而不染汗. 杵頭大小, 令[271]與臼底相安可. 杵頭著處廣者, 省手力, 而韲易熟, 蒜復不跳也. 杵長四尺. 入臼[272]七八寸圓之. 以上. 八稜作. 平立, 急春之. 春緩則韲臭. 久則易人. 春韲宜久熟, 不可倉卒. 久坐疲倦, 動則塵起. 又辛氣韲灼, 揮汗或能灑污.[273] 是以須立春[274]之.

蒜. 淨剝, 掐[275]去強根. 不去則

---

206 '산(蒜)'에서 '갱미반(秔米飯)'의 여섯 종류의 양념에 이르기까지 원래는 양념의 이름만이 큰 글자로 쓰여 있고 내용은 모두 두 줄로 된 작은 글자로 쓰여 있었는데 스성한의 금석본에서는 이를 따르고 있지만, 묘치위의 교석본에서는 대체적으로 큰 글자로 쓰고 있다. 또한 원래는 단락이 나누어져 있지 않지만, 단을 나누어서 시작점으로 삼아 강조하고 있다.

207 '강근(強根)': 권3 「염교 재배[種韭]」의 용법에 따르면 '강근'은 '강근(彊根)'으로,

내지 않으면 맛이 쓰다. 일찌감치 물에 담가 놓은[208] 마늘쪽은 맛이 좋으며 (강근을 잘라 내고 단단한 껍질을) 벗겨 내면 바로 쓸 수 있다.

일찍이 물에 담그지 않은 것은 거품이 이는 뜨거운 물에 넣고[渫] 절반쯤 익혀서 사용한다.[209]

조가朝歌의 큰마늘[大蒜][210]은 특히 매워서 쪼개어 가운데를 잘라 내고[211] 온전한 중심 부분은 이후에 다시 사용한다. 잘라 내지 않으면 너무

苦. 嘗經渡水㊰者, 蒜味甜美, 剝即用. 未嘗渡水者,㊲ 宜以魚眼湯渫銀洽反㊳半許半生用. 朝歌大蒜, 辛辣異常,㊴宜分破去心, 全

말라죽은 지 오래된 뿌리이며, 마늘쪽[蒜瓣]에서 아랫부분에 가까운 딱딱한 부분이다.

208 '도수(渡水)'의 목적은 마늘의 매운 맛을 해소하는 데 있는데, 이것은 분명 소금물에 담근 마늘을 가리킨다.

209 '반허반생(半許半生)': 일반적인 정도의 날것으로, 즉 "절반은 날것이며, 또한 절반은 익었다."는 의미이다. '삽(渫)'자의 함의에 따라서 설명할 수 있다. 『집운』「입성·삼십이흡(三十二洽)」의 '잡(煠)'자는 '삽(渫)'자와 동자로 『광아』에서 인용하기를 '데치다'라고 하였다. 묘치위는 이는 곧 탕 안에서 끓는 물에 잠시 끓여 건져내는 것으로, 채소와 육류의 쓰고 떫거나 비린내와 노린내의 기미를 제거하기 위해 하는데, 이는 곧 반쯤 익고 반쯤 덜 익은 것을 가리킨다고 한다.

210 '조가대산(朝歌大蒜)': 권3 「마늘 재배[種蒜]」에 보인다. 『제민요술』 중의 안주는 거의 신맛과 불가분의 관계에 있다. 매운맛과 마늘에 대해 말하자면 본편과 권3 「마늘 재배[種蒜]」에서 한두 차례 매운 것을 꺼린다고 하였지만, 냄새를 꺼린다고는 하지 않았다. 이것은 남방인인 도홍경과는 상반된 것으로, 그는 『명의별록(名醫別錄)』의 '호(葫; 大蒜)'에 주석하여 "냄새가 지독하여 먹을 수 없다."라고 인식하였다.

211 '거심(去心)': 마늘쪽의 심지이며 즉 단지 쪽 속의 배아를 가리킨다. 그러나 신선한 마늘쪽은 쪼개기가 쉽지 않고 단지 쪽에서 싹이 발아할 때가 되어서야 심이 비로소 분명하게 드러난다. 그러나 양념을 만들 때는 모두 이 시기에 만든다고할 수 없고, 또한 중심부분 또한 특별히 맵지 않아 이때의 조가의 큰마늘이 특별한지 아닌지 분명하지가 않다.

매워서[212] 음식 맛을 잃게 된다.

생강: 껍질을 깎아 내고 잘게 썰어서 찬물에 넣은 후에 생베[生布]에 싸서 비틀어 쓴 즙을 낸다.

쓴 즙은 남겨서 고깃국의 향료[213]로 사용할 수 있다. 생강이 없으면 마른 생강도 사용할 수 있다.

5되의 양념을 만들려면 생강은 한 냥을 쓰고 마른 생강은 절반만 사용한다.

귤껍질[橘皮]: 신선한 것은 직접 사용하고, 묵은 것은 뜨거운 물로 쌓여 있는 묵은 먼지를 씻어 낸다.

귤껍질이 없으면 초귤자草橘子를 사용할 수 있다. 마근자馬芹子도 사용할 수 있다.[214] 양념 5되를 만들려면 귤껍질 한 냥을 사용하는데, 초귤

心用之. 不然辣
則[280]失其食味也.

生薑. 削去皮,
細切, 以冷水和
之, 生布絞去苦
汁. 苦汁[281]可以香
魚羹. 無[282]生薑,
用乾薑. 五升虀,
用生薑一兩, 乾
薑[283]則減半兩耳.

橘皮. 新者直
用, 陳者以湯洗
去陳垢. 無橘皮,
可用草橘子. 馬
芹子亦得用. 五
升虀, 用一兩, 草

---

212 "全心用之. 不然辣": 이 구절은 착오와 누락이 있는 듯하다. 스성한의 금석본에서는 '불연(不然)' 두 글자가 원래 '전심용지(全心用之)' 앞에 있었는데 옮겨 쓰면서 순서가 뒤바뀌었거나, '제(除)'자가 망가져서 '전(全)'자로 잘못 본 것이라고 추측하였다. 황록삼 교기에서는 '전(全)' 앞에 '물(勿)'자가 빠져 있다고 하였다.

213 '향(香)': 즉 향기가 있는 재료(향료)를 넣는 것이다.(권3 「마늘 재배[種蒜]」 각주 참조.)

214 '초귤자(草橘子)'는 본권의 「장 만드는 방법[作醬等法]」의 주석에 보이며, '마근자(馬芹子)'는 권3 「양하 · 미나리 · 상추 재배[種蘘荷芹蘆]」의 주석에 소개되어 있다.

자와 마근자의 비율[215]도 이와 동일하다.

생강과 귤껍질을 사용하는 것은 향을 내기 위함으로, 너무 많이 필요하지 않으며 너무 많으면 맛이 쓰게 된다.

백매白梅: 백매를 만드는 법은 권4의 「매실·살구 재배[種梅杏]」편에 있다.[216] 만들 때는 씨째로 함께 사용한다. 양념 5되를 만드는 데 8개의 백매를 사용하면 된다.

잘 익은 밤[栗黃]: 농언에는 "황금색 양념[217]과 옥빛의 회[218]이다."라는 말이 있다. 귤껍질이 (황금색인 것은) 맛이 좋지 않기 때문에 밤의 누런 육질을 더하면 황금색을 띨 뿐 아니라 또한 단맛

橘馬芹，準此爲度．薑橘取其香氣，[284] 不須多，多則味苦．

白梅．作白梅法，在梅杏篇．用時合核用．五升虀，用八枚足矣．[285]

熟栗黃．諺曰，金虀玉膾．橘皮多則不美，故加栗黃，取其金色，

---

215 '준(準)': 스성한의 금석본에서는 '준(准)'으로 쓰고 있다.

216 권4「매실·살구 재배[種梅杏]」에는 "작백매법(作白梅法)"이 있으며 "음식을 조리하거나 양념을 만들 때에 쓰이는 등 다양하게 사용할 수 있다."라고 하였다.

217 '금제(金虀)': 양념 중에 황금색 물건이 있다는 것으로, 이는 귤피(橘皮)와 율황(栗黃)을 가리킨다. 그러나 귤피는 비록 황금색일지라도 많으면 좋지 않기 때문에 특별히 율황을 넣어서 황금색을 보충하였다. '옥회(玉膾)'는 생선살이 흰색으로 옥빛과 같다는 의미이다.

218 '회(膾)'에 대해『논어(論語)』「향당(鄕黨)」에는 "회는 잘게 썰수록 좋다."라고 하였다.『설문해자』에서는 "회는 잘게 썬 고기[肉]이다."라고 하였다. 정현의 주에서 "저민다는 것은 자른다는 의미이다. 먼저 콩잎을 썰고 다시 잠시 후에 그것을 썰어 회를 만들었다."라고 한다. 이것은 먼저 얇은 조각을 만들고('첩'은 곧 콩잎을 썬다는 의미이다.) 다시 잠시 후에 가늘고 길쭉하게 썰어 회를 만든 것이다. 본권「장 만드는 방법[作醬法]」편에서 "마치 생선회를 뜨는 법과 같이 절개하고 살을 떠서"라고 하였는데, 바로 이와 같이 자르는 방법이다. 최덕경 외 2인,『麗元代의 農政과 農桑輯要』, 동강, 2017, 155-161쪽 참조.

도 더해진다.

　5되의 양념을 만들려면 10개의 밤을 이용한다. (밤은) 황금색의 연한 것을 사용하며, 단단하고 검은색은 사용하기에 좋지 않다.

　메좁쌀밥: 회를 먹을 때 사용하는 양념은 진해야 한다. 따라서 농언에서는 "양념을 배로 넣는다."라고 한다. 마늘이 많으면 맛이 너무 맵기 때문에 밥을 더하면 양념이 달게 된다.

　5되의 양념을 만들려면 계란 크기 정도의 밥을 사용한다.

　우선 백매·생강·귤껍질을 찧어서 가루로 내어 (잘 찧은 것을 다른 용기에 담아) 저장한다. 다시 깐 밤과 밥을 잘 찧어서 부드럽게 하고 천천히 생마늘을 넣는다. 마늘은 단번에 다져서 부드럽게 할 수 없으니 먼저 (몇 번을 나누어서) 조금씩 넣어야 하며, 생마늘은 (익은 마늘보다) 찧기가 어렵기 때문에 먼저 넣어서 찧어야 한다. 찧어서 부드럽게 다진다. 다시 데친 마늘을 넣는다.

　양념을 부드럽게 찧어 다진 후에 소금을 넣고 다시 찧는데 거품이 일어날 때까지 찧는다. 그런 후에 (이미 잘 찧은) 백매·생강·귤껍질 가루를 넣고 다시 찧어서 서로 섞이도록 한다. 초를 넣어서 풀어 준다. 만약 백매·생강·귤껍질 등을 미리 찧지 않으면 부드러워지지 않는다. 다른 용기에 담지 않으면 향기가 마늘에 의해 소멸되어서[殺][219] 더 이상 향기가 나지 않

又益味甜。█ 五升
虀, 用十枚栗. 用
黃軟者, 硬黑者,
即不中使用也.

　秔米飯. 膾虀必
須█濃. 故諺█曰,
倍著虀. █蒜多則
辣, 故加飯, 取其
甜美耳. 五升虀,
用飯如雞子許大.

　先擣白梅薑橘
皮█爲末, 貯出
之. 次擣栗飯使
熟, 以漸下生蒜.
蒜頓█難熟, 故宜以
漸, 生蒜難擣, 故須先
下. 舂令熟. 次下
湯蒜. 虀熟, 下鹽
復舂, 令沫起.█
然後下白梅薑橘
末復舂, 令相得.
下醋解之. 白梅薑
橘, 不先擣則不熟.
不貯出, 則爲蒜所殺,
無復香氣. 是以臨熟

는다. 따라서 부드러워졌을 때 비로소 식초를 넣어 준다. 식초
는 반드시 좋은 것이어야 하며, 좋지 않은 식초를 쓰면 양념도
쓰게 된다. 몇 년이 지나 진하게 된 대초(大醋)는 먼저 물을 섞
어서 적당하게 혼합해 둔 후에 넣는다. 절대로 양념 속에 생수
를 넣어서는 안 된다. 그렇지 않으면 양념이 맵고 쓰게 된다. 순
수하게 대초만 넣고 물을 타지 않으면 너무 시어서 초가 더 이
상 맛을 내지 못한다.

　이상의 방법은 단지 회를 먹는 양념을 만드
는 것이다. 나머지 (식품의 양념)은 묽게 만들며,
진하게 할 필요는 없다.

　회를 뜨는 고기는[220] 살이 많은[221] 한 자 전
후의 생선이 가장 좋다. 너무 크면 껍질이 두껍
고 뼈[222]가 단단하여 회를 만들어 먹기에 적합하

乃下之.　醋必須好,
惡則齏苦.　大醋經年
釅者, 先以水調和, 令
得所, 然後下之. 愼勿
著生水於中.　令齏辣
而苦. 純著大醋, 不與
水調, 醋復不得美也.

右件法,　止爲
膾齏耳.　餘即薄
作, 不求濃.

膾魚肉,　裏長
一尺者第一好.
大則皮厚骨硬,

---

219 '살(殺)': '감소한다[減少]'는 의미로 풀이된다.(권2 「암삼 재배[種麻子]」편 각주 참
　조.) 생강과 귤의 향기가 마늘의 냄새에 의해서 상쇄되므로, 끄집어내어서 별도
　로 담아 두었다가 숙성하면 꺼내야 한다.
220 '회어육(膾魚肉)': 회를 만드는 생선의 살이다. 본편의 다음 편인 「생선젓갈 만들
　기[作魚鮓]」에서는 "살코기가 한 자[尺] 반 이상이 되고 껍질과 뼈가 단단하며 회
　를 칠 수 없는 것은 모두 젓갈[鮓]을 담글 수 있다."라고 하였다. 즉 머리와 꼬리
　를 제거한 한 자 길이의 생선몸통을 생선회로 만드는데, 이 크기를 넘으면 사용
　할 수가 없어서 단지 젓갈을 만드는 데 사용했다고 한다.
221 '이(裏)'는 머리와 꼬리를 제거한 몸통부분을 가리키며 '이장(裏長)'은 곧 '육장(肉
　長)'이다. 북송본과 호상본에서는 이 글자와 같으나, 명초본에서는 '과(裹)'로 쓰
　고 있는데 이는 잘못이다.
222 '골(骨)': 북송본에서는 이 글자와 같은데 명초본과 호상본에서는 '육(肉)'자로 쓰
　고 있다. 묘치위 교석본을 참고하면, 다음 편의 '잉어로 젓갈을 만드는 부분'에는
　"껍질과 뼈가 단단하며"라는 말이 있기 때문에 북송본을 따랐다고 하였다.

지 않으며 다만 젓갈[鮓]을 만들 수 있다.

회를 써는 사람은 비록 다 썰었을지라도 손을 씻어서는 안 된다. 손을 씻으면 회가 축축해지므로,[223] 회를 다 먹고 난 후 손을 씻는다. 손을 씻으면 회가 축축해진다는 것은 사물이 자연스럽게 서로 꺼리는 바가 있다는 정황을 말한 것이다. 대개 이는 또한 "볏짚을 태우면 표주박이 죽는다."라는 것과 비슷한 것으로, 그 도리는 설명하기 어렵다.

『식경』에 이르기를, "겨울에는 귤껍질과 마늘로 양념을 만들고, 여름철에는 백매白梅와 마늘로 양념을 만든다. 육회肉膾의 양념은 매실을 사용하지 않는다."라고 하였다.

겨자장[芥子醬]을 만드는 방법:[224] 먼저 겨자를 햇볕에 쬐어 말린다. 축축하면 갈아도 부드럽게 되지 않는다.[225] (겨자 속에 낀) 모래를 깨끗이 씻

不任食, 止可作鮓魚耳. 切膾人, 雖訖 亦 不 得 洗手. 洗手則膾濕, 要待食罷, 然後洗也. 洗手則膾濕, 物有自然相厭. 蓋亦燒穰殺瓠之流, 其理難彰矣.

食經曰, 冬日橘蒜虀, 夏日白梅蒜虀. 肉膾不用梅.

作芥子醬法. 先曝芥子令乾. 濕則用不密也. 淨淘沙,

---

223 '회습(膾濕)': 이것은 일종의 '염승술(厭勝術)'에 대한 견해이나, 생선의 가늘고 긴 것이 습하게 잘리는 것인지 아니면 맛이 텁텁하게 변한 것인지는 분명하지 않다. 묘치위 교석본에서는 '습'자를 '삽(澀)'자로 써야 한다고 보았다.

224 '작개자장법(作芥子醬法)'은 다른 하나의 항목으로, 비록 『식경』의 문단 뒤에 있지만 여전히 가사협의 본문이다. 아래 조의 개자장법(芥子醬法)은 『식경』에서 나온 것이기 때문에 다시 제목을 『식경』이라고 부여했다. 이 두 조항은 원래는 단지 제목이 큰 글자로 쓰여 있고, 내용은 모두 두 줄로 된 작은 글자로 되어 있었는데, 묘치위 교석본에서는 모두 고쳐서 큰 글자로 적고 있다.

225 '濕則用不密': 스성한의 금석본에서, '용불밀(用不密)'은 '연불숙(硏不熟)'이 뭉개져서 된 것으로 추측하였다. 반면 묘치위 교석본에 의하면, 다음 문장에서 물에

어 내고[226] 아주 부드럽게 간다.

많이 만들려면 방아를 사용해 찧어서, 비단체로 거르고 물을 타서 다시 간다. (잘 갈린 겨자분말을) 모두 동이에 붙여 두고 엎어 빗자루[227] 위에 덮어 두면 잠시 후에는 매운맛이 줄어든다.

그러나 너무 오랫동안 두면 더 이상 매운맛이 없어지게 되며, 조금도 그렇게 하지 않으면 너무 쓰고 맵다. 손으로 주물러 자두 크기로 둥그렇게 만들거나 혹은 작은 떡처럼 만드는데, 임의대로 한다.

다시 햇볕을 쬐여 말려서 비단 주머니에 담아 좋은 장 속에 담가 둔다. 필요할 때 꺼내서 먹는다.

만약 단지 양념만을 만들려고 하면, 잘 갈고 잘 섞어서 (매운맛을) 상쇄하고 좋은 초를 넣어서

研令[293]極熟。多作者，可碓擣[294] 下絹篩，然後水[295]和，更研之也。[296] 令悉著盆， 合著掃帚上[297]少時， 殺其苦氣。 多停則令無復辛味[298]矣，不停則太辛苦。 搏作丸，[299] 大如李，或[300]餅子， 任在人意也。 復曝乾，然後盛以絹囊，沈之於美醬[301]中。 須則取食。 其爲齏者，初殺訖， 即下美鮓

인 후에 축축할 때 "아주 부드럽게 간다."라고 하였으므로, '연불숙'이 잘못된 것은 아니라고 보았으며, 혹자는 '용불가(用不佳)'의 잘못이 아닌가 추측하지만 여전히 의문은 남는다고 하였다.

226 '도사(淘沙)': 물에 일어서 모래를 씻어 낸다는 의미이다.

227 '영실저분(令悉著盆)': '분(盆)'은 가는 동이[研盆]를 가리킨다. 묘치위 교석본에 의하면, 연마하는 공구의 가는 바닥에는 주발형이 있으며, 또한 동이형과 소반형태가 있다고 한다. 물을 타서 부드럽게 간 겨자가루를 전부 동이 바닥에 붙이고, 이어 평평하지 않은 소추(掃帚) 위에 엎어서 약간의 매운맛이 나는 겨자기름을 휘발시키면 매운맛이 없어진다고 한다.

조절하며 풀어 준다.

『식경』 중의 겨자장[芥醬] 만드는 방법: 겨자를 부드럽게 찧고 아주 고운체로 걸러 가루를 취한다. 분말을 작은 사발에 담아 끓는 물에 한 번 씻는다. 맑게 가라앉힌 후에 위의 맑은 물을 따라 내고 다시 씻는다.[228] 이렇게 3번 씻으면 쓴맛이 사라진다. 작은 불 위에 올리고 저어서 그것을 다소 건조시킨다.[229]

사발을 기와 위에 엎고 재를 그 사발 주변에 두른 후 하룻밤이 지나면 장이 만들어진다. 묽은 초[230]를 풀어서 진하거나 묽게 하는 것은 임의대로 한다.

최식崔寔의 『사민월령』에 이르기를 "8월에 부추꽃[韭菁]을 따서 찧어 양념을 만든다."[231]라고 하였다.

解之.

食經作芥醬法. 熟擣芥子, 細篩取屑. 著甌█裏, 蟹眼湯洗之. 澄去上清, 後洗之. 如此三過, 而去█其苦. 微火上攪之, 少熇. 覆甌瓦█上, 以灰圍甌邊, 一宿即成. 以薄酢解,█ 厚薄任意.

崔寔曰, 八月, 收韭菁, 作擣虀.

---

228 '후세지(後洗之)': 스성한의 금석본에서는, '부세지(復洗之)'를 잘못 보고 틀리게 옮겨 쓴 것으로 추측하였다.

229 '고(熇)': 『설문해자』의 해석은 '불이 뜨겁다[火熱也]', 즉 뜨겁게 구운 것이다. '소고(少熇)'는 약간 건조된 때이며, 이 또한 『식경』에서 전용되는 단어이다.

230 초(酢): 본래 묘치위 교석본에서는 '자(鮓)' 자로 썼으나 이후 역주본에서는 '초(酢)' 자로 바꿔 적고 있다.

231 "收韭菁, 作擣虀": '구청(韭菁)'은 부추의 꽃줄기이다. 권3 「부추 재배[種韭]」편에서는 『사민월령』의 '장구청(藏韭菁)'을 인용하여 주석하기를, "'청(菁)'은 곧 부추꽃[韭花]이다."라고 하였다. 스성한의 금석본에 따르면, 『옥촉보전(玉燭寶典)』에서 인용한 『사민월령』에 근거하여 위아래 문장의 뜻을 살펴보면 서로 관련이 없는 별개의 두 가지 일이라고 한다.

268 '초(酢)': '초(酢)'는 명청 각본에 '장(醬)'으로 잘못되어 있다. 원각본과 명초본, 금택초본에 따라 바로잡는다.

269 '저구(杵臼)': 명청 각본에 '저'자가 없다. 원각본과 명초본, 금택초본에 따라 보충한다.

270 '단목(檀木)': 원각본과 명초본, 금택초본 및 다수의 명청 각본에 모두 '갱미(粳米)'라고 되어 있다. 점서본에는 단목'(檀木)'으로 되어 있는데 그 근거를 설명하지 않았다. 베이징대학에 소장된 정병형(丁秉衡) 교본의 기록에 따르면 어떤 '명각본'(비책휘함본은 아니다.)에도 '단목'으로 되어 있다. 단목이 딱딱하고 땀에 물들지 않는 것은 사실이며, 바로 앞의 '檀木爲䑸杵臼'를 사용하는 원인을 설명하는 것이다. '갱미' 두 글자는 해석가능한 근거가 없다. 원서에는 '단목' 혹은 '경목(硬木)'으로 되어 있었는데 나중에 글자가 뭉개져서 옮겨 쓰는 사람이 잘못 보고 자형이 유사한 '갱미'로 쓰고 새긴 듯하다. 여기서는 '명각본'에 따라 고쳤다.

271 '영(令)': 북송본에는 '영(令)'자가 있으나, 명초본과 호상본에는 빠져 있다.

272 '구(臼)': 명청 각본에 '구(口)'로 잘못되어 있다. 원각본과 명초본, 금택초본에 따라 바로잡는다.

273 '揮汗或能灑污': '오'는 명초본에 '즙(汁)'으로 잘못되어 있다. '쇄'는 금택초본에 '여(麗)'로, 명청 각본에 '진(塵)'으로 잘못되어 있다. 원각본에 따라 고친다.

274 '입용(立春)': 명청 각본에 '역입용(力立春)'으로 되어 있는데 원각본과 명초본, 금택초본에 따라 '역'자를 삭제한다.

275 '겹(搯)': 명초본에 '도(稻)'로 잘못되어 있다. 원각본과 금택초본, 명청 각본에 따라 수정하였다.

276 '도수(渡水)': 명청 각본에 '도수(度水)'로 되어 있다. 원각본과 명초본, 금택초본에 따라 바로잡는다.

277 "蒜味甜美, 剝即用. 未嘗渡水者": 명청 각본에 이 12글자가 빠져 있다.

아마 앞뒤로 모두 같은 '도수자(度水者)' 세 글자가 있어서 잘못 보고 베껴 쓸 때 누락한 듯하다. 원각본과 명초본, 금택초본에 따라 보충해 넣는다.

▨ '은흡반(銀洽反)': 이것은 '삽(渿)'자에 음주를 단 소자협주이다. 명청 각본에 '반(反)'자와 다음 줄 첫 글자인 '녹(錄)'을 합쳐서 '석(石)'과 녹(錄)의 부수가 들어간 괴상한 글자로 만들었다. '녹'자는 '은'자를 잘못 본 것이고, '은'자는 '서(鉏)'자를 잘못 베껴 쓴 듯하다. 『집운』「입성 · 삼십이흡(三十二洽)」의 '삽(渿)'자는 『박아(博雅)』(즉 『광아』)의 '잡(煠)'자의 또 다른 표기법으로 여겨진다. '잡(煠)'은 끓는 기름 또는 끓는 탕에 넣어 익히는 것이며, 끓는 탕 속에서 익히는 것은 '설(渫)'자를 많이 썼다.

▨ '이상(異常)': 명청 각본에 순서가 바뀌어 '상이(常異)'로 되어 있다. 원각본과 명초본, 금택초본에 따라 바로잡는다.

▨ '날즉(辣則)': 본편의 각각의 '날(辣)'자는 명초본과 호상본에서는 이 글자와 같으며 북송본에서는 '날(辢)'자로 쓰고 있는데 글자는 동일하다. 묘치위 교석본에서는 일괄적으로 '날(辣)'로 쓰고 있다. 명청 각본에 '즉'자가 없다. 원각본과 명초본, 금택초본에 따라 보충한다.

▨ '고즙(苦汁)': 명청 각본에 '고즙(苦汁)'이 빠져 있다. 원각본과 명초본, 금택초본에 따라 보충한다. 묘치위 교석본에 의하면, '고즙(苦汁)'은 북송본에서는 이 단어가 거듭 쓰였으나 명초본과 호상본에서는 거듭 쓰이지 않고 있는데, 거듭하여 중문으로 쓰는 것이 합당하다고 하였다.

▨ "羹. 無": 명청 각본에 "美. 蕪"로 잘못되어 있다. 원각본과 명초본, 금택초본에 따라 바로잡는다.

▨ '강(薑)': 명청 각본에 '강(姜)'으로 되어 있다. 원각본과 명초본, 금택초본에 따라 고쳤다.

▨ '향기(香氣)': 명청 각본에 '향미기(香味氣)'로 되어 있다. 원각본과 명초본, 금택초본에 따라 '미'자를 삭제한다.

▨ '족의(足矣)': 명청 각본에 '족의'라고 되어 있다. 원각본과 명초본, 금택초본의 '족지의(足之矣)'보다 더 적합하고 깔끔하다. 후대의 판본에 따라 '지'자를 삭제한다.

286 '우익미첨(又益味甜)': 명청 각본에 '又益美味甜'으로 되어 있다. '미(美)'자는 불필요하므로, 원각본과 명초본, 금택초본에 삭제한다. 묘치위 교석본에 의하면, '우(又)'자는 북송본에서는 '인(人)'자로 잘못 쓰고 있으며 명초본과 호상본에서는 잘못되지 않았다고 하였다.

287 '필수(必須)': '필'자는 명청 각본에 '금(金)'자로 잘못되어 있다. 원각본과 명초본, 금택초본에 따라 바로잡는다.

288 '언(諺)': 명청 각본에 '결(訣)'로 잘못되어 있다. 원각본과 명초본, 금택초본에 따라 수정하였다.

289 '제(虀)': 묘치위는 '제(虀)'로 쓰고 있으나, 스성한은 '제(齏)'를 쓰고 있다. 스성한에 따르면 명청 각본에 '제(齊)'로 잘못되어 있어, 원각본과 명초본, 금택초본에 따라 바로잡았다고 한다.

290 '귤피(橘皮)': 명초본과 명청 각본에 '피(皮)'자가 있고, 원각본과 금택초본에는 없다. 본 조항의 시작하는 부분의 '귤삼(橘三)' 역시 '피'자가 없다. 이 밖에 뒤편의 여러 조항에는 귤피가 '귤'로 생략되어 쓰이는 곳이 많다. 그러나 여기에 '피'자가 있는 것이 더 분명하게 설명해 주므로 후대 각본 중의 '피'자를 남겨 둔다. 묘치위 교석본에 의하면, 북송본에서는 단지 '귤(橘)' 한 자만 있다고 하였다.

291 '돈(頓)': 명청 각본에 '두(頭)'로 잘못되어 있다. 원각본과 명초본, 금택초본에 따라 바로잡는다.

292 '말기(沫起)': 명초본과 명청 각본에 모두 '沫之起'로 되어 있다. '지'자는 의미가 없으므로 원각본과 금택초본에 따라 삭제한다.

293 '영(令)': 북송본, 호상본에서는 '영(令)'으로 쓰고 있는데, 명초본에서는 '금(今)'으로 잘못 쓰고 있다.

294 '대도(碓擣)': 명청 각본에 '확도(確擣)'로 되어 있다. 원각본과 명초본, 금택초본에 따라 고친다.

295 '수(水)': 북송본과 호상본에는 '수(水)'라고 쓰여 있는데, 명초본에서는 '빙(氷)'이라고 잘못 쓰여 있다.

296 '연지야(研之也)': 명청 각본에 '연지지(研之地)'로 되어 있다. 원각본과 명초본, 금택초본에 따라 바로잡는다.

297 '합저소추상(合著掃帚上)': 스성한의 금석본에서는 '추(帚)'를 '추(箒)'로

쓰고 있다. 스성한에 따르면, '합'자는 명초본에 '영(슙)'으로 잘못되어
있다. '추'자는 금택초본에 빠져 있는데, 원각본과 명청 각본에서는 모
두 '죽(竹)'이 들어간 '추(帚)'자를 쓰고 있으며, 명초본의 '추'자는 '죽
(竹)'변이 없다. '죽'자가 빠진 것이 정확한 표기법이나, 권2와 권9의 추
(篲)자에는 모두 머리에 '죽'자가 있으므로 원각본을 따른다. 묘치위 교
석본에 의하면, 북송본과 호상본에서는 '합(合)'자로 쓰고 있으며, 명초
본에서는 '영(슙)'자로 잘못 쓰고 있는데, 원각본과 호상본에서는 '추
(篲)'자로 쓰고 있다. 명초본에서는 '추(帚)'자로 쓰고 있는데 글자가 동
일하며 금택초본에는 이 글자가 빠져 있다. 본서에서는 통일하여 '추
(帚)'자로 쓴다. '소추(掃帚)'는 취사할 때 사용하는 씻는 용구를 가리키
며 권7「신국과 술 만들기[造神麴并酒]」에 '취추(炊帚)'가 있는데, 이는
분명 '취추(炊帚)'로 써야 할 것이라고 하였다.

298 '슙無復辛味': '영'자는 명초본과 명청 각본에 '냉(冷)'으로 되어 있다. 원
각본과 금택초본에 따라 바로잡는다. 묘치위 교석본에 의하면, 북송본
에서도 원각본과 같이 '영무(슙無)'로 되어 있다고 하였다.

299 '환(丸)': 스성한은 '환자(丸子)'라고 쓰고 있다. 스성한에 따르면, '환'은
명청 각본과 명초본에 '원(圓)'으로 되어 있으나, 원각본과 금택초본에
따라 '환(丸)'으로 한다고 하였다. 묘치위 교석본에 의하면, 북송본에서
는 '환(丸)'으로 되어 있으며, '원(圓)'은 남송인들이 조항(趙恒: 송 흠
종)의 이름과 음이 같은 것을 피휘하여 고쳐 쓴 것이라고 하였다.

300 '혹(或)': 명청 각본에 '성(成)'으로 잘못되어 있다. 원각본과 명초본, 금
택초본에 따라 고친다.

301 '장(醬)': 명청 각본에 '체(替)'로 잘못되어 있다. 원각본과 명초본, 금택
초본에 따라 바로잡는다.

302 '구(甌)': 명초본과 명청 각본에는 모두 옹(瓮)[혹은 '옹'(甕)]자로 되어
있다. 원각본과 금택초본에 따라 '구(甌)'로 고쳐야 다음 절의 두 곳에
나오는 '구(甌)'와 부합한다.

303 '거(去)': 명초본에 '실(失)'로 잘못되어 있다. 원각본과 명초본, 금택초
본에 따라 수정한다.

304 '와(瓦)': 명초본에 '옹(瓮)'으로, 명청 각본에 '방(房)'으로 잘못되어 있

다. 원각본과 금택초본에 따라 바로잡는다. 묘치위 교석본에 의하면,
북송본에는 '와(瓦)'로 쓰여 있는데, 사발을 기와 위에 엎어서 주위에
재를 둘러 수분을 흡수하게 하는 것이다. 호상본에는 '방(房)'으로 잘못
쓰여 있다고 하였다.

305 '자해(鮓解)': 스성한의 금석본에서는 '자(鮓)'를 '초(酢)'라고 적고 있으
며, 묘치위 교석본에는 '자(鮓)'로 되어 있다. '해(解)'는 명청 각본에서
는 '개(蓋)'로 되어 있지만, 원각본과 명초본, 금택초본에 따라 바로잡
는다.

제74장

생선젓갈 만들기 作魚鮓第七十四

무릇 젓갈[鮓]²³²을 만들 때는 봄과 가을이 가장 좋은 시기이고 겨울과 여름은 좋지 않다. 날씨가 추우면 숙성되기 어렵고, 날씨가 무더우면 짜지 않으면 안 되며, 짜면 더 이상 맛이 없고 또한 구더기가 생긴다. 읍자(裛鮓)를 만드는 것이 좋다.

신선한 잉어[鯉魚]를 취해서 물고기는 크면 클수록 좋다. 살이 없는 고기가 더욱 좋다. 살진 고기는 비록 맛은 좋을지언정 오래 둘 수가 없다. 살코기가 한 자 반 이상이 되고 껍질

凡作鮓,　春秋爲時,　冬夏不佳.寒時難熟,　熱則非醎不成,　醎復無味,　兼生蛆. 宜作裛³⁰⁶鮓也.

取新鯉魚,　魚唯大爲佳. 瘦魚彌勝. 肥者雖美而不耐久.　肉

---

232 '자(鮓)': 밥에 소금을 넣어 양조하여 만든 생선덩이이다. 같은 방법으로 육류를 양조한 것 또한 '자(鮓)'이다. 『석명(釋名)』「석음식(釋飮食)」에서는 "자(鮓)는 찌꺼기이다. 소금과 밥을 발효시켜 야채절임과 같이 만들어서 익혀 먹는 것이다."라고 하였다. 소금과 밥을 양조, 제조한 생선과 고기는 모두 '자(鮓)'이며, 뒤의 문장에는 '저육자(猪肉鮓)'도 있다. 묘치위 교석본을 보면, 전분을 이용하여 당화하고 마지막에는 유산균의 작용을 통해서 젖산을 생산하는 것이 특징으로, 일종의 신맛이 있으며 아울러 방부작용도 한다. 그 제조 과정은 단순히 밥과 소금만 사용하고 누룩과 같은 발효제는 넣지 않으며 어떨 때는 술과 같은 조미료를 첨가하여 빠르게 숙성한 것을 촉진하였다고 한다.

과 뼈가 단단하며 회를 칠 수 없는 것은 모두 젓갈[鮓]을 담글 수 있다.

비늘을 벗겨 내고 잘라서 저민다.[233] 저민 한 덩이는 길이 2치, 폭이 한 치, 두께는 5푼 정도이며 저민 고기는 모두 껍질이 붙어 있게 한다. 저민 고기가 너무 크면 바깥 부분이 지나치게 숙성되어 신맛이 나서 먹기에 좋지 않다. 단지 중간부분만 비로소 먹을 수 있다. 뼈 근처에 있는 고기는 비린내가 나서 먹을 수가 없다. 3등분한 것 중에 단지 1등분만이 먹기에 좋다. 저민 고기가 작으면 고르게 숙성된다. 이 같은 수치 역시 단지 대체적인 것으로 얽매일[234] 필요는 없다. 등뼈 근처는 바르고 반듯하게 발라내고, 육질이 두꺼운 부분은 껍질을 약간 좁게 자르고, 육질이 얇은 부분은 (도리어) 껍질을 다소[235] 넓게 자른다.[236] 저미어 별도로 잘라낸 것은 모두 껍질이 붙게 하며, 껍질을 저며서 없애는 것은 좋지 않다.

손으로 물을 담은 동이 안에 던져 넣어 담가

長尺半以上, 皮骨堅硬, 不任爲膾者, 皆堪爲鮓也. 去鱗訖, 則臠. 臠形長二寸, 廣一寸, 厚五分, 皆使臠別有皮. 臠大者,[307] 外以過熟傷醋, 不成任食. 中始[308]可噉. 近骨上, 生腥不堪食. 常三分收一耳. 臠小則均熟. 寸數者, 大率言耳, 亦不可要. 然[309]脊骨宜方斬, 其肉厚處薄收皮, 肉薄處, 小復厚取皮.[310] 臠別斬過, 皆使有皮, 不

---

233 '연(臠)': '덩어리 모양으로 고기를 자르는 것'이다. 여기서는 동사로 쓰였으며 비스듬하게 자르거나 편(片)으로 고기 덩이를 만든다는 의미이다.

234 '요(要)'는 '구속된다'는 의미이다.

235 '소(小)'는 '적다'의 의미로, 옛날에는 '소(少)'와 통용되었다.

236 '박(薄)'은 좁은 것을 가리키며 약간 좁게 자르는 것이다. 껍질에 붙어 있는 폭과 상응하도록 얇게 하기 때문에 '박수피(薄收皮)'라고 하였다. '후취피(厚取皮)'는 약간 넓게 자른다는 것이다. 이에 의거해 보면 '방참(方斬)'은 세로로 자르는 것을 가리키며, 정방향으로 자르는 것이 아니다. 『제민요술』의 팽임(烹飪), 엄장(醃藏) 각 편에서 칭하는 '방(方)'은 일정한 폭을 가지고 자르는 것을 뜻하고, 정방형으로 덩이를 지어 자르는 것은 아니다.

서 피를 씻는다.[237] 저미기가 끝나면 (동이에서)
건져 내어 다시 맑은 물로 깨끗이 씻는다. 걸러
내어 대야에 담아 두고 흰 소금을 그 위에 뿌린
다.[238]

대바구니 속에 담아서 팽팽한 돌판 위에 올
려놓으면 오그라들면서[239] 물이 빠진다. 세상에서
는 이를 '축수(逐水)'라고 한다. 소금물[240]이 다 빠지지 않으면
'젓갈[鮓]'덩이가 문드러지게 된다. 하룻밤을 지내면서 오그라들
게 하여 물을 빼는 것도 나쁘지 않다.

물기를 다 뺀 이후에는 저민 고기 한 점을
구워서 짠지 싱거운지를 맛본다. 싱거우면 다시 소금

宜令有無皮攣也. 手
擲著盆水中, 浸洗
去血. 攣訖, 漉出,
更於清水中淨洗.
漉著盤中, 以白鹽
散之. 盛著籠中,
平板石上迮去水.
世名逐水. 鹽水不盡,
令鮓[311]爛爛. 經宿迮
之,[312] 亦無嫌也.

水盡, 炙一片,[313]
嘗鹹淡. 淡則更以

---

237 '세(洗)'는 명초본과 호상본에서는 이와 동일하며 북송본에서는 '법(法)'자라고 쓰
고 있는데 이는 잘못이다. 다만 '법(法)'자에서 추측하건대 '세(洗)'자 또한 잘못이
라고 의심된다. 이때 잘라서 손질하여 바로 동이 속에 넣으면 자연적으로 가라앉
아 비린내와 피가 제거되고, 아울러 씻지 않아도 손질할 때 다시 "맑은 물속에서
깨끗이 씻어 내기" 때문에 문제없다.
238 '산(散)': '고체를 갈아서 만든 분말'이다. 스성한의 금석본을 참고하면, 고체 분말
을 모종의 물체 안에 넣는 동작 역시 '산(散)'이라고 하는데, 훗날 이 동사로 사용
되는 의미를 가지고 별도로 '살(撒)'자를 만들었다고 한다.
239 '책(迮)': 『옥편』에서는 '박책(迫迮)', 즉 '압박(壓迫)'으로 주해를 달았다. '착(笮)'
자를 차용하여 대표로 삼았으며, 뒤에 다시 '자(榨)'자로 변하였다. '책(迮)'은 또
한 '착(笮)'으로 쓴다. 권10 「(21) 사탕수수[甘蔗]」에는 '책취즙(迮取汁)'이 있는
데, 실제로는 오늘날의 '착(笮)'자이다.
240 "世名逐水. 鹽": 묘치위 교석본에서는 '염'자에서 새 문장이 시작되지만, 스성한의
금석본에서는 "世名逐水鹽"을 한 문장으로 하여 "세상 사람들이 '축수염(逐水鹽)'
이라고 불렀다."라고 해석하였다.

을 넣고 밥[糝]²⁴¹과 섞어 주며, 짜면 빈 공간에 밥을 넣고 더 이

상 소금을 넣지 않는다.²⁴²

메좁쌀로 밥을 지어 삼糝을 만든다. 밥은 고들

고들해야 하고 물러서는 안 되며, 무르면 젓갈[鮓]이 문드러진

다.

아울러 산수유[茱萸]와, 귤껍질, 좋은 술을 동

鹽和糝, 醎則空下糝,

不復以鹽按之.314

炊秔米飯爲

糝. 飯欲剛, 不宜弱,

弱則爛鮓. 并茱萸

橘皮好酒,　於盆

---

241 '삼(糝)': 무릇 생선과 고기, 요리 중에 섞여 있는 밥을 '삼(糝)'이라고 한다. 본편
에서는 생선과 고기를 소금에 절여 발효시킨 것으로서, 갱학(羹臛)·증부(蒸
缹)·전초(煎消)·저록(箸綠) 등의 편에서는 익히고 삶은 각종의 요리를 모두
'삼(糝)'이라고 한다.

242 '불부(不復)': 호상본에서는 '불부(不復)'라고 쓰고 있으며, 양송본에서는 '하복(下
復)'이라고 쓰고 있다. 이는 밥을 넣은 후에 다시 소금을 더한 것을 뜻하는데 밥
이 싱거워지면 짠맛을 조절하는 작용을 잃게 된다. 스성한의 금석본과 니시야마
역주본에서는 모두 '하복(下復)'을 채택하고 있다. 그러나 묘치위의 교석본에 의
하면, '자(鮓)'와 '저(菹)'는 같은 종류의 음식으로, 모두 유산균이 발효작용을 통
하여 신맛이 나게 하며 아울러 부패를 일으키는 미생물의 번식을 억제시킨다. 유
산균은 모름지기 탄수화합물이 있어야만 비로소 생장이 좋아지는데 단지 생선고
기 자체의 탄수화합물에만 의존해서는 충분하지 않기 때문에 밥을 넣어서 그 부
족한 부분을 보충한다. 쌀밥은 반드시 먼저 효소가 전분을 당화시키는 과정을 거
쳐야만 비로소 유산균을 이용할 수 있기에 유산은 가장 마지막에 발생한다. 여기
서 산수유나 좋은 술을 사용하여 섞는 것은 밥 속에서 균을 억제하는 작용을 하
며, 밥을 섞는 것은 '젓갈[鮓]'덩이 위에 엉겨붙게 하여 '젓갈[鮓]'덩이에 염분을 속
으로 스며들게 하는 것이다. 이렇게 하면 반드시 다시 소금을 넣어서 밥의 효소
가 파괴되는 것을 막을 필요가 없게 된다. 최후에 젓갈[鮓]덩이를 항아리 속에 넣
는데 "한 층은 물고기를, 한 층은 밥을 깔되" 밥을 많이 사용한다. 그러나 순전히
싱거운 밥만 사용하고 근본적으로 소금을 넣지 않고 술을 넣게 되면 또한 빠른
속도로 발효 분해되어서 젓갈[鮓]덩이가 빠르게 숙성하는 작용을 하고 효소가 파
괴는 것을 걱정하지 않게 된다. 따라서 마땅히 '불복(不復)'이라고 하는 것이 정
확하니 반드시 양송본을 무작정 믿을 필요는 없다고 한다. 양송본은 대개 처음의
저본에서 '부(不)'자가 손상되면서 잘못되어 '하(下)'자로 된 것이라고 하였다.

이에 넣고 섞는다. 밥이 고기 위에 엉겨붙게 하여 섞는 것이 좋다. 산수유는 통째로 사용하고 귤껍질은 잘게 썬다. 모두 향료로 사용하기에 결코 많이 넣을 필요는 없다.

귤껍질이 없으면 초귤자(草橘子)를 사용해도 된다. 술은 모든 사악한 것을 제거하며, 젓갈[鮓]을 맛있게 해 주고 숙성을 빠르게 한다.

대체적인 비율은 젓갈[鮓] 한 말에 술 반 되를 쓴다. 좋지 않은 술은 쓰면 안 된다.

물고기를 항아리 속에 까는데, 한 층은 물고기를, 한 층은 밥을 깔되 가득 채운다. (지방질이 많은) 연한 배 부분²⁴³은 가장 위쪽에 둔다. 지방질이 많은 것은 오래 저장할 수가 없어서 숙성하면 먼저 먹어야 하기 때문이다. (가장 위의 한 층의) 고기 위에는 밥을 다소 많이 넣는다.

대나무 잎²⁴⁴으로 윗부분이 교차되게 깔아준다. ²⁴⁵ 8층을 깔면 된다. 대나무 잎이 없으면 줄풀²⁴⁶이나 갈대 잎을 써도 된다. 봄과 겨울에 신선한 잎이 없으면 갈대 줄

中合和之. 攪令糝
著魚乃佳. 茱萸全用,
橘皮細切. 並取香氣,
不求多也. 無橘皮, 草
橘子亦得用. 酒, 辟諸
邪惡, 令鮓美而速熟.
率一斗鮓,[315] 用酒半
升.[316] 惡酒不用.

布魚於瓮子中,
一行魚, 一行糝,
以滿爲限. 腹腴
居上. 肥則不能久,
熟須先食故也. 魚
上多與糝. 以竹
篛交橫帖上. 八重
乃止. 無篛, 菰蘆葉
並可用. 春冬無葉時,

---

243 '유(腴)':『설문해자』에서는 "배 아랫부분의 지방이다."라고 하였다.

244 '약(篛)': 스성한의 금석본에서는, '약(蒻)'자로 쓰고 있는데, 이 '약'자는 '약(篛)'자를 잘못 쓴 것이 분명하다. '약(篛)'은 '약(箬)'이며,『본초강목』에서 이시진이 '요엽(遼葉)'으로 음을 표기한 것이다.(권7「분국과 술[笨麴幷酒]」각주 참조.)

245 '첩(帖)'은 '첩(貼)'으로 통용되는데 곧 펴서 그 위에 붙인다는 의미이다.『다능비사(多能鄙事)』권1 '어자방(魚鮓方)'에서 이르기를 "자기에 넣어서 내용물을 눌러서 대나무 잎으로 덮고 대나무 꼬챙이를 꽂아서 고정시킨다."라고 하였다.

246 '고(菰)'는 화본과의 줄풀(Zizania latifolia)로, '교백(茭白)'으로도 부른다.

기를 쪼개어 대신해도 된다.[247] 대나무를 깎아 꼬챙이를 만들어서 항아리 주둥이에 끼워 교차하며 짠다. 대나무가 없으면 가시 줄기를 사용해도 된다. 방안에 놓아 둔다. 햇볕 아래나 불 근처에 두면 악취가 생기며 맛도 좋지 않게 된다. (겨울에) 날씨가 차가우면 짚으로 두껍게 감싸 주어서 얼지 않게 한다.

붉은색의 장이 흘러나오면 따라 버리고, 흰 장이 나와서 신맛이 날 때가 비로소 숙성된 것이다. 먹을 때는 손으로 찢되, 칼로 자르면 비린내가 난다.

과자裹鮓 만드는 방법:[248] 물고기를 썰어 저민다. 씻어서 소금을 섞고 그 위에 밥[糝][249]을 섞는다. 저민 고기 10개를 넣어서 하나로 싼다. 연잎으로 감싸는데 두껍게 감싸면 더욱 좋다.

찢어져 구멍이 나면 벌레가 들어가게 된다.

破葦代之. 削竹插瓷子口內, 交橫絡之. 無竹者,❸❶❼ 用荊也. 著屋中. 著日中火邊者, 患臭而不美. 寒月❸❶❽穰厚茹, 勿令凍也. 赤漿出, 傾却, 白漿出, 味酸, 便熟. 食時手擘, 刀切則腥.

作裹鮓法. 臠魚. 洗訖, 則鹽和糝. 十臠爲裹.❸❶❾ 以荷葉裹之, 唯厚爲佳. 穿破則蟲

---

247 '파위대지(破葦代之)': '위(葦)'는 바로 갈대이다. 묘치위 교석본에 의하면, 옛날에는 이삭이 배기 전의 갈대를 칭하여 '노(蘆)'라고 하고 다 자란 후의 갈대를 '위(葦)'라고 하였다. 『제민요술』에서는 신선한 것을 노엽(蘆葉)이라고 칭하고 늙고 마른 것을 위라고 칭한다. 스성한의 금석본에서는 이 구절 앞에 '가(可)'를 더하고 있다.

248 '작과자법(作裹鮓法)'에서 '작하월어자법(作夏月魚鮓法)'까지의 5조항은 원래 모두 단지 제목만 큰 글자이고 내용은 전부 두 줄의 작은 글자였는데, 스성한 금석본에서는 이를 따르고 있지만 묘치위의 교석본에서는 하나로 합쳐 큰 글자로 고쳐 쓰고 있다.

249 '삼(糝)': 『설문해자』의 해석은 '쌀을 국[羹]에 합치다'이며, 즉 음식에 첨가된 밥알이다.

물에 담그는데, 물을 뺄 필요는 없다. 다만 2, 3일이 되면 숙성하기에 이를 '폭자暴[250]鮓'라고 일컫는다.

　연잎은 별도의 향기가 있어 '젓갈[鮓]'의 향기와 더불어 피어나서 일반적인 '젓갈[鮓]'보다 더욱 향기롭다.

　또 산수유와 귤껍질이 있으면 사용하는데, 없어도 무방하다.

　『식경』 중의 포자蒲[251]鮓 만드는 방법: 2자 이

入. 不復須水浸鎭迮之事.[320] 只三二日[321]便熟, 名曰暴鮓.[322] 荷葉別有一種[323]香, 奇相發起香氣, 又勝凡鮓. 又茱萸橘皮則用, 無亦無嫌也.

　食經作蒲鮓法.

---

250 '폭(暴)'은 '속성' 또는 '아주 빠르게 숙성한다'라는 의미이다.

251 '포(蒲)': 향포과의 부들[香蒲; *Typha orientalis*]를 가리킨다. 그 잎이 칼자루를 감싼 것처럼 생긴 연한 줄기이기에 포채(蒲菜)라고 한다. 또한 포순(蒲筍)이라고 하며 먹을 수 있다. 본서 권9 「채소절임과 생채 저장법[作菹藏生菜法]」의 '포저(蒲菹)'조에서 『시의소(詩義疏)』를 인용하여 이르기를, 오나라 사람은 '포약[蒲蒻: 이는 곧 포순(蒲筍)이다.]'으로 절임채소를 담그며, 또한 자(鮓)를 만들기도 한다고 하였다. 『본초도경』에서도 향포로서 "자를 만들 수 있다.[可以爲鮓]"라고 하였다. 묘치위 교석본에 의하면, 『식경』은 남방 사람의 작품인 듯한데, 이른바 '포자(蒲鮓)'는 분명 생선에 포순(蒲筍)을 섞어서 만든 자(鮓)이겠지만, 본 항목과 '장사포자(長沙蒲鮓)' 두 항목은 모두 어떠한 '포(蒲)'를 사용했다는 것이 제시되어 있지 않아 의심이 가며 분명 문장이 빠진 것으로 보았다. 스성한의 금석본에서는, '삭(削)'자는 '좌(剉)'의 잘못이라고 의심했으며, 니시야마 역주본에서는 특별한 주장이 없다. 그리고 쌀과 소금을 섞어서 하룻밤 절인 후에 깨끗하게 쌀과 소금을 씻었는가의 여부가 분명하지 않다. 소금의 삼투압작용에 대해 『제민요술』에서는 이것을 칭하여 '축수(逐水)'라고 하였다. 본 항목에서는 '하룻밤 절인[醃一宿]' 후에 대량으로 물이 빠져나가는데, 만약 다음 조항의 "즙을 걸러 내서 말린다.[漉汁令盡.]"라는 것이 없으면 피와 비린내 채로 물과 함께 먹는다는 뜻이 되어 버린다. 『식경』의 문장에서 빠진 부분이 분명하지 않아서, 단편적으로 보면 당연하게 여겨지는 것도 검토를 요한다고 한다.

상의 잉어를 가져다가 잘라서[252] 깨끗하게 씻는다.

좁쌀 3홉과 소금 2홉을 섞어서 하룻밤 절이는데 밥을 많이 넣는다.

생선젓갈[魚鮓] 만드는 방법:[253] 생선을 잘라 저민 후에 소금을 넣어 절인다. 한 끼 밥 먹을 정도의 시간이 지나면 즙을 걸러 내어 말리고[漉],[254] 다시 생선을 깨끗하게 씻는다. 밥 속에 넣되 소금은 넣지 않는다.

장사[長沙]의 포자[蒲鮓] 만드는 방법: 큰 생선을 다듬어 깨끗이 씻고 소금을 많이 쳐서[255] 생선이 보이지 않게 한다. 4-5일이 지나면 소금을 씻어 낸다.

좁쌀로 밥[256]을 지어서 (생선과 함께) 맑은 물에 담근다.[257] 소금과 밥을 넣어서 발효시킨다.

取鯉魚二尺以上, 削, 淨█治之. 用米三合, 鹽二合, 醃█一宿, 厚與糝.

作魚鮓法. 剉魚█畢, 便鹽醃. 一食頃, 漉汁令盡, 更淨洗█魚. 與飯裹, 不用鹽也.

作長沙蒲鮓法. 治大魚, 洗令淨, 厚鹽, 令魚不見.█ 四五宿, 洗去鹽. 炊白飯, 漬清水中.█ 鹽飯

---

252 '삭(削)': 스성한 금석본에는 다음 조항에 언급된 '좌어필(剉魚畢)'로 미루어 보아 '삭'자는 '좌(剉)'자를 잘못 쓴 것이 분명하다고 한다.

253 이 조항과 다음의 두 조항은 『식경』의 문장을 인용하였으며, '작건어자법(作乾魚鮓法)'과 '작저육자법(作豬肉鮓法)' 두 조항은 항목을 새롭게 한 가사협의 문장이다.

254 '녹(漉)': '역(瀝)'자의 용도로 썼는데, 물기를 걸러 내어 말린다는 의미이다.

255 '후염(厚鹽)': 스성한의 금석본에서는 '후'자 뒤에 '여(與)', '착(着)' 혹은 '복(覆)'자가 탈락된 것으로 보고 있다.

256 '백반(白飯)': '흰쌀밥[白米飯]'이 아니라, 쌀과 물 이외에 어떤 기타 성분도 첨가하지 않은 밥이다.

257 '지청수중(漬清水中)': 생선덩이를 맑은 물속에 담그는 것을 가리킨다. 묘치위 교석본에서는 이 부분이 잘못 도치되었으며 '세거염(洗去鹽)' 뒤에 와야 한다고 보

밥이 많아도 큰 문제가 없다.²⁵⁸

여름철에 생선젓갈[魚鮓] 만드는 방법: 썰어 저민 생선 한 말, 소금 한 되 8홉, 잘 찧은 좁쌀 3되로 지은 밥, 술 2홉, 귤껍질과 생강 각각 반 홉, 산수유 20알을 (생선과 밥과 함께 버무려서) 용기 속에 눌러 넣는다. 얼마를 만들든지 이러한 비율에 따라서 가감한다.

말린 생선 젓갈[乾魚鮓] 만드는 방법: 봄과 여름에 만드는 것이 특히 좋은데, 좋은 말린 생선²⁵⁹을 취하되 만약 문드러져 있으면 쓰기에 적합하지 않다. 머리와 꼬리는 잘라 내고 따뜻한 물에 깨끗이 씻어 비늘을 벗긴다. 끝나면 다시 냉수에 담그되 하룻밤에 한 차례 물을 바꾼다.

며칠이 지나 생선의 살이 불면[起],²⁶⁰ 걸러 내어 사방 4촌 크기의 덩어리로 자른다. 메좁쌀로 밥을 지어서 '삼(糝)'을 만든다. 맛을 보아 짠지 싱거운지를²⁶¹ 적합하게 조절한다.

釀.🔳 多飯無苦.

作夏月魚鮓法. 䊆一斗, 鹽一升八合, 精米三升, 炊作飯, 酒二合, 橘皮薑半合, 茱萸二十顆, 抑🔳著器中. 多少以此爲率.

作乾魚鮓法. 尤宜春夏, 取好乾魚, 若🔳爛者不中. 截卻頭尾, 暖湯淨疏洗, 去鱗. 訖, 復以冷水浸, 一宿一易水. 數日肉起, 漉出, 方四寸斬. 炊粳米飯爲糝. 嘗鹹淡得所.

왔다.

258 명초본에는 '무고(無苦)'로 쓰어 있는데, '걱정이 없다[無患]', '무방하다[無妨]'라고 말하는 것과 같다. 북송본과 호상본에서는 '무약(無若)'으로 쓰고 있는데 형태상의 오류이다.

259 '건어(乾魚)': 불에 말리고, 햇볕에 쬐어 말리고, 바람에 말린 담백한 맛의 생선으로서, 이는 곧 '박어(膊魚)'이다.

260 '기(起)'는 부풀어 늘어난다는 의미이다.

생수유 잎을 항아리 바닥에 깔고 약간의 산수유 열매를 밥 속에 섞는다. 단지 향을 내기 위함이기에 많이 쓸 필요는 없으며, 많으면 맛이 쓰게 된다. 생선을 한 층 깔고 그 위에 밥을 한 층 까는데, 밥이 배로 많으면 숙성이 빨라진다. 손으로 눌러 잘 다져 준다. 연잎으로 항아리 주둥이를 막는데, 연잎이 없으면 갈대 잎을 사용한다. 갈대 잎도 없다면 마른 갈대 잎을 써도 좋다.

진흙으로 봉하여 공기가 새지 않도록 한다. 볕 속에 둔다.

봄과 가을에는 1개월, 여름에는 20일이 지나면 숙성된다. 오래되면 오래될수록 좋다. 모두 안주나 반찬으로 먹기 좋다.

만약 버터[酥]를 발라 불 위에 구우면 특별히 맛이 좋다. 끓여서 '정脡'[262]을 만들면 더욱 맛있다.

돼지고기[豬肉]로 젓갈[鮓][263]을 만드는 방법: 살

取生茱萸葉布甕子底, 少取生茱萸子和飯. 取香而已, 不必多, 多則苦. 一重魚, 一重飯, 飯倍多早[333]熟. 手按令堅實. 荷葉閉口, 無荷葉, 取蘆葉. 無蘆葉, 乾葦[334]葉亦得. 泥封, 勿令漏氣. 置日中. 春秋一月, 夏二十日便熟. 久而彌好. 酒食俱入. 酥塗火炙特精. 脡之尤美也.

作豬肉鮓法.

261 '상함담(嘗鹹淡)': 이것은 '삼(糝)'의 맛을 뜻하나, 소금을 넣는 것을 제시하고 있지 않으므로, 문장이 빠진 듯하다.

262 '정(脡)': '자(鮓)'를 '정(脡)'으로 썼다. 정(脡)은 물고기와 육류를 같이 국[羹]으로 끓인 것이다. 본권 「삶고, 끓이고, 지지고, 볶는 법[脡脂煎消法]」에서 제시한 첫 번째 방법이 바로 '정어자법(脡魚鮓法)'이며, 두 번째, 세 번째 방법 역시 생선젓갈[魚鮓]로 정(脡)을 만드는 것이다.

263 '저육자(豬肉鮓)': 껍질이 붙어 있는 편육에 밥을 졸여서 발효하여 만든 자(鮓)이다. 묘치위 교석본에 따르면, 현재에도 어떤 지역에서는 여전히 '분증육(粉蒸肉)'

찐 새끼 돼지[264]고기를 먼저 뜨거운 물로 털과 더러운 것을 깨끗이 씻어 내고, 뼈를 발라내어 5치 폭으로 길게 자른다. 물을 3차례 바꾸면서 삶아 익히는 것이 좋은데, 너무 문드러지게 삶아서는 안 된다. 익으면 꺼내고, 마르면 잘라서 생선젓갈[鮓]과 같이 저미는데 덩어리마다 모두 껍질이 붙어 있어야 한다. 메줍쌀로 밥을 지어 삼糝을 만들고 산수유 열매와 흰 소금을 고루 섞는다.

재우는 방법은 모두 생선젓갈을 만드는 방식과 동일하다. 삼(糝)은 두 배로 많이 넣어 주어야 하며, 이와 같이 하면 숙성이 빨라진다.

진흙으로 항아리 주둥이를 봉하고 햇볕에 둔다. 1개월이 지나면 숙성된다. 마늘, 양념, 생강이나 식초로 조미료를 만들어서 먹되 사람의 취향대로 한다. 끓여서 '정胚'을 만들면 더욱 좋다. 구우면 매우 진기한 맛이 난다.

用豬肥㹠肉, ▣ 淨爛▣治訖, 剔去骨, 作條, 廣五寸. 三易水▣煮之, 令熟爲佳, 勿令太▣爛. 熟, 出, 待乾, 切如鮓臠, 片之皆令帶皮. 炊粳米飯爲糝, 以茱萸子白鹽調和. 布置一如魚鮓法. 糝欲倍多, 令早熟. 泥封, 置日中. 一月熟. 蒜齏薑酢, ▣ 任意所便. 胚之尤美. 炙之珍好. ▣

을 '자육(鮓肉)'이라고 한다. 비록 만드는 방법이 다르지만, 거기에 사용하는 재료와 밥을 섞는 것을 일컬어 '젓갈[鮓]'이라고 하는 측면에서는 동일하다고 하였다.

264 '종(㹠)'은 『설문해자』에서 이르기를 "생후 6개월 된 돼지이다.[生六月㹠.]"라고 하였다. '비종(肥㹠)'은 살찐 새끼 돼지이다.

306 '읍(裛)': 명청 각본에는 비어 있다. 원각본과 명초본, 금택초본에 따라
보충한다. 묘치위 교석본에 의하면, '읍(裛)'은 원각본과 명초본, 호상
본에는 이 글자와 같으나 금택초본에는 분명하지 않고 '과(裹)'자와 유
사하다. 황록삼 교기에는 "내과지와(乃裹之訛)"라는 '과(裹)'의 잘못이
라고 기록하고 있다. 『제민요술』 중에는 읍자법(裛鮓法)이 없는데 다
음 조항에 "작과자법(作裹鮓法)"이 있다. 그러나 다음 편을 보면 "작읍
어법(作裛魚法)"이 있는데 주를 달아서 '작자(作鮓)'라고 하였다. '읍
(浥)'은 '읍(裛)'과 동일한데, 이는 곧 읍어(浥魚)로서, 만드는 '자(鮓)'를
'읍자(裛鮓)'라고 하기 때문에 원각본의 옛 글자라고 하였다. 니시야마
역주본에서는 고쳐서 '과(裹)'자로 쓰고 있다.

307 '대자(大者)': 명초본과 명청 각본 '대장(大長)'으로 잘못되어 있다. 원
각본과 금택초본에 따라 바로잡는다. 북송본에서도 여전히 '자(者)'자
로 쓰고 있다.

308 "不成任食. 中始": 명청 각본에 '임(任)'이 '가(佳)'로, '중(中)'이 '지(之)'
로 되어 있다. 원각본과 명초본, 금택초본에 따라 바로잡는다. 묘치위
교석본에 의하면, 양송본에서는 이 글자와 동일하며 '성(成)'은 군더더
기로 쓰인 듯하다. 호상본에서는 '임(任)'을 '가(佳)'로 쓰고 있는데 이
또한 타당성이 부족하다고 하였다.

309 '연(然)': 명청 각본에 빠져 있는데 원각본과 명초본, 금택초본에 따라
보충한다.

310 '후취피(厚取皮)': 명청 각본에 '피'자가 '육(肉)'으로 되어 있다. 원각본
과 명초본, 금택초본에 따라 고친다.

311 '자(鮓)': 명청 각본에 '초(酢)'로 잘못되어 있다. 원각본과 명초본, 금택
초본에 따라 바로잡는다.

312 '지(之)': 명초본과 명청 각본에 '자(者)'로 되어 있다. 원각본과 금택초
본에 따라 '지'로 하는 것이 문법적 습관에 적합하다.

313 '편(片)': 명초본과 명청 각본에 '반(半)'으로 잘못되어 있다. 원각본과
금택초본에 따라 수정한다.

314 '不復以鹽按之': 스성한의 금석본에서는 '불(不)'을 '하(下)'로 쓰고 있다. 스성한에 따르면, 이 구절은 명청 각본에 '不復以鹽接之'로 되어 있다. 원각본과 명초본, 금택초본은 '하(下)'와 '안(按)'이다.

315 '율일두자(率一斗鮓)': 명청 각본에 '율'자 위에 '대(大)'자가 있다. 원각본과 명초본, 금택초본에 따라 삭제한다. '두'자는 비책휘함 계통의 각본에 '십(十)'으로 잘못되어 있다. 학진본, 점서본과 원각본은 모두 이미 고쳤다.

316 '승(升)': 북송본과 호상본에서는 '승(升)'으로 쓰고 있는데 명초본에서는 '근(斤)'으로 잘못 쓰고 있다.

317 '자(者)': 명청 각본에 빠져 있다. 원각본과 명초본, 금택초본에 따라 보충한다.

318 '한월(寒月)': '월'자는 명초본과 명청 각본에 모두 '자(者)'로 되어 있다. 원각본과 금택초본에 따라 바로잡는다. 북송본에서는 '한월(寒月)'로 쓰여 있는데 명초본에서는 '한자(寒者)'로 잘못 쓰여 있다. 호상본에서는 '한(寒)'자가 빠져 있고 단지 '자(者)'자한 글자만 있다.

319 '십연위과(十臠爲裹)': '십'자는 명초본에 '일(一)'자로 잘못되어 있다. '과'자는 명초본에 '이(裏)'로, 명청 각본에 '양(穰)'으로 되어 있다. 표제에 이미 '과자(裹鮓)'라고 설명했고 아래에 또 "연잎으로 감싸다.[以荷葉裹之.]"라고 되어 있으므로 '과'자일 수밖에 없다. 모두 원각본과 금택초본에 따라 바로잡는다.

320 '지사(之事)': 명청 각본에 '지필(之畢)'로 되어 있다. 원각본과 금택초본에는 이 두 글자가 없다. 명초본에서는 '지사(之事)' 두 글자가 있지만 북송본에는 없다. '不復須 … 之事' 이 구절은 권7 「신국과 술 만들기[造神麴并酒]」에도 있으므로 명초본에 따른다.

321 '지삼이일(只三二日)': '지(只)'와 '이(二)'자는 명초본과 명청 각본에 모두 없다. 원각본과 금택초본에 따라 보충한다. 북송본에서는 '只三二日'이라고 쓰고 있는데 명초본과 호상본에서는 오직 '삼일(三一)' 두 글자만 있는데, 아마 빠진 부분이 있는 듯하다.

322 '명왈폭자(名曰暴鮓)': 명청 각본에 '명일폭자(名日曝鮓)'로 되어 있다. 여기에는 햇빛에 말린다는 말이 없으므로 일폭(日曝)은 말이 되지 않

는다.

323 '일종(一種)': 원각본과 금택초본의 '십종(十種)'은 틀린 것이다. 명초본과 호상본은 '일종(一種)'이라고 쓰고 있고 북송본에는 '십종(十種)'이라고 잘못 쓰여 있다. 다음 문장의 '기상(奇相)'은 어색하므로 마땅히 '향(香)'자와 도치된 듯하니, 이 전 문장은 "荷葉別有一種奇香相發起, 香氣又勝凡鮓"라고 써야 한다.

324 '정(淨)': 명청 각본에 '진(盡)'으로 잘못되어 있다. 원각본과 명초본, 금택초본에 따라 고친다.

325 '엄(醃)': 명초본에 '산(酸)'으로 잘못되어 있다. 원각본과 금택초본 및 명청 각본에 따라 바로잡는다. 북송본과 호상본에서도 '엄(醃)'자로 쓰고 있다고 하였다.

326 '좌어(剉魚)': 명청 각본에 '삭거(削去)'로 되어 있다. 원각본과 명초본, 금택초본에 따라 수정하였다.

327 '정세(淨洗)': 명청 각본에 '세정(洗淨)'으로 되어 있다. 원각본과 명초본, 금택초본에 따라 바로잡는다.

328 '불견(不見)': 명청 각본에 '견(見)'자가 없다. 원각본과 명초본, 금택초본에 따라 보충한다.

329 '지청수중(漬清水中)': 명청 각본의 '지'자 아래에 '영견(令見)' 두 글자가 있고, '청'자는 마지막 구절인 '多飯無苦' 위에 있다. 원각본과 명초본, 금택초본에 따라 고쳤다.

330 '양(釀)': 명청 각본에 '양(穰)'으로 잘못되어 있다. 원각본과 명초본, 금택초본에 따라 바로잡는다.

331 '억(抑)': 원각본에서는 이 글자와 같은데 금택초본에서는 '택(擇)'자로, 명초본에서는 '억(抑)'자로, 호상본에서는 '앙(仰)'으로 잘못 쓰여 있다. 명청 각본에는 '앙(仰)'으로, 금택초본에는 '택(擇)'으로 잘못되어 있다. 원각본과 명초본에 따라 바로잡는다.

332 '약(若)': 원각본과 금택초본에는 '고(苦)'로 잘못되어 있다. 명초본에 따라 '약'으로 한다. 북송본에서는 '고(苦)'자로 잘못 쓰고 있다.

333 '조(早)': 명청 각본에 '차(且)'로 잘못되어 있다. 원각본과 명초본, 금택초본에 따라 고쳤다.

334 '위(葦)': 명청 각본에는 '약(蒻)'으로, 원각본과 명초본에 '위'로 되어 있다. 금택초본에는 이 글자가 누락되어 있다. 약엽(蒻葉)은 노엽(蘆葉)보다 크다. 선택의 단계로 보면 '약'은 '노'의 앞이다. 지금 '노'의 뒤에 둔 것은 '노'보다 약간 작은 위엽이 분명하다.

335 '저비종육(豬肥豵肉)': 명청 각본에 '肥豬肉'으로 되어 있다. 원각본과 명초본, 금택초본에서는 모두 '豬肥豵肉'으로 표기하였다. 이에 송판본 계통의 형식을 잠시 남겨 둔다. 다만 이 네 글자는 설명하기가 그다지 쉽지 않다. '肥豵豬肉'이 맞는 듯하다. '종(豵)'은 만1년 이하의 어린 돼지이다.(권6 「돼지 기르기[養豬]」 각주 참조.)

336 '섬(爓)': 명초본과 명청 각본에 '난(爛)'으로 되어 있다. 원각본과 금택초본에 따라 '섬'으로 한다. 북송본에서도 '섬(爓)'으로 쓰고 있는데, 묘치위 교석본에 의하면, 이는 뜨거운 물을 부어서 털을 뽑고 더러운 것을 제거하는 것이라고 하였다.

337 '삼역수(三易水)': 명초본과 명청 각본에 '삼'자 아래에 '분(分)'자가 더 있다. 원각본과 금택초본에 따라 삭제한다.

338 '태(太)': 명청 각본에 '대(大)'로 잘못되어 있다. 원각본과 명초본, 금택초본에 따라 바로잡는다.

339 '초(酢)': 명청 각본에 '자(鮓)'로 잘못되어 있다. 원각본과 명초본, 금택초본에 따라 고친다.

340 '자지진호(炙之珍好)': 명청 각본에 '의(矣)'자만 하나 있다. 아마 원본이 낡아 찢어져 구절 첫머리 '자(炙)'자의 일부만 남아 제대로 보이지 않아서 '의'로 오인한 듯하다. 원각본과 명초본, 금택초본에 따라 보충하여 수정한다.

제75장
포 · 석[265] 脯腊第七十五

오미포五味脯[266] 만드는 방법: 정월, 2월, 9월 10월에 만드는 것이 좋다. 소·양·노루·사슴·멧돼지·집돼지 고기를 사용한다. 좁게 채 썰듯이[條] 만들거나 넓적하게 편을 떠서[片] 만들기도 한다. 만들기가 끝나면[267] 고기를 썰 때는 모두

作五味脯法. 正月二月九月十月爲佳. 用牛羊麞鹿野猪家[341]猪肉. 或作條, 或作片. 罷,

---

265 스성한의 금석본에서는 '납(臘)'자로 쓰고 있고 묘치위의 교석본에서는 '석(腊)'과 '납(臘)'을 상황에 따라 다르게 쓰고 있다. 여기서는 묘치위의 교석본을 따른다.

266 '오미포(五味脯)': 오미석육(五味腊肉)이다. 오미는 파뿌리와 산초, 생강, 귤껍질, 그리고 두시즙이다. 포(脯)와 석(腊)을 혼칭하여 사용할 때는 모두 마른 고기를 가리키는데, 나눠서 할 때는 구별된다. 『주례(周禮)』「천관(天官)·석인(腊人)」에서 정현은 '건육(乾肉)'을 주석하여 말하기를 "얇게 잘 자른 것을 일러 '포(脯)'라고 한다. 두드려 부수고 생강과 계피를 넣은 것을 단수(鍛脩)라고 한다. 석(腊)은 작은 것을 완전히 말린 것이다."라고 하였다. 큰 동물인 소와 돼지 등을 만드는 것을 '포(脯)'를 만든다고 하며, 작은 동물인 닭과 오리 등을 통째로 만드는 것을 '석(腊)'을 만든다고 한다. 『제민요술』에서는 바로 이와 같이 포(脯)와 석(腊)을 구별하는데, '단수(鍛脩)'는 이름은 없으나 만드는 방법은 본편에 보인다.

267 '파(罷)': 스성한의 금석본에서는 '끝내다'의 의미로 보았다. 반면 묘치위는 『집운(集韻)』「입성(入聲)·이십사직(二十四職)」에서 '파(罷)'는 '픽(副)'과 동일하다는 것과 『예기(禮記)』「곡례(曲禮)」의 정현의 주에서 "픽(副)은 석(析)이다."라고

결대로 해야 하며 비스듬히 잘라서는 안 된다. 각각 소와 양의 뼈를 별도로 나누고 부순[搥][268] 후에 오랫동안 고아 즙을 취한다. 즙 위에 뜬 분말은 걷어 내고 잠시 두었다가 맑게 여과시킨다.

향기롭고 맛있는 두시[豉]를 취해서 별도의 냉수를 이용하여 먼지와 불순물을 씻어 낸다. 뼈를 끓인 즙으로 두시를 삶는다. (두시즙의) 색깔이 충분히 우러나오면 맛이 좋다. (두시를) 걸러 내고 식으면 소금을 친다.[269] 입맛에 적당하면 괜찮으며 너무 짜게 해서는 안 된다.

파 밑동[葱白][270]을 잘게 썰고 부드럽게 다진다. 산초[椒]·생강·귤껍질을 모두 찧어서 가루로 낸다. 적당한 양을 짐작하여 헤아린다.[271] 포를 만드는 고기를 담가서 손으로 주물러 (이와 같은 재료

凡破肉,[342] 皆須順理,
不用斜斷.[343] 各自
別搥牛羊骨令碎,
熟煮[344]取汁. 掠去
浮沫, 停之使清.
取香美豉, 別以冷
水淘去塵穢. 用骨
汁煮豉. 色足味
調, 漉去滓, 待冷,
下[345]鹽. 適口而已,
勿使過鹹. 細切葱
白, 搗令熟. 椒薑
橘皮, 皆末之. 量
多少. 以浸脯, 手

한 것을 근거로 하여 '파(罷)'를 '째어서 가르는 것', '편을 만든다'로 해석하였다. 건륭(乾隆) 도광(道光) 연간에 편찬된 일본학자 이가이 게이쇼[豬飼敬所]의 『제민요술』교석본에는 '편파(片罷)'를 '편벽(片劈)'으로 해석했으며, 니시야마 역주본도 그에 따랐는데, 본 역주에서는 스셩한의 견해를 따랐음을 밝혀 둔다.

268 '추(搥)': 북송본에서는 '수(手)'변이 있는데 호상본에서는 '목(木)'변을 따르고 있고, 명초본에서는 '수(手)', '목(木)'변이 일치되지 않는다. 묘치위 교석본에서는 일괄적으로 '수(手)'변이 있는 글자를 사용하고 있다.

269 '하(下)': 다음 문장의 파 밑동, 산초, 생강, 귤껍질까지 모두 동사 '하(下)'의 목적어이며, 중간에 설명의 문구가 끼어 있다. 이와 같은 사례는 비록 『제민요술』 중에 있기는 하지만 많지는 않다.

270 '총백(葱白)': 수염뿌리를 제외한 파의 흰줄기와 뿌리부분을 뜻하지만, 본 번역에서는 파의 밑동으로 번역했음을 밝혀 둔다.

271 '양다소(量多少)': 얼마나 사용할 것인지 스스로 가늠한다는 뜻이다.

가) 완전히 안으로 스며들게 한다.

편을 뜬 포[片脯]는 3일이 지나면 꺼내고, 채를 썬 포[條脯]는 맛을 보아 맛이 들었으면 꺼낸다. 모두 가는 새끼에 끼워서 집 북쪽 처마 밑에 걸어 두고 그늘에서 말린다. 채를 썬 포는 꼬들꼬들하게 말랐을 때 반복하여 손으로 눌러 단단하게 다져 준다. 포를 만든 후에는 조용하고 비어 있는 창고 안에 넣어 둔다.[272] 연기를 쐬면 맛이 쓰게 된다. 종이봉지를 씌워서 걸어 둔다. 항아리 속에 넣어 두면 눅눅해져 상하게 된다. 만약 감싸 주지 않으면 파리나 먼지가 끼어서 더러워진다.

12월에 만든 채를 썬 포는 '촉포瘃脯'[273]라고 일컬으며, 여름을 날 수 있다. 매번 꺼내어 쓸 때는 먼저 기름진 것을 사용한다. 살쪄서 기름이 많은 것은 오랫동안 보관할 수 없다.

여름에 사용할 백포白脯[274]를 만드는 방법: 12월에 만드는 것이 가장 좋다. 정월, 2월, 3월에도 만들 수 있다.

揉令徹.█ 片脯三宿則出, 條脯須嘗看味徹乃出. 皆細繩穿, 於屋北簷下陰乾. 條脯浥浥時, 數以手搦令堅實. 脯成, 置虛靜庫中. 著煙氣則█味苦. 紙袋籠而懸之. 置於甕則鬱浥. 若不籠, 則靑蠅塵污.█ 臘月中作條者, 名曰瘃脯, 堪度夏. 每取時, 先取其肥者. 肥者膩, 不耐久.█

作度夏白脯法. 臘月作最佳. 正

---

272 '허정고(虛靜庫)': 조용하고 깨끗한 창고에 저장하여 연기에 의해서 오염되는 것을 막을 수 있다.

273 '촉포(瘃脯)': 살코기가 어는 것을 '촉(瘃)'이라고 한다. 예를 들어 '동창(凍瘡)' 또한 '동촉(凍瘃)'이라고 일컫는다. 이른바 '촉포(瘃脯)'는 실제로는 12월에 바람이 불어 얼어서 만들어진 마른 고기이다.

274 '백(白)': 단순히 한 가지 색으로 되어 있고 다른 물건이 섞이지 않은 것을 칭하여 '백(白)'이라고 한다. '백포(白脯)'는 '오미포(五味脯)'에 대해 말한 것으로, 즉 소금과 산초만 사용하고 오미를 가하지 않은 것이다.

소, 양, 노루, 사슴고기 중에서 좋은 것을 사용한다. 불순물이 많고 기름기가 있는 것은 (그 속에 넣으면) 오래 저장할 수 없다. 썰어서 편을 만든다. 만들기가 끝나면 냉수에 담가서 물이 맑아질 때까지 핏물을 짜낸다. 냉수에 흰 소금을 타서 잠깐 동안 두었다가 여과되면 맑은 소금물을 취하여 산초 가루를 넣어서 담근다. 이틀 밤이 지나면 꺼내서 그늘에 말린다.

반쯤 꼬들꼬들하게 말랐을 때 나무 막대기로 가볍게 두드려²⁷⁵ 육질을 단단하게 한다. 단지 육질을 단단하게 하기 위함일 뿐이므로 조심하여 육질이 부서지게 해서는 안 된다.

여위어 죽은 소와 양 및 새끼 양과 암송아지 고기가 더욱 좋다.²⁷⁶ 새끼 양은 통째로 물에 담근다. 먼저 뜨거운 물로 깨끗이 씻어 비린내가 더 이상 없을 때 다시 담근다.

첨취포甜²⁷⁷脆脯 **만드는 방법:²⁷⁸** 12월에 노루

月二月三月, 亦得作之. 用牛羊麞鹿肉之精者. 雜膩則不耐久. 破作片. 罷, 冷水浸, 搦去血, 水清乃止. 以冷水淘白鹽, 停取清,██ 下椒末, 浸. 再宿出, 陰乾. 浥浥時, 以木棒輕打, 令堅實. 僅使堅實而已, 愼勿令碎肉出. 瘦死牛羊及羔犢彌精. 小羔子, 全浸之. 先用暖湯净洗, 無復腥氣, 乃浸之.

作甜脆██脯法.

---

275 '以木棒輕打': 이것이 바로 '단수(鍛脩)'이다.[본편 '오미포(五味脯)'의 주석 참조.]

276 '정(靜)': 비쩍 마른 고기가 좋다는 것이며, 결코 좋은 고기를 가리키는 것은 아니다.

277 '첨(甜)': 소금을 넣지 않는 것에 대한 말이다. 묘치위 교석본에 의하면 소금을 넣지 않은 원래의 맛은 남방지역에서는 '담(淡)'이라고 하는데 북방에서는 '첨(甜)'이라고 일컫는다고 하였다.

278 '작첨취포법(作甜脆脯法)': 원래 이 부분은 제목만 큰 글자로 되어 있고 나머지는

와 사슴고기를 썰어 둥글게 편을 만든다. 두께는 손바닥 정도로 하고 직접 그늘에 말리되 소금을 넣어서는 안 된다. (마른 후에는) 마치 언 눈[凌雪][279]과 같이 연해진다.

가물치[鱧魚]포 만드는 방법: 일명 동어(鮦魚)라고도 일컫는다. 11월 초에서 12월 말에 만든다. 비늘을 벗기지 않고 썰지도 않은 채로 줄곧 길고 작은 꼬챙이로 입을 찔러서[280] 꼬리까지 닿도록 한다. 작은 꼬챙이의 뾰족한 끝은 '저포(樗蒲)'처럼 뾰족한 형태로 만든다.[281]

소금탕을 만들 때는 아주 짜게 하여 생강과 산초가루를 듬뿍 넣어서 탕을 고기 입속으로 부어 넣는데 가득 찰 때까지 한다.

작은 막대기를 고기 눈에 찔러 넣어 10마리의 고기를 한 줄에 끼우고, 아가리를 위로 가게

臘月取麞鹿肉, 片. 厚薄如手掌, 直陰乾, 不[352]著鹽. 脆如凌雪也.

作鱧[353]魚脯法. 一名鮦魚也. 十一月 初至十二月末作 之.[354] 不鱗不破, 直以杖刺口中, 令 到尾. 杖尖頭作樗蒲 之形. 作鹹湯, 令極 鹹, 多下薑椒末, 灌魚口, 以滿爲度. 竹杖穿眼, 十箇一 貫, 口向上, 於屋

두 줄로 된 작은 글자로 되어 있다. 스성한 금석본에서는 이것을 따랐으며, 묘치 위는 전부를 큰 글자로 쓰고 있다.

279 '능설(凌雪)'은 빙설을 의미한다.

280 북송본에는 '중(中)'자가 있는데 명초본에는 빠져 있다. 호상본에는 "之不鱗不破 … 作樗蒲之形作"의 23자가 빠져 있다.

281 '저포(樗蒲)': 꼬챙이의 윗 끝부분을 깎아서 뾰족하고 예리한 형태로 만든 것을 가리킨다. 또한 '오목(五木)'이라고 하며 고대의 도박용 도구이다. 남송 정대창 (程大昌: 1123-1195년) 『연번로(演繁露)』에서 "오목의 형태는 양끝이 뾰족하고 예리하다."라고 하였다. 원각본에서는 '저포(樗蒲)'로 쓰고 있으며 명초본에서는 '저포(樗蒲)'로 쓰고 있는데 글자는 통한다. 금택초본에서는 '저보(樗蒱)'로 잘못 쓰고 있다.

하여 북쪽 처마 밑에 걸어 둔다. 겨울을 지내면서 얼린다. 2, 3월이 되면 고기포가 완성된다. 내장을 날것째로 도려내어[刳][282] 식초에 담가 먹으면 '축이逐夷'보다 더욱 맛이 좋다.[283]

가물치를 풀로 감싸고 다시 진흙으로 봉하여 뜨거운 재 속에서 통째로 구워[煻][284] 낸 후 진흙과 풀을 털어 내고 부드럽게 만든 가죽이나 포에 싸서 두드려 연하게 한다. (색깔은) 백옥이나 눈과 같이 희고, 맛 또한 아주 좋아서 반찬이나 안주로도 아주 맛이 좋다.

오미석五味腊을 만드는 방법:[285] 12월 초에 만든다.

北簷下懸之. 經冬令瘃. 至二月三月, 魚成. 生刳取五臟, 酸醋浸食之, 雋美乃勝逐夷. 其魚, 草裹泥封, 煻灰中爊[355]之, 去泥草, 以皮布裹而搥之. 白如珂雪, 味又絕倫, 過飯下酒, 極是珍美也.

五味腊法. 臘月

---

282 '고(刳)': '도려내다'는 의미이다. 생선의 '오장(五臟)'을 날로 먹는데, 북송대 심괄(沈括)은 그것을 보고 아마도 기이한 것이라고 인식하였을 것이다.

283 '雋美乃勝逐夷': '축이(逐夷)'는 본권 「장 만드는 방법[作醬等法]」의 '축이(鱁鮧)'이다. '준(雋)'을 스성한의 금석본에서는 '준(雋)'으로 쓰고 있다.

284 '당(煻)': 뜨거운 불에 굽는 것이다. '당회(煻灰)': 열기가 있는 재로 물건을 구울 수 있다. '오(爊)': 이는 곧 뜨거운 재 속에서 굽는 것이다. 현응의 『일체경음의』 권13 「당외(煻煨)」에 주석하여 말하기를 "『통속문(通俗文)』에는 '열기가 있는 불을 일러 외(煨)라고 한다.' 외는 또한 통째로 굽는 것[爊]이다."라고 하였다. 주준성(朱駿聲)은 『설문통훈정성(說文通訓定聲)』에 이르기를 "뜨거운 재 속에 물건을 묻어서 익히는 것을 말한다."라고 하였다고 한다. 『광운(廣韻)』 「하평성(下平聲)·십일당(十一唐)」에 "당(煻)은 외화(煨火)이다."라고 하였다. 북송본에서는 '오(爊)'로 쓰고 있는데 명초본과 호상본에서는 '녹(爈)'으로 잘못 쓰고 있다.

285 '오미석법(五味腊法)': 스성한의 금석본에서는 '석'을 '포(脯)'로 쓰고 있다. 스성한에 따르면, 본편의 제1칙은 '오미포 만들기'이다. 이 조항은 위의 조항과 중복되는 것처럼 보인다. 그러나 위의 조항은 정월, 2월, 9월, 10월에 만드는 것이며,

거위[鵝]·기러기[鴈]·닭·오리[鴨]·검은목두루미[鶴]286·너새[鴇]287·물오리[鳧]·꿩[雉]·토끼·집비둘기·메추라기·신선한 생선288은 모두 만들 수 있다. 깨끗하게 다듬되289 생식기 구멍[腥竅]과 꼬리[翠] 위의 지병[脂瓶]은 떼어 낸다.290 '지병'을 남겨 두면 누린내가 난다. 통째로 물에 담그되 잘라서는 안 된다. 특별히 소와 양의 뼈를 고아서 즙을 낸다. 소와 양은 단지 한 종류만 사용하고 동시에 2가지를 써

初作. 用鵝鴈雞鴨鶴鴇鳧雉兔鴿356鶉生魚, 皆得作. 乃淨治, 去腥竅及翠上脂瓶. 留脂瓶則臊也. 全浸, 勿四破. 別煮牛羊骨肉取汁. 牛羊

이 조는 음력 섣달[臘月]이므로 차이가 있다. 그런데 묘치위 교석본에 의하면, '석(腊)'과 아래 조항의 '취석(脆腊)'의 석(腊)은 각본에서는 모두 '포(脯)'로 쓰여 있으나 이는 잘못이다. 『주례』「천관·석인」에 대한 정현의 주에는 "큰 것을 얇게 자른 것을 '포(脯)'라고 일컫고 작은 것을 완전히 말린 것을 일컬어 '석(腊)'이라 하며, 편 머리에 언급된 '오미포'는 소, 양 등 큰 것을 채 썰거나 편을 떠서 만든 것이고, 본 조항은 거위와 오리 등의 작은 동물을 이용하여 통째로 만든 것이기에 분명히 석법(腊法)이다. 전자는 포법(脯法)이고 다음은 석법(腊法)에 대해서 쓰고 있는 것이기에 글자는 당연히 '석(腊)'자로 써야 할 것이다.

286 '창(鶴)':『이아(爾雅)』「석조(釋鳥)」편에 '창미괄(鶴螋鴰)'이 있다. 『본초강목』에서는 왕영(汪穎)을 인용하여, "창계는 그 모습이 학과 같으며, 크고 머리에 붉은 부분[丹]이 없고, 두 뺨은 붉다."라고 했다. 이시진은 "학처럼 크고, 푸른색 또는 회색이다. 목과 다리가 길고 떼 지어 날아다닌다."라고 설명했다. 이에 따르면 오늘날 '검은목두루미[灰鶴]'라 불리는 '섭금류(涉禽類)'이다. 『옥편』에서 "너새[鴇]와 더불어 같다."라고 하였다. 기러기와 같이 크고 잘 도망쳐 달아난다.

287 '보(鴇)':『옥편』에서는 '보(鴇)'자라고 본다.

288 생어(生魚): 신선한 생선 혹은 살아 있는 생선을 말한다.

289 '내정치(乃淨治)': 스성한의 금석본에 의하면, '내'자는 해석할 수가 없으며 아마도 '당(當)'자 행서가 뭉개진 것으로 보았다.

290 '취(翠)'는 『예기』「내칙」에 '취(臎)'로 되어 있다. 『광운』에서는 '새 꼬리 위의 살'이라고 해석했다. 지병(脂瓶)은 꼬리 위의 '지방샘[脂腺]', 즉 '누린내[臊氣]'가 모이는 곳이다.

서는 안 된다. 두시를 담가서 (두즙豆汁을 얻고) 향료를 넣는 것은 모두 (앞에서 말한) 오미포의 방식과 같다.

담근 뒤에 4-5일이 지나 맛을 보아 적당하면, 바로 꺼내어 자리 위에 펴서 그늘에서 말린다. 불에 구워 익으면 아주 꼼꼼하게 두드린다. 이 같은 포를 '촉석瘯腊'이라고도 부르며 또한 '촉어瘯魚', '어석魚腊'이라고도 한다. 닭, 꿩, 메추라기의 3가지는 단지 비린 장기만 제거하고 가슴을 갈라서는 안 된다.

취석脆腊 만드는 방법: 12월 초에 만든다. 무릇 오미석의 재료로 쓸 수 있으며 또한 모두 [취포(脃脯)로] 만들기에 적합하지만, 오직 생선은 사용할 수 없다. 끓는 물에 푹 삶고 위의 거품을 걷어 낸다.

솥에서 꺼내려고 할 때는 더욱 불을 세게 해야 한다. 불이 세야 비로소 건조하기가 용이하다. 자리에 깔아서 그늘에 말리면 특별히 달고 연해진다.

읍어浥魚를 만드는 방법: 1년 4계절 모두 만들 수 있다. 무릇 신선한 고기는 모두 사용할 수 있는데, 다만 메기[鮎魚]와 (메기과) 화어鱯魚는 제외된다.[291] 단지 아가미만 제거하고[292] 배를 타서 양쪽을 갈라[293] 깨끗하게 씻되 비늘은 벗길 필요가 없다. 여름에 만들 때는 특별히 소금을 많이 넣어

科得一種，[357] 不須並用. 浸豉, 調和, 一同五味脯法. 浸四五日, 嘗味徹, 便出, 置箔上陰乾. 火炙, 熟搥. 亦名瘯腊, 亦名瘯魚, 亦名魚腊. 雞雉鶉三物, 直[358]去腥藏, 勿[359]開膛.

作脆[360]腊法. 臘月初作. 任爲五味腊[361]者, 皆中作, 唯魚不中耳. 白湯熟煮, 接[362]去浮沫. 欲出[363]釜時, 尤須急火. 急火[364]則易燥. 置箔上陰乾之, 甜脆殊常.

作浥魚法. 四時皆得作之. 凡生魚悉中用, 唯除鮎鱯耳. 去直鰓, 破腹作鲅, 净疏洗, 不須鱗. 夏月特[365]

야 하며 봄, 가을, 겨울 세 계절은 (입맛에 따라) 적당하게 조절하면 된다. (하지만) 이 또한 약간 짜게 하는 것이 좋다. 가른 두 쪽의 생선을 하나로 합한다. 겨울에는 (이와 같이 합한 생선을) 쌓아서 자리로 덮어 준다. 여름에는 항아리에 넣고 진흙으로 봉하여 파리가 알을 까서 구더기가 생기지[294] 않게 해야 한다. 항아리 밑에는 몇 개의 구멍을 뚫고 마개를 꽂아서 비린 즙이 빠져나가게 하되, 즙이 다 빠져나가면 다시 막는다. 고기가 붉은색으로 변하면 숙성된 것이다. 먹을 때 소금을 깨끗하게 씻어 낸다. 삶고 찌거나 불에 통째로 굽는 것은 뜻에 따르는데[295] 맛은 일반적

須多著鹽，春秋及冬，調適[366]而已．亦須倚鹹．兩兩相合．冬直積置，以席覆之．夏須甕盛泥封，勿令蠅蛆．甕須鑽底數孔，拔[367]引去腥汁，汁盡還塞．肉紅赤色便熟．食時洗卻鹽．煮蒸炮任意，美

---

291 '점(鮎)': 곧 메기[鮎魚]이다. '화(鱯)': 회어(鮰魚), 종어[鮠魚; *Leiocassis longirostris*] 등과 같이 일종의 비늘이 없거나 점액이 많은 물고기를 가리킨다. 『본초강목』에서 이르기를 "북방 사람들은 화(鱯)라고 부르며 남방 사람은 외어라고 부른다."라고 하였다. 또 『집운(集韻)』「입성(入聲)·이십맥(二十陌)」에서 "큰 메기이다."라고 하였다. 왕염손의 『광아소증(廣雅疏證)』에서는 "오늘날 양주사람들은 큰 메기를 일러 화자(鱯子)라고 한다."라고 하였는데, 여기서 가리키는 것은 아니다.

292 '거직새(去直鰓)': 단지 아가미를 제거한 것을 말하며, 아래 문장의 "비늘은 벗길 필요가 없다."와 상응된다. 각본에서는 이와 동일한데 직거새(直去鰓)가 도치된 듯하다.

293 '피(鮍)': 생선의 배를 가르는 것을 '피(鮍)'라고 한다. 아래 문장의 "兩兩相合"에 의거해 볼 때, 고기를 두 쪽으로 갈라서 소금을 친 후에 이전처럼 양쪽 반을 합하여 하나로 하는 것을 뜻한다.

294 '승저(蠅蛆)': 파리가 알을 낳아서 구더기가 발생한 것을 뜻한다.

295 '포(炮)': 일종의 조리법으로, 어육의 겉을 물건으로 감싸서 불 속에서 굽는 것이다. (본권 「삶고 찌는 법[蒸魚法]」 참조.)

인 고기보다 좋다. 젓갈[鮓], 어장을 만들거나 통째로 재에 넣어서 굽거나 기름에 튀겨서 먹을 수 있다.²⁹⁶

於常魚. 作鮓醬
爊³⁶⁸煎悉得.

● 그림 13
검은목두루미[灰鶴; 鶬]

● 그림 14
너새[鴇]

교 기

341 '야저가(野猪家)': 명청 각본에서 이 세 글자는 '시(豕)' 한 글자로 되어 있다. 원각본과 명초본, 금택초본에 따라 수정 보충한다.

342 '파육(破肉)': '파'자는 명청 각본에 '욕(欲)'자로 잘못되어 있다. 원각본과 명초본, 금택초본에 따라 바로잡는다.

---

296 "作鮓醬爊煎悉得": 본권 「생선젓갈 만들기[作魚鮓]」에는 '읍자(裛鮓)'가 있는데 읍(裛)은 읍(浥)과 동일하다. 즉 이 같은 '읍어(浥魚)'를 사용하여 다시 자(鮓)를 만드는 것으로, 옛날에는 '읍자(裛鮓)'라고 일컬었다. '장(醬)'은 생선젓갈[醬魚]을 만드는 것이다. '오(爊)'는 재 속에 넣어 굽는 것을 말한다. '전(煎)'은 기름에 볶는 것이다.

343 '사단(斜斷)': 명청 각본에 '단'자가 없다. 원각본과 명초본, 금택초본에 따라 보충한다.

344 '자(煮)': 명청 각본에 '자(者)'로 잘못되어 있다. 원각본과 명초본, 금택초본에 따라 고친다.

345 '대냉(待冷)': 명초본과 명청 각본에 '냉(冷)'자가 빠져 있다. 원각본과 금택초본에 따라 보충한다.

346 '유령철(揉令徹)': 명청 각본에 '철'자가 빠져 있다. 명초본과 원각본, 금택초본에 따라 보충한다.

347 '즉(則)': 명청 각본에는 빠져 있다. 원각본과 명초본, 금택초본에 따라 보충한다.

348 '청승진오(青蠅塵污)': 스성한의 금석본에서는 '오(汙)'자로 쓰고 있다. 스성한에 따르면, 원각본과 금택초본은 '青蠅塵污'이다. 현재 명초본과 명청 각본에 따라 '청승진오'로 한다. 다만 '진오(塵污)'가 '청승(青蠅)' 뒤에 있어, 문법적 관습에 잘 맞지 않는다. 원각본과 금택초본의 '승'자가 앞에 있는 것은 생각해 볼 만하다.

349 "肥者膩, 不耐久": 스성한의 금석본에서는 "雜膩則不耐久"로 쓰고 있다. 스성한은 명청 각본에 '잡이즉(雜膩則)' 세 글자가 없고, 다만 '비(肥)' 한 글자만 있는데, 원각본과 명초본, 금택초본에 따라 수정 보충한다고 하였다.

350 '정취청(停取清)': 명청 각본에는 '청'자 아래에 '수(水)'자가 있다. 지금 만드는 것은 물이 아니라 소금액이기 때문에, 본권 「상만염・화염(常滿鹽花鹽)」의 예에 따라 '청수(清水)'가 아니라 '염즙(鹽汁)' 또는 '청즙(清汁)'이라고 칭할 수밖에 없다. 그러므로 원각본과 명초본, 금택초본에 따라 '수'자를 삭제한다.

351 '취(脃)': 스성한의 금석본에서는 '취(脃)'로 쓰고 있다. 스성한은 이 글자가 명청 각본에는 '엄(腌)'으로 잘못되어 있는데, 원각본과 명초본, 금택초본에 따라 바로잡는다고 하면서, '취'는 현재 '취(脆)'로 많이 표기한다고 설명하였다. 묘치위 교석본에 의하면, '취(脃)'는 북송본에서는 '취(脃)'로 쓰고 있으며 글자는 동일하다. 명초본에서는 '취(脃)'로 잘못 쓰고 있는데 호상본에서는 '읍(腌)'으로 쓰고 있다. 묘치위 교석

본에서는 '취(脆)'로 통일하여 쓰고 있다.

352 '불(不)': 명청 각본에는 '하(下)'자로 잘못되어 있다. 원각본과 명초본, 금택초본에 따라 바로잡는다.

353 '예(鱧)': 명청 각본에 '이(鯉)'로 잘못되어 있다. 원각본과 명초본, 금택초본에 따라 고친다.

354 '十二月末作之': 명청 각본에 "之不鱗不破, 直以杖刺口令到尾. 杖尖頭作檴蒲之形. 作" 한 줄이 누락되어 있다. 원각본과 명초본의 이 줄은 윗 줄과 나란히 배열되어 있는데, 모두 '작(作)'자로 끝을 맺고 있다. 비책휘함본의 매 항의 글자 수와 이 두 송판본 계통의 책은 완전히 같아서 누락시키기가 쉽다.

355 '오(燠)': 명초본과 비책휘함본에 모두 '녹(熝)'으로 잘못되어 있다. 원각본과 금택초본에 따라 수정한다.

356 '암(鵪)': 명청 각본에 '영(鴒)'으로 되어 있다. '척령(鶺鴒)'은 너무 작아서 포(脯)를 만들 수 없기 때문에 잘못된 글자가 분명하다. 원각본에 '암(鵪)'이라고 되어 있는데 '암(鵪)'의 민간에서 쓰는 글자이다.[오늘날 '암(鵪)'으로 많이 쓴다.] 아래 문장의 '순(鶉)'과 같이 쓰여서 새의 이름이 되는 것은 별 문제가 없는 듯하다. 다만 이러한 새 이름들은 모두 한 글자로 이름을 표기하고, 본조의 말미의 소주에서도 순(鶉) 역시 단독으로 쓰이지, 암(鵪)과 붙이지 않았다. 묘치위 교석본에 의하면, 금택초본과 명초본에서는 '합(鵠)'자로 쓰고 있는데, 이는 곧 '합(鵠)'과 '순(鶉)'을 가리킨다. 그러나 '함(鵠)'은 '합'과 유사한 형태이기에 잘못 쓰였을 가능성이 있으며 지금은 원각본에 따른다고 하였다.

357 '우양과득일종(牛羊科得一種)': 명청 각본에 '牛羊料得'으로 되어 있으며, '일종' 두 글자는 없다. 원각본과 명초본, 금택초본에 따라 수정 보충한다. '과득(科得)'과 '요득(料得)'은 모두 해석하기 힘들기 때문에 잠시 의문점을 남겨 둔다. 묘치위 교석본에 의하면, 과득(科得)의 과(科)는 북송본과 명초본에서는 동일하며 호상본에서는 '요(料)'자로 쓰고 있다[일종(一種) 두 글자는 빠져 있다.]. '과선(科選)' 혹은 '요간(料簡)'으로 써서 해석한 것과 무관하게 모두 뜻은 통하지 않는다.

358 '직(直)': 명청 각본에 누락되어 있는데, 원각본과 명초본, 금택초본에

따라 보충한다.

359 '물(勿)': 명청 각본에 '물(物)'로 잘못되어 있다. 원각본과 명초본, 금택초본에 따라 바로잡는다.

360 '취(脆)': 스셩한의 금석본에는 '취(脃)'로 쓰고 있다. 스셩한에 따르면 명청 각본에 '읍(䏌)'으로 잘못되어 있는데, 원각본과 명초본, 금택초본에 따라 바로잡는다고 하였다.

361 '오미석(五味腊)': 스셩한의 금석본에서는 '오미포(五味脯)'로 쓰고 있다. 스셩한에 따르면, '포'자는 원각본에 '석(腊)'으로 되어 있고, '오'자는 명초본에 '삼(三)'으로 되어 있는데 모두 잘못된 글자라고 한다. 묘치위 교석본에 의하면, 북송본에서는 오미석(五味腊)으로 되어 있으나, 명초본에서는 삼미포(三味脯)로 잘못 쓰여 있으며 호상본에서는 오미포(五味哺)라고 잘못 쓰여 있다고 하였다.

362 '접(接)': 명초본과 명청 각본에 '약(掠)'으로 되어 있다. 원각본과 금택초본에 따라 수정한다.

363 '출(出)': 명청 각본에 '거(去)'로 되어 있다. 원각본과 명초본, 금택초본에 따라 바로잡는다.

364 '급화(急火)': 명초본과 명청 각본에 '화(火)'자가 누락되어 있다. 원각본과 금택초본에 따라 보충한다.

365 '특(特)': 명청 각본에 '시(時)'로 잘못되어 있다. 원각본과 명초본, 금택초본에 따라 고친다.

366 '조적(調適)': 명초본과 호상본에서는 '조적(調適)'이라고 쓰고 있는데 북송본에서는 '조석(調釋)'으로 잘못 쓰고 있다.

367 '발(拔)': 명청 각본에 '판(板)'으로 잘못되어 있다. 원각본과 명초본, 금택초본에 따라 바로잡는다.

368 '오(爊)': 명초본과 호상본에서는 '녹(爊)'으로 잘못 쓰여 있다. 원각본에서는 검게 되어 분명하지 않고 금택초본에는 빠져 있으며, 학진본과 점서본에는 '오(爊)'로 쓰여 있다.

제76장
고깃국[297] 끓이는 방법[298] 羹臛法第七十六

『식경』에서 우자산학芋子酸臛 끓이는 방법:[299] | 食經作芋子酸

---

297 '갱학(羹臛)': 공안국(孔安國)은『상서』「설명(說命)」편에서 주석하기를, "갱(羹)은 모름지기 소금과 식초를 섞는다."라고 하였다. 또한『석명』「석음식」편에서 이르기를, "갱(羹)은 액체[汪]이다. 즙이 많은 것을 뜻한다.", "호[腼: 학(臛)과 같다.]는 쑥[蒿]이며, 향기가 난다."라고 하였다.『광아』「석기」편에서는, "갱[臛; 이는 곧 갱(羹)자이다.]은 입(脏)을 일컫는다."라고 하였다. 입(脏)은 '국[淯]'의 의미이다. 묘치위 교석본에 의하면, 어떤 지역의 민간의 전통적인 연회에서는 '읍(淯)'이 있고 '탕(湯)'도 있다. 모두 고깃국이지만 '읍(淯)'은 걸쭉한 데 반해서, '탕(湯)'은 국물이 걸쭉하지 않다. 요컨대 '탕(湯)'은 채소가 많고 즙이 많으며 신맛을 띠고 있고, '학(臛)'은 진하고 즙이 적은 것이다. 본편에서의 '학'은 비록 신맛과 단맛이 있고 모두 가축과 금수의 고기를 주된 재료로 삼고 있으며 아울러 모두 농도가 진하고 국물은 적은 특징이 있다고 하였다.

298 본장에서부터 권9「당·포(餳餔)」에 이르기까지「예락(醴酪)」을 제외한 13개 장은 모두『식경』의 문장을 많이 인용하고 있으며,『식차』의 문장 또한 적지 않다. 또한 글자가 간략하고 빠져 있어서 의문이 많고, 구문도 차이가 많이 나며, 명칭과 용어 역시 차이가 두드러진다. 묘치위 교석본에 따르면, 예컨대 '탁(琢)', '단(鍛)', '굴(屈)', '준(准)', '사(沙)', '해(諧)', '각(胳)', 내지 '고주(苦酒)', '여국(女麴)' 등이 그러하며, 특히 '전(奠)'의 다양한 '예제(禮制)'와 제한[限制]은『식경』,『식차』의 특색과 성문화된 규칙이다. 이 외에 '우운(又云)', '일본(一本)'은 각 편에서 뒤섞여 나타나고 있는데,『제민요술』의 본문이 아님은 더욱 명백하다. 본편의 '식회어순갱(食

돼지고기, 양고기 각 한 근에 물 한 말을 넣고 푹
삶는다. 잘 다듬고 잘 깎은 작은 토란 한 되를 별
도로 찐다. 파 밑동[葱白] 한 되를 고기 속에 넣어
섞어서 푹 찐다.

멥쌀 3홉, 소금 한 홉, 두시즙 한 되, 고주苦
酒 5홉을 섞어서 (맛을 보고) 입맛에 따라 적절하
게 조절한다. 생강 10냥兩[300]을 넣으면 모두 고깃
국[臛] 한 말을 만들 수 있다.

오리탕[鴨臛] 만드는 방법:[301] 작은 오리 6마리,
양고기 2근을 준비한다. 큰 오리의 경우 5마리를
쓴다.[302] (별도로) 파 3되, 토란 20뿌리[株],[303] 귤껍

臛法. 豬羊肉各一
斤, 水一斗, 煮令
熟. 成治芋子一升,
別蒸之. 葱白一升,
著肉中合煮, 使熟.
粳米三合, 鹽一合,
豉汁一升, 苦酒五
合, 口調其味. 生
薑十兩, 得臛一斗.

作鴨臛法. 用小
鴨六頭, 羊肉二斤.
大鴨五頭, 葱三升,

膾魚蓴羹)'과 본장 뒷부분의 '치갱학상함법(治羹臛傷鹹法)' 두 조항은 모두 『제민
요술』의 본문이지만 나머지는 모두 『식경』의 문장이다. 『식경』, 『식차』에 보이는
모든 동자, 이체자와 민간의 속자 등은 모두 옛것을 따르고 있다고 하였다.

299 『태평어람』 권861의 '학(臛)'에서도 『식경』의 '유우자초학법(有芋子酸臛法)'을
인용하고 있다.

300 '생강십량(生薑十兩)': 10냥(兩)은 분량이 너무 많다. 한 냥이 아닌지 의심스럽다.
묘치위 교석본을 보면, '생강십량(生薑十兩)'은 생강을 뒤에 넣더라도 안 되는 것
은 아니다. 그러나 고기 2근(斤)에 생강 10냥(兩)을 사용하는데, 한 근이 16냥이
니 그 비율은 32:10이 되어서 생강이 31%를 점하게 되므로, 작은 토란국이 생강
국으로 바뀌게 된다. 일반적으로 생강은 음식을 만들거나 위를 따뜻하게 하는 약
으로 만들어 먹는데, 그 분량이 너무 많기에 '십(十)'은 잘못된 듯하다.

301 본 조항에서 쓰인 재료가 매우 많은데, 단지 한 말의 국에 넣을 수는 없으니 글자
가 잘못된 듯하다. 묘치위 교석본에 의하면 위진남북조 때 한 말은 지금의 2ℓ
(2,000㎖)에 해당하므로, 많은 오리와 많은 조미료를 넣을 수 없다. 응당 '일곡(一
斛)'으로 쓰인 것이 의심스럽다고 한다.

질 3개, 길이 5치의 목란 껍질,[304] 생강 10냥, 두
시즙 5홉, 쌀 한 되를 (양고기와 이미 삶은 오리 고
기를 함께 삶아서) 입맛에 따라 그 맛을 조절한다.
(삶은 후에는) 고깃국 한 말을 만들 수 있다.[305] 먼
저 술 8되[306]를 써서 오리를 삶는다.

芋二十株, 橘皮三
葉, 木蘭五寸, 生
薑十兩, 豉汁五合,
米一升, 口調其味.
得臛一斗. 先以八

---

302 '대압오두(大鴨五頭)': 스성한의 금석본에서 이 구절은 뜻이 매우 의심스러우며
앞부분의 '소압육두(小鴨六頭)' 뒤에 연결되는 주(注)로 보인다고 한다. 즉, 작은
오리는 여섯 마리를 써야 하는데, 작은 오리가 없으면 큰 오리를 쓰되 다섯 마리
면 충분하다는 뜻이다.

303 '주(株)': 『예문유취』 권91 '계(鷄)'조에는 『장자(莊子)』 1편을 인용하여 이르기
를, "양구(羊溝)의 닭이 3년이 되면 주(株)가 된다. 사마표가 주석하여 이르기를,
'주(株)'는 괴수(魁帥)이다."라고 하였다. '주(株)'는 '괴(魁)'의 뜻이 있으며, 또 곧
은 뿌리를 '주(株)'라 한다. 묘치위 교석본에 따르면, 여기서는 분명 토란 뿌리를
뜻하며, 토란 뿌리가 곧 20그루의 토란은 아니라고 하였다.

304 '목란오촌(木蘭五寸)': 목란(木蘭; Magnolia obovata)의 나무껍질은 많은 방향유
를 함유하고 있다. 이시진의 『본초강목』에서는 도홍경(陶宏景)의 『명의별록』을
인용하여 "껍질은 계수나무[桂] 같고 향기가 난다. 12월에 껍질을 채취하여 그늘
에서 말린다."라고 했다. 이로부터 진대에는 목란 껍질을 향료로 썼으며, 지금 계
피를 쓰는 것과 마찬가지임을 알 수 있다. 북송대 소송(蘇頌)은 "호(湖), 영(嶺),
촉천(蜀川)의 여러 주에 모두 이것이 있으며, 이것은 계(桂)와는 완전히 다르다.
소주(韶州)에서 생산되는 것이므로 계와 같은 종류라고 했다. 외피를 '목란', 가
운데 살을 '계심(桂心)'이라 하며 대개 계(桂) 가운데 한 가지 종류일 따름이다."
라고 하며, 목란과 계피를 동일시했다. '오촌(五寸)'은 다섯 치 길이의 껍질을 말
하는 듯하다.

305 '득학일두(得臛一斗)': 위진남북조 때의 한 말[斗]은 지금의 2 l [市升]에 불과하다.
사용되는 재료인 큰 오리 다섯 마리, 양고기 2근(지금의 0.9근[市斤]에 해당), 토
란[芋] 20개, 쌀 한 되[升](지금의 0.2 l [2市合])로 계산해 보면 완성된 갱학이 '한
말[一斗]'일 리가 없다. '3말[斗]' 혹은 '한 섬[斛]'인 듯하다.[본권 「고깃국 끓이는
방법[羹臛法]」편, '저제산갱(猪蹄酸羹)'의 '한 섬[一斛]' 참조.]

306 '팔승주(八升酒)': 이 양은 많은 오리를 삶는 데 충분하지 않다. 가령 열에 강한

자라국[鼈臛] 만드는 방법: 먼저 자라를 통째로 삶고[307] 껍질과 내장[308]을 제거한다. (별도로) 양고기 한 근, 파 3되, 두시즙 5홉,[309] 메줍쌀 반홉,[310] 생강 5냥, 목란 껍질 한 치[寸], 술 2되를 넣고 자라를 삶는다.

소금과 고주를 넣어서 맛을 보고 입맛에 따라 그 맛을 조절한다.

시큼한 돼지족발탕[豬蹄酸羹] 한 섬을 끓이는 방법:[311] 돼지족발 3개[312]를 문드러질 정도로 삶아

升酒煮鴨也.

作鼈臛法. 鼈且[369]完全煮, 去甲藏. 羊肉一斤, 葱三升, 豉五合, 粳米半合, 薑五兩, 木蘭一寸, 酒二升, 煮鼈. 鹽苦酒, 口調其味也.

作豬蹄酸羹一斛法. 豬蹄三具,

냄비를 사용하여 냄비 속에 '넣고 삶는 것[乾燭]'이라도 너무 적다. 또 소금을 치지 않으면 맛을 어떻게 조절할지 알 수 없다. 아래 문장의 '작양제학법(作羊蹄臛法)' 등의 조항에는 비슷한 정황이 있는데, 이들은 모두 『식경』의 문장이 간략하고 빠져 있어서 분명하지 못하거나 섞이고 누락되어 있는 부분이 있는 것이다.

307 '자(煮)': 이것은 통째로 삶는[澗] 것으로, 껍질과 내장을 쉽게 제거할 수 있다.

308 '갑장(甲藏)': '갑'은 바깥 껍질이다. '장'은 '내장(內臟)'으로 풀이된다. 즉 훗날 '장(臟)'으로 쓰이는 글자의 원래 글자이다.

309 '시오합(豉五合)': 위아래 문장과 대조해서 볼 때 '시'자 아래에 '즙(汁)'자가 한 글자 더 있어야 할 듯하다.

310 '갱미반합(粳米半合)': '반합' 두 글자 중 한 글자는 틀린 듯하다. 반합은 당시의 도량형에 따라 계산하면 현재의 0.1시합(市合: 대략 10ml)에 불과하므로 정확하게 재기가 어려웠을 것이다. '오합(五合)' 또는 '반승(半升)'인 듯하다.

311 '일곡(一斛)': 사용된 재료로 한 섬[一斛]의 산갱(酸羹)을 만들 수 있는지 확실하지 않으며, 또한 물 사용량에 대해 언급하지 않았다. 일본학자 이가이 게이쇼[豬飼敬所]의 교석에서는 '일명학(一名臛)'으로 고쳐 쓰고 있으며, '갱(羹)'자 다음에 주석을 하고 있다. 그런데 『태평어람』 권861 '갱(羹)'조에서는 『식경』을 인용하여 '猪蹄酸羹法'을 언급하였으나 여기에는 '일곡'의 두 글자가 없으니 군더더기인 듯

서 큰 뼈는 가려 건져 낸다. 다시 파와 두시즙, 고주, 소금 등을 넣되 입맛에 따라 그 맛을 조절한다.

옛날 방법으로는 여기에 엿당 6근을 넣지만 지금은 넣지 않는다.

양족발탕[羊蹄臛] 끓이는 방법: 양족발 7개, 양고기 15근, 파 3되, 두시즙 5되, 쌀 한 되를 함께 넣어 끓인다.

입맛에 따라 그 맛을 조절하고, (별도로) 생강 10냥兩, 귤껍질 3개를 넣는다.

토끼탕[兔臛] 끓이는 방법: 토끼 한 마리를 대추알 크기로 자른다.[313]

물 3되, 술 한 되, 목란껍질 5푼, 파 3되, 쌀 한 홉을 함께 넣어 삶고 소금, 두시, 고주를 넣어서 입맛에 따라 그 맛을 조절한다.

산갱酸羹 끓이는 방법:[314] 양 내장 2개, 엿당 6근, 박잎[瓠葉] 6근, 파뿌리[葱頭] 2되, 달래 3되, 밀

煮令爛, 擘去大骨. 乃下葱豉㉚汁苦酒鹽, 口調其味. 舊法用餳六斤, 今除也.

作羊蹄臛法. 羊蹄七具, 羊肉十五斤, 葱三升, 豉汁五升, 米一升. 口調其味, 生薑十兩, 橘皮三葉也.㉛

作兔臛法. 兔一頭, 斷, 大如棗. 水三㉜升, 酒一升, 木蘭五分, 葱三升, 米一合, 鹽豉苦酒, 口調其味也.

作酸羹法. 用羊腸二具, 餳六斤,

하다.

312 '저제삼구(豬蹄三具)': '구'는 오늘날 입말 중의 '부(副)'에 해당한다. 삼구는 즉 세 벌이다. 돼지발 한 구는 전체 4개 발을 모두 포함한 것이다.

313 '단(斷)': '단'자는 풀이가 가능하지만 '착(斲)'자가 더 적합한 듯하다.

314 본 조항은 신맛의 조미료를 사용하지 않고 도리어 엿당 6근을 사용하고 있는데, '초[苦酒]'나 산채(酸菜)와 같은 재료가 빠진 것으로 의심된다.

가루 3되를 함께 넣어 끓이고, 두시즙과 생강, 귤
껍질을 넣어서 맛을 보며 조절한다.

호갱胡羹 끓이는 방법: 살코기가 있는 양의 갈
비뼈 6근에, 별도로 깨끗한 살 4근을 넣고 물 4
되를 부어서 삶는다.

(익은 후에는) 갈비뼈를 제거하고 살을 발라
낸 후[315] 썬다. 파뿌리 한 근, 고수열매[胡荽][316] 한
냥, 안석류즙 몇 홉을 넣는다. 입맛에 따라 그 맛
을 조절한다.

깨국[胡麻羹] 끓이는 방법: 깨 한 말을 찧고 푹
삶아 짜서 3되의 즙을 만든다.

파뿌리 2되, 쌀 2홉을 넣고 불에 익힌다.[317]
파뿌리와 쌀이 익으면[318] 2되 반의 국을 얻을 수

瓠葉六斤, 葱頭二
升, 小蒜三升, 麵
三升, 🔲 豉汁生薑
橘皮, 口調之.

作胡羹法. 用
羊脇六斤, 又肉
四斤, 水四升,
煮. 出脇, 切之.
葱頭一斤, 胡荽
一兩, 安石榴汁
數合. 口調其味.

作胡麻羹法. 用
胡麻一斗, 擣, 煮
令熟, 研取汁三升.
葱頭二升, 米二合,

---

315 '출협(出脇)'은 갈비뼈를 제거하고 살을 발라낸다는 의미이다.

316 '호수(胡荽)': 고수[胡荽]의 열매로서 매운맛을 낼 때 쓰는 조미료이다.

317 북송본에서는 '저(箸)'로 쓰고 있는데 명초본과 호상본에서는 '자(煮)'로 쓰고 있
다. 이곳의 '저(箸)'에는 마땅히 '합(合)'자를 중복하여 써서 '合箸火上'으로 써야
한다. 이는 곧 파뿌리와 쌀을 깨즙 속에 함께 섞어서 불 위에 넣고 끓여야 한다는
것이다. 다음 편에 『식경』의 '증순법(蒸肫法)'을 인용한 것에 '合箸甑中'이 있는데
그 용례는 서로 동일하다.

318 '미숙(米熟)': '미'자는 그다지 적합하지 않다. 스성한의 금석본을 참고하면, '반
(半)'자를 잘못 새겼거나 혹은 이 구절에 몇 군데가 실수로 누락되어 있을 것이
다. 즉 "파뿌리 두 되[升]·쌀 두 홉[合]을 즙과 함께 불 위에서 끓인다. 쌀이 익으
면 파뿌리를 넣는데 (모두) 2되 반(의 국)이 된다."이다.

있다.

　박잎국[瓠葉羹] 끓이는 방법: 박잎 5근, 양고기 3근, 파 2되, 소금[319] 5홉을 넣고 끓인다. 입맛에 따라 그 맛을 조절한다.

　닭국[雞羹] 끓이는 방법: 닭 한 마리의 배를 가르고, 뼈와 살을 분리한다. 살은 썰고 뼈를 쪼아[320] 푹 삶는다.
　걸러서 뼈는 건져 내고 파 2되, 대추 30개를 넣고 끓여 한 말 5되의 국을 만든다.

　소금에 절여 말린 죽순[321]을 넣은 오리국[笋簀鴨羹] 끓이는 방법: 살찐 오리 한 마리를 씻고 다듬

著[374]火上. 葱頭米熟, 得二升半在.
　作瓠葉[375]羹法. 用瓠葉五斤, 羊肉三斤, 葱二升, 鹽蟻五合. 口調其味.
　作雞羹法. 雞一頭, 解骨肉相離. 切肉, 琢骨, 煮使熟. 漉去骨, 以葱頭二升, 棗三十枚合煮. 羹一斗五升.
　作笋簀鴨羹法. 肥鴨一隻, 　淨治

---

319 ‘염의(鹽蟻)’: ‘염시(鹽豉)’ 또는 ‘염료(鹽橑)’인 듯하다. 소금덩어리가 개미 크기만 하다는 뜻일 것이다.

320 ‘탁(琢)’: 탁자는 원래의 뜻이 ‘조탁(彫琢)’이다. 즉 딱딱한 도구로 견고한 물체를 두들겨서 작은 덩어리를 떼어 내어 큰 덩어리가 일정 모양이 되도록 하는 것이다. 스성한의 금석본에 따르면, 본서의 본편과 아래 몇 군데 사용된 ‘탁’자는 이 원뜻과 그다지 부합하지 않는다. 작은 덩어리로 잘게 부수는 것은 때로 ‘작(斫)’, ‘좌(剉)’ 심지어 ‘단(鍛)’자를 썼다.

321 ‘순가(笋簀)’: 스성한의 금석본에서는 ‘순(筍)’자를 쓰고 있다. 스성한에 따르면, 아래의 절여 말린 죽순을 넣은 생선국 만드는 법[筍簀魚羹]조와 비교해 보면 ‘순가(筍簀)’는 ‘순가(筍簀)’이다. 『광운(廣韻)』 「상성(上聲)·삼십삼가(三十三哿)」에서는 ‘(簀)’자에 ‘“순가(筍簀)”는 남중(南中)에서 난다.’라는 주가 있으며, 『집운』에서는 ‘순저(筍蒩)’로 풀이했다.

는 것은 마치 나물죽 끓이는 방법[穄羹法]과 같게
한다.³²² 썰어 저미는 것도 이와 같다. 소금 4되
에 절여 말린 죽순을 아주 깨끗하게 씻어서 소금
기가 없어졌을 때³²³ 별도로 맑은 물을 넣어 몇
차례 김을 내 끓인 후에 꺼내서 다시 씻는다. 달
래뿌리, 파 밑동[葱白], 두시즙 등을 넣고 끓여서
익힌다.

폐손[肺䐑]³²⁴ 만드는 방법: 양의 허파 한 개를
푹 삶아서 잘게 썬다.³²⁵

별도로 양고기국을 만든다. 멥쌀 2홉, 생강

如穄羹法. 擗亦
如此. 籜四升, 洗
令極淨, 鹽淨, 別
水煮數沸, 出之,
更洗. 小蒜白及
葱白豉汁等下之,
令沸便熟❸也.

肺䐑蘇本切法. 羊肺一具, 煮令
熟, 細切. 別作羊

---

322 "如穄羹法, 擗亦如此": 이곳의 "나물죽 끓이는 방법과 같게 한다."라는 구절은 위
    와 아래 문장에 '삼갱법'의 단락이 하나 더 있음을 말하는 듯하다. 다만 본편에는
    '삼갱법'의 글자가 없다. 『태평어람』 권861의 '갱(羹)' 항목에 "『식경』에서 이르
    기를 저제산갱법(猪蹄酸羹法), 호갱법(胡羹法), 계갱법(鷄羹法), 순가압갱법(筍
    筍鴨羹法)이 있다."라는 구절이 있는데, 이 단락은 마침 본편의 첫 단락 '우자산
    학법[芋子酸臛法: 『태평어람』에서는 '산(酸)'을 '초(酢)'로 인용 표기했다.]과 마
    찬가지로 『식경』에서 인용했을 가능성이 있다. 『식경』의 원문은 별도로 '삼갱법'
    이 있을 수 있다. 『태평어람』에서 인용한 『식경』의 갱 이름에 비록 '삼갱(穄羹)'
    이라는 명칭은 없지만, 이 때문에 『식경』에 원래 없었다고 말할 수 없다.
323 '염정(鹽淨)': 스성한의 금석본에서는 '염진(鹽盡)'으로 쓰고 있다.
324 '폐손(肺䐑)': 『태평어람』 권859에서는 『설문해자』의 "'손(䐑)'은 고기를 잘라 피
    와 섞다.", 『석명』(권4 「석음식」)의 "폐손(肺腞)의 손(腞)은 국밥[饡]이다. 쌀과
    섞어 끓인다. 고찬(膏饡)과 같다."를 인용하였다. 노담(盧湛)의 제법을 인용하여
    "사시사(四時祠)에는 모두 폐손을 쓴다."라고 했다. 필원(畢沅)은 『석명』에 주를
    달면서 '손(䐑)'을 '속와자(俗譌字)'로 보았다. 『북당서초(北堂書鈔)』 권145 '폐손'
    제28에는 '손(䐑)'으로 되어 있다. 『옥편』의 '손(䐑)'의 주는 "고기를 자르다."이
    며, '손(腞)'의 주는 "고기를 잘라 피와 섞는 것이다."이다.
325 조리[烹飪]의 각 편에서는 실처럼 써는 것을 '세절(細切)'이라 하였다.

(양의 허파를 양고기 국 속에 넣어서)을 끓인다.

　　양반장자해羊盤腸雌解 만드는 방법:326 양 피 5
되를 구해서 핏속에 응고되어 있는 피섬유질327
을 제거하고 풀어 준다.

　　양각유(양의 체지방)328 2되를 잘게 썬다. 생

肉臛. 以粳米二
合, 生薑煮之.
　作羊盤腸雌解
法. 取羊血五升,
去中脈麻跡, 裂
之. 細切羊胳肪二

---

326 '자해(雌解)'는 금택초본에 따랐지만 '해(解)'자가 있는 것이 옳은 것이다. 원각본
　　과 명초본에서는 '자곡(雌斛)'으로 쓰고 있다. 호상본에서는 '자곡(雌斛)'으로 쓰
　　고 있는데 두 글자는 모두 잘못되었다. 묘치위 교석본을 보면, '곡(斛)'은 '학(臛)'
　　의 음이 유사하여 생긴 잘못이라고 하는 견해도 있지만, 여기서는 피를 양의 장
　　에 넣은 것을 맑은 물에 삶는 것으로, 근본적으로 탕이 있는 국은 아니다. 그리고
　　'자(雌)'는 마땅히 '감(䐹)'자의 잘못이다. 글자는 '감(䐹)'자와 동일하다. 『설문해
　　자』에서는 "감(䐹)은 양의 응고된 피이다."라고 하였다. '곡(斛)'은 '해(解)'의 형
　　태가 잘못된 것으로 오직 금택초본에서만 '해(解)'자로 쓰여 있는데 이는 옳다.
　　'해(解)'는 '분석하다', '갈라서 자르다'는 의미이다. 이 때문에 이른바 '양반장감해
　　(羊盤腸䐹解)'는 실제적으로는 곧 양의 창자에 피를 넣고 짧게 자른 일종의 음식
　　이라고 하였다.
327 '중맥마적(中脈麻跡)': 피가 응고된 이후에 표면에 그물 같은 피섬유질을 말한다.
　　스성한의 금석본에 의하면, 혈액이 응고할 때 '가용성' 단백질의 혈섬유원이 실
　　모양의 혈섬유로 성질이 변하며 침전이 분리되어 나타난다. 이러한 혈섬유실은
　　굵고 가는 것이 있는데, 합쳐져서 하나의 망상체계가 되어 전체를 추출할 수 있
　　고 혈구와 기타 혈장단백질을 남길 수 있다.
328 '각방(胳肪)': '각'자는 『설문해자』에 '겨드랑이 아래[腋下]'라고 되어 있다. '방'은
　　『설문해자』에는 '기름[肥]'으로 풀이되어 있다. '겨드랑이 아래의 기름'은 가슴과
　　배 측면의 지방을 가리키는 것으로, 오늘날 말하는 '판유(板油)'[권9 「적법(炙法)」
　　각주 참조.]이다. 묘치위 교석본에 따르면, '각방'은 늑골의 양 측면이지만 양(羊)
　　의 지방은 겨드랑이에 붙어 있지 않고, 허리 부분에 있다. 현응(玄應)의 『일체경
　　음의(一切經音義)』 권3의 '방산(肪冊)'에서는 『통속문(通俗文)』을 인용하여 "허
　　리에 있는 것을 일러 방(肪)이라 하고, 위(胃)에 있는 것을 일러 산(冊)이라 한
　　다."라고 하였다. 허리부분에 있는 것은 돼지의 '판지(板脂)'에 해당하는데, 양(羊)

강 한 근329을 썰고 귤껍질 3개와 산초가루 한 홉, 콩간장[豆醬淸] 한 되, 두시즙 5홉, 밀가루 한 되 5홉을 준비하여, 쌀 한 되를 섞어서 밥을 짓는다. (다시 양판유와 생강을 섞어) 모두 합하고 재차 물 3되를 붓는다.

양의 대장 사이의 막을 떼어 내고 깨끗하게 씻은 후 다시 백주白酒330를 넣어서 장 속의 구부러진 부분을 한 번 씻는다.331

(잘 섞은 혼합물을 장 속에 부어 넣고) 구부러진 내장을 5치 길이로 잘라서 삶는다. 피가 배어 나오지 않으면 익은 것이다.

한 치 길이로 잘라서 고주와 장을 곁들여 먹는다.

양절해羊節解332 만드는 방법: 양 백엽[肚; 百

升. 切生377薑一斤，橘皮三葉，椒末一合，豆醬淸378一升，豉汁五合，麵一升五合和米一升作糁. 都合和，更以水三升澆之. 解大腸，淘汰，復以白酒一過洗腸中，屈申以和灌腸. 屈長五寸，煮之. 視血不出，便熟. 寸切，以苦酒醬食之也.

羊節解法. 羊

의 경우에는 '요유(腰油)'라고 일컫는다.

329 '생강일근(生薑一斤)'은 그 분량이 너무 많은데, '일승(一升)'의 형태가 잘못된 것인지 아닌지는 알 수 없다.

330 '백주(白酒)': 니시야마 역주본에서는 '백주'를 '백료(白醪)'라고 해석하여 '탁주(濁酒)'라고 부르며, '청주(淸酒)'에 대응하는 술이라고 하였다.

331 '屈申以和灌腸': '굴(屈)'은 물건을 세는 단위로 '일권(一卷)'과 '일통(一筒)'이란 말과 같다. 신(申)은 '신(伸)'자이다. '굴신(屈申)'은 글자와 같이 장을 한 번 굽히고 펴서 소를 집어넣는 것을 가리킨다. '화(和)'는 장에 넣는 '화두(和頭)'를 가리키며 이는 곧 앞 문장의 모두 피를 잘 섞어 만든 소이다. 피와 장즙 등이 밖으로 넘치는 것을 방지하기 위해서 본 조항에서는 특별히 밀가루를 섞어서 죽으로 만들었다.

332 '절해(節解)': 나누어서 가른다는 의미이다. 그러나 여기서는 양을 갈라서 백엽을 끄집어내는 것을 가리키지는 않고, 백엽을 삶아서 익힌 후에 잘라서 먹는다는 것이다. 통째로 썰어 먹을 수는 없기 때문에, 아마도 빠진 글자가 있는 것으

葉]³³³ 1개에 물을 붓고 생쌀 3되와 파 한 범아귀³³⁴를 넣고 삶아서 반쯤 익힌다.

살찐 오리고기 한 근, 양고기 한 근, 돼지고기 반 근을 구해 섞고 잘게 썰어[合剉]³³⁵ 진한 국을 만든 후, 꿀을 넣어 달콤하게 한다.

거의 익은³³⁶ 양 백엽을 아주 진한 국 속에 넣고 다시 끓인다. 두 번 김이 오르도록 끓이면 된다.

양고기를 손질할 때는³³⁷ 껍데기째로 새끼 돼지³³⁸를 손질하는 법과 같이 하면 좋다.

肶一枚, 以水雜生米三升, 葱一虎口, 煮之, 令牛█ 熟. 取肥鴨肉一斤, 羊肉一斤, 豬肉半斤, 合剉, 作臛, 下蜜令甜. 以向熟羊肶投臛裏, 更煮. 得兩沸便熟. 治羊, 合皮如

로 보인다.

333 '비(肶)': 천엽이라고도 한다. 되새김질동물 중에서 먹어서 밥통에 들어간 음식물을 새김질하여 넘긴 것을 다시 받아 삭이는 작용을 맡은, 잎 모양의 얇고 많은 조각으로 된 위를 가리킨다. 예로부터 '백엽(百葉)' 또는 '비(䏶)'로 불러 왔으며, 훗날 복수의 위, 즉 4개의 위를 합쳐 '백엽' 또는 '비'로 불렀다.

334 '호구(虎口)': 엄지와 식지가 이어지는 부분으로 엄지와 식지의 끝을 붙여 만든 원 역시 '범아귀[虎口]'이다. 또한 '一把(한줌)', '一握(한줌)' 또는 '영악(盈握: 넘치도록 쥐다)', '영국(盈掬: 움키다)'이다.

335 '합좌(合剉)'는 함께 잘게 썬다는 의미이다. '좌(剉)'는 여러 군데 등장하는 '탁(琢)'이나 '세탁(細琢)'과 같은 의미로서, 모두 잘라 으깨서 고기죽을 만든다. 주의할 것은 이는 고기를 잘 으깨서 '국[臛]'을 만드는 것과, 고기소로 국을 만드는 것을 모두 칭한다는 점이다.(본권「삶고, 끓이고, 지지고, 볶는 법[腫腤煎消法]」 주석 참조.) 다음 문장에서도 '탁저육(琢猪肉)'을 일컬어 '학(臛)'이라 하고 있다.

336 '향숙(向熟)'은 곧 익으려고 하는 것으로, 앞 문장에 언급된 백엽이 '반쯤 익은[半熟] 것'을 가리킨다.

337 '치양(治羊)': 내용상 이 절은 위의 문장과 이어 붙일 수 없다. 책장의 순서가 잘못된[錯簡] 듯하다.

338 '돈(独)': 작은 돼지이며, '돈(豚)'과 같다. 원각본, 호상본에서는 '돈(独)'으로 쓰여

羌煮³³⁹ ...

강자³³⁹ 만드는 방법[羌煮法]: 좋은 사슴머리를 통째로 삶아서 익힌다.³⁴⁰ 물에 깨끗하게 씻고 다듬어 손가락 2개 크기 정도로 저민다.

돼지고기와 뼈를 다듬어 진한 국을 만들고, 2치 길이의 파 밑동[葱白]을 한 범아귀 정도 넣고 잘게 썬 생강과 귤껍질 각각 반 홉, 약간의 산초를 넣는다.

고주와 소금, 두시는 입맛에 따라 적절하게 넣는다. 사슴머리 하나에 돼지고기 2근을 넣어 진한 탕을 만든다.

회를 뜬 생선으로 순채국 끓이는 방법[食膾魚蓴羹]:³⁴¹ 고깃국³⁴²에 넣어서 끓이는 채소는 순채[蓴]

豬犼法, 善矣.

羌煮法. 好鹿頭,
純煮令熟. 著水中
洗, 治作臠, 如兩
指大. 豬肉, 琢,
作臛, 下葱白, 長
二寸一虎口, 細琢
薑🔢及橘皮各半合,
椒少許. 下苦酒鹽
豉適口. 一鹿頭,
用二斤豬肉作臛.

食膾魚蓴羹.
芼羹之菜, 蓴爲

있고, 명초본에서는 '유(犼)'로 쓰고 있는데 글자는 동일하며, 금택초본에선 '유(犼)'자로 잘못 쓰여 있다. (여기서는 이 글자가 없다.) 이것은 『식경』의 문장으로 여전히 원각본의 옛법을 따른 것이다.

³³⁹ '강자(羌煮)': '강'은 과거 서북의 민족으로, 진대의 오호(五胡)에 강족이 포함된 『북당서초(北堂書鈔)』 권145 '강자삼십일(羌煮三十一)'에서 『수신기(搜神記)』를 인용하여 "강족은 삶고, 맥족은 굽는다. 융적의 음식이다. 태시 이래, 중국이 이를 숭상했다.[羌煮貊炙. 戎翟之食也. 自太始以來, 中國尚之.]"라고 기록했다. 태시는 한무제의 연호 중 하나(기원전 96년)이다. 『태평어람』 권859에도 '강자'조가 있지만, 이 역시 『수신기』의 이 몇 구절에 불과하다.

³⁴⁰ '순자(純煮)': 머리를 통째로 삶는 것이다.

³⁴¹ '식회어순갱(食膾魚蓴羹)': 이 표제는 글자 그대로 '잘게 저민 생선을 먹는 데 쓰이는 순채국'으로 볼 수도 있으나 그다지 적합한 것 같지 않다. 스성한의 금석본에서는 『제민요술』에서 『식경』과 『식차』를 자주 인용하고 있으므로, 이 '식(食)'자 뒤에 '경(經)'이나, '차(次)'자가 누락되었을 것으로 추측하였다. 반면 묘치위

가 가장 좋다. 4월이 되어 순채가 자랐으나 줄기만 있고 아직 잎이 나오기 전의 것을 일러 '치미순^{雉尾蓴}'이라고 하는데 가장 통통하고 맛이 좋다. 잎이 펼쳐져서 충분히 자란 것을 '사순^{絲蓴}'343이라고 한다.344

7월에 들어서고 (특히) 9월, 10월 사이에는 먹기에 적합하지 않은데, 왜냐하면 이때는 순채의 잎에 와충^{蝸蟲}345이 붙어 있기 때문이다. 그 벌

第一. 四月蓴生, 莖而未葉, 名作雉尾蓴, 第一肥美.⑧ 葉舒長足, 名曰絲蓴. 入七月, 盡九月十月內, 不中食, 蓴有蝸蟲著故也. 蟲

교석본에서는 뒷부분에서 『식경』을 인용한 것과 중복됨을 근거로 하여 이 의견에 동의하지 않았으며, 제목의 '식'자를 '작(作)'으로 써야 한다고 보았다.

342 '모갱(芼羹)': 『예기』 「내칙」에 '모갱'이 있다. 공소(孔疏)에서 해석하기를 "공식례(公食禮)의 세 가지 희생제물은 모두 모(芼)가 있다. 소와 콩잎[藿], 양과 씀바귀[苦], 돼지와 고비[薇], 채소와 잡육이 갱이 된다."라고 했다. 즉 '모갱'은 고깃국에 넣어 끓이는 채소이다. 남송의 범성대(范成大)는 『오군지(吳郡志)』 권29의 '고채갱(菰葉羹)'에서 "요즘 사람들이 농어[鱸]국을 끓일 때 순채를 넣고 끓이니 더욱 맛이 좋다."라고 하였다.

343 '사순(絲蓴)': 순채는 봄과 여름 사이에 연한 줄기 위의 잎이 벌어지지 않았을 때 따는 것이 품질이 가장 좋은데 이를 '치순(雉蓴)'이라 하고, 『제민요술』에서는 '치미순(雉尾蓴)'이라고 부른다. 그 후 잎자루가 벌어지면 품질은 약간 떨어지는데 오늘날에는 '사순(絲蓴)'이라고 칭하며 『제민요술』에서는 '사순(絲蓴)'이라고 이른다. 가을이 되면 식물은 그루가 노쇠하여 잎이 작고, 맛이 쓰며, 채소로 먹을 수 없고 단지 사료로 쓰는데, 이를 일러 '저순(豬蓴)'이라고 한다.

344 스성한의 금석본에는 이 문장 뒤에 "5, 6월에 사용할 수 있다. 사순.[五月六月用. 絲蓴.]"의 구절이 있다.

345 '와충(蝸蟲)': 와충이 무슨 벌레인지에 대해 학자들의 견해가 다르다. 스성한의 금석본에 따르면, '와'는 '달팽이[蝸牛]'이며, '충'은 아래 문장으로 보건대 환상곤충[環蟲], 선충류[線蟲] 혹은 원형곤충[圓蟲]인데, 아마 어떤 곤충의 유충[蚴]일 것으로 추측하였다. 반면 묘즈위 교석본에서는 순채 위에 기생하는 벌레의 일종으로, 색깔이 순채와 동일하여 구분이 되지 않는다고 하면서도, 어떤 종류의 벌레

레는 아주 작아서 순채와 하나가 되어 구별할 수가 없으며, 먹으면 사람에게 해롭다.

10월에 물이 얼면 벌레가 죽으니 순채 또한 먹을 수 있다. 10월부터 이듬해 3월까지 먹을 수 있는 것은 모두 '괴순塊蓴'[346]이다.

괴순은 뿌리의 윗부분으로, 이는 곧 사순 아래쪽의 뿌리 그루터기 부분이다. 사순이 죽으면 위쪽에 뿌리 그루터기가 남는데[347] 형상이 마치 산호와 같다. 앞부분 한 치 전후는 통통하고 매끈하여 먹을 수 있다. 약간 깊은 곳에 있는 것은 맛이 떫다.

무릇 사순 중에 못에서 자라는 것은 황색을 띠며 통통하고 맛이 좋아, 단지 깨끗하게 씻기만

甚微細, 與蓴一
體, 不可識別, 食
之損人. 十月, 水
凍蟲死, 蓴還可
食. 從十月盡至
三月, 皆食瓌██
蓴. 瓌蓴者, 根上
頭絲蓴下茇也.██
絲蓴既死, 上有
根茇, 形似珊瑚.
一寸許肥滑處任
用. 深取即苦澀.
凡絲蓴, 陂池
種者,██ 色黃肥

인지는 상세히 알 수 없다고 하였다.

346 '괴순(瓌蓴)'은 곧 '괴순(塊蓴)'이며, 『증류본초(證類本草)』 권29의 '순(蓴)'항목에서 『촉본초도경(蜀本草圖經)』을 인용하기를 "11월에 진흙 속에서 싹이 나는데 굵고 짧아 괴순이라고 칭하며, 몸체는 쓰고 떫다."라고 하였다. 이것은 바로 『제민요술』에서 가리키는 "사순 아래의 그루터기에서 발아한 새로운 줄기 싹으로, 끝부분의 한 치의 긴 부분은 또한 먹을 수 있으며 약간 더 깊은 곳을 캐내면 쓰고 떫다."이다.

347 '상유근발(上有根茇)': '상'자는 '하(下)'자인 듯하다. 스성한의 금석본을 보면, 사순(絲蓴)이 죽은 후에 남은 줄기와 싹이 '그 모양이 산호(珊瑚)' 같아서 이전에는 어린 싹인지 모르고 뿌리인 줄 여겨 '근발'이라고 불렀다. '근발'이라면 원래 있던 줄기와 잎 아래에만 있어야 하고 위에 있을 수 없다. 또는 동음의 '상(尙)'자를 잘못 쓴 것일 수도 있다고 한다.

하면 먹을 수 있다.

야생에서 캔 순채는 색깔이 청색이며 별도의 솥에서 끓는 물에 잠시 데쳤다가[煠][348] 사용하는데, 만약 데치지 않으면 맛이 쓰다. 사순과 괴순은 캐낸 그대로 사용하고 자르지 않는다.

생선과 순채는 동시에 찬물에 넣어 끓인다. 만약 순채가 없으면 봄에는 순무잎[英]을 사용해도 좋고, 가을과 여름에는 이랑에서 재배된 갓이나 배추 혹은 순무잎을 사용할 수 있으며,[349] 겨울에는 냉이[350]를 사용하여 나물국을 끓일 수 있다. 순무 등[351]은 끓여서 뜬 거품을 걷어 내고 넣

好, 直淨洗則用. 野取, 色靑, 須別鐺中熱湯暫煠之, 然後用, 不煠則苦澀. 絲蓴瓌蓴, 悉長用不切.

魚蓴等並冷水下. 若無蓴者, 春中可用蕪菁英, 秋夏可畦種芮菘蕪菁葉, 冬用薺葉,[385] 以芼之. 蕪菁等宜

---

348 '잡(煠)': 스성한의 금석본에서는 '잡(煠)'으로 쓰고 있다. '잡'은 곧 '설(渫)'이다. [권3 「고수 재배[種胡荽]」 및 본권 「팔화제(八和虀)」의 교석 중에서 '삽(渻)'에 관한 해석 참조.]

349 '예(芮)'는 사전에서 '작은 형태'로 해석하고 있다. 스성한의 금석본에서는 '개(芥)'자를 잘못 베껴 쓴 것으로 본 반면, 묘치위 교석본에서는 채소모종이나 조그마한 배추로 해석할 수 있겠지만 역시 의문이 남는다고 지적하였다. 니시야마 역주본에서는 '작은 배추[小菘]'로 해석하고 있다. 본 역주에서는 스성한의 견해를 따라 '갓[芥]'으로 해석하였음을 밝혀 둔다.

350 '제엽(薺葉)': 명초본과 호상본에서는 '제채(薺菜)'라고 쓰고 있다. 『명의별록』의 '제(薺)'에 대해서 도홍경(陶弘景)은 주석하기를 "(채소) 잎으로써 소금 절임을 만들어 국을 끓여도 또한 맛이 좋다."라고 하였다. 육우(陸羽)는 『식제(食薺)』에서 시를 써서 이르기를, "뿌리를 가려 내고 깨끗한 잎을 선택하는데, 하루도 쉴 날이 없다."라고 하였다. '제채'는 포기째 캐 와서 골라 깨끗하게 씻은 후 뿌리째 먹는 것으로 잎사귀만 따서 단독으로 쓰지는 않는다.

351 '등(等)': 순무 종류를 가리키나, 순무 종류는 끓인 후에 넣고 찬물에는 넣지 않는

는다.[352]

(이 같은 채소는) 모두 조금만 넣고 너무 많이 넣어서는 안 된다. 많이 넣으면 국이 맛을 잃게 된다. 마른 순무 잎은 맛이 우러나지 않으니 사용하기에 적합하지 않다.

두시즙은 별도의 솥에 한 번 끓여서 찌꺼기를 걸러 내고 맑게 여과한 후에 사용한다.

표주박으로 휘저어 으깨어서는[扨][353] 안 되는데, 으깨면 탕이 혼탁해져서 맑지 않게 된다.[354] 끓인 두시즙은 단지 담황갈색[新琥珀色]이 되면 충분하며, 너무 검어서는 안 되는데 검어지면 짜고 쓰게 된다.[355]

단지 순채로만 국을 끓이며 파, 염교, 밥, 절인 채소나 초 등을 넣어서는 안 된다. 순채국은 짜게 하면 안 된다.

국을 끓인 후에는 즉시 맑은 냉수를 넣는

待沸, 接▨去上沫,
然後下之. 皆少著,
不用多. 多則失羹
味. 乾蕪菁無味,
不中用. 豉汁於別
鐺中湯煮一沸, 漉
出滓, 澄而用之.
勿以杓扨, 扨則
羹▨濁, 過不清.
煮豉但作新琥珀
色而已, 勿令過黑,
黑則▨苦. 唯蓴茗
而不得著葱韲及
米糝菹醋等. 蓴尤
不宜鹹. 羹熟即下
清冷水, 大率羹一

다. '등(等)'자는 필요 없는 것으로 의심된다.

352 이 말은 찬물에 먼저 생선을 넣고 물이 끓으면 윗층에 뜬 거품을 걷어 낸 후에 채소를 넣는 것이다.

353 '이(扨)': 『집운(集韻)』「상평성(上平聲)·육지(六脂)」에는 '갈다[硏也]'로 풀이되어 있다.

354 '과(過)': 찌꺼기를 걸러 내는 것이다. 갈아서 휘저은 두시즙은 여과를 해도 찌꺼기가 많아서 맑지 않고 국이 혼탁해진다.

355 '감고(鹹苦)': '감(鹹)'은 『옥편』 권15 '노(鹵)'부에서 '짜다[鹹也]'로 풀이하였다. 묘치위 교석본에서는, '감고'를 '쓰고 떫은 맛'으로 해석하였다.

데, 일반적인 비율은 국 한 말에 물 한 되로서, 국이 많으면 이 비율에 따라 물을 늘린다. 국이 맑으면 시원하여 맛이 좋다.[356]

(국 속에) 채소, 두시, 소금을 넣되 모두 휘저어서는 안 된다. 휘저으면 고기와 채소가 풀어져서 국이 탁해져 좋지 않다.

『식경』에 이르기를, "순채국에는 생선을 2치 길이로 자르고 오직 순채는 잘라서는 안 된다. (만약 사용할 생선이) 가물치는 냉수에 순채를 넣고, 백어白魚[357]는 냉수에 순채를 넣고 끓인 후에 생선을 넣고, 짠 두시를 넣는다."라고 한다.

또 이르기를, "생선을 길이 3치, 폭 2치 반으로 자른다."라고 하였다. 혹자는 또 이르기를, "순채는 가늘고 깨끗한 것을 택해서 끓는 물에 데친다[沙].[358] 가물치는 (등과 배의 선을 따라) 가운

斗, 用水一升, 多則加之. 益羹清儁甜美. 下菜豉鹽, 悉不得攪. 攪則魚蓴碎, 令羹濁而不能好.

食經曰, 蓴羹, 魚長二寸, 唯蓴不切. 鱧魚, 冷水入蓴, 白魚, 冷水入蓴, 沸入魚, 與鹹豉. 又云, 魚長三寸, 廣二寸半. 又云, 蓴細擇, 以湯沙之. 中破[388] 鱧魚, 邪截令薄,

---

356 '익갱청준첨미(益羹清儁甜美)': 스성한의 금석본에서는 '준(儁)'으로 표기하였다. '준(儁)'을 북송본에서는 '준(傷)'이라고 쓰고 있는데 속자이다. 호상본에서는 '준(雋)'이라고 쓰고 있는데 글자는 동일하고, 명초본에서는 '휴(攜)'라고 잘못 쓰고 있다. 묘치위 교석본에서는 통일하여 '준(儁)'이라고 표기하였다. 또한 스성한의 금석본에서는 '미'를 '갱(羹)'으로 쓰고 있으며, '첨갱(甜羹)'을 앞 문장에 붙이지 않고 뒷 문장의 주어로 쓰고 있다. 스성한의 금석본에 의하면, 소금을 넣지 않아 짜지 않은 국을 '첨갱'이라 한다. 현재 서북 방언에 '짜고 쓴' 것과 대립되는 '첨'자의 용법이 남아 있다.[권7 「신국과 술 만들기[造神麴幷酒]」 '감(甘)'자의 주석 참조.]

357 '백어(白魚)': 곧 백어(鮊魚)이고 잉어과로 다양한 종류가 있다. 담수의 중상류층에 서식하는 중형의 물고기로 큰 것은 6-7㎏에 달한다.

데를 반쪽으로 가르고, 반쪽의 생선 몸통을 2치를 표준[359]으로 비스듬히[360] 얇게 썬다.[361] 생선을 세 번 끓인 후에 순채를 통째[渾][362]로 넣고 두시즙과 맑은 소금물[363]을 넣는다."라고 하였다.

准廣二寸，橫盡也，魚半體. 煮▨三沸，渾下蓴，與豉汁漬鹽.

---

358 '사(沙)': '사'는 여러 문장에 자주 보이며, 『식경』에서는 전문적으로 사용하는 용어이다. 그런데 스성한의 금석본에서는, 독음이 유사한 '설(渫)'자를 잘못 썼을 것으로 추측하였다. 『식경』의 "이탕사지(以湯沙之)"는 곧 『제민요술』 본문 중의 "열탕잠기지(熱湯暫煤之)"이며 '사(沙)'는 곧 '기(煤)', '잡(煤)'의 음을 빌린 글자이다. 『식경』 중에서는 민간의 잘못된 글자를 채용한 것이 적지 않은데, 이 또한 그러한 예라고 하였다.

359 '준(准)': 원래 '준(準)'자의 '속체'이다. 스성한의 금석본을 참고하면, 본편과 아래의 2편은 '준'자가 많이 사용되는데 적당한 해석을 찾기가 어려워 평평하고 넓은 조각으로 가정하고 있다. 반면 묘치위 교석본에 의하면, "준광이촌(准廣二寸)"의 뜻은 "폭 2치를 표준으로 한다는 의미다. 『식경』에서 전문적으로 사용하는 단어로 『식차(食次)』에서도 마찬가지이다. 두 책에서 이 단어를 사용할 때는 길이와 폭, 두께를 말한 것이 아니다. 먼저 잘라서 조각을 낸 후에 크고 작은 것이 표준에 합당한 것을 요구하는 것으로, 한 번 잘라 내면 일정한 모양이 되기 때문에 고깃덩어리를 모두 '준(准)'이라고 한다. '준(准)'과 '굴(屈)'은 마찬가지로 덩어리 형태에서만 사용하는 전문적인 명사로, '굴(屈)'은 둥글게 말려 있는 것이며, '준'은 일정한 크기의 덩어리로 예컨대 '방촌준(方寸准)', '작위준(斫爲准)' 등은 모두 정형화된 고깃덩어리라고 하였다.

360 '사절(邪截)': 스성한은 이를 '사절(斜切)'로 보고 있다.

361 "橫盡也, 魚半體": 반체(半體)'는 가운데를 가른 반쪽의 생선 몸통이며 '횡진(橫盡)'은 바로 반쪽의 생선 몸통을 펼쳐서 머리까지 나오게 하는 것이다. 스성한의 금석본을 보면, 이 여섯 글자는 분명 착오가 있고 순서가 뒤바뀌었다. '야'자가 분명히 '체'자의 뒤에 쓰여서 "橫盡魚半體也"가 되어야 할 듯하다. 이렇게 되어야 윗 구절의 "准廣二寸"과 이어져 겨우 해석될 수 있다. '야'자 역시 착오로 많아진 듯하다.

362 '혼(渾)'은 물건 전체로서 '통째'의 의미이다.

363 '지염(漬鹽)': 스성한의 금석본에 의하면, '지(漬)'는 '청(淸)'자를 잘못 쓴 것이며,

신맛 나는 절임채소를 넣은 거위, 오리국 만드는 법[醋菹鵝鴨羹]:[364] 사방 한 치 규격으로 잘라서 볶고,[365] 두시즙과 쌀즙을 넣는다. 신맛 나는 절임채소[醋菹][366]를 잘게 썰어서 넣고 소금을 넣는다. 반 그릇 정도 담아서 상에 올린다.[367] 만약 신맛이 충분하지 않으면 절인 채소즙을 더 넣어 준다.[368]

醋菹鵝鴨羹.
方寸准, 熬之, 與
豉汁米汁. 細切
醋菹與之, 下鹽.
半奠. 不醋,■ 與
菹汁.

'시즙청(豉汁淸)'은 맑게 걸러 낸 두시즙[豉汁]이다.[본편의 '하시청(下豉淸)' 구절 참조.] 반면 묘치위 교석본에서는 지염(漬鹽)은 담근 후에 찌꺼기를 걸러 낸 맑은 소금즙이라고 하였다. 본 역주에서는 묘치위의 견해를 따랐음을 밝혀 둔다.

364 스성한의 금석본에 따르면, 아래 단락 중 두 개의 '우운(又云)'을 보면, 이 2개의 '우운' 단락과 '신맛 나는 절임채소를 넣은 거위, 오리국 만드는 법[醋菹鵝鴨羹]' 모두 『식경』의 순채국 만드는 법과 이어지므로 『식경』에서 인용한 것인 듯하다.

365 '오(熬)': 여기서는 볶는다는 의미이다. 또 기름에 지지는 것도 '오(熬)'라고 부른다. 『식경』에서는 이 단어를 전문적인 용어로 사용하고 있다.

366 '초저(醋菹)': 소금에 절인 신 채소이다.

367 '전(奠)': 본편과 다음 편의 '전'자의 용법이 같다. '요리가 시작된 후 하나하나씩 용기에 담아 자리로 가져갈 준비를 하는 절차'로 해석한다. '반전(半奠)'은 용기의 절반만 채우도록 담는 것이며, '만전'은 가득 채우는 것이다. '쌍전(雙奠)'은 두 개를 채우는 것이고, '혼전(渾奠)'은 전체적으로 담는 것이며, '벽전(擘奠)'은 찢어 담는 것이다. 묘치위 교석본에 의하면, '전(奠)'은 원래는 '두다[置]'라는 의미이다. 『의례』, 『예기』 중에는 '두다'라는 것은 모두 '전(奠)'으로 부르고 있다. 『식경』과 『식차』에서 일컫는 '전(奠)'은 여러 가지 전법(奠法)이 있으며, '반전(半奠)', '만전(滿奠)', '앙전(仰奠)', '혼전(渾奠)', '누전(累奠)', '동반전(銅拌奠)', '완자전(盌子奠)' 등 20여 종이 있다. 이 같은 종류는 상이한 음식을 담아서 올리는 방법이 있을 따름이다. 옛날에 연회와 제사는 불가분의 관계에 있으며, 이 두 책의 전법(奠法)은 제사에 의해서 변천해 나온 것이라고 볼 수 있는데, 이로 인해서 엄격한 예제와 규칙이 있는 것이라고 하였다.

368 '불초(不醋)'는 신 것이 충분하지 않다는 의미이며, '저즙(菹汁)'은 소금에 절인 신

버섯[369]을 넣은 생선국 만드는 법[菰菌魚羹]: "생선을 사방 한 치 규격으로 자르고, 버섯[菌]을 끓는 물에서 꺼내어 쪼갠다. 먼저 삶은 버섯을 끓이고 (그 후에) 생선을 넣는다."라고 하였다. 또 이르기를, "먼저 생선을 넣고[370] 다시 버섯, 밥, 파, 밥과 두시를 넣는다."라고 한다. 또 이르기를, "버섯을 깨끗이 씻되 데쳐서는 안 된다.[371] 살찐 고기도 사용할 수 있다. 반 그릇 정도 담아서

菰菌魚羹. 魚,
方寸准, 菌, 湯沙
中出, 擘.■ 先煮
菌令沸, 下魚. 又
云, 先下, 與魚菌
茉■糝葱豉. 又
云, 洗, 不沙. 肥
肉亦可用. 半奠

채소이다.

369 '고균(菰菌)': 묘치위 교석본에 의하면, '고(菰)'자는 '고(菇)'자와 같다. 버섯[蘑菇]의 '고(菇)'는 고장[茭白]의 '고(菰)'는 아니다. 때문에 '고균(菰菌)'은 곧 버섯이지, '교백(茭白)'은 아니다. 『본초도경(本草圖經)』에서 이르기를, "남방에서는 지금까지 '균(菌)'을 '고(菰)'라 한다."라고 하였다. 이것이 가리키는 것은 곧 버섯[菌蕈]이고, '고(菰)'는 '버섯[菇]'과 같은 글자이다. 『식경』은 남방 사람의 작품으로서 여기에서 일컫는 '고균(菰菌)'은 버섯을 부르는 명칭이다. 본 조항에는 '균(菌)'자가 있고 '고(菰)'는 없는데, 바로 고와 균이 같은 것이기 때문이다. 스성한의 금석본을 보면, '고(菰)'는 줄[菰蔣; *Zizanin latifolia*]이며, 균은 식물체에서 비대하게 융기한 부분이라고 한다.

370 "先下, 與魚菌茉糝葱豉": '화(茉)'는 '막(莫)'과 같으며 여뀌과의 산모(酸模; *Rumex acetosa*)이다.[권10 「(91) 고비[蕨]」 주석 참조.] 아마도 '미(米)'자의 와전인 것으로 생각된다. '선하'는 부사와 타동사가 같이 쓰인 것인데, 이 동사의 목적어가 생략되어 있다. 스성한의 금석본에 따르면, 다음 구절인 '여어균(與魚菌)'의 '균'자가 '여어(與魚)'의 앞으로 와서 "先下魚, 與魚米糝葱豉"가 되어야 한다. 반면 묘치위 교석본에 의하면, "先下, 與魚菌" 여기에서의 '여어(與魚)' 두 글자가 도치되어 있다. '선하(先下)'는 앞 문장의 뒤쪽의 하어(下魚)에 대해 말하기를, 이 '우운(又云)'의 것과 다른 점은 생선을 넣고 나중에 버섯 등을 넣는 것으로 응당 "先下魚, 與菌"이라고 쓰여야 한다.

371 '세불사(洗不沙)'의 목적어 역시 '버섯[菌]'일 수밖에 없다.

상에 올린다."라고 하였다.

절여 말린 죽순을 넣은 생선국 만드는 법[筍篘魚羹]: 절여 말린 죽순³⁷²을 먼저 끓는 물에 담가 불린 후 가늘고 길게 찢는다. 먼저 절여 말린 죽순을 삶아서 끓인다. 생선·소금·두시를 넣는다. 반 그릇이 되게 담아서 상에 올린다.

가물치국 만드는 법[鱧魚臛]: 아주 큰 가물치를 사용하는데, 한 자가 되지 않으면 사용하기에 적당하지 않다. 물을 끓여³⁷³ 비늘을 벗기고 깨끗하게 손질한 후 사방 한 치 반 정도로 비스듬하게 '학엽臛葉'을 자른다.³⁷⁴ 두시즙과 생선을 함께 물에 넣고 다시 갈아 놓은 쌀즙을 붓는다.³⁷⁵ 푹 삶고 소금, 생강, 귤껍질, 산초가루, 술을 넣는다. 가물치가 (살이 두터우면) 맛이 떫어지기에 쌀즙

之.

筍³⁹³篘魚羹. 篘, 湯漬³⁹⁴令釋, 細擘. 先煮篘, 令煮沸. 下魚鹽豉. 半奠之.

鱧魚臛. 用極大者, 一尺巳下不合用. 湯鱗治, 邪截臛葉, 方寸半准. 豉汁與魚, 俱下水中, 與研米汁. 煮熟, 與鹽薑橘皮椒末酒. 鱧

---

372 '가(篘)': 『집운』에서는 "가와 더불어 동일하다.[與篘同.]"라고 하였다. 즉 이른바 '순가(筍篘)'는 곧 앞 문장의 '순가(笋篘)'이다. 그러나 소금에 썰어 처리하는 과정은 없으며, 다만 물에 담가 불린 후 바로 솥에 넣는데, 담백한 말린 죽순과 비슷하다.

373 '탕(湯)': 끓는 물에 데우는 것이다.

374 '사절학엽(邪截臛葉)': 사(邪)는 사(斜)이고, 절(截)은 절(切)이다. 비스듬하고 폭이 넓지만 비교적 얇은 조각으로 쓰는 것을 말한다. 다음 문장에서는 '곽엽(霍葉)'이라고 쓰고 있으며 본서 권9 「재·오·조·포 만드는 법[作脺奧糟苞]」에서는 『식차』를 인용하여 '곽엽'이라고 쓰고 있는데, 이것이 정자이다. '학(臛)'이나 '곽(霍)'은 또한 『식경』에서는 음이 같아서 차용하여 쓴 '별자(別字)'이다.

375 '연미즙(研米汁)': 묘치위 교석본에 의하면, 갈아서 미세한 분말로 만든 쌀의 멀건한 액즙이다. 요리 중에 붓는데 오늘날의 '전분을 풀어 걸쭉하게 한 것[勾芡]'과 비슷하다고 하였다.

을 넣어 주어야 한다.[376]

잉어국 만드는 법[鯉魚臐]: 큰 물고기를 사용해야 한다. 비늘을 벗기고 깨끗하게 손질하여 사방한 치, 두께 5푼 크기로 자른다. 삶고 넣는 것은 가물치국 끓이는 것과 같이 한다.[377]

(그러나) 온전한 쌀로 밥을 지어 사용한다. 담아 상에 올릴 때는 쌀알은 건져 내고, 단지 반그릇 정도 담아서 상 위에 올린다. 만약 쌀알이 있는 채로 올리면[378] 예법에 부합되지 않는다.

선지내장국 만드는 법[臉臘]:[379] 돼지 창자를 먼

澀, 故須米汁也.

鯉魚臐. 用大者. 鱗治, 方寸, 厚五分. 煮, 和, 如鱧臐. 與全米糝. 奠時, 去米粒, 半奠. 若過米奠, 不合法也.

臉臘. 上, 力減切,

---

376 '고수미즙(故須米汁)': 중국의 요리기술의 특징 중 하나는 우선 소량의 전분가루를 육류(편 또는 채)의 표면에 묻혀 열을 가하는 것이다. 이렇게 하면 육류의 부드러움과 맛을 유지할 수 있다. 스성한의 금석본을 보면, 현재 일반적으로 가시연 가루[芡粉], 연뿌리 가루[藕粉], 콩가루와 마름 가루[菱粉]를 사용하는데, 황하유역과 장강 유역에서 통용되는 용어는 '방검[放芡; 또는 가검(加芡)]'이다. 『제민요술』의 이 부분은 아마 가장 이른 기록일 것이다.

377 '예학(鱧臐)': 명초본과 호상본에는 '이학(鯉臐)'으로 잘못 쓰여 있다. 북송본에서는 잘못되지 않았다.

378 '약과미전(若過米奠)': 만약 쌀알이 있는 채로 상에 올리면 예법에 합당하지 않기에, 다음 문장에서 "단지 반 그릇 정도 담아서 상 위에 올린다. 만약 쌀알이 있는 채로 올리면 예법에 부합되지 않는다."라고 한 것은 예와 규범이 서로 동일함을 보여 준다. 스성한의 금석본에 따르면, '과미전(過米奠)' 세 글자의 앞의 두 글자 중 한 글자는 분명히 틀린 것이다. '병미전(並米奠)'이 되어야 위의 '거미립(去米粒)'과 호응할 수 있고, 또는 '과반전(過半奠)'이 되어 위의 '반전(半奠)'과 호응할 수 있다. 후자의 가능성이 더 큰데, '미'자와 '반'자의 혼란이 있는 예가 본서에 아주 많다.

379 '검참(臉臘)': 『옥편(玉篇)』에서는 "국[羹]이다."라고 하였다. 사전에서도 또한 이 두 글자를 각각 국[臛]이라고 해석하고 있다. 단지 현응(玄應)의 『일체경음의(一

저 끓는 물에 삶아서 꺼내어 3치 길이로 자르고, 갈라서 다시 잘게 썰어 볶는다.

물을 부어서 끓인 후에 맑은 두시즙과 간 쌀즙[380]을 넣는다. 파, 생강, 산초, 호근胡芹,[381] 달래, 겨자를 넣되 모두 잘게 자른다.[382] 소금·초·마늘을 넣는데, 마늘은 잘게 썰어야 한다.

피를 삶아 상에 올리고자 할 때,[383] 피를 빨

下, 初減切.[395] 用豬
腸, 經湯出, 三寸
斷之, 決破, 細切,
熬. 與水, 沸, 下
豉清破米汁. 葱薑
椒胡芹小蒜芥, 並
細切鍛. 下鹽醋蒜

切經音義)』 권15의 '영검(令臉)'에서는 '검(臉)'을 '생피[生血]'라고 해석하고 있으며, 본 조항의 피를 사용하는 것과 부합한다. '검(臉)'은 붉은색의 피를 가리키며, 참(臘)은 내장[臟]이 가늘다는 것에서 온 글자로, 가늘고 긴 창자를 가리키는데, 이 두 가지를 같이 사용하기 때문에 '검참(臉臘)'이라 불렀다.

380 '파미즙(破米汁)': 가물치국 만드는 법[鱧魚臛]과 대조해 볼 때, '파(破)'는 마땅히 '연(硏)'자가 와전된 듯하다. 묘치위에 의하면, 『북호록(北戶錄)』[『총서집성본(叢書集成本)』] 권2의 「식목(食目)」편에서 이르기를, "남조의 식품 중에는 선지내장국[臉臘]이 있다."라고 하였다. 최구도(崔龜圖)의 주석에서는 "검참법(臉臘法)은 돼지 내장을 끓여서 꺼내어 3치 길이로 잘라 갈라서 잘게 썰어 기름에 볶는다. 물을 넣고 끓여서 두시즙과 간 쌀즙, 파, 생강, 산초, 호근, 마늘을 넣는다. 다음에 소금과 초를 넣는다. 마늘은 잘게 썰어야 하며, 피를 삶아 상에 올리고자 할 때 피를 빨리 넣으면 질겨진다."라고 하였다. 최구도의 주는 『제민요술』에서 채용한 것으로 '파(破)'는 마땅히 '연(硏)'으로 써야 할 것이다.

381 '호근(胡芹)': 정초(鄭樵)의 『통지(通志)』에서는 마근(馬芹)이라 한다. 『본초강목(本草綱目)』에 의하면 마근이 곧 야회향(野回香)이다. (권3 「양하·미나리·상추 재배[種蘘荷芹藘]」 각주 참고.)

382 '단(鍛)'은 두드리고 늘려서 끊임없이 자르는 것이다. '세절단(細切鍛)'이 자주 보이는데 응당 '세탁(細琢)'과 서로 부응한다. 이것은 또한 『식경』, 『식차』에서만 쓰는 고유한 용어로, 본권 77장 「삶고 찌는 법[蒸焦法]」에서는 『식차』를 인용하여 "모두 잘게 자른다."라고 하였는데, 이는 곧 고기를 잘게 자른다는 의미이다. 여기서의 모든 '단(鍛)'자는 양송본, 호상본 등에서 모두 '하(鍜)'로 잘못 쓰고 있으며 점서본에서는 잘못되지 않았다.

리 넣으면 질겨지기 때문에 쌀즙을 더 넣어서 상에 올린다.[384]

가물치탕 만드는 법[鱧魚湯]: 생선을 저밀[脔][385] 때는 큰 가물치를 사용한다. 한 자 이하[386]의 생선은 사용하기에 적합하지 않다. 비늘을 벗기고 깨끗하게 손질한다.[387] 사방 한 치 반, 두께 3치[388]의 고깃덩어리를 비스듬하게 잘라서 '학엽霍

子, 細切. 血將奠與之, 早與血則變, 大可增米奠.

鱧魚湯. 脔,[396] 用大鱧. 一尺已下不合用. 淨鱗治. 及霍葉斜截爲方寸半, 厚三[397]

---

383 "蒜子細切血, 將奠與之.": "혈(血), 장(將)"은 원래는 '장혈(將血)'로 도치되어 쓰이고 있다. 한 글자가 도치되어 앞뒤에 혼동을 가져온 것이다.

384 '대가증미전(大可增米奠)': 윗 문장에서는 쌀의 사용까지 다루지는 않았고 다만 쌀을 갈아 즙을 내는 것만 언급했다. 이 부분의 '가증미전'은 확실히 착오와 누락이 있는 듯하다. 스셩한의 금석본에서는, '미'자 아래에 '즙(汁)'자가 누락된 것인데, 쌀의 즙을 늘려 익힌 다음 진한 탕으로 만들어 커진 고체 장혈(腸血)을 잠기게 하는 것이라고 지적하였다. 반면 묘치위 교석본에 의하면, '미전(米奠)'의 경우, 쌀을 올릴 수는 없으므로 마땅히 '반전(半奠)'의 잘못이라고 하였다. 앞 문장인 "早與血則變"에서 추측하면, '증(增)'은 마땅히 '증(憎)'의 형태상의 잘못이다.

385 '자(脔)': 저민다는 뜻으로, 이것은 비스듬하게 편을 만들어서 다시 사방 한 치 반 크기로 자른다는 의미이다.

386 '이하(已下)'는 원래는 '이상(已上)'으로 쓰여 있는데, 묘치위 교석본에서는 앞문장의 가물치를 만드는 법[鱧魚臛]의 "一尺已下不合用"에 의거하여서 고쳐서 바로잡았다.

387 '정린치(淨鱗治)': 가물치에는 점액이 있어서 앞부분의 '가물치국 만드는 법[鱧魚臛]'에서는 '물을 끓여 비늘을 벗기고 깨끗하게 손질[湯鱗治]'하였다. 그런데 묘치위 교석본에 의하면 메기[鮠魚]의 점액질은 더욱 많기에 다음 조항의 '탕심(湯燖)'에서의 '정(淨)'은 '탕(湯)'자의 잘못이라고 의심된다. 오늘날에는 '퇴(煺)', 즉 점액질이 많은 물고기는 항상 끓는 물에 넣어 사용한다.

388 '삼촌(三寸)'은 '반촌(半寸)'의 잘못인 듯하다. '반(半)'자에서 세로획이 떨어져 나가서 '삼(三)'자가 된 것으로 보인다.

葉'을 만든다.[389]

두시즙과 생선을 함께 물에 넣고, 흰쌀밥을 지어 넣는다. 밥이 푹 삶기면 소금, 생강, 산초, 귤껍질 가루를 넣는다.[390] 반 그릇쯤 담아 상에 올리며,[391] 그릇 속에 밥알이 있어서는 안 된다.

메기[392]탕 만드는 법[鮑臛]: 끓는 물에 삶아[393] (응고된 점액질을 제거하고) 배를 갈라 내장을 제거하고 깨끗이 이는데, 중간을 갈라서 길이 5치 간격으로 잘라 끓여 (살이) 흰색으로 변하면 꺼낸다.

寸. 豉汁與魚, 俱
下水中,■ 與白
米糝. 糝■煮熟,
與鹽薑椒■橘皮
屑米. 半奠時, 勿
令有糝.

鮑臛. 湯爁徐廉
切,■ 去腹中, 淨
洗, 中解, 五寸斷
之, 煮沸, 令變
色, 出. 方寸分准,

---

389 '급곽엽(及霍葉)': 스성한의 금석본에서는, '위학엽(爲臛葉)'이 분명하다고 지적하였다. 묘치위 교석본에서는 '급(及)'자는 '즉(卽)'자가 되어야 하는 것으로 의심되며, 이는 음이 유사하여 와전된 것이라고 하였다.('곽엽'은 앞의 '가물치국 만드는 법[鱧魚臛]'의 주석 참조.)

390 '설미(屑米)'는 각본에서는 이와 동일하며, '백미삼(白米糝)'과 중복된다. 향료는 항상 '잘게 썰고' 또한 '산초가루', '생강가루'가 있으니, '미(米)'는 '말(末)'자의 잘못이다.

391 '반전시(反奠時)': '半奠. 奠時'인 듯하다.

392 '타(鮑)': 타(鮀: 모래무지 또는 메기)와 같다. 『옥편(玉篇)』과 『설문해자』에 근거하면 이것은 메기이다. 메기는 점액이 많아서 끓는 물에 데쳐서 처리한다. 묘치위 교석본에 의하면, 『제민요술』에서는 '점(鮎)'이라 칭하고 있고, 『식경』에서는 '타(鮑)'라고 칭하고 있는데, 이 두 책의 서로 다른 명칭은 서로 다른 지방에서 일컫는 것이다. 또 『이아』 「석어(釋魚)」에서는 '타(鮀)'를 사(鯊: 모래무지)로 해석하고, 『신농본초경(神農本草經)』의 도홍경(陶弘景)의 주석에서는 타(鮀)는 양자강 악어[鼍]로 해석하고 있다고 한다.

393 '심(燖)': 가축이나 생선, 동물을 데치는 것을 모두 '심(燖)'이라고 일컫는데, '섬(燂)'이라고도 한다.

사방 한 치로 덩어리를 잘라서³⁹⁴ (기름을 넣어) 볶고, 두시즙과 갈아 놓은 쌀즙³⁹⁵을 넣어 푹 삶는다. 파, 생강, 귤껍질, 호근胡芹, 달래를 모두 잘게 썰어서 넣는다. 소금과 식초를 넣고 반 그릇쯤 담아서 상에 올린다.

참담檗淡:³⁹⁶ 살진 거위와 살진 오리를 통째로 삶고 길이 2치, 폭 한 치, 두께 4푼 되는 덩어리³⁹⁷로 자른다. 큰 뼈는 건져 낸다. 끓는 물에 별도로 목이버섯을 삶고 반나절이 지나면 건져 내어 쌀을 이는 키 속에 담아서 국자로 눌러 물을 다 짜낸다.(이것을 고깃탕 속에 넣는다.)³⁹⁸ 양고기

熬之, 與豉清研汁, 煮令極熟. 葱薑橘皮胡芹小蒜, 並細切鍛與之. 下鹽醋, 半奠.

檗七豔切淡. ▨
用肥鵝鴨肉, 渾煮, ▨研爲候, 長二寸, 廣一寸, 厚四分許. 去大骨. 白湯別煮檗, 經

---

394 '분(分)'은 억지로 나누어 자른다고 말할 수 있으며, 또한 '반(半)'자의 잘못인 듯하다. 니시야마 역주본에서는 '반(半)'자로 고쳐 쓰고 있다.

395 '연즙(研汁)': '연미즙(研米汁)'을 뜻한다.

396 '참(檗)': 글자를 쓰는 판자로, 다른 뜻은 없다. 다만 아래 문장에서는 목이라고 설명하고 있는데 목이는 나무에 붙어 살며 '참목(檗木)'은 목이버섯이다. 이 또한 『식경(食經)』에서 전문적으로 사용하는 글자이다. '담(淡)'은 특별한 뜻이 없으며 『광아(廣雅)』「석기(釋器)」편에서는 "담은 … 고기[肉]이다."라고 하였다. 『옥편』에서는 "담은 안주이다."라고 하였다. 묘치위 교석본에 의하면, '담(淡)'은 응당 '담(膝)'의 음이 같음으로 인해서 차용한 글자일 것이라고 하였다.

397 '후(候)': 사전의 해석은 본서에서 요구하는 의미와 관련이 없다. 하지만 다음 문장의 "長二寸, 廣一寸"과 본장 거의 끝부분에 "下肉汁中"이 있는데, 여기서 '후'자 역시 덩어리로 해석해야 한다.

398 "淅其中杓迮去令盡": '석(淅)'은 '쌀을 일다'이다. '표(杓)'는 음식을 볶는 데 쓰는 표주박 국자[瓢勺]이며, '책(迮)'은 '압착(壓搾)'이다. 묘치위 교석본에 의하면, '기(箕)'는 원래는 '기(其)'로 쓰여 있으나 이는 잘못이다. 본서 권9 각 편에는 『식차(食次)』의 문장을 인용하여 '석기(淅其)'가 여러 번 보이는데, 이것은 분명 쌀을 이는 키 속에서 씻고 아울러 국자바닥으로 눌러서 비린 물을 짜낸 것이다. '석기

를 (목이버섯을 담근 육)즙 속에 넣고 삶는다.[399]
소금과 두시를 넣는다.

익으려 할 때 호근과 달래를 잘게 썰어 다
져서 넣는다. 흐물흐물해지도록 푹 삶는다.[400]
식초는 넣지 않는다. 만약 목이버섯이 없으면
고균菰菌을 쓰고 또한 지균地菌을 쓸 수도 있다.
그러나 속이 검은 것은 사용하기에 적합하지
않다.[401]

半日█[404]久, 漉出,
淅箕中杓迮去令
盡. 羊肉, 下汁中
煮. 與鹽豉. 將
熟, 細切鍛胡芹小
蒜與之. 生熟如
爛.█[405] 不與醋. 若
無栗, 用菰菌, 用

(淅其)'는 곧 쌀을 이는 키[箕]로, 민간에서는 또한 '소기(筲箕)'라고 칭하니 글자는
응당 '기(箕)'로 써야 하며, 『식차』에 근거하여 고쳤다. '책법(迮法)' 다음에 응당
'수(水)'자가 있거나, 혹은 '거(去)'자가 '수(水)'로 쓰여야 하는데, 다만 이것은 『식
경』의 문장이기에 이처럼 애매하다고 하였다.

399 이 문장에서 목이버섯을 어떻게 처리할 것인지 문제이다. 다시 말해, '걸러 낸
목이버섯을 키 속에 넣고 비린내를 없애고 난 다음에 목이버섯을 다시 탕 속에
넣는 것인지' 아니면 '즙을 짜낸 목이버섯은 버리고 그 즙만 취하는 것인지' 분명
하지 않다. 여기서는 뒤에 양고기를 목이버섯을 끓인 즙 속에 넣어 삶는다는 의
미로 보아서 목이버섯을 버리고 즙만 취한 것으로 해석하였다.

400 '생숙여란(生熟如爛)': '끓여 익히다[煮熟]'인 듯하다. '생'자는 풀이할 수 없다. '난
(爛)'은 북송본에서는 '난(欄)'으로 잘못 쓰고 있다. 명초본과 호상본은 잘못되지
않았다. '여란(如爛)'은 푹 익히는 것을 의미하며 '난숙(爛熟)'과 같다. '生熟女爛'
은 즉 분명 거위와 오리의 고깃덩어리와 목이버섯을 함께 양고기 국 속에 넣고
다시 끓여서 삶은 것이 흐물흐물해진 것을 의미한다.

401 '흑리부중(黑裏不中)': 산균류(傘菌類)의 버섯에서 우산 안쪽의 버섯주름이 검은
색을 띤 것은 식용으로 쓸 수 없다. 묘치위 교석본을 참고하면, '용고균(用菰菌)'
이란 바로 지균(地菌)을 사용하는 것으로 목이와 동일한 버섯류이기 때문에, 만
약 목이가 없으면 고균(菰菌: 이는 곧 지균)으로 대신한다고 말한 것이지, '교백
(茭白)'이나 지균을 사용한 것을 말한 것은 아니라고 하였다. 스성한의 역문에서
는 "만약 목이버섯이 없으면 고균을 쓰고 또한 지균을 쓸 수도 있다."라고 했는데
'용(用)'이 두 번 사용된 문장의 구조로 보면 스성한의 해석이 합당한 듯하다.

목이버섯은 큰 것은 중간을 쪼개고 작은 것은 통째로 사용한다.

'참蕈'은 나무뿌리 아래서 자라는 목이버섯으로, 땅에 붙어서 자라야 하며[402] 검지 않은 것이 사용하기에 적합하다. 그릇에 반쯤 담아서 상에 올린다.[403]

손신損[404]腎: 소나 양의 천엽을 하얗게 될 정도로 깨끗하게 손질한다. 염교[薤] 잎처럼 4치 길이로 썰고,[405] 소금과 두시즙을 탕 속에 넣는다.[406] 너무 많이 끓일 필요는 없다. 너무 많이 삶으면 질기며, 단지 약간 오그라들 정도면 된다.[407] 2치의 차조기 잎, 약간의 생강가루를 고기와 섞는다. 걸러서 즙을 버리고[408] 쟁반에 가득

地菌. 黑裏不中. 蕈, 大者中破, 小者渾用. 蕈者, 樹根下生木耳, 要復接地生, 不黑者乃中用. 米奠也.

損腎. 用牛羊百葉, 淨治令白. 薤葉切, 長四寸, 下鹽豉中. 不令大沸. 大熟則肕, 但令小卷止. 與二寸蘇, 薑末, 和

---

402 '요복(要復)': '복'자는 자형이 유사한 '수(須)'자를 잘못 보고 틀리게 옮겨 쓴 듯하다.

403 '미전(米奠)': 본문에 줄곧 '미'자가 전혀 없었다. 여기의 '미'자는 '반(半)'자일 가능성이 있다.

404 '손(損)': 당대 단성식(段成式)의 『유양잡조(酉陽雜俎)』권7「주식(酒食)」에서는 "손은 국[腫]이다."라고 하였다. '손(損)'은 '손(膸)'과 음이 같아서 차용한 글자이다. 니시야마 역주본에서는 이가이 게이쇼[豬飼敬所]의 교기에 근거하여 '현(胘)'이라고 고쳤는데, 이는 곧 소의 천엽이다.

405 '해엽절(薤葉切)': 소와 양의 천엽을 염교 잎의 폭과 길이와 같이 써는 것이지 염교 잎을 써는 것은 아니다.

406 '시중(豉中)'은 다음 문장의 '不令大沸'에 의거할 때 마땅히 '시즙(豉汁)'의 잘못인 듯하다.

407 명초본과 호상본에서는 '지(止)'로 쓰고 있는데, 북송본에서는 '상(上)'으로 잘못 쓰고 있다.

담아 상에 올린다. 또 콩팥을 사용할 때는 길이
2치, 폭 한 치, 두께 5푼 정도의 크기로 자르는데
위의 천엽과 마찬가지로 만든다.[409] 접시에 담아
서 상에 올릴 때는 8개를 한 접시에 담는다.[410]
생강과 염교는 별도로 닮아서 함께 상에 올린
다.[411]

　　난숙爛熟: 고기가 물러질 정도로 푹 익으면 칼
로 자르는데,[412] 길이 3치, 폭 반치, 두께 3치 반 정
도의 크기로 자른다. 사용하려 할 때 고기즙에

肉. 漉取汁, 盤滿
奠. 又用腎, 切長
二寸, 廣寸, 厚五
分, 作如上. 奠,
亦用八.[410] 薑糱,
別奠隨之也.

爛熟. 爛熟肉,
諧令勝刀, 切長三
寸, 廣半寸, 厚三

---

408 '녹취즙(漉取汁)': '녹(漉)'은 대체적으로 '건진다[撈]'의 의미로서, '즙을 어떻게 건
　　지는가'에 있다. 가사협 또한 우연히 '거르다[濾]'라는 글자를 사용했으나, 액즙이
　　필요없어 버렸는데, 어째서 도리어 다시 취(取)한단 말인가? 이것 또한 『식경』에
　　서 사용하는 단어로서 이상한 부분이다. 이처럼 그 뜻이 분명하지 않은데, 육즙
　　을 필요 없다고 버리는 것인지, 육즙을 취해서 고기 속에 부어 넣는다는 말인지
　　알 수 없다. 스성한의 금석본에서는 전자를 취하고 있는데, 니시야마 역주본에서
　　는 후자를 취하고 있다. 묘치위는 전자에 의미를 두고 있는데 왜냐하면 첫째는
　　육즙에서 비린내가 나고, 둘째는 생강가루에 고기를 섞어서 마른 천엽과 섞어서
　　상에 올리기 때문이다. 다음 문장의 콩팥 또한 즙이 들어 있지 않다고 하였다.
409 '작여상(作如上)': 콩팥은 천엽과 마찬가지로 염두시(鹽豆豉)의 즙 속에 넣어서
　　끓이는데, 이 또한 너무 삶아서 질기게 해서는 안 된다.
410 '용팔(用八)'은 8조각의 콩팥을 한 접시에 닮아서 상에 올리는 것이다. 그러나 '역
　　(亦)'자는 근거가 없고 문장이 빠졌거나 혹은 쓸데없이 덧붙여진 것이다.
411 '별전수지(別奠隨之)': 생강과 염교로 맛을 내어 별도로 1개의 작은 접시에 담아
　　상에 올린 것이다.
412 '해(諧)': '어울리다', '적합하다'의 의미로, 적당하게 익으면 칼로 자른다. 본서 권
　　9의 「소식(素食)」편에서는 『식차(食次)』를 인용하여 '해하주화(諧河走蝦)'라고
　　하였는데, 이 또한 새우가 위를 떠다니기에 아주 적합하다는 의미이다. 두 책에
　　서 이 단어를 사용한 것이 서로 동일하므로, 같은 곳에서 나온 듯하다.

파·생강·산초·귤껍질·호근·달래를 잘게 썰고 찧어서 넣는다. 또한 소금과 식초를 가미한다. 별도로 고깃국을 만든다. 상위에 올리려고 할 때 좋은 육즙을 국 속에 넣어 섞어서 상에 올린다. 만약 시큼한 장[沈][413]이 있으면 상에 올리려 할 때 넣고, 고깃덩이를 육즙 속에 넣는다. 고기가 즙 속에서 약간 오래되면 맛이 변하는데 사람들이 매우 싫어한다.[414]

너무 짠 국을 조절하는 방법: 수레바퀴 자국의 마른 흙가루를 취해서 면綿으로 만든 체[415]로 거른다. 두 겹의 비단으로 만든 주머니 속에 담아 새끼로 단단하게[416] 묶고 솥 안에 담근다. 오

寸牛. 將用, 肉汁
中葱薑椒橘皮胡芹
小蒜並細切鍛. 並
鹽醋與之. 別作臛.
臨用, 寫臛中和奠.
有沈, 將用乃下,
肉候汁中. 小久則
變, 大可增之.

治羹臛傷鹹
法. 取車轍中乾
土末, 綿篩. 以兩
重帛作袋子盛之,

---

413 '심(沈)': '심(審)'자와 같다. 액즙으로서 쌀뜨물·숭늉·시큼한 장즙[酸漿汁]·물건을 담가서 우려 낸 즙 등은 모두 '심(審)'이다. 이는 시큼한 장[酸漿]을 『식경』에서 전문적으로 사용되는 문장을 가리킨다. 앞 문장의 『식경(食經)』에는 "초저아압갱(醋菹鵝鴨羹)"이 있는데 신맛이 충분하지 않을 때는 시고 짠 김칫국물을 넣었으나 상에 올릴 쯤에 이와 같은 시큼한 장을 넣는다.

414 '대가증지(大可增之)'의 '증(增)'은 '증(憎)'의 형태상의 오류로 의심된다. 고기를 파, 생강 등 매운 향료 속에 오래 두면 맛이 변하므로 파, 생강 등의 향료를 가미한 육즙은 사용하려 할 때 비로소 만든다. 또 사용할 때에 비로소 즙을 국 속에 넣고 즉시 상 위에 올려야, 향료를 오래 두어 상해서 거품이 일어 고기에서 이상한 맛이 나는 것을 방지할 수 있다. '지(之)'는 고깃국을 가리킨다.

415 묘치위의 교석본에서는 '면(綿)'은 '견(絹)'의 잘못이라고 한다. 스성한은 '사면(絲綿)'체라고 번역하고 있다.

416 '견견(堅堅)': 견실하다는 의미이다. 묘치위 교석본에 의하면, 가사협은 중첩된 말을 즐겨 사용하는데, '온온(溫溫), 균균(均均), 단단(團團), 초초(稍稍), 표표(漂漂), 난난(暖暖), 시시(時時) 등으로, 모두 당시의 구어라고 하였다.

래지 않아 탕이 싱거워지면 바로 (주머니를) 꺼
낸다.

繩繫令堅堅，沈
著鐺中．須臾則
淡，便引出．

● 그림 15
소의 천엽[百葉]:
『문화콘텐츠닷컴』참조.

● 그림 16
백어(白魚)

교 기

369 '차(且)': 명청 각본에 '구(具)'라고 되어 있다. 원각본과 명초본, 금택초
본에 따라 고친다. '차'는 '우선[姑且]'의 뜻으로, 즉 '잠시', '지금 먼저'의 용
법이 있다. 예를 들면 『시경(詩經)』「국풍(國風)·당풍(唐風)·산유추
(山有樞)」의 "잠시 이로써 기뻐하고 즐거워하며[且以喜樂]", 남조 제나라
심소략(沈昭略)이 왕융(王融)을 처음 만났을 때 말한 "우선 대합조개를
먹다.[且食蛤蜊.]"[『남사(南史)』권21「왕홍전(王弘傳)」] 등이 있다.

370 '시(豉)': 명청 각본에 '두(頭)'로 잘못되어 있다. 원각본과 명초본, 금택
초본에 따라 바로잡는다.

371 '야(也)': 명청 각본에 '야'자가 없다. 원각본과 명초본, 금택초본에 따라
보충한다.

372 '삼(三)': 명청 각본에 '이(二)'로 되어 있다. 원각본과 명초본, 금택초본
에 따라 수정하였다.

373 '승(升)': 명청 각본에 '근(斤)'으로 되어 있다. 원각본과 명초본, 금택초본에 따라 고친다.

374 '저(著)': 명초본과 명청 각본에 '자(煮)'로 되어 있다. 원각본과 금택초본에 따라 바로잡는다.

375 '엽(葉)': 명청 각본에 '채(菜)'로 잘못되어 있다. 원각본과 명초본, 금택초본에 따라 고쳤다.

376 '숙(熟)': 명초본에 '열(熱)'로 잘못되어 있다. 원각본과 금택초본, 명청 각본에 따라 바로잡는다. 묘치위 교석본에 의하면, 북송본과 호상본에서는 잘못되지 않았다고 하였다.

377 '절생(切生)': 명청 각본에 '세절(細切)'로 되어 있다. 원각본과 명초본, 금택초본에 따라 바로잡는다.

378 '장청(醬淸)': 명청 각본에 '청(淸)'자가 없다. 원각본과 명초본, 금택초본에 따라 보충한다.

379 '반(半)': 명청 각본에 '양(羊)'으로 잘못되어 있다. 원각본과 명초본, 금택초본에 따라 고친다.

380 '세탁강(細琢薑)': 명청 각본에 '탁'이 '절(切)'로 되어 있으며 '강(薑)'자 자리는 비어 있다. 원각본과 명초본, 금택초본에 따라 고쳐 보충한다.

381 '제일비미(第一肥美)': 명청 각본에 '第一肥羹'으로 되어 있다. 원각본과 명초본, 금초본에 따라 바로잡는다.

382 '괴(壞)': 명청 각본에 자형이 유사한 환(環)으로 잘못되어 있다. 원각본과 명초본, 금택초본에 따라 바로잡는다. 아래 문장의 두 군데 '괴'자 역시 같은 실수가 있다.

383 '하발야(下茇也)': '발'자는 명청 각본에 '급(芨)'으로 잘못되어 있다. '야'자는 명초본과 명청 각본에 모두 없다. 원각본과 금택초본에 따라 수정 보충한다.

384 '종자(種者)': 명청 각본에 '적수(積水)'로 잘못되어 있다. 원각본과 명초본, 금초본에 따라 수정하였다.

385 '제엽(薺葉)': 스성한의 금석본에서는 '제채(薺菜)'로 쓰고 있다. 스성한에 따르면 원각본에 '제엽(薺葉)', 금택초본에 '제엽(薺箓)'으로 되어 있다. 명초본과 명청 각본에 따라 '제채(薺菜)'로 한다.

386 '접(挼)': 명청 각본에 '약(掠)'으로 되어 있다. 원각본과 명초본, 금택초본에 따라 '접'으로 한다.

387 '갱(羹)': 명청 각본에 '미(美)'로 되어 있다. 원각본과 명초본, 금택초본에 따라 바로잡는다.

388 '중파(中破)': 명초본과 명청 각본에 '파'자가 중복되어 '中破破'로 되어 있다. 원각본과 금택초본에 따라 '파'자를 하나 삭제한다.

389 '자(煮)': 명청 각본에 '자'자 위에 '숙(熟)'자가 하나 더 있다. 원각본과 명초본, 금택초본에 따라 삭제한다.

390 '불초(不醋)': 명청 각본에 '하초(下醋)'로 되어 있다. 원각본과 명초본, 금택초본에 따라 바로잡는다.

391 '벽(擘)': 호상본에서는 '벽(擘)'자로 쓰고 있는데, 양송본에서는 '벽(劈)'자로 쓰고 있다.

392 '화(茉)': 명청 각본에 '채(菜)'로 되어 있다. 잠시 원각본과 명초본, 금택초본에 따라 '화'로 한다. 다만 '미(米)'자가 의심된다.

393 순(筍): 스성한에 따르면 '순'은 명청 각본에 '초머리[艸]'를 부수로 하는 '순(筍)'으로 되어 있다. '윤(尹)'은 명초본과 명청 각본에 모두 자형이 유사한 '축(丑)'으로 잘못되어 있다. 원각본과 금택초본에 따라 바로잡는다고 하였다.

394 '지(漬)': 명청 각본에 '청(淸)'으로 잘못되어 있다. 원각본과 명초본, 금택초본에 따라 바로잡는다.

395 음주 중의 '절(切)'자는 명초본과 명청 각본에 모두 '반(反)'으로 되어 있다. 원각본과 금택초본에는 '절'로 되어 있다.

396 '자(鮓)': 명청 각본에 '육(肉)'으로 되어 있다. 원각본과 명초본, 금택초본에 따라 '자(鮓)'로 한다.

397 '삼(三)': 명청 각본에 '이(二)'로 되어 있다. 원각본과 명초본, 금택초본에 따라 '삼'으로 고친다.

398 '수중(水中)': 명청 각본에 이 '수'자가 없으나, 호상본은 이와 동일하다. 원각본과 명초본, 금택초본에 따라 보충한다. 양송본에서는 '수중수(水中水)'라고 쓰고 있으나, 뒤의 '수(水)'자 한 개는 군더더기이다.

399 "삼삼(糝糝)": 명청 각본에 '삼'자가 한 글자만 있다. 원각본과 명초본,

금택초본에 따라 보충한다.

⟨400⟩ '초(椒)': 명청 각본에 '호(糊)'로 잘못되어 있다. 원각본과 명초본, 금택초본에 따라 바로잡는다.

⟨401⟩ '절(切)': 명초본에 '반(反)'으로 되어 있다. 음주 중 반절의 '반'자는 잠시 원각본과 금택초본에 따라 '절(切)'로 한다.

⟨402⟩ '담(淡)': 명청 각본에 '차(次)'로 되어 있는데, 원각본과 명초본, 금택초본에 따라 '담'으로 한다.

⟨403⟩ '혼자(渾煮)': 명청 각본에 '혼'자 아래에 '미(米)'자가 있다. 원각본과 명초본, 금택초본에 따라 삭제한다.

⟨404⟩ '반일(半日)': 금택초본과 명청 각본에 모두 '반월(半月)'로 되어 있다. 원각본과 명초본에 따라 바로잡는다.

⟨405⟩ '난(爛)': 원각본과 금택초본에 '난(㦭)'으로 되어 있다. 난(㦭)은 '나(懶)'의 '이체자[或體]'이다. 여기에서는 의미가 없으므로 명초본과 명청 각본의 '난(爛)'을 남겨 둔다.

⟨406⟩ '팔(八)': 명청 각본에 '입(入)'으로 되어 있다. 잠시 원각본과 명초본, 금택초본에 따라 '팔'로 한다.

제77장

삶고 찌는 법 蒸焦(方九反)⁴⁰⁷417法第七十七

　　『식경』의 곰을 찌는 법[蒸熊法]: 3되의 고기를 취할 수 있는 작은 곰 한 마리를⁴¹⁸ 깨끗하게 손질하고, 반숙이 되지 않도록⁴¹⁹ 삶은 후 맑은 두시즙에 하룻밤 담가 둔다.

　　생차좁쌀 2되를 가져다가 물에 씻지 않고

食經曰蒸熊法. 取三升肉熊一頭, 淨治, 煮令不能半熟,⁴⁰⁸ 以豉清漬之一宿. 生秫米二升,

---

417 '부(焦)': 『옥편』 권21 화(火)부에는 "음은 부(缶)이며 불이 뜨겁다[火熱也]."라는 주가 있다. 『광운(廣韻)』 「상성(上聲)·사십사유(四十四有)」에서 '찌다[蒸焦]'로 풀이되고 있다. 『집운』에서는 '포(炰)'와 같다고 보았다. 『북당서초(北堂書鈔)』 권145 「포편(炰篇)」 제21에서 유소(劉劭), 부현(傅玄) 등의 문장을 인용했는데 모두 '부(焦)'자이다. 사실 이 글자는 '부(缶)'자로만 써도 충분하다.

418 "取三升肉熊一頭": 이것은 니시야마 역주본에 따라서 읽은 것이다. 3되 크기의 새끼 곰 1마리를 가리키는데 방금 태어난 새끼 돼지와 크기에 차이가 없다. 만약 "取三升肉, 熊一頭."라고 읽으면 즉 1마리의 큰 곰을 가리키게 되어 승합(升合)의 계량의 배합과 부합되지 않는다. 아래에서 인용한 『식차』의 '웅증(熊蒸)'이 비로소 큰 곰을 찌는 것이다.

419 '능(能)': '및[及]' 또는 '다다른다[到]'는 의미로, 『전국책(戰國策)』 「연책일(燕策一)」에서 이르기를, "이에 1년이 되지 않아서 천리마가 이른 것이 3번이다."라고 하였는데, "불능기년(不能期年)"은 1년에 이르지 않는다는 의미이다. 여기서 반숙으로 할 수 없다는 것은 바로 반숙이 되지 않았다는 뜻이다.

(베로써) 깨끗하게 닦는다. 진한 두시즙 2되에 좁쌀을 담갔다가 좁쌀의 색이 황적색[黃赤]으로 변하면 밥을 짓는다. 다시 3치 길이의 파 밑동[葱白] 한 되, 잘게 썬 생강과 귤껍질 각 2되, 소금 3홉을 (밥과 고기와) 함께 섞어서 시루에 넣고 쪄서 익힌다.

양과 새끼 돼지[肫],[420] 거위, 오리를 찌는 것은 모두 이와 같다.

또 다른 방법:[421] 돼지기름 3되, 두시즙 한 되를 섞어서 (곰고기 위에) 뿌려 주고,[422] 다시 귤껍질 한 되를 넣는다.

새끼 돼지를 찌는 법[蒸肫法]:[423] 좋은 살찐 새끼 돼지 한 마리를 살갗에 붙은 더러운 것[垢][424]

勿近水, 淨拭. 以豉
汁濃者二升漬米,
令色黃赤, 炊作飯
以葱白長三寸一升,
細切薑[409]橘皮各二
升, 鹽三合, 合和之,
著甑中蒸之, 取熟

蒸羊肫 鵝鴨,
悉如此.

一本. 用豬膏三
升, 豉汁一升, 合
灑之, 用橘皮一升.

蒸肫法. 好肥肫
一頭, 淨洗垢, 煮

---

420 '순(肫)'은 실제로는 '돈(豚)', 즉 새끼 돼지이다. 묘치위에 의하면, 돈(豚) 또한 '돈(犉)', '돈(犉)'으로 쓰지만 육(肉)변을 쓰는 '순(肫)'으로 쓸 수는 없다. 왜냐하면 순(肫)은 새의 위(胃)를 가리키기 때문이다. 그러나 이것은 『식경(食經)』의 문장이기에 도리어 '순(肫)'을 '돈(豚)'으로 하고, 또한 '변문(變文)'형식으로 글자를 차용한 것이다. 그 이하도 마찬가지이다. 뒤 문장의 삶는 법[煮法]에서 가사협의 본문에서는 항상 '돈(豚)'자를 쓰고 있다고 하였다.

421 '일본(一本)'은 『식경』의 판본과는 같지 않은데, 다른 곳에도 이와 같은 것이 있다. 또 『식경』, 『식차』에서 주로 사용하는 '우운(又云)'의 표현도 매우 많아서 두 책에서 기록한 '우법(又法)'일 가능성도 있다.

422 '합쇄지(合灑之)': 증기로 쪄서 김이 날 때 돼지기름과 두시즙을 합해서 곰고기에 뿌려 준다는 의미이다.

423 '증순법(蒸肫法)' 및 아래 조항의 '증계법(蒸雞法)' 역시 『식경』의 문장이다. '돈(豚)'도 여전히 특별히 '순(肫)'으로 쓰고 있다.

을 깨끗이 씻어 내고, 반쯤 익도록 삶아서 두시
즙에 담가 둔다.

생차좁쌀 한 되를 물에 씻지 말고, 아주 진
한 두시즙에 담갔다가 황색으로 변하면, 고두밥
을 지어 다시 두시즙에 부어 준다.⁴²⁵

잘게 썬 생강과 귤껍질 각 한 되, 3치 길이
의 파 밑동[葱白] 4되, 귤잎 한 되를 합해서 시루에
넣는다.

뚜껑을 잘 닫고 2-3차례 밥 지을 시간 정도
로 찐다. 다시 돼지기름 3되, 두시즙 한 되를 섞
어서 (좁쌀 위에) 뿌려 주면 곧 익는다.

곰과 양을 찌는 것은 모두 새끼 돼지를 찌는
법과 같으며, 거위를 찌는 것 또한 이와 같이 한다.

닭을 찌는 방법[蒸雞法]: 한 마리의 살찐 닭을
깨끗하게 손질하여, 돼지고기 한 근, 향두시[香豉]
한 되, 소금 5홉,⁴²⁶ 파 밑동[葱白] 반 범아귀, 한 치
둘레의 차조기 잎, 두시즙 3되에 소금을 뿌린 후

令半熟, 以豉汁漬
之. 生秫米一升,
勿令近水, 濃豉^⑩
汁漬米, 令黃色,
炊作饙, 復以豉汁
灑之. 細切薑橘皮
各一升, 葱白三寸
四升, 橘葉一升,
合著^⑪甑中. 密覆,
蒸兩三炊久. 復以
豬膏三升, 合豉汁
一升灑, 便熟也.

蒸熊羊如肫法,
鵝亦如此.

蒸雞法. 肥雞
一頭, 淨治, 豬肉
一斤, 香豉一升,
鹽五合, 葱白半虎

---

424 '구(垢)': 아래 증계법(蒸雞法) 조항의 '정치(淨治)' 구절에 의거하면 마땅히 '치
(治)'로 써야 할 듯하다.

425 '復以豉汁灑之': 앞 구절의 분(饙)은 한 번 찐 밥으로, 완전히 익지 않아 두시즙을
뿌리고, 조미료를 제외한 물을 부어 찌는 과정을 다시 한다.

426 '염오합(鹽五合)'은 오늘날의 약 100ml, 중량은 100g을 초과하며, 닭 1마리를 절
이기에는 너무 많으므로, 찐다고 말해서는 안 된다. 뿐만 아니라 다음 문장에 "소
금을 뿌린다.[著鹽.]"라고 하였으므로 '미오합(米五合)'의 잘못인 듯하다.

에 시루에 넣고 푹 찐다.

돼지고기 삶는[^427] 법[焦豬肉法]:[^428] 돼지를 깨끗하게 데친 후에 다시 뜨거운 물로 두루 한 번 씻어서 모공 속의 더러운 먼지를 꺼내고 풀로 힘껏 문지른다. 이와 같이 3차례 문지르거나 씻어서 깨끗하게 한다.

4토막으로 갈라 큰 솥에 넣고 삶는다. 국자로 탕 위에 떠오르는 기름을 걷어 내서 별도로 항아리[甕][^429] 속에 담아 둔다. (다시 냄비에) 조금씩 물을 붓는다.

떠오르는 기름을 자주 걷어 낸다. 기름을 다 걷어 내면 고기를 건져 내어 사방 4치로 자르고[^430] 물을 바꾸어서 다시 삶는다.

口，　蘇葉一寸圍，
豉汁三升，　著鹽，
安甑中，蒸令極熟.

焦豬肉法.　淨
燖豬訖，　更以熱
湯遍洗之，　毛孔
中即有垢出，　以
草痛揩. 如此三
遍，　梳[42]洗令淨.
四破，　於大釜煮
之.　以杓接[43]取
浮脂，　別著甕中.
稍稍添水.　數數
接脂. 脂盡，　漉
出，　破爲四方寸

---

[^427]: '부(焦)': 소량의 즙을 따뜻한 불에 삶는 것을 '부(焦)'라고 이르며, 현재의 '민(燜)'과 같다. 현응(玄應)의『일체경음의(一切經音義)』권17의 '부자(焦煮)'에서 "사전에서는 소량의 즙에 삶는 것을 일러 '부'라고 하였다."라고 한다. 단옥재(段玉裁)는『설문해자주(說文解字注)』에서 '은(裦)'은 통째로 굽는 것이라고 하였다. 약한 불에 고기를 따뜻하게 하는 것을 일러 '부(焦)'라고 하며 오늘날에는 '민(燜: 데우다)'이라고 한다. 본권「삶고, 끓이고, 지지고, 볶는 법(脏膒煎消法)」에 언급된『식경』의 기록에 근거하면 '삶기[脏]'와 '끓이기[膒]'도 '부'라고 부를 수 있다. 또부(焦)에는 통째로 굽는다는 의미가 있다.

[^428]: 본 조항에서 '作懸熟法'에 이르기까지 조항은 7개인데, 모두『제민요술』의 본문이고 용어와 서술방법에서 명쾌하게 제시하고 있다.

[^429]: 스성한의 금석본에서는 '옹(瓷)'자를 쓰고 있다.

술 2되를 부어서 돼지고기의 누린내를 없애는데, 청주靑酒나 백주白酒[431] 어느 것이든 좋다. 만약 술이 없으면 초장酢漿을 대신 사용해도 좋다.

물을 더하고 기름을 걷어 내는 것은 모두 앞에서 말한 방식과 같다. 기름을 다 걷어 내고 누린내가 더 이상 없으면 건져 내어 얇게 썰고[板切][432] 구리 솥에 넣어 삶는다.

한 층은 고기를 넣고, 한 층은 손으로 쪼갠 파, 온전한 두시[渾豉],[433] 흰 소금, 생강과 후추를 간다. 이와 같이 층을 나누어 배치하는 것이 끝나면 물을 넣고 삶는다.

釁, 易水更煮. 下酒二升, 以殺腥臊, 青白皆得. 若無酒, 以酢漿代之. 添水接脂, 一如上法. 脂盡, 無復腥氣,⑭ 漉出, 板切,⑮ 於銅鐺中焦之. 一行肉, 一行擘葱渾豉白鹽薑椒. 如是次第布訖, 下水焦

---

430 '사방촌(四方寸)'은 4개의 면이 모두 한 치의 길이이거나 또는 사방이 각각 한 치라고 말하여도 이해가 되지 않는다. 본권 「생선젓갈 만들기[作魚鮓]」의 '작건어자법(作乾魚鮓法)'에는 "사방 4촌 크기의 덩어리로 자른다.[方四寸斬.]"라고 하였으므로, 이 부분 역시 마땅히 '방사촌(方四寸)'으로 써야 하며 곧 1면이 4치임을 의미한다.

431 '청백(青白)': 술을 가리킨다. 묘치위 교석본에 따르면, '백(白)'은 이백주(頤白酒)나 백료주(白醪酒)와 같은 종류이며, 백주는 증류한 술이 아니다. 『제민요술』 중에는 이와 같은 것이 없다. '청(青)'은 걸러서 맑게 하거나 짠 청주를 가리킨다. 니시야마의 역주본에서도 '백주(白酒)'에 대한 기본적인 생각은 묘치위와 동일하다.

432 '판절(板切)': 편육으로 자르는 것을 의미하며, 널빤지 위에 올려 써는 것은 아니다. '판절(板切)', "콩잎과 같이 썬다.", "염교 잎과 같이 썬다."라는 것은 모두 편육의 두께를 가리킨다. 콩잎이나 염교 잎과 같이 써는 것은 비교적 얇은 편이지만 '판절'은 비교적 두껍다.

433 '혼시(渾豉)': '혼(渾)'자의 의미는 '통째로', '온전하다'라는 의미를 뜻하는데, 여기서의 '혼시'는 두시의 형태를 잘 유지하고 있는 의미로 해석한다.

고기가 호박색으로 변하면 그만둔다. (이와 같이 삶은 돼지고기는) 마음껏 먹어도 그다지 느끼하지[434] 않으며 기름에 절인 고기[燠肉][435]보다도 훨씬 좋다.

동아[冬瓜]나 감호[甘瓠]를 넣으려고 한다면 구리 솥 안에 고기를 깔 때 넣어 준다. 동이[436] 속에 받아 두었던 기름은 아주 깨끗하여 백옥과 눈과 같다. 이것은 여타의 용도로 쓸 수 있다.

작은 돼지 삶는 법[羔豚法]: 대략 15근 정도 나

之. 肉作琥珀色乃止. 恣意飽食, 亦不餰烏縣切, [416] 乃勝燠肉. 欲得著冬瓜甘瓠者, 於銅器中布肉時下之. 其盆中脂, 練白如珂雪. 可以供餘用者焉.

羔豚法. 肥豚

---

434 '연(餰)': 『옥편』에서는 "싫증을 느끼다."라고 한다. 『집운(集韻)』「거성(去聲)·삼십이산(三十二霰)」에서는 "물리다. 가사협은 '배불리 먹어도 물리지 않는다.'라고 하였다."라고 적고 있는데, 물리다는 것 또한 배불리 먹는다는 의미라고 하였다.

435 '욱육(燠肉)': 스성한의 금석본에 따르면, '욱'은 '오(奧)'자가 되어야 한다.(오육은 권9「재·오·조·포 만드는 법[作臟奧糟苞]」참조.) '욱육(燠肉)'은 이는 곧 본서 권9「재·오·조·포 만드는 법[作臟奧糟苞]」의 '욱육(燠肉)'으로, 일종의 기름에 끓이고 기름에 담가 기름에 삶은 고기이다. 다만 여기에 삶은 고기는 기름기를 뺀 고기이기 때문에 마음껏 먹어도 물리지 않고 기름에 절인 고기보다도 훨씬 좋다.

436 '분(盆)': 스성한의 금석본에서는 위의 문장의 "자루로 떠 있는 기름을 건져 별도의 항아리에 담는다."로 보건대 여기의 '분'자는 옹(瓮)이 옳다고 하면 대략 자형이 유사하고 의미가 근사해서 잘못 쓴 듯하다고 하였다. 묘치위 교석본에 의하면, 윗 문장에서는 '옹(瓮)'으로 쓰여 있고 여기서는 '분(盆)'으로 쓰여 있는데 분명 한 곳이 잘못되었다고 한다. 역주자가 보기에는 '옹(瓮)'은 주둥이가 좁고, '분(盆)'은 주둥이가 넓다. 바로 뒤의 문장에서 기름의 색깔이 백옥처럼 희다는 사실로 추측해 보자면 눈으로 바로 기름을 볼 수 있다는 의미가 되기에 '옹(瓮)'보다는 '분(盆)'으로 쓰는 것이 더욱 합당할 듯하다.

가는 작은 돼지와 물 3말, 감주[甘酒] 3되를 준비하고 이를 합해서 푹 삶는다.

건져 내어 손으로 쪼갠다. 쌀 4되를 한 번 김을 내어 고두밥을 만든다.[437] 생강 한 되, 귤껍질 2개, 파 밑동[葱白] 3되에 두시즙을 섞고 고두밥 속에 버무려서[涑][438] 밥을 짓는다. 다시 맑은 장으로 맛을 낸 후에 찐다.

한 섬의 쌀로 밥 지을 정도의 시간이 지나면 꺼낸다.

거위를 삶는 방법[焦鵝法]: 살진 거위를 다듬고 배를 갈라 2치 길이로 자른다. 비율은 15근의 거위 살에 4되의 차좁쌀을 넣어 밥[439]을 짓는다.

앞의 돼지[440]를 삶는 방법과 같이 쌀을 시루 위에 올린다.[441] 그것이 끝나면 다시 두시즙과 귤

一頭十五斤, 水三斗,[417] 甘酒三升, 合煮令熟. 漉出, 擘之. 用稻米四升, 炊一[418]糝. 薑一升, 橘皮二葉, 葱白三升, 豉汁涑餾, 作糝. 令用[419]醬清調味, 蒸之. 炊一石米頃, 下之也.

焦鵝法. 肥鵝, 治, 解, 臠切之, 長二寸. 率十五斤肉, 秫米四升爲糝. 先裝如焦豚法. 訖, 和以豉汁[420]橘皮

---

437 '일장(一糚)': 이는 곧 한 번 찐다는 의미로 '일유(一餾)'이다.

438 '속(涑)': '수(漱)'와 같은데, 의미가 확대되어 액즙을 더해서 반죽하는 것이다. 이는 곧 생강과 귤 등을 섞어 고두밥에 넣어 다시 섞고 다시 두시즙을 함께 반죽하는 것으로, '일장(一糚)'한 고두밥을 다시 쪄서 연하게 익히는 것이다.

439 '삼(糝)'은 명초본에서는 '삼(穆)'으로 잘못 쓰고 있는데 북송본과 호상본은 잘못되지 않았다.

440 '돈(豚)'은 북송본에서는 '돈(独)'으로 쓰고 있는데 동일한 글자이다. 명초본과 호상본에서는 '순'으로 잘못 쓰고 있다. 앞의 조항에서 '부돈(焦独)'으로 쓰고 있는데 묘치위 교석본에서는 고쳐서 하나로 일치시켰다고 한다.

441 '장(糚)': '일장(一糚)'을 뜻하며 먼저 고두밥을 지은 후에 두시즙과 맑은 장 등을

껍질, 파 밑동, 맑은 간장, 생강 등을 섞어서 찐다. 한 섬의 쌀로 밥 지을 때 드는 정도의 시간이 되면 꺼낸다.

북방민족의 통구이 법[胡炮[442]肉法]: 태어난 지 일 년 된 살진 흰 양을 잡아서 신선할 때 실처럼 잘게 썬다.[443] 양의 판유[脂]도 잘게 썰어 둔다. 온전한 두시[渾豉], 소금, 손으로 쪼갠 파 밑동[葱白], 생강, 산초, 필발,[444] 후추를 섞어서 입맛에 적당하도록 조미한다.

양의 배를 깨끗하게 씻고 뒤집어서,[445] 자른

葱白醬清生薑, 蒸之. 如炊一石米頃, 下之.

胡炮普[41]敎切肉法. 肥白羊肉, 生始周年者, 殺, 則生縷切如細菜.[42] 脂亦切. 著渾豉鹽擘葱白薑椒蓽撥胡椒, 令調適.

섞어 다시 푹 찌는 '부돈법'과 같다.

442 '포(炮)': '포(炰)'와 동일하며 싸서 굽는다는 의미이다. 옛날에는 진흙을 발라 재 속에 묻어서 익히는 것을 '포(炮)'라고 하였다. 본권의 75장 「포·석」편에는 "가물치를 풀로 감싸고 다시 진흙으로 봉하여 뜨거운 재 속에 두어 통째로 구워 낸다."라는 것이 있는데 대체적으로 초기에 있어서의 통째로 굽는 방법이다.

443 '則生縷切如': '누절'은 칼로 여러 번 '잘게 써는 것'이다. 스성한의 금석본에 따르면, '즉(則)'자와 '즉(即)'은 통용되며, '여(如)'자는 아마 행서와 초서의 자형이 유사한 '위(爲)'자를 잘못 쓴 듯하다.

444 '필발(蓽撥)': 후추과의 필발(蓽撥; *Piper longum*)의 덜 익은 열매를 말한다. 필발은 필발(蓽茇)에서 유래됐으며 남방에서 생산되는 초목을 뜻한다고 한다. 또한 고대 중인도의 한 나라인 마가타국(摩伽陀國)에서는 필발리(蓽撥梨)라고 하였고, 아프가니스탄 북부의 발흐 동쪽의 요충지 푸룸[拂林國; Purum]에서는 아리아타(阿梨阿陀)라고 불렀다. 이 약은 향기가 있고 맛은 맵고 성질은 뜨겁다[辛熱]. 필발은 장위가 차서 생기는 복부 동통, 구토, 식욕감퇴, 설사, 이질, 치통 등에 사용한다.([출처]: 두산백과)

445 "淨洗羊肚, 翻之.": 마땅히 2번 뒤집으면 원상태로 회복된다는 의미이다. 묘치위에 의하면, '양두(羊肚)'는 보통 양의 천엽을 가리키며 배 안의 점막 면에 형성된 크기가 같지 않은 매우 많은 엽판(葉瓣: 주름진 위 또한 각각 서로 다른 형태의

양고기와 기름을 배 속에 가득 채운 후에 봉합한다.

가운데가 빈 구덩이를 파고[446] 불을 피워 (벌겋게) 구덩이를 태운다. 재와 불을 꺼내고 (양고기와 양 기름으로 싼) 양의 배를 구덩이 속에 넣은 후[447] 잿불로 덮는다.

재 위에 다시 불을 피워서 한 섬의 쌀을 짓는 데 필요한 시간만큼 태우면 완성된다. 향기롭고 맛이 좋으며 일반적으로 고기를 삶고 굽는 것과는 다르다.

양고기 찌는 법[蒸羊法]: 양고기 한 근을 실처럼 가늘게 자르고 두시즙을 섞는다. 파 밑동 한 근을 그 위에 올리고 덮어서 찐다. 익으면 꺼내어 먹을 수 있다.

돼지머리 삶는 방법[蒸豬頭法]: 신선한 돼지머

淨洗羊肚, 翻之, 以切肉脂內[423]於肚中, 以向滿爲限, 縫合. 作浪中坑, 火燒使赤. 却[424]灰火, 內肚於坑中, 還以灰火覆之. 於上更燃火,[425] 炊一石米頃, 便熟. 香美異常, 非煮[426]炙之例.

蒸羊法. 縷切羊肉一斤, 豉汁和之. 葱白一升著上, 合蒸. 熟, 出, 可食之.

蒸豬頭法. 取

주름이 있다.)은 반드시 뒤집고 나서야 겨우 깨끗이 씻을 수 있다.(무릎, 장, 배 모두 그러하다.) 이것은 먼저 뒤집고 나중에 씻는 조작이며, 여기서는 먼저 씻고 나중에 뒤집는 것이라고 할 수 있는데, 이것은 마땅히 깨끗이 씻은 후에 두 번째 뒤집는 것이다. 만약 그렇지 않으면 엽판(葉瓣) 면이 밖으로 드러나서 불에 굽는 중에 진흙과 재가 밖에 가득 묻어서 먹을 수 없다.

446 '낭중갱(浪中坑)'은 가운데가 비어 있는 불구덩이를 판다는 것이다.(본권 「장 만드는 방법[作醬等法]」편의 주석 참고.)

447 '內肚於坑中': 스성한의 금석본에서는 '어(於)'를 '저(著)'로 쓰고 있다.

리를 구해 뼈를 제거하고 한 번 삶고 칼로 가늘게 잘라 물속에서 깨끗하게 손질한다.

청주, 소금, 두시[448]를 넣고 쪄서 입맛에 적당하게 조미한다.[449] 익으면 마른 생강과 산초가루를 그 위에 흩어 뿌려서 먹는다.

현숙懸熟 만드는 방법:[450] 돼지고기 10근을 껍질을 벗기고 썬다. 파 밑동 한 되, 생강 5홉, 귤껍질 2개, 차좁쌀[451] 3되, 두시즙 5홉을 섞어서 맛을 낸다.

대개 7말의 좁쌀 밥을 찔 정도의 시간동안 쪄서 꺼낸다.

『식차食次』[452]에 이르는 곰 찌는 방법: "큰 곰은

生豬頭, 去其骨,
煮一沸, 刀細切,
水中治之. 以清
酒鹽肉, 蒸, 皆口
調和. 熟, 以乾薑
椒著上食之.

作懸熟法. 豬
肉十斤, ▨ 去皮,
切臠. 葱白一升,
生薑五合, 橘皮二
葉, 秫米三升, 豉
汁五合, 調味. 若
蒸 ▨ 七斗米頃下.

食次曰熊蒸.

---

448 '청주염육(淸酒鹽肉)': 이미 뼈를 제거한 돼지머리에 '고기[肉]'를 더한다는 것은 그다지 이해가 가지 않는다. '육(肉)'은 '시(豉)'자인 듯하다.

449 '개구주화(皆口調和)'는 마땅히 '증(蒸)'자와 도치하여서, 맛을 낸 후에 다시 찌는 순서로 해야 한다. '개(皆)'는 군더더기로 의심된다.

450 『북당서초(北堂書鈔)』권145에 『식경(食經)』을 인용하여 '작현육(作懸肉)'이라고 하였는데, 여기에는 "돼지고기와 쌀 3되, 두시 5되를 섞어서 간을 맞추어 찐다. 7되의 쌀을 넣는다."라고 하였다. 명칭과 만드는 방법은 확실히 본 조항과 다른데, 본 조항은 『식경』의 문장이 아니고 가사협의 문장에서 나온 것이다.

451 '출미(秫米)'의 '미(米)'는 명초본과 호상본에는 빠져 있으나, 북송본에는 있다.

452 '식차(食次)': 정병형(丁秉衡)의 주에 따르면 "『수서(隋書)』「경적지(經籍志)」에 양(梁)나라에 식찬차제법(食饌次第法)이 있다고 한다. 이 '식차'는 응당 이에 근거한 것이다."라고 한다. 호립초(胡立初)의 『제민요술인용서목고증(齊民要術引用書目考證)』에서도 『식차』가 '식찬차제법(食饌次第法)'을 가리킨다고 보고 있

껍질을 벗기고 삶는다.[453] 작은 곰은 머리와 다리를 자르고, 배를 가른다."라고 하였다. "통째로 다시 찐다. 삶은 후에 손으로 찢는데 그 덩어리는 손바닥 크기만 하게 한다."라고 하였다.

또 이르기를, "사방 2치[寸] 전후의 덩어리로 잘라서 두시즙에 넣고 끓인다. 차좁쌀과 한 치 길이로 자른 염교 줄기, 귤껍질, 호근胡芹, 달래[小蒜]를 모두 잘게 썰고 소금을 쳐서 밥과 함께 섞고 다시 찐다. 한 층은 고기를 놓고, 한 층은 쌀을 넣어서 문드러지도록 푹 찐다.[454] 사방 6치, 두께 한 치의 덩어리로 잘라서 그릇에 담아 제사상에 올린다. 밥도 함께 올린다."라고 하였다.

또 이르기를, "차좁쌀, 소금, 두시, 파, 염교, 생강을 가루가 되도록 잘게 다져서 곰의 배 속에 채워 넣고, 푹 쪄서 손으로 뜯어내어 그릇에 담아서 제사상에 올린다. 밥은 아래에 담고, 고기는 윗면에 담는다."라고 하였다.

大, 剝, 大爛. 小者去頭脚, 開腹[429] 渾覆蒸. 熟, 擘之, 片大如手.

又云, 方二寸許, 豉汁煮. 秫米䴺白寸斷, 橘皮胡芹小蒜並細切, 鹽, 和糝, 更蒸. 肉一重, 間米, 盡令爛熟. 方六寸, 厚一寸, 奠. 合糝.

又云, 秫米鹽豉葱䴺薑, 切鍛爲屑, 內熊腹中, 蒸, 熟, 擘奠. 糝在下, 肉在上.

다. 묘치위의 교석본에 의하면,『식차』에 기록된 것은 대부분 남방지역의 입맛과 요리 재료이며, 또한 남방의 방언이 있는 것으로 보아 남방인이 찬술한 듯한데, 이는『식경』과 더불어 유사하다고 하였다.

453 "大剝大爛": 큰 것은 껍질을 벗기고, 크게 삶는 것을 의미한다. '섬(爛)'과 '난(爛)'은 형태가 아주 유사하므로, 스성한과 묘치위는 이를 근거로 하여 '대란(大爛)'은 '대섬(大爛)'이 잘못 쓰인 것이라고 지적하고 있다.

454 "間米. 盡令爛熟": 이 구절 역시 설명하기 쉽지 않는데, '미(末)'는 '미(米)', '진(盡)'은 '증(蒸)'인 듯하며, 즉 "肉一重, 間米, 蒸令爛熟"이다.

또 이르기를, "네 개의 덩어리로 잘라서 약간만 익도록 찐다. 고두밥을 지어 파, 소금 및 두시와 섞는다. 고기 아래쪽에 넣어서[455] 다시 쪄야 한다. 푹 찐 후에 손으로 찢는다.[456] 밥은 아래쪽에 담고 말린 생강, 산초, 귤껍질을 윗면에 뿌린다."[457]라고 하였다.

"작은 돼지를 찌는 것은 곰을 찌는 것과 같다."라고 하였다.

"거위를 찌는 법에서 머리를 자르는 것은 작은 돼지를 찌는 법과 같이 한다."라고 하였다.

생선을 싸서 찌는 법[裹蒸生魚]: "사방 7치 크기를 한 덩어리로 하는데, 또 일설에서는 사방 5치를 한 덩어리로 한다고 한다.[458] 두시즙에 넣고 끓이며, 차좁쌀로 밥을 짓는 것은 곰을 찔 때와 마찬가지로 생강, 귤껍질, 호근, 달래, 소금을 모두 잘게 잘라 밥 속에 넣고 볶는다."라고 하였다.

又云, 四破, 蒸令小熟. 糝用饙[430] 葱鹽豉和之. 宜肉下, 更蒸. 蒸熟, 擘. 糝在下, 乾薑椒橘皮糝, 在上.

豚蒸, 如蒸熊.

鵝蒸, 去頭, 如豚.

裹蒸生魚. 方七寸准, 又云, 五寸准. 豉汁煮, 秫米如蒸熊,[431] 生薑橘皮胡芹小蒜鹽, 細切, 熬糝.

---

455 '의육하(宜肉下)'는 고기는 아래에 놓고, 밥은 위에 올린다는 의미이다.

456 '벽(擘)': 찢어서 제사상에 올리는 것을 의미하며, '전(奠)'자가 빠져 있는 듯하다.

457 '삼(糝)'은 고기 위에 다시 밥을 얹는다는 의미이다. 고기 위에 다시 밥을 얹는다는 것도 있을 수 있지만, 생강, 산초 등의 향료와 관련하면 '산(散)'자의 잘못인 듯하며, 아래의 구절에 관련한다면 고기 위에 뿌린다고 말할 수 있다.

458 "又云, 五寸准": 이 문장은 위의 구절인 "方七寸准"의 원주가 분명하다. 스성한의 금석본에 의하면, 칠촌방 또는 오촌방(이전의 도량형 단위가 작아도 길이는 최소한 현재 제도의 7/10은 된다.)의 어편(魚片)일 가능성은 적다. 쌀과 같이 싸서 함께 계산해야만 이 크기가 될 수 있다.

"기름을 대껍질에 바르고, 십자로 교차하여 생선을 싼다.[459] 아래쪽에 밥을 한 층 놓고, 위를 또 밥으로 덮는다.[460] (감싼 후에) 양 끝에 구멍을 낸 부분에 대꼬챙이를 찔러 끼운다."[461]라고 하였다.

또 이르기를, "소금과 좁쌀로 지은 밥을 위아래로 놓고, 잘게 썬 생강과 귤껍질, 파 밑동, 호근, 달래를 그 윗면에 놓는다. 대꼬챙이를 대나무 잎에 꽂아서 찐다. 그릇에 담아서 제사상 위에 올릴 때는 대나무 잎을 벌려서 가를 치장하여[462] 제사상 위에 올린다."라고 하였다.

膏油塗箬, 十
字裹之. 糝在上,
復以糝. 屈牖㊷
篸祖咸反之.

又云, 鹽和糝,
上下與, 細切生
薑橘皮葱白胡芹
小蒜置上. ㊸ 篸
箬蒸之. 既奠, 開
箬, 襂㊹邊奠上.

---

459 '과지(裹之)': 생선을 싸는 것을 일컫는다. 북송본에서는 이 문장과 같고 명초본과 호상본에서는 '리지(裏之)'로 잘못 쓰고 있다.

460 "糝在上, 復以糝": 이 몇 글자 중에 적어도 두 개의 글자가 틀린 듯하다. 스성한의 금석본에 따르면, '상'자는 '하(下)'가 되어야 하고, '복'은 복(覆)'이 맞다. 즉 "糝在下, 覆以糝"이다. 아래에 쌀을 한 층 깔고 위에 쌀을 한 층 덮는다는 의미이다.

461 "復以糝, 屈牖篸之": '유(牖)'는 원각본에서는 이 글자와 같고, 명초본과 호상본에선 '용(牖)'으로 잘못 적혀 있으며, '삼(糝)'에 오류가 있어서 해석할 수가 없다. 묘치위에 의하면, '잠(篸)'은 가늘고 뾰족하고 긴 비녀나 꼬챙이이다. 『광운(廣韻)』「거성(去聲)·오심삼감(五十三勘)」에 이르기를 "잠(篸)은 바늘로서, 물건을 찌른다."라고 하였다. 여기서는 일종의 가는 대꼬챙이로 대나무 잎을 뚫어서 관통하는 것으로, '삼(糝)'자는 마땅히 '잠(篸)'자의 잘못된 글자이다. 다음의 '잠(篸)'자 한 자는 동사로 꿰뚫는다는 의미로 풀이된다. '유(牖)'는 댓잎을 교차시켜서 구멍을 낸다는 의미이다. '굴(屈)'은 구부러지게 뚫어 대꼬챙이로 고정시킨다는 의미라고 하였다.

462 '저(襂)': 『옥편』에서는 "옷을 치장한다.[裝衣也.]"라고 하였다. 이는 겹옷 안쪽에 솜을 넣어서 치장하는 것을 가리킨다. 여기에서도 안을 치장하거나 주름을 잡는다는 의미이다. 펼친 대나무 잎을 가장자리에 주름을 잡는 것을 의미하며, 윗면

모증어채毛[463]蒸魚菜: 백어白魚와 방어[鰾魚]가 가장 좋다.[464] 깨끗하게 손질하지만 비늘은 벗기지 않는다. 한 자 이내의 생선은 통째로 사용한다.[465] 소금과 두시, 호근, 달래는 잘게 썰어 생선의 배 속에 채워 놓고 채소와 함께 찐다.

또 다른 방법: 생선을 사방 한 치 규격으로 자르는데 또한 어떤 이들은 사방 대여섯 치라고도 한다. 소금을 친 두시즙 속에 넣어서 잠시 담갔다가 꺼낸다. 채소 위에 얹어서 찐다. 그릇에 담아서 제사상에 올릴 때도 역시 채소 위에 올려 놓는다.[466] 또 이르기를, "대바구니에 생선을 담고 채소 위에 얹어서 찐다."[467]라고 하였다. 또

毛蒸魚菜. 白魚鰾魚最上. 淨治, 不去鱗. 一尺已還, 渾. 鹽豉胡芹小蒜, 細切, 著魚中, 與菜, 並蒸.

又. 魚方寸准, 亦云五六寸. 下鹽豉汁中, 即出. 菜上蒸之. 奠, 亦菜上. 又云, 竹籃盛魚, 菜上蒸. 又云, 竹蒸並奠.

을 묶어 두어서는 안 된다.

463 '모(毛)'는 비늘을 벗기지 않은 것을 가리킨다. 니시야마 역주본은 이가이 게이쇼[猪飼敬所]가 교정한 바에 따라 '모(牦)'자로 고쳐 쓰고 있다.

464 '백어(白魚)'는 백어(鮊魚)로서, 본권 「고깃국 끓이는 방법[羹臛法]」의 주석에 보인다. 백어(鮊魚)를 네이버 한자사전에서는 '뱅어'로 해석하고, 네이버 중국어 사전에서는 '강준치'로 보고 있다. 변(鰾)은 『집운』에 "편(鯿)은 간혹 변(鰾)이라 쓴다."라고 하였다.

465 '이환(已還)': '이래(已來)'와 같은 말로 전후나 상하의 의미이다. '이래(已來)'는 청대 포송령(蒲松齡: 1640-1715년) 『요재지이(聊齋志異)』에서 자주 보인다. '혼(渾)'은 '통째로'의 의미이다.

466 '역채상(亦菜上)': 아래의 "대바구니에 생선을 담고, 채소 위에[竹籃盛魚, 菜上]"의 뒤에 들어가야 한다.

467 "竹籃盛魚, 菜上蒸": 이는 대바구니를 시루 안에 올려놓고, 생선은 채소 위에 올려놓고 찐다는 의미이다. '증(蒸)'은 원래는 "奠, 亦菜上."의 다음에 "奠, 亦菜上

이르기를, "대 발에 쪄서 그대로 제사상에 올린다."[468]라고 하였다.

연뿌리 찌는 법[蒸藕法]: 물에 짚과 왕겨를 섞고 연뿌리를 깨끗하게 비벼서 씻는다. 연 마디를 잘라 벌꿀을 구멍 속[469]에 부어 넣어 가득 채우고, 들깨기름[蘇]에 밀가루를 반죽하여[470] 그 아랫부분을 막은 후 찐다. 익으면 밀가루를 떼어 내어, 벌꿀을 따라 내고 껍질을 벗겨 낸 후에 칼로 잘라 주발에 담아서 제사상에 올린다. 또 이르기를, 연뿌리는 여름에는 날것을 사용하고, 겨울에는 익은 것을 사용한다. 한 사발에 두 개를 담아 제사상에 올려도 좋다.

蒸藕法. 水和稻穰糠,[435] 揩令淨. 斫去節, 與蜜灌孔裏, 使滿, 溲蘇麵, 封下頭, 蒸. 熟, 除麵, 寫去蜜, 削去皮, 以刀截, 奠之. 又云, 夏生冬熟. 雙奠亦得.

蒸."이라고 되어 있으며, 스성한의 금석본에서도 동일하게 쓰고 있다. 그러나 해석이 되지 않기에 묘치위 교석본에서는 위 문장과 같이 옮겨서 바로잡았다고 한다.

468 '죽증병전(竹蒸並奠)': '죽증'은 풀이하기 어렵다. 중간에 '남(籃)'자가 누락된 듯하다.

469 '이(裏)'는 금택초본과 명초본에선 '과(裹)'로 잘못 쓰고 있는데, 원각본과 호상본에선 잘못되지 않았다.

470 '소면(蘇麵)': '들깨기름[蘇油]'에 밀가루를 반죽한다는 의미이다. 스성한의 금석본에 따르면, '소'자는 '수(酥)'자일 가능성이 있다고 한다.

● 그림 17
감호(甘瓠)

● 그림 18
방어[鯚魚; 鯿魚]

407 '방구반(方九反)': 명청 각본에서는 표제 아래로 이동했으며, '반(反)'자를 '절(切)'자로 표기했다. 현재 원각본, 명초본과 금택초본에 따라 고친다.

408 '불능반숙(不能半熟)': 명청 각본과 호상본에는 '불(不)'자 아래에 한칸이 비어 있으며, '능(能)'은 '웅(熊)'으로 쓰고 있다. 북송본과 명초본 및 호상본에 '반'자는 '양(羊)'으로 되어 있는데, 원각본과 금택초본에 따라 정정한다.

409 '강(薑)': 명청 각본에 '염(鹽)'으로 되어 있다. 원각본과 명초본, 금택초본에 따라 바로잡는다.

410 '시(豉)': 명청 각본에 '두(豆)'로 잘못되어 있다. 원각본과 명초본, 금택초본에 따라 수정한다.

411 '저(著)': 명청 각본에 '자(煮)'로 잘못되어 있다. 원각본과 명초본, 금택초본에 따라 고친다.

412 '소(梳)': 스성한의 금석본에서는 '소(疏)'를 쓰고 있다. 스성한은 원각본과 명초본, 금택초본에 모두 '소(梳)'로 되어 있으나, 명청 각본의 '소(疏)'가 비교적 적합한 듯하다고 하였다. 본서「생선젓갈 만들기[作魚鮓]」와「포・석(脯腊)」편 '소세(疏洗)'의 소(疏)와 소(疏)는 같은 글자

이다. 그러므로 '소(疏)'로 쓴 것은 설명할 수 있다. 스성한은 '소(梳)'의 의미가 부적합하다고 했지만, 묘치위의 역문에서는 "빗질하듯 깨끗이 씻는다."라는 의미로 '소(梳)'를 쓰고 있다.

413 '접(接)': 명청 각본에 '약(掠)'으로 되어 있다. 원각본과 명초본, 금택초본에 따라 고친다. 다음 구절과 다음 절 중의 '접'자 역시 마찬가지다.

414 '무부성기(無復腥氣)': '성(腥)'자는 명청 각본에 빠져 있다. 원각본과 명초본, 금택초본에 따라 보충한다.

415 '판절(板切)': '절(切)'자는 명초본과 명청 각본에 '초(初)'로 되어 있다. 원각본과 금택초본에 따라 바로잡는다.

416 '오현절(烏縣切)': '현'자는 명청 각본에 '역(驛)'으로 잘못되어 있다. 원각본과 금택초본에 의거하여 수정한다.

417 '두(斗)': '두'자는 명청 각본에 '승(升)'으로 잘못되어 있다. 원각본과 명초본, 금택초본에 따라 바로잡는다.

418 '일(一)': 명청 각본에 '선(先)'으로 잘못되어 있다. 잠시 원각본과 명초본, 금택초본에 따라 고친다.

419 '용(用)': '용'자는 명청 각본에 '주(周)'로 잘못되어 있다. 원각본과 명초본, 금택초본에 따라 수정하였다.

420 '화이시즙(和以豉汁)': '화'자는 명청 각본에 빠져 있다. 원각본과 명초본, 금택초본에 따라 보충한다. '시'자는 명초본에 '치(治)'로 잘못되어 있다. 묘치위 교석본에는 북송본과 호상본에서는 잘못되지 않았다고 한다.

421 '보(普)': 명청 각본에 '저(著)'로 되어 있다. 원각본과 명초본, 금택초본에 따라 바로잡는다.

422 '채(菜)': 스성한의 금석본에서는 '엽(葉)'으로 쓰고 있다. 스성한에 따르면, 명초본과 명청 각본에 '채(菜)'로 되어 있는데, 원각본과 금택초본에 따라 바로잡는다고 하였다. 묘치위 교석본에 따르면, 명초본과 호상본에서는 '채(菜)'로 잘못 쓰고 있는데 북송본에서는 '엽(葉)'으로 쓰고 있다. '누절(縷切)'은 가늘고 길게 썬다는 것으로 마땅히 '세사(細絲)'로 적어야 할 듯하다고 하였으나, 일단 '세채(細菜)'로 적고 있다.

423 '내(內)': 명초본에 '육(肉)'으로 잘못되어 있다. 원각본과 금택초본, 명청 각본에 따라 고친다.

424 '각(却)': 명청 각본에 '각(脚)'으로 되어 있다. 원각본과 명초본, 금택초
본에 따라 바로잡는다.

425 '연화(燃火)': 명청 각본에 '화'자가 누락되어 있다. 원각본과 명초본, 금
택초본에 따라 보충한다.

426 '자(煮)': 명청 각본에 '저(著)'로 잘못되어 있다. 원각본과 명초본, 금택
초본에 따라 수정한다.

427 '십근(十斤)': 명초본에 '십편(十片)'으로 잘못되어 있다. 원각본과 금택
초본, 명청 각본에 따라 바로잡는다. 묘치위 교석본에 의하면, '십근(十
斤)'은 명초본에서는 '십편'으로 잘못 쓰고 있는데 북송본과 호상본에
서는 잘못되지 않았다고 한다.

428 '약증(若蒸)': 명초본과 명청 각본에 '증약(蒸若)'으로 되어 있다. 원각
본과 금택초본에 따라 순서를 바꾼다.

429 '복(腹)': 명초본에 '복(復)'으로 잘못되어 있다. 원각본과 금택초본 및
명청 각본에 따라 고친다.

430 '삼용분(糝用饙)': 명청 각본에는 '삼'자 위에 '의육(宜肉)' 두 글자가 있
다. 원각본과 명초본, 금택초본에 따라 아래 문장의 '화지(和之)' 아래
로 옮긴다.

431 '여증웅(如蒸熊)': 원각본과 금택초본에 '웅(熊)'자가 없다. 명초본과 명
청 각본에 따라 보충한다.

432 '유(牖)': 명초본에 '용(牖)'으로 잘못되어 있다. 원각본과 명초본, 금택
초본에 따라 수정하였다.

433 '상(上)': 명청 각본에 '토(土)'로 잘못되어 있다. 원각본과 명초본, 금택
초본에 따라 바로잡는다.

434 '저(褚)': 명청 각본에 '저(木著)'로 잘못되어 있다. 원각본과 명초본, 금
택초본에 의거하여 고친다. 『자휘보(字彙補)』의 '저(褚)'는 음이 저
(貯)이며, '옷을 치장하다[裝衣也]'는 의미이다. 이로써 이 구절을 해석
하는 것은 그다지 적합하지 않다. 이 글자는 잘못된 듯하다. 아마 위문
장의 '굴유(屈牖)'의 '유'자와 같은 글자인데, 모두 잘못 쓴 듯하다.

435 '강(糠)': 명초본과 명청 각본에 모두 '조(糟)'로 되어 있다. 원각본과 금
택초본에 따라 고친다.

제78장

삶고, 끓이고, 지지고, 볶는[471] 법 脏腤[436]煎消法第七十八

젓갈 끓이는 법[脏魚鮓法]:[472] 먼저 물을 붓고 소금과 온전한 두시[渾豉], 손으로 쪼갠 파를 넣고 다음에 돼지, 양, 소 3종류의 고기를 넣는다. 이와 같이 하여 두 번 끓이고 젓갈을 넣는다. 계란 4개를 깨서 넣고, 계란을 삶을 때와 같이[473] (계란

脏魚鮓法. 先下水鹽渾豉擘葱, 次下豬羊牛三種肉.[437] 腤兩沸, 下鮓. 打破雞子四

---

471 '정암전소(脏腤煎消)': 정(脏)과 암(腤)은 같은 종류이며 모두 물을 사용하여 끓인다. 정(脏) 역시 '잡다하게 모아서 끓이는[雜燴]' 방식이다. 전(煎)과 소(消)는 모두 같은 종류이며, 기름을 사용해 지지거나 볶는 것을 말한다. 『집운(集韻)』「평성(平聲)·십사청(十四清)」에서는 "고기를 삶거나 고기를 지지는 것을 정(脏)이라 한다."라고 하였다. 이것은 잡다하게 고기와 생선을 함께 섞어서 끓이는 것이다. 『옥편(玉篇)』에서는 '초자어(醋煮魚)'로 해석하는데, 즉 식초를 가미하는 것으로 『식경(食經)』의 '순정어법(純脏魚法)'은 바로 일종의 초자어(醋煮魚)이다. '암(腤)'은 『옥편』에서 "생선과 고기를 삶는다.[煮魚肉.]"라고 하였다. 『집운』「평성(平聲)·이십이담(二十二覃)」에서는 "삶다.[烹也.]"라고 하였다. 본편에서는 소금, 두시, 파, 생강 등을 모두 고기류와 함께 삶는다.

472 본장에서 오직 본 조항과 본장 뒷부분의 '鴨煎法' 조항은 가사협의 본문이고, 나머지는 모두 『식경』의 문장이다. 각종 제사에 올리는 법과 '우운(又云)'을 통해서 증명된다.

473 '여약계자법(如瀹雞子法)': 계란을 데치는 방법과 같다.(권6 「닭 기르기[養雞]」편

을 넣어서) 계란이 탕 위에 뜨면 익은 것이니 먹을 수 있다.

『식경』중의 젓갈을 끓이는 방법[脏鮓法]: "날계란을 깨어서 두시즙, 젓갈과 섞어서 함께 끓여 그릇에 담아 제사상에 올린다." 또 이르기를, "두시를 덩이째로 사용하는데, 제사상에 올릴 때 계란과 두시를 탕 위에 띄운다." 또 이르기를, "젓갈을 끓여 탕 속에 다시 두시즙과 파 밑동을 통째로 넣고, 계란을 깨서 그 속에 넣는다. 2되를 담아 제사상에 올린다. 계란을 사용하면 다른 재료는 넣을 필요가 없다."474라고 하였다.

오후정법五侯脏法:475 도마 위에서 자른 잠다

枚, 瀉中, 如瀹雞子法, 雞子浮, 便熟, 食之.

食經脏鮓法. 破生雞子, 豉汁, 鮓, 俱煮沸, 即奠. 又云, 渾用豉, 奠訖, 以雞子豉怗. 又云, 433 鮓沸, 湯中與豉汁渾葱白, 破雞子寫中. 奠二升. 用雞子, 衆物是停也.

五侯脏法. 用

의 주석 참조.)

474 '중물시정(衆物是停)': '중물(衆物)'은 기타 재료를 사용하거나 넣어서는 안 된다는 것을 가리킨다. 본서 권9 「적법(炙法)」에서는 『식차』의 '병자(餅炙)'를 인용하여 이르기를, "만약 여러 가지의 요리가 풍족하다면 미리 이것[지진 떡]을 놓을 필요가 없지만, 요리가 풍족하지 않다면 이 지진 떡으로 부족함을 보충할 수 있다."라고 하였다. 정(停)자는 본서에서 자주 '머무르다[留下]'의 뜻으로 풀이하는데, 여기에서는 '잠시'의 뜻으로 해석한다.

475 '오후정(五侯脏)': '정(脏)'은 '청(鯖)'과 동일하다. 『서경잡기』권2에 이르기를, "오후[五侯: 한 성제(漢成帝) 때 왕씨 성의 다섯 제후[五侯]를 가리킨다.]는 서로 사이가 좋지 않았는데, 빈객이 왕래하지 않았다. 누호(婁護)가 사교성이 좋아서 돌아다니면서, 오후(五侯) 사이에서 음식을 대접받으며 각각 그 환심을 사자 다투어서 진기한 음식이 나왔다. 누호는 이내 이런 것들을 합해서 청(鯖)을 만들었는데, 세간에서는 '오후청(五侯鯖)'이라 불렀다. 진기한 맛이 있었다."라고 한다.

한 고기를 젓갈과 고기와 섞어서 모두 물에 넣어 끓인다. 고깃국과 같이 만든다.

食板零棕,[439] 雜鮓肉, 合[440]水煮. 如作羹法.

생선 삶는 법[純脏魚法]: 또 '부어缹魚'라고도 일컫는다. 방어[鱝魚]를 사용할 때는 내장과 아가미를 제거하되 비늘은 제거하지 않는다.[476] 짠 두시, 파, 생강, 귤껍질을 모두 잘게 썰고 초를 쳐서[477] 함께 삶는다. 끓인 후에 생선을 통째로 넣는다. 파의 밑동도 통째로 사용한다. 또 이르기를 "생선을 넣고 끓인다.[478] 끓으면 두시즙과 파 밑동을 통째로 넣고 익으려고 할 때 초를 넣는다."

또 이르기를 "생강을 길게 실처럼 썰어 그릇

純脏[441]魚法. 一名缹魚. 用鱝魚, 治腹裏,[442] 去腮不去鱗. 以鹹豉葱[443]薑橘皮酢,[444] 細切, 合煮. 沸, 乃渾[445]下魚. 葱白渾用. 又云, 下魚中煮. 沸, 與豉汁渾葱白, 將熟, 下

이것이 바로 오가(五家)의 식재료를 함께 가지고 와서 섞어서 끓인 것이기 때문에 '오후청(五侯鯖)'이라고 이름 지은 것이다. '청(鯖)'은 곧 "잡다하게 모아서 끓인다.[雜燴.]"라는 것이다. 즉, 생선과 고기를 함께 모아서 잡다하게 끓인 것에 불과하여 '오후정(五侯脏)'이라는 명칭이 붙은 것이다.

476 '시(腮)': 각본에서는 이와 동일한데 '시(顋)'의 속자이다. 그러나 여기서는 생선아가미[魚鰓]를 가리키며 정자는 마땅히 '새(鰓)'로 써야 한다. 이 또한 『식경』에서 사용되는 독특한 민간의 글자이다.

477 '세절(細切)'은 '초(酢)'를 포함한다. 『식경(食經)』과 『식차』의 문장에서는 종종 이와 같이 특별한 표현이 있는데, 대체적으로 자의적으로 서술한 것이지 반드시 잘못되거나 군더더기는 아니다. 가사협의 본문에서는 절대로 이러한 유의 잘못된 말을 사용하지 않았다.

478 '하어중자(下魚中煮)'는 해석하기 어렵다. 이 방식은 위에서 만드는 방법과 앞의 법은 나중에 생선을 넣지만, 이 방식은 먼저 생선을 넣는다. 따라서 '중(中)'은 응당 '선(先)'의 잘못이며 '하어선자(下魚先煮)'로 써야 한다.

에 담고, 제사상에 올릴 때 파는 고기 위에 올린다. 큰 고기는 한 마리를 제사상에 올리고 고기가 작으면 2마리를 제사상에 올린다. 만약 고기가 크면 손질할 때 이러한 비례에 따라서 가감한다.[479]"라고 한다.

닭 삶는 방법[腤雞]: '부계[焦雞]'라고도 일컬으며 또한 '계참[雞臘]'이라고도 한다. 소금에 절인 두시 덩이, 가운데를 쪼갠 파의 밑동, 약간 불에 구워 말린 차조기를 사용하는데, 생 차조기[生蘇][480]는 구울 필요가 없으며, 통째로 손질할 닭과 함께 모두 물속에 넣는다. 푹 삶고 닭과 파를 꺼낸다. 즙 속에 남아 있는 차조기 잎과 두시를 걸러 내어 맑게 한다. 닭고기는 한 치 길이의 덩어리로 찢어서 (그릇에 담아) 제사상에 올린다. 따뜻한 탕즙을 그 위에 붓는다.[481] 만약 고기가 차다면 제사상에 올리려고 할 때 쪄서 따뜻하게 데운다. 그릇에 가득 담아 제사상에 올린다. 또 이르기를

酢. 又云, 切生薑
令長, 奠時, 葱在
上. 大, 奠一, 小,
奠二.446 若大魚,
成治准此.

腤雞. 一名焦
雞, 一名雞臘. 以
渾鹽豉, 葱白中
截, 乾蘇微火炙,
生蘇不炙, 與成治
渾雞, 俱下水中.
熟煮, 出雞及葱.
漉出汁中蘇豉, 澄
令清. 擘肉, 廣寸
餘, 奠之. 以暖汁
沃之. 肉若冷, 將
奠, 蒸令暖. 滿奠.

---

479 '성치준차(成治准此)': 큰 물고기를 손질할 때 있어서 "큰 고기는 한 마리를 제사상에 올리고, 고기가 작으면 2마리를 제사상에 올린다."와 같이 크기에 따라서 잘랐던 것을 가리킨다.

480 '소(蘇)': 본권 「삶고 찌는 법[蒸焦法]」에서는 『식경』을 인용하여 '소엽(蘇葉)'을 언급하였는데, 이것 또한 곧 차조기 잎 즉 자줏빛 차조기 잎을 가리킨다. 본서에는 '생(生)'자가 매우 많으며, 통상적으로 신선한 것을 가리킨다.

481 '옥지(沃之)': 닭탕을 다시 깨끗한 고기 속에 부어 넣는 것으로, 신선한 맛과 영양을 더하는 것이다.

"파, 차조기 잎, 소금, 두시즙을 닭과 함께 삶는다. 익은 후에는 찢어서 제사상에 올리고 약간의 (따뜻한) 즙을 붓는다. 파와 차조기 잎은 그 위에 올려 두고, 고기 아래에 놓아서는 안 된다. 파 밑동은 약간 더 넣어 줘도 좋으나 가늘게 쪼개야 한다."라고 한다.

암백육腊白肉482은 또 '백부육白焦肉'이라고도 일컫는다. 소금과 두시를 넣어 고기를 삶는데, 익을 때까지 삶아서 얇게 썰되 길이 2치 반, 폭 한 치가 되도록 아주 얇게 만든다. 별도의 물에 담가서483 파 밑동과 달래, 소금, 맑은 두시즙을 넣는다.

또 이르기를 염교 잎과 같이 3치 길이로 썰어서 넣는다.484 파와 생강을 넣는다면 달래와 염

又云，　葱蘇鹽豉
汁，與雞倶煮．既
熟，擘奠，與汁．
葱蘇在上，莫安447
下．　可增葱白，
擘448令細也．

腊白肉一名白
焦449肉．　鹽豉煮，
令向熟，薄切，長
二寸半，廣一寸准，
甚薄．　下新水中，
與渾葱白小蒜鹽
豉清．又，薤葉切，
長三寸．　與葱薑，

---

482 '암(腊)'은 '부(缶)'라고 이르기도 한다. '백육(白肉)'은 맹물에 끓인 고기를 가리키며 본권 「저록(菹綠)」의 '백자(白煮)'와 '백약돈(白瀹豚)'은 모두 이와 같은 의미이다. 그러나 본 조항에서는 결코 맑은 물에 끓인다는 것이 아니므로, '백(白)'자를 쓴 이유는 분명하지 않다. 북송본과 호상본에서는 '암(腊)'으로 쓰고 있는데 명초본에서는 '석(腊)'으로 잘못 쓰고 있다.

483 '하신수중(下新水中)': 니시야마 역주본의 문장에서는 '중(中)' 아래에 '암(腊)'자를 보충하였다. 『식경』의 문장에서는 종종 이와 같이 간략하게 처리하고 있다. 위의 문장의 '염시자(鹽豉煮)'에서 '수(水)'가 빠졌다고 보고 더하였다.[이미 '신수(新水)'라고 하는 것은 마땅히 원래 먼저 끓인 물을 바꾸는 것이다.]

484 "又, 薤葉切, 長三寸.": 묘치위 교석본에서는 이 문장의 첫머리에 등장하는 '우(又)'를 앞의 방식과는 다른 또 다른 방식의 제조법으로 해석하고 있다. 이에 반해서 스성한은 이 '우(又)'를 단순하게 처리하여 앞 문장의 재료에 뒤의 재료를 더하여 넣는 것으로 처리하고 있다. 이 문장 속에는 염교가 두 번이나 등장한다.

교는 넣지 않아도 괜찮다.[485]

돼지 삶는 법[腤豬法]: 또 '부저육(焦豬肉)'[486]이라고도 일컬으며 또한 '저육염시(豬肉鹽豉)'라고도 칭한다.

모든 것이 '부백육焦白肉'의 방법과 동일하다.

생선을 삶는 법[腤魚法]: 붕어[鯽魚]를 사용할 때는 통째로 사용하고, 연체어軟體魚[487]는 사용해서는 안 된다. 비늘을 벗기고 깨끗하게 손질한다. 파는 칼로 잘게 썰고[488] 다져서 두시와 파를 함께 넣는다. 파는 4치 길이로 자른다.

不與小蒜, 䪽亦可.

腤豬法. 一名焦豬肉, 一名豬肉鹽豉. 一 如 焦 白 肉 之 法.

腤魚法. 用鯽魚, 渾用, 軟體魚 不用. 鱗治. 刀細 切葱, 與豉葱俱 下. 葱長四寸. 將

앞의 염교 잎은 반드시 들어가야 하는 것이고, 뒤의 것은 선택적이다. 따라서 문장의 논리상 성립되지 않는다. 그래서 묘치위는 앞의 염교 잎을 '염교 잎처럼'이라고 해석하고 있다. '삼촌(三寸)'은 북송본에서는 동일하나, 명초본과 호상본에서는 '이촌(二寸)'이라고 쓰고 있다.

[485] '해역가(䪽亦可)': 달래를 사용하지 않을 때 염교를 대신 사용할 수 있다고 해석할 수 있지만, 위 문장의 '해엽절(䪽葉切)'에 의거해 보면 '해(䪽)'는 군더더기일 수 있다.

[486] '부저육(焦豬肉)'은 호상본과 진체본에서는 '초저육(焦豬肉)'이라고 쓰고 있다. 묘치위는 암법(腤法)은 결코 고기를 굽는 방식[炙烤]이 아니며 '초(焦)'는 분명히 '부(焦)'의 형태상의 잘못이라고 한다. 『사원(辭源)』(수정본, 1981)의 '암(腤)'자 다음에 『제민요술』을 인용한 것 역시 '초저육(焦豬肉)'이라고 쓰고 있는데, 이는 분명히 명각본 『제민요술』의 잘못된 부분을 채용한 것이라고 한다.

[487] '연체어(軟體魚)': 아마도 비늘이 없고 점액질이 많은 물고기, 예를 들어 메기 같은 종류를 가리키는 듯하다.

[488] 파는 "칼로 잘게 썬다.[刀細切葱.]"와 바로 뒷부분의 "파는 4치 길이로 자른다.[葱長四寸.]" 두 문장은 내용이 맞지 않는데, 니시야마 역주본에서는 '총(葱)'을 '초(椒)'로 고쳤다. 묘치위 교석본에서는 본조항 역시 '암(腤)'과 '자(煮)'자가 빠져 있다고 지적하였다.

익으려고 할 때 생강·호근·달래를 잘게 썰어서 넣는다. 즙은 검은색이어야 한다. 만약 초를 넣지 않으면 산초를 넣어서도 안 된다.

만약 물고기가 크면 사방 한 치 크기로 잘라서 사용한다. 연체어는 큰 고기도 좋지 않다.

꿀을 가미하여 생선을 졸이는 방법[蜜純煎魚法]: 붕어[鯽魚]를 사용할 때는 내장은 제거하며, 비늘은 제거할 필요가 없다. 고주와 벌꿀을 각각 반반씩 넣고 소금과 함께 생선을 그 속에 담근다. 한 끼 밥을 지을 정도의 시간이 지나면 건져 낸다. 붉은색이 될 때까지 기름으로 졸인다. 통째로 사발에 담아 제사상에 올린다.

물새[勒鴨]⁴⁸⁹ 고기 다짐[勒鴨消]⁴⁹⁰: 잘게 다져서 만두의 소[餅𦜒]⁴⁹⁰처럼 만들어 볶아서⁴⁹¹ 약간 익힌

熟, 細切薑胡芹小
蒜與之. 汁色欲
黑. 無酢者, 不用
椒. 若大魚, 方寸
准得用. 軟體之
魚, 大魚不好也.

蜜純煎魚法.
用鯽魚, 治腹中,
不鱗. 苦酒蜜中
半, 和鹽, 漬魚.
一炊久, 漉出. 膏
油熬之, 令赤. 渾
奠焉.

勒鴨消. 細研
熬如餅𦜒, 熬之令

---

489 '늑압(勒鴨)': 일종의 물새이다. 『옥편』에서는 "'역(𪆀)'은 오리와 유사하지만 크기는 작다."라고 하였는데, '늑(勒)'은 '역(𪆀)'의 민간에서 사용하는 글자라고 한다. 『촉본초(蜀本草)』의 주석에 이르기를 "물오리와 집오리는 서로 비슷하지만 완전히 다르다. 아주 작은 것은 '도압(刀鴨)'이라고 부르는데, 깊은 맛이 나고 먹으면 허약함을 보충할 수 있다."라고 하였다. '늑압(勒鴨)'은 산비둘기나 집비둘기와 같은 크기이며 아주 작은 것이다. 묘치위 교석본에 따르면, '도압(刀鴨)'은 '역압(力鴨)'의 잘못으로 보고 있다. '역(力)'을 차용하여 '역(𪆀)'이라고 하였고 이는 곧 아주 작은 '늑압(勒鴨)'으로 마땅히 '역압(𪆀鴨)', '역압(力鴨)'인 것이다. 이 오리는 『촉본초(蜀本草)』에서 보이고 마땅히 남방의 물새이다. 『식경』의 내용은 종종 남방의 것과 완전히 부합한다고 한다.
490 병학(餅𦜒)': 병은 '탕병(湯餅)'을 가리킨다. 즉 오늘날의 칼국수나 수제비와 같은

다. 생강·귤껍질[492]·산초·호근·달래를 모두 잘게 썰어 찰기장쌀로 만든 밥 속에 넣고 볶는다.[493] (별도로) 소금과 두시즙을 고기 속에 넣고 다시 볶아서 푹 익혀[494] 검은색이 되도록 한다. 그릇에 가득 담아서 상에 올린다. 토끼고기와 꿩고기는 그다음으로 좋은 재료가 된다. 무릇 고기는 붉은색 빛을 띠면[495] 모두 사용할 수 있다. 늑

小熟. 薑橘椒胡芹小蒜, 並細切, 熬黍米糝. 鹽豉汁下肉中復熬, 令似熟, 色黑. 平滿奠. 兔雉肉, 次好. 凡肉, 赤理皆可用.

'면발[麵條]'이다. 병학은 면발과 같이 쓰이는 다진 고기 육수이다.

491 '세연오(細硏熬)': 『설문해자』에서 "연(硏)은 마(礦)이다."라고 한다. '마(礦)'는 곧 '마(磨)'자이며 '연(硏)'은 잘게 부순다는 의미이다. '세연(細硏)'은 '세탁(細琢)', '세작(細斫)'과 같다. 묘치위 교석본을 보면, '오(熬)'는 여기에서 '연(硏)'의 동의어이며, 이는 곧 끊임없이 두드려 다진 가루로 만든 것이지, 지지거나 볶은 것은 아니다. 이는 『식경』과 『식차』에서 두드러서 잘게 부수는 데 사용하는 전문적인 단어이다. 『증류본초』 권19 '단웅계(丹雄鷄)'에서는 『식의심경(食醫心鏡)』을 인용하여 "살찐 수탉 1마리를 평상시대로 잘 다듬어 곱게 찧어서 소[臛]를 만들고 면으로 혼둔(餛鈍)을 만들어서 속이 허전할 때 먹었다."라고 하였는데, 이는 '세연(細硏)'이 곧 곱게 다진다는 것을 설명한 것이며 또한 고기소를 '학(臛)'이라고 불렀다고 한다.

492 '귤(橘)' 다음에 '피(皮)'자가 빠져 있다.

493 '오서미삼(熬黍米糝)': 생강과 산초 등을 기장쌀을 지은 밥 속에 볶으면서 넣는다.

494 '사숙(似熟)': 정국균(丁國鈞)이 교기하여 이르기를, "위에서는 '소숙(小熟)'이라고 말했지만 여기서는 마땅히 '극숙(極熟)'이라고 써야 한다."라고 하였다. 묘치위에 의하면, '사(似)'는 '과(過)'의 의미가 있는데 남송의 유극장(劉克莊: 1187-1269년)이 『후촌별조(後村別調)』 「낭도사(浪陶沙)·여항(旅況)」에서 "금년은 지난번보다 더 좋지 않다."라고 했는데, '사(似)'는 곧 '과(過)'의 뜻이며, 여기서의 '사숙(似熟)'은 곧 '과숙(過熟)'이다. 이것은 '극숙(極熟)'의 말과 같아서 원문과 의미가 일치된다.

495 '이(理)': 피부색[肌理]을 가리킨다. 명초본과 명청 각본에 '이(鯉)'로 잘못되어 있다. 원각본과 금택초본에 따라 바로잡는다.

압 중에 작은 것은 단지 산비둘기[鳩]나 집비둘기[鴿] 크기만 하며 흰색을 띠는 것도 있다.

오리고기 볶는 방법[鴨煎法]: 꿩 크기만큼 자란 살찐 새끼 오리를 사용한다. 머리를 잘라 내고 깨끗하게 데쳐서[496] 꽁지의 지선[脂腺; 腥翠][497]과 내장을 제거한다. 또 깨끗하게 씻어서 만두의 고기소[籠肉][498]처럼 잘게 부수어 다진다. 파 밑동을 잘게 썰고 소금과 두시즙을 넣어서 고기를 푹 익도록 볶는다.[499] 다시 산초와 생강가루를 가미하여 먹는다.

勒鴨之小者, 大如鳩鴿, 色白也.

鴨煎法. 用新成子鴨極肥者, 其大如雉. 去頭, 爛治, 卻腥翠五藏. 又淨洗, 細剉如籠肉. 細切葱白, 下鹽豉汁, 炒令極熟. 下椒薑末食之.

436 '암(腤)': 명초본에 '지(脂)'로 잘못되어 있다. 원각본과 금택초본, 명청 각본에 따라 바로잡는다.

496 '섬(燖)': 스성한의 금석본에서는 '난(爛)'으로 표기하였으나, '섬(燖)'의 잘못으로 보고 있다. 북송본에서는 '섬(燖)'으로 쓰고 있는데 명초본과 호상본에서는 '난(爛)'으로 잘못 쓰고 있다.

497 '취(翠)': 새 꼬리의 지선(脂腺)이다. 본권 「포·석(脯腊)」의 주석에 보인다.

498 '농육(籠肉)': 고기로 만든 소이다. 옛날에는 만두와 포자를 '농병(籠餅)'이라고 하였는데 그 때문에 고기소를 일컬어서 '농육(籠肉)'이라고 하였다.

499 '초령극숙(炒令極熟)': 가사협은 '초(炒)'를 사용하고 '오(熬)'자는 거의 사용하지 않았다. 묘치위 교석본에 의하면, 『식경(食經)』, 『식차(食次)』에서는 오로지 '오(熬)'를 사용하고 '초(炒)'를 사용하지 않았는데, 이 두 책은 동일한 스승의 가르침에서 나온 것 같으며 매우 독특하다고 한다.

437 '육(肉)': 명청 각본에 '내(內)'로 잘못되어 있다. 원각본과 명초본, 금택
초본에 따라 고친다.

438 "帖. 又云": 명청 각본에 '첩거(帖去)'로 잘못되어 있다. 잠시 원각본과
명초본, 금택초본에 따라 바로잡는다. 다만 '첩(帖)'은 '첩상(帖上)'이
다. 스성한의 금석본에는 '우'자가 없지만, '운'자 위에 '우(又)'자가 하
나 더 있다는 견해를 제시하였다. 묘치위 교석본에 의하면, 북송본과
명초본에서는 '첩운(帖云)'으로 되어 있고, 명청 각본에선 '첩거(帖去)'
로 되어 있으며, 모두 '우(又)'자가 빠져 있는데, '운(云)'을 '거(去)'로 잘
못 썼다. 묘치위에 의하면, '첩(帖)'은 '첩(帖)', '첩(貼)'과 통하는데, 이
는 『식경』에서 전문적으로 사용한 단어이며, 『제민요술』의 본문에선
'첩(帖)'으로 쓰고 있고 여기에서는 계란과 두시덩어리를 젓갈 위에 편
다는 의미이다. 이는 또 다른 작법으로서 '운(云)'은 '우(又)'가 없으면
단어가 되지 않기 때문에, '우(又)'자를 보충해야 한다고 하였다.

439 '기(㮃)': 스성한의 금석본에는 '설(揲)'을 쓰고 있다. 스성한은 명청 각
본에 '반(拼)'으로 잘못되어 있어서 잠시 원각본과 명초본, 금택초본에
따라 바로잡는데, 다만 '첩(牒)'이 되어야 할 듯하다는 견해를 제시하였
다. 묘치위는 '기(㮃)'는 곧 '설(揲)'자이다. 그 의미를 『설문해자』에서
는 "閱持也."라고 하는데, 여기서 '열(閱)'은 '모으다'는 뜻이 있으며, 물
건을 모아서 사용하는 것을 가리킨다. 이것은 『식경』에서만 전문적으
로 사용한 글자이니 고치지 않는 것이 좋다고 하였다.

440 '합(合)': 명청 각본에 '식(食)'으로 잘못되어 있다. 원각본과 명초본, 금
택초본에 따라 수정하였다.

441 '정(脡)': 명청 각본에 '증(蒸)'으로 잘못되어 있다. 원각본과 명초본, 금
택초본에 따라 바로잡는다.

442 '이(裏)': 명초본에 '과(裹)'로 잘못되어 있다. 원각본과 명초본, 금택초
본에 따라 고친다. 묘치위 교석본에 의하면, 북송본에서는 '이(裏)'로
쓰여 있는데 호상본에서는 반쯤 뭉개져서 '과(裹)'로 잘못 쓰여 있다고 한다.

443 '총(葱)': 스성한의 금석본에서는 '총' 뒤에 '백(白)'자를 추가하였다. 스
성한에 따르면 원각본과 금택초본에 '백(白)'자가 없고 명초본과 명청
각본에는 있다. 아래에 '총백혼용(葱白渾用)'이 있는데 '백'자는 없어서

는 안 된다고 한다. 묘치위 교석본에 의하면, '총(葱)'은 북송본에서는 이 글자인데 명초본과 호상본에서는 '총백(葱白)'으로 쓰여 있다. 다음 문장의 '총백혼용(葱白渾用)'은 이것은 파를 잘게 썬다는 의미이기 때문에 마땅히 '총(葱)'으로 써야 한다고 한다.

444 '초(酢)': 명청 각본에 '자(鮓)'로 되어 있다. 원각본과 명초본, 금택초본에 따라 고친다.

445 '혼(渾)': 원각본에 이 '혼'자는 본 단락 두 번째 행의 끝에 있고, 세 번째 행의 끝에도 '혼'자가 있다. 명초본을 보면 두 번째 행에 한 글자[본장의 '생선 삶는 법[純胚魚法]'에서 보충한 '백(白)'자가 늘어났기 때문에 '혼'자가 세 번째 행의 첫 번째에 놓이게 되었고 네 번째 행의 첫 글자 역시 '혼'자가 된 것이다. 즉 두 '혼'자가 나란히 놓이게 된 것이다. 이것은 송대 각본의 원래 '매 행마다 큰 글자 17개'의 양식이다. 명청 각본에는 아마 이 두 '혼'자가 나란히 놓였기 때문에 새길 때 한 행 즉 '渾下魚葱白渾用又云下漁中賣沸與豉汁'을 누락한 듯하다. 금택초본의 매 행의 자수는 비록 원각본, 명초본과 다르지만 이 17개 글자가 있다. 지금 보충해서 넣는다.

446 '이(二)': 명초본과 명청 각본에 '이'자가 누락되어 있다. 원각본과 금택초본에 따라 보충한다.

447 '안(安)': 명초본과 명청 각본에 '안(按)'으로 되어 있다. 원각본과 금택초본에 따라 고친다.

448 '벽(擘)': 명초본과 명청 각본에 '벽'자가 없다. 원각본과 금택초본에 따라 보충한다.

449 '부(無)': 명청 각본에는 '초(焦)'로 잘못되어 있다. 명각본에서는 '白焦肉'이라고 잘못 쓰고 있는데 북송본과 명초본에서는 잘못되지 않았다. 묘치위 교석본에서는 아래 문장에서 "모든 것이 '부백육(無白肉)'의 방법과 동일하다."라고 하였으므로, 여기서의 '白無肉'은 마땅히 '無白肉'으로 뒤집어 써야 한다고 하였다.

제79장
저록 菹綠第七十九

『식경』에 이르는 '백저白菹'500 만드는 방법: 거위·오리·닭을 맹물에 삶아 뼈를 걸러 내고501 길이 3치, 폭 한 치 기준으로 자른다. 탕을 그릇502 속에 넣고 담근503 자채紫菜 3-4조각

食經曰白菹.
鵝鴨雞白煮者,
鹿骨, 斫450爲准,
長三寸, 廣一寸.

---

500 '저(菹)': 두 가지 의미가 있는데 이는 곧 채저(菜菹)와 육저(肉菹)이다. 채저는 절인 채소이며, 육저는 고기 속에 신맛이 나는 채소와 초를 넣은 반찬이다. 본편의 '저(菹)'는 바로 이 같은 육저이다. '백저(白菹)'는 고기를 맹물에 끓이고 나서 다시 신맛을 고기탕에 넣어 만든 육저이다.

501 녹골(鹿骨)': '녹골'은 여기에서 의미가 없다. 스성한의 금석본에서는, '녹골(漉骨)'로 의심하였는데, 즉 고깃국 속의 고기를 걸러 내는 것이다. 묘치위 교석본에 의하면, '녹골(鹿骨)'은 양송본, 호상본 등에서는 이와 동일한데 해석할 방법이 없다. 여기서는 뼈를 걸러 내는 것을 가리키는 것으로 권9「적법(炙法)」에서는『식경(食經)』의 '거골(去骨)'을 인용한 것이 자주 보이는데, '녹(鹿)'은 '거(去)'를 잘못 쓴 것으로 의심된다. 또『집운(集韻)』「평성(平聲)·십이제(十二齊)」의 '혼(攎)', '비(批)'는 같은 글자인데 간혹 '혼(攎)'자로 써야 마땅하며, 벗기고 쪼개서 뼈를 제거하는 것을 이른다고 하였다.

502 '배(杯)': 스성한의 금석본에 의하면,『사기(史記)』권7「항우본기(項羽本紀)」에 "나에게 국 한 그릇[杯]을 나누어 달라."라는 말이 있다. '배'는 탕을 담는 그릇이 분명하며, 반드시 술을 담는 데 쓰이는 것은 아니다.[술을 담는 그릇은 '잔(棧)'이

을 고기 위에 얹고 소금과 식초를 고기즙 속에 가미한다. "또한[504] 차조기를 잘게 썰어서[505] 그 위에 올린다."라고 하였다.

또 이르기를 "모든 준비가 끝나면 고기즙 속에 넣고 다시 끓여서 먹거나, 밥을 조금 넣어 먹어도 된다.[506] 무릇 신맛이 나지 않는 것은 자채紫菜를 넣지 않은 것이다.[507] 그릇에 가득 담아 제사상에 올린다."라고 하였다.

下杯中，以成清紫菜三四片加上，鹽醋和肉汁沃之. 亦細切蘇[451]加上. 又云，准訖，肉汁中更煮，亦啖，少與米糁. 凡不醋，不紫菜.[452] 滿奠焉.

라고 부르며, '잔(盞)'으로 표기하기도 한다.] 묘치위 교석본을 보면, 옛날에 '배(杯)'라고 이르는 것은 물을 담는 용기의 총칭으로, 잔에 한정되지 않는다. 『대대예기(大戴禮記)』「증자사부모(曾子事父母)」에 북주(北周)의 노변(盧辯)이 주석하기를 "배는 반(盤), 앙(盎), 분(盆), 잔(盞)의 총칭이다."라고 하였다. 옛날에 배(杯)에는 반(盤), 분(盆)이나 국그릇, 세숫대야와 같은 그릇을 통칭하여 '배(杯)'라고 한다고 하였다.

503 '성청(成清)': '성지(成漬)'인 듯하다. 즉 이미 담근 것이다.

504 스성한의 금석본에서는 이 문장 앞에 '우운(又云)'을 쓰고 있다.

505 스성한 금석본의 석문에서는 소금에 절인 채소[菹]를 잘게 썰어서 위에 얹는다고 해석하고 있다.

506 '역담(亦啖)': 글자 자체의 의미를 보면 절대 해석이 불가능한 것은 아니지만 너무 억지스럽다. 스성한의 금석본을 보면, '역'은 '병(並)'자가 뭉개진 것인 듯하며, '담'자는 '저전(菹奠)' 두 글자를 잘못 본 듯하다. '백저(白菹)'로 부르는 것이 적합하다. 묘치위 교석본에 의하면, 제사상에 올리지 않는다는 것은 어쨌든 원칙에 부합되지 않는다. 본서 권9 「적법(炙法)」에는 『식경(食經)』을 인용하여 '역득(亦得)'이라고 하였는데, '역담(亦啖)' 역시 '역득(亦得)'의 잘못이 아닐까 의심된다. 스성한은 금석본 석문에서 "다시 끓여 소금 절임채소와 함께 그릇에 담되, 밥을 조금 적게 넣는다."라고 해석하고 있지만, 그 이유는 분명하지 않다.

507 '범(凡)'은 '일반', '통상'의 의미이다. 이 구절은 일반적으로 초를 가미하지 않는 것을 말하며, 즉 담가서 발효시킨 '자채(紫菜)'를 넣지 않는다는 의미이다.

'저초' 만드는 방법[菹肖法]: "살찐 돼지, 양, 사슴을 사용한다. 염교 잎과 같이 길게 썰어 볶고 소금과 두시즙을 가미한다.

절인 채소잎을 대략 5치 길이의 작은 벌레 모양으로 길고 가늘게 썰어서 고기 속에 넣는다. 대부분 절인 채소즙을 많이 넣어서 시게 만든다."라고 한다.

말린 매미[508] 절임법[蟬脯菹法]: 말린 매미를 두드려서 불에 잘 구운 후 잘게 찢고 식초를 가미한다. 또 이르기를, "찌고 향채香菜[509]를 잘게 썰어 그 위에 올린다."라고 하였다. 또 이르기를, "끓는 탕 속에 넣고 즉시 건져 내어서 손으로 찢는데 위의 향채, 여뀌를 사용하는 법[香菜蓼法][510]

菹肖法. 用豬肉羊[453]鹿肥者. 韲葉細切, 熬之, 與鹽豉汁. 細切菜菹葉[454] 細如小蟲絲, 長至五寸, 下肉裏[455] 多與菹汁令酢.

蟬脯菹法. 搥之, 火炙令熟, 細擘, 下酢. 又云, 蒸之, 細切香菜置上. 又云, 下沸湯中, 即出, 擘,

---

508 '선포(蟬脯)': 말린 매미[蟬乾]이다. 『명의별록(名醫別錄)』에 이르기를, '선(蟬)'은 "5월에 잡아서 쪄서 말린다."라고 하였다. 『예기(禮記)』 「내칙(內則)」의 반찬 중에는 '조(蜩), 범(范)'이 있는데, 정현이 주석하기를, "조(蜩)는 매미이며, 범(范)은 벌이다."라고 하였다. 『신농본초경(神農本草經)』에는 '책선(蚱蟬)'에 대해 도홍경이 주석하여 말하기를, "이것[말린 매미]은 옛날 사람이 먹었다."라고 한다. 『북호록(北戶錄)』 권2에는, "남조의 식품 중에는 … 제사상에 매미국이 있었다."라고 한다. 이를 통해 옛사람들이 매미를 먹었음을 알 수 있다.

509 '향채(香菜)': 고수[胡荽]・난향(蘭香)・향유(香薷) 등은 모두 향채의 옛 명칭이었다. 오늘날에는 고수를 가리키는 말로 통한다. 본서 권9 「적법(炙法)」에서 『식차』를 인용한 것에는 '잡향채(雜香菜)'가 있는데, 고수를 '정(正)'으로 하고, 다른 종류를 '잡(雜)'이라 했는지 아닌지는 알 수 없다.

510 "擘, 如上香菜蓼法": '향채료법'이 무엇인지 위의 문장에는 설명이 없는데, 스성한의 금석본을 보면, 가능한 해석이 두 가지 있다. 모두 '법'을 틀린 글자로 가정해

과 같다."라고 하였다.

녹육법綠肉法:[511] 돼지·닭·오리 고기를 사방 한 치 간격으로 잘라서 볶는다. 소금과 두시 즙을 넣고 끓인다. 파·생강·귤껍질[512]·호근·달래를 모두 잘게 썰어서 넣고, 식초를 가미한다.

고기를 써는 것을 일컬어 '녹육綠肉'이라 하며, 돼지와 닭을 '산酸'이라고 일컫는다.

맹물에 새끼 돼지 삶는 법[白瀹豚法]:[513] 젖먹이

如上香菜蓼法.

綠肉法. 用豬雞鴨肉, 方寸准, 熬之. 與鹽豉汁煮之. 葱薑橘胡芹小蒜, 細切與之, 下醋. 切肉名曰綠肉, 豬雞名曰酸.

白瀹瀹, 煮也, 音

야 한다. 한 가지는 '법'자를 '야(也)'자의 착오로 보는 것이다. 즉 여뀌[蓼]를 향채로 쓰는 것인데, 여뀌는 고대에 향신료로 쓰였다. 또 다른 것은 '법'을 '지(之)'자로, '요(蓼)'를 동사로 보아서 향채를 '향신료로 쓰다[蓼]'라고 해석하고, 요(蓼)를 '향신료를 첨가하다'로 풀이하는 것이다. '향채료지(香菜蓼之)'가 가장 설명하기 용이하다고 본다. 묘치위는 교석본에서, '여상향채료법(如上香菜蓼法)'은 『식경』에 별도로 '향채료법(香菜蓼法)'이 있었음이 의심되며, 『제민요술』에서는 인용하지 않고 있다고 하였다.

511 '녹육(綠肉)': 유일한 해석은 『식경』의 설명으로, 이른바 "切肉名曰綠肉"이다. 기록한 바에 근거하면, 단지 작은 덩이로 '자른' 육저(肉菹)이다. 묘치위 교석본에 이르기를, 이 또한 일종의 먼저 볶고 뒤에 삶아 조미료를 가미한 '홍소육(紅燒肉)'이나 '홍소계괴(紅燒鷄塊)'인데, 마지막에는 식초를 가미하고 있으니, '초류홍소육(醋溜紅燒肉)'이라고 말하는 것이 더욱 적합한 듯하다 한다.

512 '귤(橘)' 다음에 '피(皮)'자가 빠져 있다.

513 이 조항과 아래의 '산돈법(酸豚法)' 조항은 『제민요술』의 본문이다. 문장 중의 '돈(豚)'자는 원래 '순(肫)'자로 쓰여 있지만, "비단자루에 새끼 돼지를 넣고[絹袋盛豚]"라는 구절에서 '돈(豚)'은 '돈(独)'자로 쓰고 있는데, 묘치위 교석본에서는 '돈(豚)'자로 통일하여 썼다고 한다. '약(瀹)'은 단옥재(段玉裁)의 『설문해자주』에서 이르길 "오늘날 사람들은 '잡(煤)'이라 하고, 옛날 사람들은 '약(瀹)'이라 하였다. 이 또한 '작(汋)'이라 쓴다."라고 하였다. 이는 곧 이른바 "고기와 채소를 탕

살찐 새끼 돼지를 끓는 물에 데쳐 찬물을 넣어 섞고, 데친 새끼 돼지를 깨끗하게 손질하여[514] 둔다.

굵은 털이 있으면 족집게로 뽑아내고, 부드러운 털은 칼로 깎는다. 띠풀의 줄기와 잎으로 문질러 씻고,[515] 칼로 깎아서[516] 깨끗하게 손질한다.

솥 또한 깨끗하게 문지르는데 그 색깔이 변하게 해선 안 된다. 솥의 색깔이 변하면 돼지도 검게 된다.

비단자루에[517] 새끼 돼지를 넣고 식초 탄 물

藥. 豚法. 用乳下
肥豚, 作魚眼湯,
下冷水和之, 攣豚
令淨, 罷. 若有麤
毛, 鑷子拔卻, 柔
毛則剔之. 茅蒿葉
揩洗, 刀刮削令極
淨. 淨揩釜, 勿令
渝. 釜渝則豚黑.
絹袋盛豚, 酢漿水
煮之. 繫小石, 勿

속에 넣었다가 살짝 꺼내는 것"이다. 권6 「닭 기르기[養雞]」편의 '약계자법(淪雞子法)'에서 "깨서 끓는 물속에 집어넣고 떠오르면 즉시 건져 낸다."라는 구절을 보아 '약(淪)'은 바로 데치는[煠] 것이다. 본 항목의 "두 번 끓여 재빨리 끄집어낸다."라는 것은 실제로 먼저 한 번 데쳐 그 누린내를 제거하는 것이라고 하였다.

514 '심(攣)': 본래는 '섬(燅)'자로 쓰여 있는데 '섬(燖)', '심(燖)'과 동일한 글자이며, 데쳐서 털과 내장을 제거한다는 뜻이다. 다른 본은 '심'으로 적혀 있으나, 명청 각본에 '격(擊)'으로 되어 있다. 원각본과 명초본, 금택초본에 따라 바로잡는다.

515 '호(蒿)': 사실 『제민요술』에서 개사철쑥[青蒿] 등을 사용하여 음식을 만들고 여러 곳에 쓰는 것이 십여 군데나 되므로, 모두 다 '고(稿)'자의 잘못이라고 할 수 없다. 옛사람들은 개사철쑥[青蒿]과 흰쑥[白蒿]으로 음식물을 만들었는데, 『시경(詩經)』, 『대대예기(大戴禮記)』, 『신농본초경(神農本草經)』, 『본초연의(本草衍義)』 등 여러 곳에 적지 않게 보인다. 오늘날의 사람들의 식용 습관이 옛날 사람들보다 더 강화되었다고 보기는 어렵다.[권10 「(54) 쑥[蒿]」의 주석 참조.] 스성한의 금석본에서는 '茅蒿'를 띠풀의 잎과 줄기로 해석하고 있다.

516 '척(剔)': 지금의 '체(剃)'는 과거에 '척(剔)'자 또는 '치(薙)'자를 차용하여 대체했다. 스성한의 금석본에 의하면, 『설문해자』 중의 '척(髵)', '체(鬀)' 두 글자는 '체(剃)'자로 쓰이는 것인데, 논쟁이 꽤 많다.

을 가미하여 삶는다. (자루 위에) 작은 돌을 달아
서 자루가 위로 떠오르지 못하게 한다.[518] 탕 위
에 거품이 떠오르면 여러 차례 걷어 낸다. 두 번
끓여서 재빨리 끄집어낸다.

뜨거울 때 냉수를 돼지에 끼얹는다. 또 띠풀
의 잎과 줄기를 사용해서 아주 깨끗하게 문지른
다.

밀가루를 가져다가 물에 타서 멀건 밀가루
물을 만든다. 다시 비단자루에 새끼 돼지를 넣
고, 그 위에 돌을 달아 멀건 밀가루 물속에 넣고
삶는다.

거품을 걷어 내는 것은 앞에서 말한 방식과
동일하다. 잘 익으면 꺼내어 동이 속에 넣는다.

원래 돼지를 삶은 멀건 밀가루 물속에 찬물

使浮出. 上有浮沫,
數接[456]去. 兩沸, 急
出之. 及熱以冷水
沃豚. 又以茅蒿[457]
葉揩令極白淨. 以
少許麵, 和水爲麵
漿. 復絹袋盛豚,
繫石, 於麵漿中煮
之. 接去浮沫, 一
如上法. 好熟, 出,
著盆中. 以冷水和
煮豚麵漿使暖暖,
於盆中浸之, 然後
擘食. 皮如玉色,

---

517 면포를 쓰지 않고 비단자루를 쓰는 것은 비단이 식초와 같은 산성에 강하기 때문
이다. 면은 일반적으로 알칼리성에 강하다.

518 "繫小石, 勿使浮出": 심괄(沈括)의 『보필담(補筆談)』에서 이르기를, "옛날의 솥
[鼎] 속에는 3개의 다리가 있었다. 모두 비어 있었고 안에는 물건을 놓을 수 있었
는데, 이것이 이른바 '격(鬲)'이다. 섞어서 삶는 법은 항상 탕즙(湯汁)이 다리의
빈 곳에 있어야 하는데, 위에 있으면 익기는 쉽고 물러지지는 않는다. 담아서 상
에 올리면 탁한 찌꺼기는 모두 다리 속에 들어간다. … 오늘날 경사(京師)에서 돼
지를 잡아 익히는 것은 갈고리에 매달아서 삶고, 솥바닥에 닿지 않게 하는 것 또
한 옛날 사람들의 지혜이다."라고 하였다. "갈고리에 매달아서 삶는다는 것"과
여기서의 "통째로 젖먹이 살찐 새끼 돼지를 돌에 달아 담가서 삶는 것"은 형식과
다르지만, 실제 작용은 동일하다. 모두 희생물이 통째로 끓는 물에 뜨게 하여 바
닥에는 닿지 않게 하는 동시에 위로 뜨지 못하게 하는 것이다.

을 타서 따뜻하게 하여, 동이 속에 넣은 후 손으로 찧어서 먹는다. 껍질의 색깔은 옥과 같고, 살은 부드럽고 연하여 맛이 좋다.

산돈법酸豚法: 이 또한 젖먹이 새끼 돼지를 데쳐서 깨끗하게 손질을 끝내고 뼈와 함께 자르는데, 자른 덩이[片]⁵¹⁹에 모두 껍질이 붙어 있게 한다. 파 밑동을 잘게 썰어 두시즙을 가미하여 (고기를) 볶는데 향기가 나면 물을 조금 타서 무르게 삶는 것이 좋다.

메좁쌀을 넣어 밥을 짓고, 파 밑동을 손으로 가늘게 찧어 두시즙과 함께 고기 속에 넣는다. 익힌 후에 산초[椒]와 식초[醋]를 가미하면 아주 맛이 좋다.

滑而且美.

酸豚法. 用乳下豚, 燖治訖, 並骨斬臠之, 令片別帶皮. 細切葱白, 豉汁炒之, 香, 微下水, 爛煮爲佳. 下粳米爲糝, 細擘葱白, 並豉汁下之. 熟, 下椒醋, 大美.

교 기

⁴⁵⁰ '작(斫)': 명청 각본에 '연(研)'으로 잘못되어 있다. 원각본과 명초본, 금택초본에 따라 바로잡는다.

⁴⁵¹ '소(蘇)': 명초본과 명청 각본에 '수(須)'로 되어 있다. 원각본과 금택초

---

519 묘치위 교석본에 의하면, '편(片)'자에 이르기까지, 원각본에서는 (전반부의 페이지가) 끝나며, 후반부의 페이지는 빠져 있다. 이 때문에 '별(別)'자 이하는 원각본에서는 모두 빠져 있다고 한다.

본에 따라 고친다. 다만 '저(菹)'자인 듯하다. 묘치위 교석본에 의하면,
북송본에서는 '소(蘇)'로 쓰고 있는데, 명초본과 호상본 등에서는 '수
(須)'로 잘못 쓰고 있다. 자소(紫蘇)와 들깨[荏]는 옛날에는 모두 조미
료로 사용되었다고 한다.

452 "不醋, 不紫菜": 명청 각본에 두 '불(不)'자가 모두 '하(下)'로 되어 있다.
원각본과 명초본, 금택초본에 따라 고친다.

453 '양(羊)': 명청 각본의 '양'자 다음에 '육(肉)'자가 하나 더 있다. 원각본
과 명초본, 금택초본에 따라 삭제한다.

454 '채저엽(菜菹葉)': 명초본과 명청 각본에 '菜菹菜'로 되어 있다. 원각본과
금택초본에 따라 고친다. 채저(菜菹)는 채소로 만든 '절임[菹]'이다. 채
저는 잎사귀와 '줄기[莖]'가 붙어 있기 때문에 '채저엽'이라고 명시하였
다. 다만 첫 번째 글자가 '양(釀)'자인지는 여전히 의심스럽다.(권3「순
무[蔓菁]」,「고수 재배[種胡荽]」참조.)

455 '이(裏)': 명초본과 명청 각본에 '과(褁)'로 되어 있다. 원각본과 금택초
본에 따라 고친다.

456 '접(接)': 명청 각본에 '약(掠)'으로 되어 있다. 원각본과 명초본, 금택초
본에 따라 바로잡는다.

457 '호(蒿)': 명초본과 호상본에는 '호엽(蒿葉)'으로 쓰고 있는데, 윗 문장과
동일하며 북송본에는 '고엽(藁葉)'이라 쓰고 있다. 대개 이것은 명팡펑
이 '호(蒿)'를 '고(稿)'자의 오류라고 말한 것에 근거하였는데, 그러나
위 문장의 북송본에는 '호엽[蒿葉: 고엽(藁葉)의 잘못인 듯하다.]'으로
썼다. 스성한은 금석본에서 마땅히 藁로 써야 한다고 하면서 이는 곧
'藁'와 '葉'이 동시에 사용된다고 하여 띠풀로 보고 있다. 묘치위 교석본
에 따르면, '고(藁)'는 '호(蒿)'자의 잘못일 뿐만 아니라 '고엽(藁葉)'은
'모(茅)'와 함께 제시되어서 하나는 죽은 짚이고 하나는 살아 있는 띠풀
로서 실제로는 말이 안 되며, 단지 개사철쑥과 띠풀의 신선한 잎이라는
측면에서는 동일하다고 하였다.

제민요술
제9권

적돈법炙豚法:¹ 아직 젖을 떼지 않은 살찐 새 | 炙豚❶法. 用

---

1 본권의 열두 편 중에서 '적돈법(炙豚法)', '봉적(捧炙)'과 같은 유의 소제목은 학진
본을 제외한 각본에서는 각각 대개 세 칸 또는 두 칸째에 배열하고 한 줄로만 쓰
여서 앞의 각 권과는 다르다. '적(炙)'은 고기가 불 위에 있는 형상으로서 직접 불
에 굽는 것을 가리키며, 본편『제민요술』본문의 각 조항이 모두 이러한 의미이
다. 묘치위 교석본에서는 일괄적으로 현재의 방식으로 고쳐서 전후를 일치시키
고 있다. 그러나『식경(食經)』,『식차(食次)』에 보이는 '적(炙)'은『제민요술』과
의미가 다른데, '적감(炙蚶)', '적려(炙蠣)' 등은 불과 간격을 두고 굽는 것이고, '병
적(餠炙)'은 기름에 볶아서 '적(炙)'을 만드는 것이다. 가사협과『식경』,『식차』
에 등장하는 '적식법(炙食法)'은 서로 다음과 같이 다르다고 한다. ① 가사협은
굽는 재료로 양, 소를 즐겨 사용하고, 생선과 조류는 사용하지 않았다.『식경』과
『식차』의 두 책에서는 모두 생선과 조류를 사용하고, 패각류(貝殼類)는 유독 특
색이 있어서 이들을 양과 섞어서 사용하며, 소는 사용하지 않았다. ② 먹는 방법
도 달라서 가사협의 문장에서는 연하고 매끄러우며 육즙이 잘 배어서 기름진 것
을 요구했으며, 고기가 딱딱하고 질긴 것을 꺼려서 아주 풍부한 영양이 유지되도
록 하였지만 대부분 반숙의 단계로 요리하고 심지어는 비린내도 났다.『식경』,『식
차』의 두 책에는 이와 같이 먹는 방법이 없으며, 오직 익히기만 바라고, 어떤 것은
구운 후에 또 삶을 것을 요구하였다. 이러한 차이는 결코 우연이 아니며 분명 남
북 식습관의 차이일 것이다. 선비족 탁발씨가 후위를 건국하여 북방을 통일한 지
백여 년이 되어 유목 민족의 이질적인 음식 풍습 또한 중원인에게 영향을 끼쳐

끼 돼지를 사용하며, 암컷과 수컷이 모두 적합하
다. 새끼 돼지를 '맹물에 새끼 돼지를 삶는 법'[2]과
같이 삶아서[3] (짚으로) 문질러 씻고, 칼로 벗겨 내
며 털을 깎아서 아주 깨끗하게 만든다. 배 부분
을 조금 갈라서[4] 내장[五藏]을 꺼내고 다시 깨끗하
게 씻는다. 띠풀로 배를 가득 채우고,[5] 단단한 떡
갈나무[柞木][6]를 끼워서 약한 불에 약간의 간격을

乳下豚極肥者,
貑牸俱得. 擊治
一如煮法, 揩[2]洗
刮削, 令極淨. 小
開腹, 去五藏,[3]
又淨洗. 以茅茹
腹令滿, 柞木穿,

문화가 오랫동안 뒤섞여 이질감을 느끼지 못하고 심지어 좋아하기까지 하였다.
가사협이 우유와 연유를 끓여 먹는 것과 여기서 보이는 소와 양고기를 반쯤 구워
먹기를 좋아한 것은 모두 북방 유목 민족의 식문화가 중원에 유입된 것과 밀접한
연관이 있다. 그러나 남방인은 이와 같지 않은데, 『식경』, 『식차』는 모두 남방인
이 저술한 것이기에 가사협이 기술한 것과 같이 먹지는 않았다고 한다.

2 '일여자법(一如煮法)': 권8 「저록(菹綠)」 '백약돈법(白瀹豚法)'에서 묘사한 방법
이다. '백약돈법'[원주: 데쳐서 삶는[瀹煮] 것이다. 그래서 여기에서 '자법(煮法)'이
라고 칭했다.] 역시 젖을 떼지 않은 살찐 어린 돼지를 '문질러 씻고 밀어서 깎는'
방법을 사용하며, '적돈(炙豚)'을 우선 다듬는 데 사용될 수 있다.

3 '상(擊)'은 깨끗하게 털을 뽑고 내장을 씻는 것을 가리키는데, 민간에서는 이를
'끓는 물에 넣어 털을 뽑는 법[燖豬]', '털을 끓는 물에 데치기[燙豬]'라고 일컫는
다. 명초본에는 '격(擊)'으로 잘못되어 있고, 명각본에는 '계(繫)'로 되어 있다. 금
택초본에 따라 바로잡는다.

4 '소개복(小開腹)': 스성한 금석본에서는 '소(小)'자를 주의할 필요가 있다고 한다.
이것은 복부를 조금 절개하여 흉벽을 건드리지 않는 것이다. 어린 돼지의 전체
체강(體腔)을 거의 온전하게 보존하여, '띠풀로 배를 가득 채운[以茅茹腹令滿]' 이
후에 여전히 불룩한 어린 돼지의 모양이 유지되어 굽기에 편하다. 현재 광동, 광
서 지역에서 '어린 돼지고기 요리'를 할 때, '가슴을 크게 절개한' 후에 꼬치에 끼
워 돌려 굽는 것은 과거의 방법과 다르다고 한다.

5 '여(茹)'는 양조 각 편에 항상 사용되며, '감싼다[包裹]'라고 한다, 그러나 감싸는
것은 '막다[堵塞]'의 뜻이 변화된 것으로서, 여기서는 채워서 막는다고 말한 것
이다.[권7 「신국과 술 만들기[造神麴并酒]」의 주석 참조.]

두고 굽는데, 구울 때는 재빨리 돌리며 멈추지 않는다. 돌려서 항상 각 면에 열이 두루 미치게 하는데, 두루 미치지 않으면 한 면만 타게 된다. 청주를 여러 차례 발라서 색을 낸다. 색깔이 충분히 노릇노릇해지면 멈춘다. 갓 정제한 아주 희고 깨끗한 돼지기름을 취하여 서 쉬지 않고 발라 준다.

만약 갓 정제한 돼지기름이 없으면 깨끗한 삼씨기름[麻油]을 사용해도 좋다. (잘 구워진 새끼 돼지의) 색깔이 마치 호박이나 순금 같아질 때 입에 넣으면 사르르 얼음과 눈이 녹는 것 같으며, 육즙이 많고 기름져서 일반적인 (방법으로 구운) 고기와는 맛이 확연히 다르다.

봉적捧炙: 큰 소는 등심[膂][7]을 사용하고 송아지는 다리 부분의 사태살을 사용해도 좋다.

직접 불에 가까이 해서 오직 한 면만 굽는다. 색깔이 희게 변하면 즉시 잘라 내고, 잘라 낸 후에는 다른 면을 굽는다. 그렇게 하면 육즙이 많고 연하며 맛도 좋다. 만약 각 방면이 모두 익은 후에 자르면 고기가 뻑뻑해서 맛이 좋지

緩火遙炙, 急轉勿住. 轉常使周匝, [4] 不匝則偏焦也. [5] 清酒數塗以發色. 色足便止. 取新豬膏極白淨者, 塗拭勿住. 若[6]無新豬膏, 淨麻油亦得. 色同琥珀, 又類眞金, 入口卽消, 狀若凌雪, [7]含漿膏潤, 特異凡常也.

捧或作棒[8]炙. 大牛用膂, 小犢用脚肉亦得. 逼火偏炙一面. 色白便割, 割遍[9]又炙一面. 含漿滑美. 若四面俱熟然後割, 則澀

---

6 '작목(柞木)': 떡갈나무로서 고서에서는 '상수리나무[櫟]'라고도 부른다.[권5 「홰나무·수양버들·가래나무·개오동나무·오동나무·떡갈나무의 재배[種槐柳楸梓梧柞]」의 '작(柞)'에 대한 주석 참고.]

7 '여(膂)': 『설문해자(說文解字)』에 따르면 '여'와 '여(呂)'는 같은 글자이며, 등심[脊骨]을 가리킨다. 『광아(廣雅)』 「석기(釋器)」에 '여(膂)'는 직접적으로 '고기'라고 되어 있다.

않다.

남적腩炙:[8] 양羊·소[牛]·노루[麞]·사슴[鹿]고기 모두 적합하다. 사방 한 치[寸]로 잘라서 저민다. 파 밑동[葱白]을 쪼개서 잘게 다지고[9] 소금과 두시즙[豉汁]에 섞어서 고기가 즙 속에 잠기게 한다. 조금 있다가 굽는데, 만약 사용하는 즙이 너무 많거나 혹은 너무 오랫동안 담가 두면 고기가 질겨진다. 불을 피우고 최대한 불에 가까이하여 돌리면서 재빨리 굽는다. 하얗게 구운 고기를 열기가 있을 때 먹으면 즙도 많고 부드러워 맛이 좋다. 만약 들었다가 다시 놓거나 또는 놓았다가 다시 꺼내면 기름이 다 빠지고 고기가 말라서 맛이 좋지 않다.

惡不中食也.

腩女感切炙. **10**
羊牛麞鹿肉皆
得. 方寸孿切. 葱
白研令碎, 和鹽
豉汁, 僅令相淹.
少時便炙, 若汁
多**11**久漬, 則肕.
撥火開, **12** 痛逼
火, 迴轉急炙. 色
白熱食, 含漿滑
美. 若擧而復下,
下而復上, 膏盡
肉乾, 不復中食.

---

8 '남(腩)':『옥편』의 '남(腩)'[또는 남(醴), 심(醒)으로 쓴다.]과 『광운(廣韻)』「상성(上聲)·사십팔감(四十八感)」의 '남'은 모두 '삶은 고기[煮肉]'라고 하였으며,『집운(集韻)』「상성(上聲)·사십팔감(四十八感)」의 '남'은 "고깃국이다.[臛也.]"라고 풀이되어 있다. 그러나 이러한 해석은 모두 여기의 용법과 그다지 부합하지 않는다. 본장 뒷부분의 '남적 만드는 법[腩炙法]'의 '남자법(腩煮法)'은 '오리' 또는 '어린 거위'를 사용하고, '술, 생선젓국[魚醬汁], 생강[薑], 귤껍질[橘皮]'의 조미료를 쓰는 것 외에, 기본 원리는 모두 고기를 먼저 '소금과 두시즙'에 짧은 시간 담가 두었다가 불 위에서 굽는 것이다. 스성한의 금석본에 따르면, 오늘날 사천 방언에서 간장, 식초, 참기름 등을 넣고 채소를 무친 것을 '남(攬)' 또는 '남(腩)'이라고 하며, 남(腩)이 '삶은 고기' 또는 '고깃국'이 아니라는 것을 말해 준다고 한다.

9 '연(研)'은 '잘게 쪼개는 것이다. '작(斫)'을 잘못 쓴 것이라는 견해가 있으나, 그렇지는 않다.

간적肝炙: 소, 양, 돼지의 간을 모두 사용할 수 있다. 길이 반 치[寸], 폭 5푼[分]으로 썰어서 저민다. 또한 파, 소금, 두시즙[豉汁] 속에 담근다.

양 뱃가죽의 비계10에 싸서 꼬치를 옆으로 끼워 굽는다.

우현적牛脮炙: 늙은 소의 천엽[脮]은 두껍고 무르다. 깨끗하게 벗겨 내어 꼬치에 끼우고11 힘껏 눌러 뭉쳐서,12 불을 가까이하여 재빨리 굽는다. 윗면이 갈라진 후 잘라서 먹으면 연하고 맛도 좋다.

肝炙. 牛羊猪肝
皆得. 檽長寸半,
廣五分. 亦以葱鹽
豉汁腩之. 以羊
肚膗素干反脂裹,⓭
橫穿炙之.

牛脮炙. 老牛
脮, 厚而脆,⓮ 剗
穿, 痛蹙令聚, 逼
火急炙. 令上劈
裂, 然後割之, 則

---

10 '낙두산지(絡肚膗脂)': 권8 「고깃국 끓이는 방법[羹臛法]」에 '각방(胳肪)'이 있고, 본장에 또 '각두산(胳肚膗)'이라는 명칭이 있는데, 스성한의 금석본에서는 이를 근거로 '낙(絡)'자는 응당 '각(胳)'자이거나, 그렇지 않으면 그 두 군데 '각'자를 '낙(胳)'자로 바꾸어야 한다고 보았다. '각'은 겨드랑이 아래[腋下]이며, 가슴과 배의 측면이다. '각방(胳肪)'은 '기름[板油]'이다.

11 '잔(剗)'은 '산(鏟)'과 같지만 깎아 없애는 것은 아니며, 『광아(廣雅)』 「석기(釋器)」에서는 "'첨(籤)'을 일러 '산(鏟)'이라고 하였다."라고 한다. 여기서의 '잔(剗)'은 마땅히 '첨(籤)'으로 해석해야 한다. '잔(剗)'은 '찬(弗)'과 같으며, 이것은 구운 고기를 끼우는 막대기이다.(대나무, 나무 혹은 쇠로 만든다.) 하지만, 양의 천엽 안쪽은 융모가 많아서, 잘 벗겨 내지 않으면 요리 재료로 적합하지 않다. 묘치위 교석본에 의하면, 여기서의 '잔'은 깎는 것[剗削]이 아니라 벗겨 낸다는 의미로 쓰였다고 본다면 '잔'이 '천'이라는 해석은 합당하지 않으며 원문이 잘못된 것이 아니라고 본다.

12 '통축영취(痛蹙令聚)': '축(蹙)'은 눌러서 오그라드는 것이며, '취(聚)'는 쌓여 모이는 것이다. 묘치위는 '통축(痛蹙)'을 힘껏 눌러서 주름지게 압축하여 뭉치는 것이라고 하였다.

만약 당겨 펴서 약한 불 위에서 간격을 두고 구우면 얇아지며 또한 아주 딱딱하고 질겨진다.

관장하는 법[灌腸法]:[13] 양의 꼬불꼬불한 대장[14]을 씻어서 깨끗하게 다듬는다. 양고기를 잘게 다져 마치 소[籠肉; 餡][15]처럼 만든다.

파 밑동[葱白]을 잘게 썰고 소금과 두시즙[豉汁], 생강, 산초가루 등을 함께 버무려 입에 맞게 간을 해서 대장 속에 부어 넣는다. (이렇게 만든) 2줄을 나란히 붙여 굽는다. 잘라 먹으면 매우 향기롭고 맛이 좋다.

『식경食經』에서 말하는 도환적 만드는 법[跳丸炙法]: 양고기 10근, 돼지고기 10근을 모두 잘게 썬다. 여기에 생강 3되, 귤껍질 5개, 절인 외[16] 2되, 파 밑동 5되를 섞고 찧어 둥근 완자를 만든다.

脆而甚美. 若挽令舒申, 微火遙炙, 則薄而且肕. **15**

灌腸法. 取羊盤腸, 淨洗治. 細剉羊肉, 令如籠肉. 細切葱白, 鹽豉汁薑椒末調和, 令鹹淡適口, 以灌腸. 兩條夾而炙之. 割食甚香美.

食經曰, 作跳**16**丸炙法. 羊肉十斤, 豬肉十斤, 縷切之. 生薑三升, 橘皮五葉, 藏瓜二升, 葱

---

13 본 조항의 세 개의 '장(腸)'자는 금택초본, 명각본에서 모두 '장(腸)'자로 쓰고 있는데 민간에서 사용된 글자이며, 명초본, 점서본에서는 모두 '장(腸)'자로 쓰고 있다. 묘치위 교석본에서는 모두 '장(腸)'자로 쓰고 있다.

14 '반장(盤腸)': 권8 「고깃국 끓이는 방법[羹臛法]」의 '작양반장자곡법(作羊盤腸雌解法)'의 기술에 의거해서 보면 '반장'은 대장(大腸)으로 추측된다.

15 '농육(籠肉)'은 고기로 만든 소[餡]이다.

16 '장과(藏瓜)': 소금에 절여 보존한 외[瓜]로, 대략 지금의 '장과(醬瓜)'이다. '과저법[瓜菹]'에는 염장(鹽藏), 조장(糟藏), 국미장(麴米藏), 원목즙장(杭木汁藏)의 각 방식이 있는데, 권9 「채소절임과 생채 저장법[作菹藏生菜法]」의 『식경(食經)』, 『식차(食次)』의 각 항목을 인용한 것에 보인다.

별도로 양고기 5근을 삶아 고깃국[腫]을 만든
다.

고기완자를 넣고[17] 다시 삶아서 '환적丸炙'을
만든다.[18]

'박적돈법膊炙豚法':[19] 작은 새끼 돼지 한 마리
의 배를 가르고[20] 뼈를 발라낸다. 고기가 두툼한
부분은 베어 내어 얇은 부위에 보충하여 고르게
배열한다. 살찐 새끼 돼지 고기 3근과 살찐 오리

白五升, 合擣, 令
如彈丸. 別以五斤
羊肉作腫. 乃下丸
炙, 煮之作丸也.

膊炙豚法. 小形
豚一頭, 膊開, 去
骨. 去厚處, 安就薄
處, 令調. 取肥豚[17]

---

17 '내하환자(乃下丸炙)': 위의 문장이 '고기완자[肉丸]'의 완성까지 이어진다. 여기
에서 나온 '적(炙)'자는 '직접 불 위에서 굽는 것'이 아니라 "익혀 환을 만든다."의
뜻이다. 즉, 본편에서 말하는 '적(炙)'는 직접 불로 굽는 것만을 가리키는 것이 아
니라, 본 절에서 말하는 것처럼 잘게 다진 생고기를 고깃국에 넣어 익히는 것, 아
래 '병적(餠炙)'의 기름에 굽는 것[煠], '철판[鐵鐺]에 굽는 것'(새꼬막[蚶]·굴조개
[蠣]·대합[車熬])과 대나무 통에 넣어서 굽는[筒炙] 등의 방법이 있다.

18 '煮之作丸也': 고깃국에 구운 완자[丸炙]를 넣고 다시 삶은 것으로, 마땅히 삶아서
'환학(丸腫)' 즉, '고기 완자탕'을 만든다. '작환(作丸)' 아래에는 '학(腫)'자가 빠진
것으로 의심되는데, 『식경』의 문장에는 종종 명확하지 않은 부분이 있다.

19 본 조항부터 '저육자법(豬肉鮓法)'까지의 각 조항은 모두 『식경』의 문장이다. 묘
치위의 교석본에 의하면 '남적(腩炙)'이 거듭 출현하며(가사협의 문장에도 있다.)
'콩식초(大豆酢)'를 사용하고(가사협의 문장에는 없다.), 또 벌꿀을 사용하며(가사
협의 요리법에는 초를 사용하고 절대로 엿·꿀을 사용하지 않는데, 『식경』에서는
많이 사용하고 있다. 북쪽은 시고 남쪽은 달다는 말은 현재에도 통용된다.) '일본
(一本)' 운운하고 '금세(今世)'가 어떠하다는 등은 모두 매우 분명하다고 한다.

20 '박(膊)': 양웅(揚雄)의 『방언』 권7에 "박(膊), 쇄(晒), 희(晞), 폭(暴)이다. 연(燕)
의 바깥 지역과 조선(朝鮮)의 열수(洌水) 사이에 고기를 말리거나 사람의 사사로
움을 들추는 것, 소와 양의 오장을 헤치는 것을 '박(膊)'이라고 한다."라고 하였
다. '박(膊)'자가 곧 '박(膊)'이다. 본 장에서는 '배를 크게 열다[大開膛]'라는 의미
로, 대가리를 열어서 뇌수와 오장을 같이 꺼낸다.

고기 2근을 섞어 잘게 다진다.

생선젓국[魚醬汁] 3홉, 다진 파 밑동 2되, 생강 한 홉, 귤껍질 반 홉을 두 종류의 고기와 섞고 돼지고기 위에 부어서 고르게 해 준다.

대나무 꼬치를 끼우는데[21] 서로 2치 간격으로 한다.

대껍질을 위에 덮고 널빤지로 위를 덮은 후 무거운 것을 올려 눌러 둔다[迮].[22]

하룻밤 지나 이튿날 아침에 약한 불에 굽는다. 꿀 한 되를 물과 약간 섞어[23] 계속 발라 준다.

색이 황적색을 띠면 다 익은 것이다. 이전에는 계란 노른자를 발랐지만 지금은 더 이상 쓰지 않는다.

도적[24] 만드는 법[擣炙法]: 살찐 새끼 거위고기

肉三斤, 肥鴨二斤, 合細琢. 魚醬❶汁三合, 琢葱白二升,❶ 薑一合, 橘皮半合, 和二種肉, 著𣲷❷上, 令調平. 以竹弗弗之, 相去二寸下弗. 以竹箸著上, 以板覆上, 重物迮之. 得一宿, 明旦, 微火炙. 以蜜❷一升合和, 時時刷之. 黃赤色便熟. 先以雞子黃塗之, 今世不復用也.

擣炙法. 取肥子

---

21 '찬(弗)': 구운 고기를 끼우는 대나무 꼬치이다. 현응(玄應)의 『일체경음의(一切經音義)』 권22 '철찬(鐵弗)'조에서 『자원(字苑)』을 인용하여 "구운 고기를 끼우는 것을 일러 '찬(弗)'이라고 한다."라고 하였다.

22 '책(迮)': 지금의 '자(榨)'자이다.(권8「생선젓갈 만들기[作魚鮓]」참고.)

23 '합화(合和)'가 두시즙[豉汁]이나 술을 가리키는 것인지 꿀에 물을 타는 것을 가리키는 것인지 분명하지 않다. 『식경』에는 이처럼 애매한 부분이 적지 않다. 본서에서는 '꿀을 물에 타는 것'으로 해석하였다.

24 '도적(擣炙)': 굽는 도구로 싸서 직접 굽는 방식이다. 서로 붙는 것을 방지하고, 또한 계란 흰자를 바르거나 밀가루를 묻히는 것이다. '병적'은 기름에 튀기는 것이다. 이 두 종류의 굽는 방법은 후술하는 『식차』를 인용한 것과 같다.

2근을 자르되, 다질 필요는 없다. 좋은 식초[醋] 3
홉, 절인 외[瓜菹] 한 홉, 파 밑동 한 홉, 생강 및 귤
껍질 각각 반 홉, 산초 20알을 가루로 만들어 함
께 섞고 다시 다져서 고르게 배합한다.

둥글게 뭉쳐 대나무 꼬치에 꽂는다. 계란 10
개를 깨뜨려 별도로 흰자를 취해 먼저 끼운 고기
위에 고르게 바르고, 다시 노른자를 그 위에 발
라 준다.

센 불만 써서 빠르게 굽는데, 겉을 약간 타
게 해서 즙이 나오면 완성이다. 긴 것[挺]²⁵ 하나
만 만들려면 같은 재료를 이용해서 위와 같은 방
식으로 한다. 많이 만들려 하면 재료의 비율에
맞춰 늘린다.

만약 거위가 없다면 살찐 돼지를 사용해도
좋다.

함적을 만드는 법[銜炙法]: 아주 살찐 거위 한
마리²⁶를 가져다가 깨끗하게 손질하고 삶아 반쯤
익힌다. 뼈를 발라내고 잘게 다진다.

鵝肉二斤,　剉之,
不須細剉. 好醋三
合, 瓜菹一合, 葱
白一合, 薑橘皮各
半合,㉒ 椒二十枚
作屑, 合和之, 更
剉令調. 裹著㉓充
竹弗上. 破雞子十
枚, 別取白, 先摩
之令調, 復以雞子
黃塗之. 唯急火急
炙之, 使焦, 汁出
便熟. 作一挺, 用
物如上.　若多作,
倍之. 若無鵝, 用
肥㹠亦得也.

銜㉔炙法. 取極
肥子鵝一頭, 淨治,
煮令半熟. 去骨,

---

25 '정(挺)': 스성한의 금석본에서는 '정(鋌)'의 옛 글자로 보고, '일정(一挺)'을 '한 덩
어리'로 해석하였다. 반면 묘치위 교석본에서는 『의례(儀禮)』 「향음주례(鄕飮酒
禮)」,『향사례(鄕射禮)』 등을 근거로 하여 '일정'을 '긴 대롱'으로 풀이하였는데,
묘치위의 견해가 보다 타당한 듯하다.
26 '두(頭)': 금택초본에서는 '두(頭)'로 쓰고 있는데, 다른 본에서는 '척(隻)'으로 쓰
고 있다.

콩식초[大豆醋][27] 5홉, 절인 외[瓜菹] 3홉, 생강과 귤껍질 각각 반 홉, 잘게 썬 달래[小蒜] 한 홉, 생선젓국[魚醬汁] 2홉에 산초 수십 알을 가루로 내어 이들과 합해서 앞의 재료와 섞은 후에 다시 고루 다진다.

좋은 백어[白魚]를 잘게 다지고 뭉쳐서 꼬치에 꽂아[28] 굽는다.

병적[29] 만드는 법[作餅炙法]: 좋은 백어를 가져다가 깨끗이 손질해서 뼈를 발라내고 살만 취하여 다진 생선 3되를 만든다. 익힌 살찐 돼지고기 한 되를 잘게 다져서 식초[酢] 5홉, 파와 절인 외 각각 2홉, 생강과 귤껍질 각각 반 홉, 생선젓국[魚醬汁] 3홉을 섞고, 간과 양을 살펴 소금을 넣어 입맛에 맞게 한다.

剉之. 和大豆酢五合, 瓜菹三合, 薑橘皮各半合, 切小蒜一合, 魚醬汁二合, 椒數十粒作屑, 合和, 更剉令調. 取好白魚肉細琢, 裹㉕作弗, 炙之.

作餅炙法. 取好白魚, 淨治, 除骨取肉, 琢得三升. 熟豬肉肥者一升, 細琢, ㉖酢五合, 葱瓜菹各二合, 薑橘皮各

---

27 '대두초(大豆酢)': 스성한의 금석본에 의하면, 이것은 콩[大豆]을 이용한 초로, 콩 표면에 초산 세균이 잘 자라기에 콩에 술을 부어 식초로 산화시킨 것이라고 보았다.[권8에서 인용한 '식경작대두천세고주법(食經作大豆千歲苦酒法)' 참조.] 묘치위 교석본에 의하면, 권8 「초 만드는 법[作酢法]」의 가사협 본문에는 여러 종류의 초(醋)가 있는데, 유독 콩[大豆]과 소두(小豆)로 만든 초(醋)는 없다. 다만, 『식경』을 인용한 것에는 콩와 소두로 만든 '고주(苦酒)'가 있는데, 이것은 바로 『식경』의 내용을 설명한 것이라고 한다.

28 '세탁(細琢)' 두 글자는 각 본에는 위 문장과 같으나, 금택초본에는 한 칸이 비어 있다. '과작찬(裹作弗)'은 꼬챙이로 고기를 밖에서 싸서 꿴 것이다. '찬(弗)'은 꼬치를 꿰기 때문에 명사와 양사를 만들 수 있는데, 가령 '양육찬(羊肉弗)'이 있다.

29 '병적(餅炙)': 육류를 잘게 다져 기름에 구운 것이다.

이것을 가지고[30] 병餠을 만들 때는 한 되들이 잔의 주둥이 크기 정도로 하고 두께는 5푼[分]으로 한다.

정제된 기름[熟油]에 넣어 은근한 불에 지져 내는데, 붉은색이 나면 익어서 먹어도 된다. 또한 어떤 초본에서는 이르기를 "산초 10알을 넣고 찧어서 가루로 만들어 섞는다."라고 한다.

양[31]적백어를 만드는 법[釀炙白魚法]: 2자 길이의 백어를 깨끗하게 손질하되 배를 갈라서는 안 되고, 씻은 뒤에 등을 갈라 소금을 친다.[32] 살찐 새끼 오리 한 마리를 잡아 깨끗하게 손질하여 뼈를 발라내고 잘게 다진다.

식초 한 되, 절인 외 5홉, 생선젓국 3홉, 생강 및 귤껍질[33] 각각 한 홉, 파 2홉, 두시즙 한 홉을 잘 섞고 볶아서[34] 익힌다.

半合, 魚醬汁[27] 三合, 看鹹淡多 少鹽之適合. 取 足作餠, 如升盞 大, 厚五分. 熟油 微火煎之, 色赤 便熟, 可食. 一本, 用椒十枚, 作屑和之.

釀炙白魚法. 白 魚長二尺, 淨治, 勿 破腹, 洗[28]之竟, 破 背, 以鹽之. 取肥子 鴨一頭, 洗治, 去 骨, 細剉. 酢一升,[29] 瓜菹五合, 魚醬汁 三合, 薑橘各一合,

---

30 '취족(取足)': 앞 문장에 붙이거나 뒷 문장에 붙여서 읽어도 마찬가지로 해석이 되지 않는다. '족(足)'은 '지(之)'로 써서 "취지작병(取之作餠)"이라고 해야 할 듯하다.

31 '양(釀)': 『예기』「내칙」에서는 "고깃국 속에 채소를 넣고 섞어서 '양(釀)'을 만든다."라고 하였다. 잘게 자른 생고기를 빈껍데기 속에 넣고 같이 찌거나 삶거나 굽거나 튀기는 조리법을 '양'이라고 한다.

32 '이염지(以鹽之)': 이 구절에서 한 글자가 빠져 있는데, 원래 '염'이 두 글자였으나 동사로 쓰인 두 번째 글자가 쓸 때 누락된 것 같다. 아마 '입(入)'자와 같은 동사가 누락되었을 수도 있다.

33 '귤(橘)': '귤피(橘皮)'의 '피(皮)'자가 빠져 있다.

익은 오리고기를 집어서 백어의 등에서 배쪽으로 채워 넣고 꼬치를 꿰어 평소 '생선구이[炙魚法]'처럼 은근한 불에 반쯤 익힌다.

그런 뒤에 다시 약간의 '고주[苦酒]'에 생선젓국과 두시즙[豉汁]을 섞어서 생선에 발라 주면 완성된다.

남적 만드는 법[腩炙法]:[35] 살찐 오리를 깨끗이 손질하여 뼈를 발라내고 얇게 저민다. 술 5홉, 생선젓국 5홉, 생강과 파와 귤껍질 각각 반 홉, 두시즙 5홉을 잘 섞어 한 끼 먹을 시간 정도로 담가 둔 후에 구우면 적합하다.

새끼 거위를 써서 만들어도 마찬가지이다.

저육자 만드는 법[豬肉鮓法]:[36] 살찐 양질의 돼지고기를 저미고 소금을 쳐서 간을 맞춰 입맛에

葱二合, 豉汁一合,
和, 炙之令熟 合取
從背㉚入著腹中,
髀㉛之, 如常炙魚
法, 微火炙半熟, 復
以少苦酒雜魚醬豉
汁, 更刷魚上, 便成.

腩炙法. 肥鴨,
淨治洗, 去骨, 作
臠. 酒五合, 魚醬
汁五合, 薑葱橘皮
半合, 豉汁五合, 合
和, 漬一炊久, 便中
炙. 子鵝作亦然.

豬肉鮓㉜法. 好
肥豬肉作臠, 鹽令

---

34 '적지(炙之)': 이 '적(炙)'자는 해석할 수 있지만, '초(熝)', '오(熬)'와 같은 글자를 잘못 쓴 것일 수도 있다.

35 '남적법(腩炙法)': 이 조항과 앞부분의 '남적' 조항은 명칭도 같고 내용 역시 대체로 같다.

36 '저육자법(豬肉鮓法)'은 '적법(炙法)'과 조금도 관련이 없으며, 마땅히 권8 「생선젓갈 만들기[作魚鮓]」에 있어야 한다. 묘치위 교석본에 의하면, 본 조항은 『식경』에서 젓갈 만드는 법과 같은 종류로서, 유사하나 완전히 동일하지는 않다. 이 때문에 『식경』의 이 조를 수록하였지만, 권8은 이미 완성되어서 추가해서 넣을 수가 없으므로 여기에 놓아 둔 것이거나, 후대 사람이 덧붙인 것으로 추측하였다.

맞게 한다.

밥으로 죽을 쑤어 어육젓[鮓]과 같이 만든다. 봉하여 신맛이 나면 먹어도 된다.

『식차食次』[37]에 이르는 함적脂炙 만드는 방법:[38] 거위, 오리, 양, 송아지, 노루, 사슴과 돼지의 살찐 고기를 사용하는데, 살코기와 비곗살을 각각 반반씩 사용한다. 잘게 썰어서 다진다.[39]

새콤한 절인 외, 절인 죽순, 절인 생강, 산초, 귤껍질, 파, 호근胡芹을 모두 잘게 다져 넣

鹹淡適口. 以飯作
糝, 如作鮓法. 看
有酸氣, 便可食.

食次曰脂[33]炙.
用鵝鴨羊犢麞鹿
豬肉肥者, 赤白
半. 細研熬之. 以
酸瓜菹筍菹[34]薑
椒橘皮葱胡[35]芹

---

37 『식차(食次)』는 원래 『식경(食經)』으로 쓰여 있다. 묘치위 교석본에 따르면, 실제로는 『식차』의 오기인데, 그 증거는 4가지가 있다. 첫 번째는, 앞부분에서 『식경』을 인용하고 뒷부분에서 이어서 『식차』를 인용하고 있는데, 모두 이와 같다. 두 번째는, 다음 문장의 '도적(擣炙)', '병적(餅炙)'이 『식경』 중에 이미 있다면 이것은 결코 『식경』의 문장이 아니며, '경(經)'은 '차(次)'의 잘못이다. 세 번째는, '함적(脂炙)'은 곧 '함적(銜炙)'이다. 한 책 속에는 응당 같은 물건이 다른 이름으로 나란히 제시되지 않는다. 네 번째는 '병적(餅炙)'은 "계란떡처럼 만든다.[如作鷄子餅.]"라고 하였는데, 본권 「병법(餅法)」에 '계압자병(鷄鴨子餅)'의 방식이 있고, 이 방법은 바로 『식차』에서 유래되었다. 또한 본 조항부터 편의 끝 부분에 이르기까지 모두 『식차』의 문장이기 때문이라고 하였다.

38 '함적(脂炙)': 이 조항은 『식차』의 함적을 인용한 것으로, 기름을 둘러 굽는 것이다. 이는 또한 『석명』의 "'함(銜)'은 그 표면을 싸서 굽는 것이다."라는 것과 서로 부합한다. '함적(銜炙)'은 곧 '함적(脂炙)'을 설명하는 것으로, 모두 감싸서 굽는 것이라는 의미가 있다.

39 '세연오(細研熬)'는 이하의 문장에서도 자주 보이며, 『식경』에서도 사용하는 용어이다. '오'에 대해 스셩한의 금석본에서는 '오'를 '초(炒)', 즉 '볶아서 익힌다'라고 해석하고 있다. 반면 묘치위의 교석본을 보면, 모두 잘게 썰어 살을 다진다는 것으로 '오(熬)'는 결코 볶는 것이 아니라고 한다. 묘치위의 해석이 좀 더 타당한 듯하다.(권8 「삶고, 끓이고, 지지고, 볶는 법[脏腊煎消法]」의 각주 참조.)

고 소금, 두시즙[豉汁]을 고기와 섞어서 둥글게
뭉쳐 완자를 만든다. 손으로 눌러 사방 한 치
반 정도의 크기로 만든다. 양, 돼지의 겨드랑
이와 배의 비계[胳肚][40]로 감싸 둘로 갈라진 꼬치
에 두 개씩 끼워 꼬치째로 굽는다. 한 꼬치에
두 조각을 끼우되, 아주 바싹 굽는다. 상에 올
릴 때는 네 조각을 담는다. 쇠고기나 닭고기는
쓸 수 없다.

도적_{擣炙}:[41] 일명 통적(筒炙)이라고도 하고 또한 황적이
라고도 한다.[42] 거위, 오리, 노루, 사슴, 돼지, 그리
고 양의 고기를 사용한다. 이들 고기를 잘게 다
져 볶아 익히고 섞어서 마치 함적 만드는 것과
같이 한다. 만약 흩어져서 뭉쳐지지 않는다면 밀
가루[43]를 약간 넣는다. 둘레 6치, 길이 3자의 대

細切鹽豉汁，　合
和肉，丸之．手搦
爲寸半方．以羊
豬胳肚䐑裹之，
兩歧簇兩條簇炙
之．　簇兩𤏋，令
極熟．奠，四𤏋．
牛雞肉不中用．

擣炙．　一名筒炙，
一名黃炙．用鵝鴨
麕鹿豬羊肉．　細
研熬和調如脂
炙．若解離不成，
與少麵．竹筒六

---

40 '각두(胳肚)'는 의미전달이 되지 않으므로, 마땅히 '낙두(絡肚)'라고 써야 한다. 『통
속문(通俗文)』에서는 "위에 있는 것을 산이라고 한다.[在胃曰冊.]"라고 하였다. '산
(冊)'은 곧 '산(膐)'자이다. 『제민요술』 본문에 '낙두산(絡肚膐)'이 있는데, 이것은
바로 위(胃)의 지방층인 '산(冊)'으로서, 곧 '망유(網油)'이고, 비곗살(花油)을 가리
킨다. 그러나 『식차』에서는 항상 민간의 별자를 사용하고 있으며, 『식경』과 같이
모두 옛 방식을 따르고 있다.(권8「고깃국 끓이는 방법[羹臛法]」각주 참고.)

41 '도적(擣炙)': 이 조항에 언급된 제조법과 재료는 앞쪽의 도적법(擣炙法)과 유사
하며, 완성품을 '일정(一挺)'이라고 한 것도 동일하다.

42 고기를 대통 위에 붙여서 구우므로 '통적(筒炙)'이라고 칭한다. 노른자로 황색을
내기 때문에 '황적(黃炙)'이라고도 한다. 대통은 '둘레가 6치[六寸圍]'인데, 지금의
한 자에 해당되고, 그 직경은 한 치 반에 못 미친다.

43 '면(麵)': 스성한의 금석본에서는 '면(𪌘)'자를 쓰고 있다. 이하 동일하여 별도로
기재하지 않는다.

나무통[竹筒]을 표면의 푸른 껍질을 깎아 내고, 튀어나온 마디를 모두 깨끗하게 없앤다. 고기를 통 위에 붙이고, 아래쪽에는 한 부분을 비워서 손으로 잡을 부분을 만든다. 불에 직접 굽는다. 익으면 점차 말라서 손에 붙지 않는다. 작은 사발[甌]⁴⁴ 안에 (대나무통을) 세우고 겉에 달걀과 오리알의 흰자위⁴⁵를 손으로 발라 준다. 만약 고르게 발라지지 않았다면 흰자를 다시 발라 준다. 그래도 여전히 고르지 않다면 칼로 다듬어 준다. 다시 굽는데, 흰자가 구워져서 마르면 오리알 노른자를 발라 준다. 오리알 노른자가 없으면 계란 노른자를 쓴다. 속에 주사朱砂 약간을 넣어서 붉은색을 낸다. 노른자를 입힐 때는 닭과 오리의 깃털로 칠한다. (구울 때는) 손으로 재빨리 여러 차례 돌려야지, 천천히 돌리면 부서진다. 익으면 대나무통에서 모두 벗겨 내는데[渾脫]⁴⁶ 양 끝은 잘라 내고 다시 6치 길이로 자른다. 두 개씩 바

寸圍, 長三尺, 削去青皮, 節悉淨去. 以肉薄之, 空下頭, 令手捉. 炙之, 欲熟小乾, 不著手. 豎甌中, 以雞鴨子白手灌之. 若不均, 可再上白. 猶不平者, 刀削之. 更炙, 白燥, 與鴨子黃. 若無, 用雞子黃. 加少朱, 助赤色. 上黃用雞鴨翅毛刷之. 急手數轉, 緩則壞. 既熟, 渾脫, 去兩頭, 六寸

---

44 '우(甌)': 『옥편』에는 "무덤이다.[墓也.]"라고 풀이되어 있지만 『예문유취(藝文類聚)』 권73 '우(甌)' 조항에서는 '구(甌)'자를 가차하여 쓰고 있고, 『식차(食次)』에서도 '구(甌)'자를 사용하고 있다.

45 '계압자백(雞鴨子白)': 원래 '자(子)'자가 없지만, 손으로 바른다는 것은 결국 흰자를 가리키므로 '자(子)'자는 반드시 있어야 한다. 다음 문장의 '압자황(鴨子黃)', '계자황(雞子黃)'이 이를 입증한다.

46 '혼탈(渾脫)': 스성한의 금석본에서는 이 글자를 '혼(楎)'자로 써서 '통째로'로 해석해야 하고 '탈(脫)'은 '벗겨 낸다'고 보았다.

싹 붙여 상에 올린다.[47]

만약 즉시 사용하지 않을 때는 왕갈대[蘆荻]로 감싸고 양 끝을 묶어 갈대 사이에 넣어두되 갈대는 상하 5푼 두께로 펴 주며, 3-5일을 지낸다. 이렇게 하지 않으면 쉽게 부서진다. 밀가루를 너무 많이 넣으면 맛이 좋지 않으며, 시큼하게 절인 것을 많이 넣으면 서로 잘 붙지 않는다.

병적餅炙:[48] 신선한 생선[生魚][49]을 사용하되 백어白魚가 가장 좋고 메기[鮎]와 가물치[鱧]는 쓰기에 적합하지 않다.

생선포 뜨는 법으로는 등뼈와 살[50]을 분리하는데, 생선을 도마 위에 올려놓고 손으로 머리[51]를 누른 채 다소 무딘 칼로 머리에서 꼬리로 살을 뜨고 껍질에 닿으면 멈춘다.[52] 생선포를 깨끗

斷之. 促奠二.[36]

若不即用, 以蘆荻苞之, 束兩頭, 布蘆間可五分,[37] 可經三五日. 不爾則壞. 與麵則味少, 酢[38]多則難著矣.

餅炙. 用生魚, 白魚最好, 鮎鱧[39]不中用. 下魚片, 離脊肋, 仰栖[40]几上, 手按大頭, 以鈍刀向尾割取肉, 至皮即止. 淨洗,

---

47 '촉(促)'은 '가까이 다가가는 것', '빽빽이 들어찬 것'이다. '촉전이(促奠二)'는 한 접시 안에 붙여서 두 개를 올리는 것이다.

48 '병적(餅炙)': 이 조항은 앞 부분의 '병적 만드는 법[作餅炙法]'과 재료, 제조법에 있어 매우 유사하다.

49 '생어(生魚)': '건어(乾魚)'와 대칭되는 단어로, 즉 신선한 생선이다. 다만 반드시 살아 있는 것(권8 「장 만드는 방법[作醬等法]」 주석 참조.)은 아니다.

50 '척륵(脊肋)'은 명청 각본에는 이 문장과 같은데, 금택초본에서는 '춘륵(春肋)'이라고 잘못 쓰고 있으며, 명초본에서는 '척조(脊助)'로 잘못 쓰고 있다.

51 '대두(大頭)': 스성한의 금석본에서는, 글자 자체의 의미로 보아 생선의 몸통이 비교적 굵은 쪽으로 해석하였으며, 다만 '대(大)'자는 '어(魚)'자가 뭉개진 글자인 것으로 추측하였다.

이 씻어서 절구에 넣고 잘고 고르게 찧되 마늘 냄새가 배어서는 안 된다. 생강, 산초, 귤껍질, 소금과 두시[豉]를 넣고 고르게 섞는다. 대나무나 나무로 둥근 틀[圓範]을 만들고 그 바닥면의 지름은 4치로 한다.[53] 비단에 기름을 발라 안에 까는데 비단을 틀의 위아래로 붙여서 (작은 주머니 모양이 되게 한다.) 고기를 주머니 속에 넣고[54] 고르게 눌러 준다. (그 후에) 손으로 비단을 잡아당겨서 (빼내) 떡처럼 된 생선살을 기름 속에 집어넣고 지져 익힌다. 솥[55]에서 꺼낸 후에 아직 열기가 있을 때 쟁반에 올리고, 작은 사발의 바닥으로 눌러서 오목하게 모양을 낸다. 담을 때는 뒤집어서 바닥이 위로 가게 한다.[56] 만약 작은 사발에 담아서 올릴 때는 올리는 한 면이 사발 바닥의 크기에 서로 맞게 한다.

臼中熟舂之, 勿
令蒜氣. 與薑椒
橘皮鹽豉和. 以
竹木 **41** 作 圓 範,
格四寸面. 油塗
絹藉 **42** 之, 絹從
格上下以裝之,
按令均平. 手捉
絹, 倒餅膏油中
煎之. 出鐺, 及熱
置枰 **43** 上, 盌子
底按之令拗. **44**
將奠, 翻仰之. 若
盌子奠, 仰與盌
子相應. 又云, 用

---

52 '지피즉지(至皮即止)': "(머리에서 꼬리로) 살을 뜨고 껍질에 닿으면 멈춘다."라는 말은 살만 취하고 껍질을 버린다는 의미이다.

53 틀을 일러 '격(格)'이라고 하며, 창틀[窗格]이나 방형의 틀[方格]과 같이 '둘러싸고 있는 둥근 틀'을 '원격(圓格)'이라고 한다. '4치[四寸]'는 둥근 틀의 직경이며, '면(面)'은 둥근 바닥면을 가리킨다.

54 '장지(裝之)'는 고기소를 넣는 것을 가리키고, 비단 속에 넣는다는 의미는 아니다. 이 때문에 묘치위 교석본에서는 '견종(絹從)' 두 글자는 마땅히 '종견(從絹)'으로 도치해야 한다고 지적하였다.

55 '당(鐺)': 즉 쇠솥이다.(권5 「잇꽃 · 치자 재배[種紅藍花梔子]」 주석 참조.)

56 '번앙지(翻仰之)'는 뒤집어 바닥면이 위로 올라가게 하여, 접시 굽의 오목한 흔적이 바깥으로 드러나지 않게 하는 것이다.

또 이르기를 같은 양의 흰 생선살과 신선한 생선살을 써서 잘게 다지는 것은 앞의 방식과 같이 한다. 손으로 둥글게 떡 모양처럼 만들고 기름에 넣어 지져 계란떡[雞子餠]처럼 만든다.[57] 십자로 잘라서 상에 올릴 때는 서로 모아서 온전한 것처럼 해서 올린다. 작은 떡은 두 치 반 정도의 크기로 2개를 담아 올린다. 파와 호근[胡芹][58]은 날 것을 사용해서는 안 된다. 날것을 쓰면 얼룩이 져서 보기 싫다.[59] 만약 여러 가지의 요리가 풍족하다면 미리 이것[지진 떡]을 놓을 필요가 없지만, 요리가 풍족하지 않다면 이 지진 떡으로 부족함을 보충할 수 있다.

범적[範炙] 만드는 법:[60] 거위와 오리의 앞가슴

白肉生魚等分，細研熬和如上．手團作餠，膏油煎，如作雞子餠．十字解奠之，還令相就如全奠．小者二寸半，奠二． 葱胡芹生物不得用．用則斑，可增． 衆物若是，先停此，若無，亦可用此物助諸物．

範炙．用鵝鴨臆

---

57 '작계자병(作雞子餠)': '계자병'을 만드는 방법은 본권 「병법(餠法)」의 '계압자병(雞鴨子餠)'조에 보이는데, 오직 『식차』에만 이 방법이 있고, 가사협의 문장에는 없다.

58 '총호근(葱胡芹)'은 금택초본에서는 '총근(葱芹)'으로 쓰고 있고, 명초본에서는 '총호근(葱葫芹)'으로 쓰고 있으며, 다른 본에서는 '총호이근(葱葫二斤)'으로 쓰고 있는데, '이근(二斤)'은 '근(芹)'자를 잘못 쓴 것이다.

59 "用則斑, 可增": '반'자는 해석하기 어렵다. 권8 「고깃국 끓이는 방법[羹臛法]」편 선지내장국 만드는 법[臉臟]의 "早與血則變, 大可增米奠."과 비교하면 시들거나 변색과 같은 안 좋은 것을 설명하는 듯하다. '가증'은 각 본에서 동일한데, 묘치위 교석본에서는 유수증(劉壽曾)의 교기에서 "증은 증과 같다.[增, 似憎.]"라고 한 것을 근거로 하여 "보기 싫다[憎]."로 해석하였으며, 본서에서는 묘치위의 해석을 따랐다.

60 '범적(範炙)': '범'자는 본 조항의 내용과 관계가 없다. 바로 위의 '병적(餠炙)' 조항에는 "대나무통이나 나무로 둥근 틀[圓範]을 만든다."라고 하였는데, 스성한의 금

살을 쓴다. 만약 통째로 사용한다면[61] 망치로 뼈를 부순다. 생강, 산초, 귤껍질, 파, 호근胡芹, 달래, 소금, 두시[豉]를 다지고 함께 섞어 고기 위에 발라 주고 통째로 굽는다. (익으면) 가슴살을 도려내고 뼈를 제거해 양념 없이 맹물에 삶는 것처럼 하여 상에 올린다.[62]

새꼬막구이[炙蚶]:[63] 철판[64]에 굽는다. 즙이 나

肉. 如渾, 椎令骨
碎. 與薑椒橘皮葱
胡芹小蒜鹽豉, 切,
和, ㊺ 塗肉, 渾㊻炙
之. 斫取臆肉, 去
骨, 奠如白煮之者.

炙蚶. 鐵鎗上

석본에서는 이 구절을 근거로 하여 '범적' 두 글자가 윗 조항의 마지막 부분에 편입되어 '역명범적(亦名範炙)'임이 분명하며, 본 조항의 표제가 유실되었거나 본문에 잘못 들어간 것이라고 추측하였다.

61 '여혼(如渾)': 글자 자체에 따라 해석은 가능하나 너무 억지스러운데, 스성한의 금석본에서는 이 두 글자가 본문이 아니며 이 조항의 표제 '혼적(渾炙)' 두 글자를 잘못 베껴 쓴 것으로 보았다. 반면 묘치위 교석본에서는, '거위와 오리를 통째로 구우며[渾炙]'에서는 앞가슴살만 단독으로 굽지 않고 통째로 구운 후에 잘라내기 때문에 '여혼(如渾)'은 마땅히 '용혼(用渾)'으로 써야 한다고 하여 스성한과 다른 견해를 제시하였다.

62 이 문장의 주된 내용이 거위와 오리의 가슴살을 사용한다는 것이라면, "如渾 … 渾炙之"까지는 삽입절로 보고 해석할 수 있다. 그렇지 않고 오리와 거위를 통째로 사용할 경우에는 망치로 뼈를 부수고, 갖은 양념을 하고 통째로 구워서 다시 가슴살을 도려내고 뼈를 발라내어 끓이는 불필요한 과정이 포함된다. 이 때문에 앞의 문장을 삽입구로 처리하게 되면 오리와 거위의 가슴살을 잘라 내서 뼈만 발라내고 맹물에 삶으면 된다.

63 '감(蚶)'은 새꼬막으로, 돌조개과[蚶科]의 일종이다. 껍데기 위에는 꼬막의 정수리에서 뻗어 나온 방사형의 줄무늬가 있는데, 모양은 피조개와 같기 때문에 '와릉자(瓦楞子)'라고 한다. 중국의 연해 지역에서 생산되며 종류가 매우 많고, 오늘날에는 뻘조개[泥蚶]가 가장 보편적이다.

64 '알(鎗)': 이 글자는 비교적 이른 시기의 자전과 사전 즉 『설문해자』, 『옥편(玉篇)』, 『광운(廣韻)』, 『방언(方言)』, 『석명(釋名)』 등에 모두 수록되어 있지 않다. '알(鎗)'은 『집운(集韻)』 「입성(入聲)·시월(十月)」에서 "철판을 거는 것이다.[以鐵

온 후에 껍데기 반쪽을 버리고 작은 구리쟁반에 담아서 올린다. 큰 것은 한 쟁반에 6개를 담고, 작은 것은 8개를 담는다.

위로 향하도록 상에 올린다[仰奠]. 식초[酢]를 별도로 하여 함께 올린다.

굴조개구이[炙蠣]:[65] 새꼬막구이와 같이 한다. 즙이 나온 후에 껍데기 반쪽은 버리고, 굴조갯살 세 개를 껍데기 하나에 담아서 올린다. 새꼬막조개 구이와 같이 하며, 따로 식초[酢]를 함께 올린다.

대합구이[炙車熬]: 굴조개구이와 같이 한다. 즙이 나온 후에는 껍데기 반쪽은 버리고 조개똥을 제거한다. 조개껍데기 하나에 3개의 대합살을 올려놓는다. 여기에 생강, 귤껍질 가루[66]를 넣고 다시 구워서 데운다. 4개씩 담으며 조갯살

炙之. 汁出, 去半殼, 以小銅柈奠之. 大, 奠六, 小, 奠八.[47] 仰奠. 別奠酢隨之.

炙蠣. 似炙蚶. 汁出, 去半殼, 三肉共奠. 如蚶, 別奠[48]酢隨之.

炙車熬.[49] 炙如蠣. 汁出, 去半殼, 去屎. 三肉一殼. 與薑橘屑, 重炙令暖. 仰奠四,

爲揭也.]"라고 하였다. 당대(唐代) 육우(陸羽: 733-804년)의 『다경(茶經)』 중에 '갈(撒)'이 있는데, 묘치위 교석본에 의하면, 이것은 짧고 넓적한 대나무 조각이 며, 미량의 소금을 취해서 사용하기 때문에, 그 그릇을 '갈(撒)'이라고 칭한다. "철판을 거는 것[鐵鍋]"은 바로 철로 만드는 '갈(撒)'이며, 곧 여기서의 '철알(鐵 鍋)'인데 철로 만드는 부삽[火鑷]과 같은 주방도구이다. 이 글자는 남방인이 만든 속자(俗字)이며, 이 역시 『식차』에서 어휘로 사용하는 특색을 지녔다.

65 '여(蠣)'는 곧 '굴조개(牡蠣)'로, '호(蠔)'라고도 한다. 얕은 바다의 모래 밑에 서식 하며, 중국 연해 지역에서 모두 생산된다. 그 껍질을 태운 재는 벽에 바를 수도 있다. 또한 '고분회(古賁灰)'라고도 부르는데, 빈랑(檳榔)을 먹는 데 이용된다.[권 10 「(49) 부유(扶留)」 참고.]

66 '귤설(橘屑)': 마땅히 '귤피설(橘皮屑)'로 써야 한다. 다음 조항의 '귤(橘)'에도 '피 (皮)'자가 빠져 있다.

이 위로 향하게 하고 식초를 함께 담아 올린다. 구울 때 너무 익혀서는 안 되는데, 익히면 질겨진다.

생선구이[炙魚]: 작은 방어[鱭]나 백어白魚를 사용하는 것이 가장 좋다. 통째로 쓴다. 비늘을 벗겨서 깨끗이 손질하고 가늘게 칼집을 낸다[謹].[67] 작은 고기가 없으면 큰 고기를 사용하며, 사방 한 치 기준으로 포를 뜨고 칼집은 내지 않는다. 생강[薑], 귤껍질[橘], 산초[椒], 파[葱], 호근胡芹, 달래[小蒜], 차조기[蘇], 머귀나무[欇][68] 등을 잘게 찧고 부순다. 소금과 두시[豉], 식초를 넣고 고루 섞어 생선을 담근다. 하룻밤 재워 둔다. 구울 때 각종 향채[69] 즙을 부어 준다. 마르면 다시 부어 준다.

酢隨之. 勿太[50]熟, 則肕.

炙魚. 用小鱭白魚最勝. 渾用. 鱗治, 刀細謹. 無小用大, 爲方寸准, 不謹. 薑橘椒葱胡芹小蒜蘇欇, 細切鍛. 鹽[51]豉酢和, 以漬魚. 可經宿. 炙時以雜香菜汁灌之. 燥

---

67 '근(謹)': 이 '근'과 뒷 문장의 '근'은 글자 자체로는 해석하기 어려우며, 자서(字書)에서 찾을 수 있는 해석으로는 설명하기에 부적합하다. 스성한의 금석본에서는 『설문해자』의 '수(手)'부에 있는 '근(捪)'자가 '닦다' 즉, '가지런하게 손질하다'의 뜻이므로, 이 구절의 상황에 비교적 적합하다고 판단하였다. 반면 묘치위 교석본에서는 '갈라서 칼집을 내는'의 의미로 보아 '근(劤)'이 되어야 하며, 이 역시 『식경』, 『식차』에서 사용한 동음자의 일례라고 지적하였다.

68 '당(欇)': 『옥편』에서 '수유류(茱萸類)'로 풀이하고 있다. 『이아(爾雅)』 '익(翼)'에 "삼향(三香)은 산초[椒], 머귀나무[欇], 생강[薑]이다."라고 되어 있다.

69 '잡향채(雜香菜)': 옛날에는 '향채(香菜)'로 불리는 채소 종류가 많았는데, 재배하였든 반 재배하였든 모두 야생의 것이다. 현재에는 거의 대부분 '고수[芫荽]'가 독점적으로 향채(香菜)의 대명사로 쓰인다. 『제민요술』의 본문에는 '고수[芫荽]', '난향(蘭香)' 이 외의 향채를 '잡향채(雜香菜)'라고 하였다.(권3 「난향 재배[種蘭香]」에 보인다.) 묘치위 교석본에 따르면, 『식차』에서 가리키는 것 중에 어떤 종류가 '정(正)'이고 어떤 종류가 '잡(雜)'인지 알 수 없으며, 아마 어떤 종류의 향채

익으면 그만둔다. 색깔이 붉은색으로 변하면 다 된 것이다. 두 마리씩 담아서 상에 올리는데 단지 하나만 담지는 않는다.[70]

復與[52]之. 熟而 止. 色赤則好. 雙 奠, 不惟用一.

● 그림 1
새꼬막[蚶]

● 그림 2
머귀나무[欓]

● 그림 3
호근(胡芹)

도 모두 사용될 수 있음을 널리 가리키는 것으로 보았다.

70 '불유용일(不惟用一)': 본 조항의 앞부분에서는 "작은 고기가 없으면 큰 고기를 사용하며, 사방 한 치 기준으로 포를 뜬다.[無小用大, 爲方寸准.]"라고 하였는데, 스성한의 금석본에서는 이를 근거로 '불유(不惟)'가 '대준(大准)'의 잘못된 글자일 것으로 추측하였다.

1 '돈(豚)': 스성한의 금석본에서는 '돈(独)'으로 쓰고 있다. 스성한에 따르면, 명초본에 '돈(独)'으로, 명청 각본에 '저(豬)'로 되어 있다고 한다. '돈(独)'은 '작은 돼지[豬]'이며, '돈(独)' 혹은 '돈(豚)'의 다른 표기법이다. 금택초본에 따라 '돈(独)'으로 한다.

2 '개(揩)': 명초본에 '해(楷)'로 잘못되어 있다. 금택초본과 명청 각본에 따라 바로잡는다.

3 '장(藏)': 명청 각본에 '장(臟)'으로 되어 있다. 명초본과 금택초본에 따라 '장(藏)'으로 한다.

4 '주잡(周匝)': 스성한의 금석본에서는 '주잡(周帀)'으로 되어 있다. 스성한에 따르면 명초본에 '용잡(用帀)'으로, 명청 각본에는 '주이(周而)'로 잘못되어 있다. 금택초본에 따라 바로잡는다고 하였다.

5 "不匝則偏焦也": 스성한의 금석본에서는 "不帀, 便偏燋也"로 쓰여 있다. 스성한에 따르면 각본에 '잡(帀)'이 '시(市)'로, '초'가 '초(焦)'로 되어 있다. 학진본에는 "不滯□偏焦也"로 되어 있다. 금택초본에 '편(便)'이 '즉(則)'으로, '초(燋)'가 '집(集)'으로 되어 있다. 현재 명초본을 따른다고 하였다.

6 "勿住. 若": 명초본에는 '약(若)'이 '저(箸)'로 잘못되어 있고, 금택초본에는 '약'이 '고(苦)'로 잘못되어 있다. 학진본에는 '물(勿)'자가 없으며, '주(住)'가 '가(佳)'로 되어 있다. 비책휘함본에는 '물'자가 없으며, '약'자 역시 '저(箸)'로 잘못되어 있다.

7 '설(雪)': 명초본에 '뇌(雷)'로 잘못되어 있다. 금택초본과 명청 각본에 따라 바로잡는다. 묘치위 교석본에 의하면, '능(凌)'은 '빙(氷)'이라고 한다.

8 '봉혹작봉(捧或作棒)': 이 표제와 주의 격식은 금택초본과 명초본, 학진본에 모두 첫 번째 큰 글자 아래에 작은 세 글자의 주가 더해져 있다. 그러나 명초본의 첫 번째 큰 글자는 봉(捧)으로 되어 있고, 소주의 마지막 글자는 '봉(俸)'으로 되어 있다. 비책휘함본의 첫 번째 글자 역시 '봉(捧)'으로 되어 있으며, 소주는 표제의 '자(炙)'자 아래에 '捧或作俸'

네 글자로 되어 있다. 지금 금택초본에 따라 바로잡는다. 아래의 본권의 「재·오·조·포 만드는 법[作脾奧糟苞]」에 모두 '봉자(棒炙)'라는 단어가 있는 것에서 '봉(棒)'자가 정확한 글자임을 알 수 있다.

⑨ '할편(割遍)': 스성한의 금석본에서는 '편(徧)'으로 쓰고 있다. 스성한은 명초본과 명청 각본에 '편'자가 없는데 금택초본에 따라 보충한다고 하였다.

⑩ 표제의 소주는 명초본, 금택초본, 학진본에 모두 '납(腩)'자 다음에 있으며, 비책휘함본은 '자(炙)'자 다음에 있다.

⑪ '다(多)': 금택초본에는 '자(炙)'로 잘못되어 있다.

⑫ '개(開)': 명청 각본에는 '간(間)'으로 잘못되어 있다.

⑬ '과(裹)': 학진본을 포함한 명청 각본에 모두 자형이 유사한 '이(裏)'로 되어 있다.

⑭ '취(脆)': 스성한의 금석본에서는 '취(脃)'로 되어 있다. 스성한에 따르면 명청 각본에는 자형이 유사한 '비(肥)'라고 잘못되어 있다고 한다.

⑮ '인(朋)': 명청 각본에 자형이 유사한 '명(明)'(학진본) 혹은 '붕(朋)'(비책휘함본)으로 잘못되어 있다.

⑯ '도(跳)': 명청 각본에 '시(跂)', 금택초본에 '원(跣)'으로 되어 있다. 명초본에 따라 '도(跳)'로 한다. '도환(跳丸)'은 탄환을 위로 던져서 받는 놀이의 일종이다. 이 제조법으로 만들어진 고기완자[肉丸]의 모습이 탄환과 같다고 해서 '도환적(跳丸炙)'이라 불린다. 『북당서초(北堂書鈔)』 권145 '적(炙)'항 '환적(丸炙)'조에서 "『식경(食經)』에서 말하기를, 교지 환적법은 환이 탄환과 같으며, 고깃국을 만들어 환적을 넣어 끓인다." 라고 했다. 『제민요술』의 인용과는 글자에 다소 큰 차이가 있다. 명청 중의 '지(跂)'자는 자형이 오히려 '도(跳)'와 매우 유사한데 이는 생각해 볼 필요가 있다. 묘치위 교석본에 의하면, 『문선(文選)』중 장형(張衡) 의 「서경부(西京賦)」에는 "'탄환[丸]'과 '검(劍)'을 빠르게 던진다."라고 하였는데, 현대의 서커스 중에도 여전히 이와 같은 손기술의 항목이 남아 있다. 여기에서는 그 고기 완자가 탄환과 같아서 마치 '도환(跳丸)' 과 같다고 하였기 때문에 유래하여 이름 붙였다고 한다.

⑰ '취비돈(取肥純)': 명청 각본에 '취조비저(取調肥豬)'로 되어 있다. 명초

본과 금택초본에 따라 고친다.

⒙ '어장(魚醬)': 명초본과 명청 각본에 '어장(魚漿)'으로 잘못되어 있는데, 금택초본에 따라 바로잡는다. 본장의 '작병적법(作餠炙法)', '양적백어법(釀炙白魚法)', '남적법(腩炙法)'에도 '어장즙(魚醬汁)'이 있다.

⒚ '이승(二升)': 명청 각본에 '삼근(三斤)'으로 되어 있다. 명초본과 금택초본에 따라 바로잡는다.

⒛ '돈(独)': 명청 각본에 '저(豬)'로 잘못되어 있다. 명초본과 금택초본에 따라 고친다. 본조의 표제 역시 '돈(独)'이다.

㉑ '밀(蜜)': 명청 각본에 '관(串)'으로 잘못되어 있다. 명초본과 금택초본에 따라 고친다.

㉒ '반합(半合)': 명청 각본에 '합'자가 누락되어 있다. 명초본과 금택초본에 따라 보충한다.

㉓ '과저(裹著)': 스성한의 금석본에는 '취저(聚著)'로 되어 있다. 스성한에 따르면 '취'자는 금택초본에 '이(裏)'로 잘못되어 있다. '저'는 금택초본에 '저(箸)'로 되어 있다. '著充竹弗上' 이 구절은 여전히 해석하기가 쉽지 않다. 이 밖에 또 틀린 글자가 있는 것이 분명하다. '충'자는 아마 획수를 줄인 '장(長)'자를 잘못 쓴 듯하다. 묘치위 교석본에 의하면, 이하의 문장에 '과작찬(裹作弗)'이 있는데 금택초본을 참고하여 '과(裹)'로 고친 것이다. '충(充)'은 대나무 꼬치에 가득 끼운다는 의미다.

㉔ '함(衔)': 비책휘함 계통의 각본에 '함적(衔炙)'으로 되어 있다. 학진본과 점서본은 명초본, 금택초본과 마찬가지로 '함(衔)'자이다. 금본 유희(劉熙)의 『석명』「석음식(釋飲食)」 제13에 "함(脂)은 함(衔)이다. 함자는 세밀육(細密肉)에 생강, 산초[椒], 소금, 두시[豉] 등을 고기 표면에 바른 후 익히는 것이다."라고 했다. 필원(畢沅)의 고증에 따르면 이 조에는 착오와 누락이 있다고 한다. 그는 앞에 '함적(脂炙)' 두 글자를 더한 것은 "함(脂)은 함(衔)이다."이기 때문이며 금본 『석명』에도 (설사 후대사람들이 넣었다고 할지라도) "함(脂)은 함(衔)이다."라는 설명이 있다.

㉕ '과(裹)': 명초본과 명청 각본에 '이(裏)'로 잘못되어 있다. 금택초본에 따라 바로잡는다.

㉖ '탁(琢)': 명청 각본에 '작(作)'자가 잘못되어 있다. 명초본과 금택초본

에 따라 고친다.

㉗ '즙(汁)': 명청 각본에 '십(十)'으로 잘못되어 있다. 명초본과 금택초본에 따라 수정한다.

㉘ '세(洗)': 금택초본에 '세(細)'자로 잘못되어 있다.

㉙ '초일승(酢一升)': 명청 각본에 '초' 위에 '작(作)'자가 잘못 들어가 있다. 아마 위 구절의 마지막은 '탁(琢)'이고 이 구절의 시작은 '초(酢)'자라서, 바로 위의 글자와 음이 유사하고 아래 글자와 형태가 닮은 '작(作)'자를 더 쓴 듯하다. 명초본과 금택초본에 따라 삭제한다.

㉚ '종배(從背)': '종(從)'은 명초본과 명청 각본에 '후(後)'로 되어 있다. 금택초본에 따라 바로잡는다. 묘치위 교석본에 의하면, '종배(從背)'는 금택초본에서는 이 문장과 같고, 다른 본에서는 '후배(後背)'로 쓰여 있는데, 이것은 형태상의 잘못이다. 앞 문장의 '적지(炙之)'는 『식경』 또한 기름으로 지져서 '적(炙)'하였다. 여기서는 응당 기름을 넣고 볶은 것이며, 반드시 '오(熬)'의 잘못은 아니라고 한다.

㉛ '찬(弗)': 명청 각본에 자형이 유사한 '불(弗)'자로 되어 있고, 점서본에는 '비(沸)'로 고쳤는데, 의미가 없다. 원각본에서 '관(串)'으로 고쳤는데, 명초본 및 금택초본과 부합한다.

㉜ '자(鮓)': 본 조의 '자' 두 글자는 명청 각본에 모두 '초(酢)'로 되어 있다. 명초본과 금택초본에 따라 바로잡는다.

㉝ '함(脂)': 스성한의 금석본에선 '담(啗)'이라고 하고 있다. 스성한에 따르면 명초본과 명청 각본에 모두 '담(㗖)'으로 되어 있다. 금택초본과 본장 '도적(擣炙)'조의 "화조여담자(和調如啗炙)"에 따라 '담(啗)'으로 고친다. 점서본에서 '도적(擣炙)'조의 '담(啗)'을 '담(㗖)'으로 바꾼 것도 가능하다. 어쨌든 이 두 조는 같은 글자이다. 묘치위 교석본에 의하면, '함(脂)'은 금택초본에서는 모두 '담(啗)'으로 쓰여 있으며, 다른 본에서는 '담(㗖)'으로 쓰여 있는데, 이는 모두 잘못이라고 한다. 『북호록(北戶錄)』 권2에는 '남조식품(南朝食品)' 중에 '함적(陷炙)'이라는 것이 있다고 기록되어 있는데, 여기서 '함(脂)'은 '함(陷)'을 잘못 쓴 것이다. 이 또한 남조(南朝)의 식품이다. 『식경』, 『식차』는 남조(南朝)와 더불어 뗄 수가 없는 것이다. 또, 다음 조항의 '도적(擣炙)' 중의 '함적(脂炙)'은

금택초본과 명초본 등에서는 '담적(啗炙)'이라고 잘못 쓰고 있는데 고쳐서 바로잡는다고 하였다.

34 '순저(筍菹)': 명청 각본에 '저'자가 빠져 있다. 명초본과 금택초본에 따라 보충한다.

35 '호(胡)': 명초본에 '호(葫)'로 되어 있다. 금택초본과 전후 문장의 용법에 따라 바로잡는다.

36 '이(二)': 명청 각본에 '이'자가 빠져 있다. 명초본과 금택초본에 따라 보충한다.

37 '간가오분(間可五分)': 명초본에 '문(問)'으로 잘못되어 있다. 금택초본과 명청 각본에 따라 바로잡는다. 묘치위 교석본에 의하면, "간(間)"은 명초본에서는 "문(問)"이라고 잘못 쓰여 있으며, 다른 본에서는 잘못되지 않았다. '가오분(可五分)'의 '분(分)'은 '분(份)'과 통하며, 『경세통언(警世通言)』「조태조천리송경랑(趙太祖千里送京娘)」에서 "적인이 수레와 재물과 비단을 가지고 가서 세 등분으로 나누었다.[將賊人車輛財帛, 打開分作三分.]"라고 한 것에서의 '삼분(三分)'은 즉, '삼분(三份)'이다. 이것은 다섯 개를 한 묶음으로 싸는 것을 가리킨다. '분(分)'은 『식차』에서 사용하는 단어로 잘못된 글자는 아니라고 하였다.

38 '초(酢)': 명청 각본에 '산(酸)'으로 되어 있다. 금택초본과 명초본에 따라 '초'로 한다. 묘치위 교석본에 따르면, 본 조항에서는 '초(酢)'를 사용한 적이 없다. 게다가 '함적(脂炙)'에서는 초를 사용하지 않고, 사용한 것은 '시큼한 절인 외[酸瓜菹]'와 '절인 죽순[筍菹]'을 재료로 하였다. 이것들은 모두 매끈하고 단단한 것으로 서로 붙지 않는 것이 자연스러우며, '초(酢)'는 음이 가까운 '저(菹)'의 잘못으로 의심된다. 또한, "밀가루를 넣으면 맛이 없다.[與麵則味少.]"라는 문장은 본 조항의 앞부분에서 서로 붙도록 "밀가루를 약간 넣는다.[與少麵.]"라고 한 것과 모순되므로, '여면(與麵)' 다음에 '다(多)'자가 빠진 듯하다. 즉 "밀가루를 많이 넣으면 맛이 좋지 않다.[味少.]"라는 의미라고 하였다.

39 '예(鱧)': 명청 각본에 '이(鯉)'로 잘못되어 있다. 금택초본과 명초본에 따라 바로잡는다. 묘치위 교석본에 따르면, 금택초본과 명초본에서는 '예(鱧)'로 쓰고 있으며, '점(鮎)'과 함께 모두 점액이 있는데, 다른 본에

서는 '이(鯉)'로 쓰여 있지만, 이는 잘못이라고 하였다.

⓵ '형(栟)': 명초본과 명청 각본에 '형(拼)'으로, 원각본에 '형(硎)'으로 되어 있다. 잠시 금택초본과 학진본에 따라 '형(栟)'으로 한다. '형(栟)'은 『편해(篇海)』에 따르면 "책상이다.[机也.]"인데, 즉 다듬잇돌[砧板] 혹은 책상 [案板]이다. 그러나 『옥편』, 『광운』에는 모두 '형(栟)'자가 없다.

⓶ '목(木)': 명초본에 '본(本)'으로 잘못되어 있다. 금택초본과 명청 각본에 따라 바로잡는다. 묘치위 교석본에 의하면, '원(圓)'은 명초본과 진초본에서는 이 글자와 같은데, 금택초본과 호상본에는 '원(員)'으로 쓰여 있다고 한다.

⓷ '자(藉)': 명청 각본에 '적(籍)'으로 되어 있다. 명초본과 금택초본에 따라 '자'로 한다. 자는 '깔다[墊]'의 뜻이다.

⓸ '반(柈)': 명초본과 명청 각본에 '반(拌)'으로 되어 있다. 금택초본에 따라 '반(柈)'으로 한다. '반'은 '쟁반[盤子]', '접시[碟子]'이다. 묘치위 교석본에 의하면, '반(柈)'은 '반(槃)'과 같으며, 이는 곧 '반(盤)'자이다. 금택초본과 명초본, 명청 각본에는 모두 '반(柈)'으로 잘못 쓰여 있으며, 오점교본(吾點校本)에서는 모두 '반(柈)'으로 고쳐 쓰고 있는데, 점서본에서 따른 것은 옳다. '적감(炙蚶)' 조에는 '동반(銅柈)'이 있는데, 글자는 마땅히 '목'변을 따라야 한다고 하였다.

⓹ '영요(令拗)': 명청 각본에 '令勿拗'로 되어 있다. 명초본과 금택초본에 따라 '물'자를 생략한다.

⓺ '화(和)': 명청 각본에 '여(如)'로 잘못되어 있다. 명초본과 금택초본에 따라 고친다.

⓻ '혼(渾)': 명초본과 명청 각본에 '도(塗)'로 잘못되어 있다. 금택초본에 따라 바로잡는다.

⓼ '소전팔(小奠八)': 명청 각본에 '팔'자 위에 '지(之)'자가 잘못 들어가 있다. 명초본과 금택초본에 따라 삭제한다.

⓽ '전(奠)': 명초본과 금택초본에 모두 '막(莫)'으로 잘못되어 있다. 명청 각본에 따라 '전'으로 한다.

⓾ '오(熬)': 명청 각본에 '오(熬)'로 되어 있다. 묘치위 교석본에 의하면, '오(熬)'는 금택초본과 명초본, 호상본, 점서본에서는 동일하지만, 진체

본에서는 '오(蝥)'로 쓰고 있으며, 학진본에서는 '오(鰲)'로 쓰고 있는데, 마땅히 '오(鰲)'로 써야 할 것이다. 『본초강목』권46 「차오(車鰲)」조에서는 "그 껍질은 자색을 띠고 있으며, 광택은 옥과 같으며, 반점이 꽃과 같다. 바닷가 사람들은 불에 그것을 구워 껍데기가 열리면 조갯살을 꺼내서 먹었다."라고 하였는데, 여기서 '오(熬)'자로 쓰고 있는데 음이 같아서 글자를 차용한 것이라고 하였다.

50 '태(太)': 명청 각본에 '영(令)'으로 잘못되어 있다. 명초본과 금택초본에 따라 바로잡는다.

51 '염(鹽)': 명청 각본에 '반(盤)'으로 잘못되어 있다. 명초본과 금택초본에 따라 고친다.

52 '부여(復與)': 명청 각본에 '불부흥(不復興)'으로 되어 있다. 명초본과 금택초본에 따라 '불(不)'자를 삭제한다.

재육 만드는 법[作脺肉法]: 나귀[驢], 말[馬], 돼지[豬]의 고기로 모두 만들 수 있다. 섣달에 만드는 것이 좋다. (그러면) 여름에도 여전히 벌레가 슬지 않게 된다. 나머지 달에 만든 것은 반드시 뚜껑을 덮어 잘 보호해야 한다. 꼼꼼히 봉하지 않으면⁷² 벌레가 생길 수 있다.

고기를 큼직하게 썰어 저미는데, 뼈가 있는 것은 뼈가 붙은 채로 큼직하게 자른다. 소금·누룩[麴]·보리누룩[麥䴷]을 섞되 그 양은 짐작에 따라 가감한다.

그러나 반드시⁷³ 소금과 누룩은 양을 같게

作脺⁵³肉法. 驢馬豬肉皆得. 臘月中作者良. 經夏無蟲. 餘月作者, 必須覆護. 不密則蟲生. 䴢臠肉, 有骨者, 合骨䴢剉. 鹽麴⁵⁴麥䴷合和, 多少量意斟裁. 然後鹽麴二物等分, 麥䴷倍少

---

71 원래 '작(作)'자가 없으나, 묘치위 교석본에서는 본문에 따라 '작(作)'자를 보충하였다.

72 '불밀(不密)'은 '그렇지 않으면[不爾]'의 잘못일 수도 있다.

73 '후(後)': 스성한의 금석본에서는, '후'자를 자형이 유사한(특히 행서) '수(須)'자와 헷갈린 듯하다고 보았다.

하고 보리누룩은 누룩의 절반이 되게 한다. (고기와) 섞은 후에 항아리에 담고 진흙으로 항아리를 밀봉하여 햇볕을 쪼인다. 14일이 지나면 숙성된다. 삶아서 일상의 식용으로 하여[74] 육장肉醬으로 먹을 수 있다.

오육 만드는 법[奧[75]肉法]: 먼저 2년 이상 돼지를 길러[76] 살찌워, 섣달에 잡는다. 돼지털을 뽑은 뒤에 불에 거죽을 그슬려 누렇게 만든다.

다시 따뜻한 물로 씻어 내고[77] 깎아서 깨끗하게 손질한 후, 내장[五藏]을 꺼낸다[刳].[78] 돼지비계를 볶아서[爁][79] 기름을 취한다. 돼지고기를 사

於麴. 和訖, 內甕中, 密泥封頭, 日曝之. 二七日便熟. 煮供朝夕食, 可以[55]當醬.

作奧肉法. 先養宿豬令肥, 臘月中殺之. 挈訖, 以火燒之令黃. 用暖水梳洗之, 削刮令淨, 刳去五藏. 豬肪爁

---

74 '조석식(朝夕食)': 스성한의 금석본에서는, '짧은 시간[조석간(朝夕間)]에 먹는 것'으로 풀이하면서, 조석은 아침과 저녁만을 가리키지는 않는다고 보았으며, 묘치위・묘궤이룽[繆桂龍] 역주, 『제민요술역주(齊民要術譯注)』, 上海古籍出版社, 2006(이후에 '묘치위 역주본' 혹은 '묘치위 역문'으로 간칭)에서 조석을 '일상식용'으로 해석하고 있다.

75 '오(奧)': 『석명(釋名)』 권4 「석음식(釋飮食)」에 "오(腜)는 오(奧)이다. 고기를 오(奧) 안에 저장해 두었다가 조금씩 꺼내 사용한다."라고 되어 있다. '오(奧)'는 즉 본 조에서 말한 오육(奧肉)이다. 권8 「삶고 찌는 법[焦豬肉法]」에서는 '욱육(燠肉)'으로 표기했다.

76 '숙저(宿豬)': 다음 문장의 '이세저(二歲豬)'와 쓰임이 부합되지 않으므로, 2년 이상 늙은 돼지의 고기를 가리킨다.

77 '소세(梳洗)': 권8 「삶고 찌는 법[蒸焦法]」 교기 참조.

78 '고(刳)'는 파내서 제거한다는 의미이다.

79 '추(爁)': 굽는 것, 지져 볶는 것을 말한다. 오늘날 '초(炒)'라고 쓰는 글자이다. 『광운(廣韻)』에 이르기를 "추(爁)는 볶는 것이다."라고 하였는데 이는 돼지비계를 볶아서 기름을 걸러 내는 것을 가리킨다. 분리해서 응고된 것이 '지(脂)'이며, 액체 상태인 것이 '고(膏)'이다. 나누어지지 않을 때는 모두 '유지(油脂)'이다. 『제민

방 5-6치로 썰어 저미는데, (저민) 고기는 모두 거죽이 붙은 채로 두고, 물을 부어서 잠기게 한 후에 솥에 넣고 삶아서[80] 졸인다. 고기가 익고 물기가 없어지면 다시 앞에서 취한 돼지기름으로 고기를 삶는다.

일반적으로 기름 한 되, 술 2되, 소금 3되[81]의 비율로 하고, 고기를 기름에 잠기도록 해야 한다.

은근한 불로[82] 반나절쯤 삶으면 좋다. 걸러 내어 항아리 속에 담는다.[83] 거르고 남은 돼지기름을 고기를 넣은 항아리에 쏟아부어 고기가 잠기게 한다.

먹을 때는 따로 물을 붓고 삶아 푹 익히고,[84]

取脂. 肉臠方五六寸作, 令皮肉相兼, 著水令相淹漬, 於釜中爚之. 肉熟, 水氣盡, 更以向所爚肪膏煮肉. 大率脂一升, 酒二升, 鹽三升, 令脂沒[36]肉. 緩火煮半日許乃佳. 漉出甕中. 餘膏仍瀉肉甕中, 令相淹漬. 食時, 水煮令熟, 而調和

요술』에서는 이를 통용해서 쓴다.

80 '추지(爚之)': 이 문장의 '추(爚)'자는 '삶는다'는 의미이다.

81 '염삼승(鹽三升)': 소금 3되, 술 2되, 돼지기름 한 되이면 소금의 분량이 지나치게 많다. 착오가 있는 듯하다. 스성한의 금석본에 의하면, 세 번째 글자는 '반(半)'자가 뭉개진 글자일 수도 있고, '삼승'이 '삼합(三合)' 또는 '오합(五合)'일 수도 있다. 묘치위 교석본을 보면, '염삼승(鹽三升)'에 대하여 『북호록(北戶錄)』 권2 '식목(食目)'조에 '오육법(奧肉法)'이 있다. 당대(唐代) 최구도(崔龜圖)의 주의 내용은 『제민요술』과 완전히 같기 때문에 마땅히 『제민요술』을 인용한 것인데, 최구도의 주 역시 '염삼승(鹽三升)'으로 되어 있고 술은 '주삼승(酒三升)'으로 되어 있으므로, 이러한 잘못된 문장은 이미 당대(唐代)에 그렇게 된 것이라고 하였다.

82 최구도의 주에는 『제민요술』을 인용하여 '완화(緩火)'라고 고쳐서 바로잡고 있다.

83 '녹출옹중(漉出甕中)'은 걸러 저민 덩어리를 끄집어내어 항아리에 담은 후에 기름을 항아리 속에 담가 쏟아 넣는다는 의미이다. '내(內)', '저(著)'와 같은 글자가 빠져 있는 것으로 보인다.

다시 조미료를 넣어 평소의 고기처럼 조리한다. 특별히 신선한 부추를 섞어 버무려 만들면 좋다. 또한 구워 먹을 수도 있다. 2년 된 돼지는 고기가 단단하지 않아 부스러지기 쉬워 (오육奧肉으로) 만들지 못한다.

조육85 만드는 법[作糟肉法]: 봄, 여름, 가을, 겨울 사계절에 모두 만들 수 있다. 물을 술지게미에 넣고 주물러서 죽과 같이 만들고 소금을 넣어 짭짤하게 한다. 술지게미에 봉적捧炙 모양의 고기를 넣어 둔다. 처마 아래 그늘진 곳에 둔다.86

술을 마시고 밥을 먹을 때 모두 (조육을) 구워 먹을 수 있다. 여름에 열흘이 되어도 악취가 나지 않는다.

포육 만드는 법[苞肉法]: 12월에 돼지를 잡는다. 하룻밤이 지나 육즙이 거덕거덕 마를 때, 봉적 모양으로 자르고 띠풀이나 골풀[菅]87로 감싸 준다.

골풀이나 띠풀이 없으면 짚을 써도 된다.

之如常肉法. 尤宜新韭爛拌.**57** 亦中炙噉. 其二歲豬, 肉未堅, 爛壞不任作也.

作糟肉法. 春夏秋冬皆得作. 以水和酒糟, 搦之如粥, 著鹽令鹹. 內捧**58**炙肉**59**於糟中. 著屋下陰地. 飲酒食飯, 皆炙噉之. 暑月得十日不臭.

苞肉法. 十二月中殺豬. 經宿, 汁盡泄泄時, 割作捧炙形, 茅菅中苞之. 無菅茅, 稻

---

84 최구도의 주에는 '水煮令熟'의 다음에 '切作大臠子'라는 구절이 있다.

85 '조육(糟肉)': 이는 곧 술지게미에 고기를 담그는 것이다.

86 '옥하음지(屋下陰地)'는 처마 아래 그늘진 곳으로, 반드시 지하 암실을 뜻하지는 않는다.

87 '관(菅)'은 골풀과의 골풀[菅草; *Themeda gigantea* var. *villosa*]로서, 여러해살이 초본 식물이다. 잎 모양은 줄과 같고, 물건을 싸는 용도로 사용할 수 있다.

(외부를) 두터운 진흙으로 봉하여 갈라지지 않게 해 주고, 갈라지면 다시 진흙을 바른다.

집 밖의 북쪽 그늘진 곳에 걸어 두면, 7-8월이 되어도 마치 갓 잡은 고기 같다.

『식경』에서 말하는 견접 만드는 방법[作犬腺[88] 法]: 개고기 30근, 밀 6되, 백주白酒 6되를 합해 세 번 김이 나게 삶는다.[89]

탕 국물을 바꿔 다시 밀, 백주를 각각 3되씩 넣고 고기를 삶아서 고기가 푹 익으면 뼈를 발라내고 이내 찢어 둔다.

稈亦得。 用厚泥
封, 勿令裂, 裂復
上泥。 懸著屋外
北陰中, 得至七八
月, 如新殺肉.

食經曰作犬腺
法. 犬肉三十斤,
小麥六升, 白酒六
升, 煮之令三沸.
易湯, 更以小麥白
酒各三升, 煮令肉

---

88 '접(腺)':『설문해자』에서 접을 '얇게 자른 고기(薄切肉)' 즉, 얇은 편의 고기로 해석했다.『광운』에서는 '가늘게 썬 고기[細切肉]'라고 해석했는데 의미는 같다. 즉 『예기』「소의(少儀)」에서 "소와 양의 비린 것[腥]을 잡아서[聶] 써는 것이 회(膾)이다."에서의 '섭(聶)'자이다. 정현의 주에서 "섭(聶)을 접(腺)이라 한다."라고 했다. 여기의 용법은 모두 이 의미와 다소 차이가 있으며, 스성한의 금석본에 따르면, 본 조와 다음 조의 제조법에 따르면 오늘날 '진강효육(鎭江餚肉)'과 유사하다. 즉 뼈와 가죽의 콜라겐[膠原]을 이용하여 뜨거운 물에서 아교[膠]를 추출한 후에 식히면 젤리[膠凍]가 되는데, 계란과 오리알에 함유된 단백질이 열을 만나 성질이 변한 후 덩어리가 만들어지는 점착력[黏附力]이 더해져, 다진 고기를 뭉치면 얇게 썰 수 있는 고기가 된다고 한다.『동관한기(東觀漢記)』에 광무제가 하북에 이르자 "조왕(趙王)의 서형(庶兄)인 호자(胡子)가 구접해(狗腺醢)를 올렸다."라는 말이 있다. '효육'의 제조법이 전한 말기에 이미 있었던 듯하다.

89 '자지령삼불(煮之令三沸)': 아래 문장의 '역탕(易湯)'에 근거하면 응당 물을 부어 삶는 것이다. 왜냐하면 단지 술 6되로 개고기 30근과 밀 6되를 삶을 수 없기 때문이다. 또 3되의 술을 부어서 삶아 살에서 뼈를 발라내는데, 물을 붓지 않으면 더욱 문제가 생기며 용기 속에 증기를 써서 찌는 것[焗]도 불가능하다.

달걀 30개를 깨뜨려 고기 속에 넣는다. 고기를 잘 감싸 시루 안에 넣고 찌는데, 달걀이 마를 정도로 한다.[90] (시루에서 꺼내) 돌로 눌러 준다.

하룻밤이 지나면 꺼내서 먹을 수 있다. 이것을 건접이라고 부른다.

『식차』에서 말하는 포접[91] 만드는 법[苞脿法]: 쇠머리, 사슴머리, 돼지 족발을 먼저 맹물에 삶는다. 수양버들[柳] 잎 크기로 가늘게 썰어서 귀, 입, 코, 혀 부분을 골라내고 또 좋지 않은 부분을 가려낸다.

시루에 넣어 찐다. 따로 쪄서 익힌 돼지 족발을 사방 한 치 크기로 자르고, 익힌 달걀과 오리알, 생강, 산초, 귤껍질과 소금을 시루에 고기와 함께 섞어 다시 쪄서 푹 익힌다. 고기 한 되에 오리알 3개를 넣고 별도로 다시 쪄서 연하게 한다. 그 후에 함께 감싸 준다.

(그 방법은) 흩어진 띠풀을 단으로 묶되 잎이 붙어 있는 채로 하여 서로 이어져 반드시 빈틈없

離骨, 乃擘. 雞子
三十枚著肉中. 便
裹肉, 甑中蒸, 令
雞子得乾. 以石迮
之. 一宿出, 可食.
名曰犬脿.

食次曰苞脿法.
用牛鹿頭, 豚蹄,
白煮. 柳葉細切,
擇去耳口鼻舌, 又
去惡者. 蒸之. 別
切豬蹄, 蒸熟, 方
寸切, 熟雞鴨卵薑
椒橘皮鹽, 就甑中
和之, 仍復蒸之,
令極爛熟. 一升
肉, 可與三鴨子,
別復蒸令軟. 以苞
之. 用散茅爲束附

---

90 '편과육(便裹肉)'은 별도로 띠풀 같은 것을 찢어서 싼 개고기로서, 앞 구절에서 말한 '계란으로 고기를 싼 것'은 아니다. '건(乾)'은 『방언(方言)』권10에서 "乾, … 老也."라고 했다. 이것은 달걀이 굳어서 마른 것을 말한다.

91 '포접(苞脿)': '포법(苞法)'의 한 방식이며, 띠풀로 싼 것이다. 『식경(食經)』 역시 '견접(犬脿)'을 '싼다'의 뜻으로 간결하게 설명하였기 때문에 견접과 포접은 모두 본편의 '포(苞)'법 중에 열거해 둔 것이다.

이 감싸도록 한다.[92]

　큰 것은 가죽장화[鞾雍][93] 굵기로 하고 작은 것은 정강이 굵기로 한다.[94] 큰 것은 길이를 2자로 하고 작은 것은 한 자 반 정도로 한다. 큰 나무로 눌러 고르고 평평하게 해 주는데, 나무는 무거우면 무거울수록 좋다.

之, 相連必致令裹.[60] 大如鞾雍, 小如人脚蹄腸. 大, 長二尺, 小, 長尺半. 大木连之, 令平正, 唯重

<hr>

92 "附之, 相連必致": 이 여섯 글자는 누락되고 순서가 바뀐 듯하다. 스성한의 금석본을 참고하면, '부'는 음이 근사한 '박(縛)'자이며, 위의 '산모(散茅)'의 다음과 '위속(爲束)'의 앞에 놓여서, '산모를 한 묶음이 되도록 동여매는[用散茅縛之爲束]' 것 즉 다발이 아닌 흩어진[散] 띠[茅]를 한 묶음으로 동여매는 것으로 보았다.

93 '화옹(鞾雍)': 스성한의 금석본에 따르면, '화'는 '화(靴)'자의 옛 표기법이다. '옹(雍)'은 장화의 몸통을 가리킨다. '옹(鞠)'과 통하며, 『집운(集韻)』에서는 "화요이다.[鞾鞠也.]"라고 하였다. 『양서(梁書)』 권48 「예예국전(芮芮國傳)」에 '심옹화(深雍鞾)'가 있으며, 이는 곧 긴 장화이다. 여기서 설명하는 것은 '접육(腜肉)'을 싼 것이 마치 장화 몸통과 같은 굵기인 것을 말하는 것이다. '옹'자의 옛 표기법은 '옹(邑)', '옹(雝)'이며, '화목하다[和也]', '사방에 물이 있는 것을 옹(雍)이라 한다.', '모이다[聚]' 등으로 풀이된다. 『광운』에서 옹주(雍州)를 풀이하기를 "옹(雍)은 옹(擁)이다. … 네 개의 산으로 둘러싸여 있다."라고 했다. '화옹(鞾雍)'은 '화용(鞾箭)'과 '화척(鞾蹠)'이 만나는 곳으로, 즉 신발 중에서 가장 넓은 부분이자 뒤꿈치가 놓이는 곳이다.

94 '각선장(脚蹄腸)': '선(蹄)'자는 『옥편』 주에 비장(腓腸)이다. 장딴지[腨]라고 한다."라고 되어 있다. 『설문해자』에서는 천(腨)으로 쓰며, 역시 '비장'으로 해석했다. 비(腓)는 『광운』 「상평성(上平聲)·팔미(八微)」에 "각천장(脚腨腸)이다."라고 되어 있다. 각천장은 비장[肌], 즉 정강이[脛], 종아리[小腿]의 '힘줄[腱子]'이다. '선(蹄)'의 정자는 '천(腨)'이라고 쓰며 『설문해자(說文解字)』에서는 "천은 장딴지이다.[腨, 腓腸也.]"라고 하였다. 단옥재(段玉裁)의 주에서 이르기를 "정강이의 일부분이다.[脛之一耑(端).]"라고 하였다. 『광운(廣韻)』 「상평성(上平聲)·팔미(八微)」에는 "발목이다.[脚腨腸也.]"라고 하였다. 여기서의 '각선장(脚蹄腸)'은 잘 덮힌 접육(腜肉)의 작은 부분이 정강이 끝 부분과 같이 가늘고 굵은 것을 말하는 것이다.

겨울에는 물에 담가 둘 필요가 없으며, 여름에 만든 작은 단은 눌러 줄 필요가 없고, 다만 작은 판자 사이에 끼워 둔다. 한 면에 판자 두 겹을 대고 양 면에 모두 네 겹의 판자를 사용한다. 전체를 끈으로 단단히 매고, 두 판자 사이에 쐐기를 써서 단단하게 한다. 쐐기는 길고 얇아야 하며, (쐐기의 뾰족하고 얇은 부분이) 판 중앙에서 교차되게 하여,[95] 마치 바퀴 축처럼 쐐기를 박는다. 힘껏 쳐도 더 이상 들어가지 않으면 그만둔다. 우물 안에 매달아 두는데, 수면과 한 자 정도 띄워 둔다.

만약 급히 사용해야 한다면 물에 담근다. 사용할 때는 바깥의 흰 기름층을 걷어 낸다.[96] 이것을 칭하여 수접水牒이라고 부른다.

爲佳. 冬則不入水, 夏作, 小者不連, 用小板挾之. 一處與板兩重, 都有四板. 以繩通體纏之, 兩頭與楔楔之兩板之間. 楔宜長薄, 令中交度, 如楔車軸法. 強打不容則止. 懸井中, 去水一尺許. 若急待, 內[61]水中. 用時去上白皮. 名曰水牒.

---

95 '영중교도(令中交度)': 스성한의 금석본에서는, 이것이 양쪽으로 박아 들어간 쐐기[楔]이며, 중간에서 만난 후 서로 중복되어 지나간다고 보았다. 그러나 묘치위는 이를 판자에 끼워서 압착하는 방법으로 보았는데, 위아래의 양쪽에 각각 두 겹의 판을 이용하여 모두 네 개의 판자를 사용한다. 판자에 끼운 전체를 노끈을 이용해서 단단하게 묶는다. 두 겹의 판자 사이에는 나무 쐐기를 박아 넣는데, 두 끝이 중앙을 향하기 때문에 끼운 것이 매우 탄탄하게 하여, 힘껏 쳐서 더 이상 들어가지 않을 정도로 탄탄해지면 그만둔다. 쐐기는 길고 얇아야 하는데, 양쪽 끝을 중앙으로 향하게 하여 서로 교차되게 한다고 한다.

96 "用時去上白皮": 스성한의 금석본에서는 '용시(用時)'를 '시용(時用)'으로 적고 있으나, '용시'가 맞다고 보았다. '백피(白皮)'는 무엇을 가리키는지는 불명확하다고 한다. 달걀 흰자를 가리키는 것이 아닐 수도 있다. 묘치위 교석본에 따르면 아마 응고되어 굳어진 한 층의 흰 결정이거나, 단단히 묶고 압착하여 수분과 지방질이 빠지면서 표면에 생긴 하얀 지방층일 가능성이 크다고 한다.

또 이르기를, 쇠고기와 돼지고기를 삶아 익혀 썰되 앞의 방법과 같이 한다. 쪄서 익혀 꺼내어 흰 띠풀[97] 위에 펼치고 삶은 달걀 흰자를 고기 사이에 넣는데, (한 층은 고기를 놓고 또 한 층은 달걀 흰자를 덮어서) 세 층이 되게 한다. 곧 띠풀로 말아 감고 싸서 가는 끈으로 단단하게 묶는다. 두 개의 작은 판자에 끼워 재빨리 양 끝을 단단히 묶고 우물 안에 매달아 둔다. 하루가 지나면 비로소 완성이다.

또 이르기를, 고기를 콩잎[98]같이 얇게 썰어 찐다. 익으려 할 때 날달걀을 깨뜨려 넣고 잘게 썬 생강과 귤껍질[99]을 넣어서 시루 안에서 섞는다. 쪄서 익히고 싸는 것은 앞에서 말한 것과 같이 한다. 담아서 위에 올릴 때는 백접白牒을 담아 올리는 것처럼 하는데, 이를 또한 책접逄牒이라고 부른다.[100]

又云, 用牛豬肉, 煮切之如上. 蒸熟, 出置白茅上, 以熟煮雞子白三重間之. 即以茅苞, 細繩概束.<u>62</u> 以兩小板挾之, 急束兩頭, 懸井水中. 經一日許方得.

又云, 藿葉薄切, 蒸. 將熟, 破生雞子, 并細切薑橘, 就甑中和之. 蒸苞如初. 奠如白牒, 一名逄牒是也.

---

97 '백모(白茅)'는 화본과(禾本科)의 흰 띠풀[白茅: *Imperata cylindrica* var. *major*]로서 민간에서는 '모초(茅草)'라고 한다. 잎사귀가 선형(綫形) 또는 선상피침형(綫狀披針形)으로 물건을 싸고 묶는 용도로 사용된다. 앞 문장의 여러 곳에 나오는 '모(茅)' 역시 이를 가리킨다.

98 '곽엽(藿葉)': 얇은 조각이다. (권8 「고깃국 끓이는 방법[羹臛法]」 주석 참조.)

99 '귤(橘)' 다음에 '피(皮)'자가 빠진 듯하다.

100 '백접(白牒)'은 곧 '책접(逄牒)'으로, 이 또한 앞 문장에 언급된 '수접(水牒)'이다. '책접'의 '접(牒)'은 명초본에는 '접(牒)'으로 잘못 쓰고 있다

● 그림 4
골풀[莆草]

● 그림 5
흰 띠풀[白茅]

교 기

53 '재(胏)': '자(胏)'자[재(滓) 혹은 자(姊; zǐ)로 읽는다.]이다. 『역경』「합
서(噬嗑)」에 '噬乾胏'가 있는데, 소(疏)에 "건자(乾胏)는 저민 고기[臠
肉]를 말린 것이다."라고 해석했다. 『광아』권8「석기(釋器)」에 "자
(胏), 수(脩) … 는 포(脯)이다."라고 되어 있다. 현재 이 조의 내용으로
보건대, '마른 고기[乾肉]'가 아니라 『옥편』에서 말하는 '포유골(脯有
骨)', 즉 뼈가 있는 육장(肉醬)이다.

54 '국(麴)': 스성한의 금석본에서는 '국(麴)'으로 표기하였다. 명청 각본
에는 '면(麵)'으로 잘못되어 있다. 명초본과 금택초본에 따라 바로잡
는다.

55 '가이(可以)': 명청 각본에 '이'자가 누락되어 있다. 명초본과 금택초본
에 따라 보충한다.

56 '몰(沒)': 명청 각본에 '몰'자 위에 '도(渡)'자가 있다. 명초본과 금택초본
에 따라 삭제한다.

57 "尤宜新韭爛拌": '신구(新韭)'는 금택초본 이 외의 다른 본에서는 모두
단어를 중복하여 "尤宜新韭, 新韭爛拌"이라고 쓰고 있으며, 단어를 겹
친 것은 응당 군더더기이다. 또, '구(韭)'는 금택초본과 명초본에서 '구

(韭)'로 적고 있고, 다른 본에서는 '구(韭)'로 적고 있는데, 묘치위 교석본에서는 통일하여 '구(韭)'로 적고 있다. '난반(爛拌)'은 『북호록(北戶錄)』권2 「식목(食目)」에 '난반(爛畔)'이라고 쓰여 있으며, '저채(菹菜)'의 아래에 나열되어 있는데, 이것은 일종의 절인 채소이다. 여기서의 '난반(爛拌)'은 글자만 보고 짐작하면, 아마 일종의 부추를 섞어 버무린 요리일 것이라고 한다.

58 '봉(捧)': 명청 각본에 '봉(捧)'으로 되어 있으나, 스성한의 금석본에서는 명초본과 금택초본에 따라 '봉(棒)'으로 쓰고 있다.

59 '육(肉)': 금택초본에 '어(於)'로 잘못되어 있는데, 아래 글자와 중복된다.

60 '과(裹)': 명청 각본에 '이(裏)'로 잘못되어 있다. 명초본과 금택초본에 따라 바로잡는다.

61 '내(內)': 명청 각본에 '육(肉)'으로 잘못되어 있다. 명초본과 금택초본에 따라 수정한다.

62 '속(束)': 명초본과 명청 각본에 '속(速)'으로 잘못되어 있다. 금택초본에 따라 고친다.

『식경』에서 말하는 병효¹⁰² 만드는 법[餠酵法]: │ 食經曰作餠酵

---

101 '병(餠)':『석명(釋名)』「석음식(釋飮食)」에서는 "병(餠)은 병(幷)이다. 밀가루를
반죽하여 합하는 것이다."라고 하였다. 밀가루, 쌀가루를 반죽하고 섞어서 만드
는 가루음식을 옛날에는 모두 '병(餠)'이라고 불렀으며, 물과 밀가루를 '합했다[合
餠]'라는 의미이다. 예컨대 만두는 '증병(蒸餠)', '농병(籠餠)'으로 부르며, 국수[麵
條]는 '색병(索餠)', '수인병(水引餠)' 등으로 불렀는데, 오늘날의 '병(餠)'과 완전히
같지는 않다. 본편에서 이르는 '병법(餠法)'도 각양의 가루음식과 쌀가루로 만드
는 각종 '병(餠)'을 광범위하게 가리킨다. 묘치위 교석본을 보면, '병(餠)'을 오늘
날의 관점에서 보면 빵과 떡으로 광범위하게 해석할 수 있다. 대개 빵은 밀가루
에 술밑을 넣어서 만들고 떡은 쌀가루를 쪄서 만든다. 빵은 대개 중국의 화북 지
역 사람들과 유목 민족들이 많이 만들어 먹었으며, 떡은 쌀을 주산지로 하는 남방
지역의 사람들의 산물이다. 묘치위에 의하면, 당대(唐代) 단공로(段公路)의『북호
록(北戶錄)』권2 「식목(食目)」 중에는 '만두병(曼頭餠)'과 '혼돈병(渾沌餠)'이 기
재되어 있다. 당대(唐代) 최구도(崔龜圖)의 주(注)에서 설명하기를『제민요술』상
의 글자이다."라고 하였는데, 이는 매우 중요하다. 명당본(明唐本)의『제민요술』
중에는 원래 위와 같이 쓰인 두 가지 '병(餠)'이 있었지만, 금본의『제민요술』에는
이 두 가지의 '병(餠)'이 모두 없는데 이미 소실된 것이라고 하였다.

102 '병효(餠酵)'는 '취병(炊餠)'[지금의 '마(饝)', '막(饃)' 또는 '만두(饅頭)'이다.], '호병
(胡餠)'['소병(燒餠)'], '전병(煎餠)'을 만드는 데 사용되는 '효(酵)'[지금의 '발면(發
麪)', '기자(起子)', '노면(老麪)']이다. 스성한의 금석본에 따르면, 본 조항에 기록

산장酸漿 한 말을 졸여서 7되가 되게 한다. 멥쌀 한 되를 산장에 넣는다. (먼저 잠시 담근 후에) 약한 불 위에 올리고 끓여서[103] 죽처럼 만든다.

6월에 밀가루 한 섬을 섞는데 술밑[餅酵; 酒母] 2되를 사용하고 겨울에는 술밑 4되를 사용하여 만든다.

백병[104] 만드는 법[作白餅法]: 밀가루 한 섬을 사용한다. 먼저 흰 쌀 7-8되로 죽을 쑤고 백주白酒 6-7되를 넣어서 술밑밥을 만든다.[105] 불가에 두어 술의 기포가 물고기 눈처럼 크게 끓을 때 짜서 찌꺼기를 걸러 내고 (맑은 액체를 얻어) 밀가루와 섞는다. 밀가루가 부풀어 오르면[106] 곧 백병을 만들 수 있다.

法. 酸漿[63]一斗, 煎取七升. 用粳米一升著漿. 遲下火, 如作粥. 六月時, 溲一石麵, 著二升, 冬時, 著四升作.

作白餅法. 麵一石. 白米七八升, 作粥, 以白酒六七升酵中. 著火上, 酒魚眼沸, 絞去滓, 以和麵. 麵起可作.

된 방법에 따르면, 상당한 분량의 유산(乳酸)을 함유한 죽(粥)이 공기 중의 누룩균[麴菌], 효모균(酵母菌) 등의 포자를 받아서 산에 강한 종류를 배양하여 밀가루의 발효를 보증하고, 꽈리[酸漿] 속의 발효 미생물을 직접적으로 이용하지 않는다고 한다.

103 '지하화(遲下火)'는 오랫동안 끓이는 것으로, 천천히 불을 가하는 것이다. 마치 멀건 죽을 끓이는 것과 같이 한다.

104 '백병(白餅)'은 각종 첨가물을 넣지 않은 밀가루로 만든 흰 빵이다.

105 '효중(酵中)'은 해석하기 어렵다. 묘치위 교석본에 따르면, '백주(白酒)'는 술지게미가 있는 백료주(白醪酒)로서, 아래 문장에서 "짜서 찌꺼기를 걸러 낸다.[絞去滓.]"가 입증된다. 오늘날 남방에서도 여전히 첨주양(甜酒釀)을 백주라고 하며, 이를 이용해서 발효한다.[이른바 '양(釀)', '낭(娘)'이다.]『식경』에서도 이를 넣어 효모로 만들고 있는 것으로 보아, 이는 응당 '두중(酘中)'의 잘못된 글자라고 하였다.

106 '면기(麵起)'는 반죽한 밀가루가 발효되어 팽창되고 부푸는 모습을 가리킨다.

구운 빵[107] 만드는 법[作燒餅法]: 밀가루 한 말을 사용한다. 양고기 2근, 파 밑동 한 홉에 두시즙과 소금을 넣고 볶아서 익힌다. (이들을 밀가루 속에 넣어서) 굽는다.[108] 밀가루는 마땅히 부풀어 올라야 한다.

수병[109] 만드는 법[髓餅法]: 수지髓脂, 꿀을 함께 밀가루와 섞는다. 두께는 4-5푼[分], 너비는 6-7치 정도로 한다. 호병로胡餅鑪; 燒餅鑪 안에[110] 넣어 (붙여서 구워) 익힌다. 뒤집어서는 안 된다.[111] 빵[餅]은 아주 기름지고 맛이 좋으며 오래

作燒餅法. 麵一斗. 羊肉二斤, 葱白一合, 豉汁及鹽, 熬令熟. 炙之. 麵當令起.

髓餅法. 以髓脂蜜, 合和麵. 厚四五分, 廣六七寸. 便著胡餅鑪中, 令熟. 勿令反覆. 餅

---

107 '소병(燒餅)': 여기에서 말하는 '소병'은 고기소를 넣어서 화덕에 구운 빵이다. 스성한의 금석본에 의하면, 지금 시중의 '참깨[脂麻]'가 들어간 '소병'을 원래 '호병(胡餅)'이라고 불렀다. 전해지는 말에 따르면 범성대(範成大)가 그 이름을 '마병(麻餅)'으로 바꾸었다고 한다.

108 '적지(炙之)'는 『옥편』에 이르기를 "굽는다[炙]의 의미이다"라고 하였으며, 여기에서는 '갱(炕)', '고(烤)'의 의미이다.

109 '수병(髓餅)': 『태평어람』 권860에서 인용한 "『식경』에 '수병법'이 있는데, 골수에서 빼낸 지방[髓脂]과 밀가루[麵]를 섞는다."라는 말로 보건대, 『제민요술』의 이 조항은 『식경』에서 가져온 것일 가능성이 크다. 즉 본편 앞부분의 이것과 연결된 4개의 조항은 모두 『식경』에서 온 듯하다.

110 '호병(胡餅)': 『석명(釋名)』 「석음식(釋飮食)」에서 "호병(胡餅)은 크고 넓게[大漫沍] 만드는 것이다. 또한 깨를 그 위에 뿌린다."라고 하였다. '호병(胡餅)'은 큰 것은 '대병(大餅)'이라고 하고, '호마병(胡麻餅)'이라고도 한다. 『태평어람』 권680에서는 『조록(趙錄)』을 인용하여 이르기를 "석륵(石勒)이 '호(胡)'자를 피휘하여 '호병(胡餅)'은 '단로(搏鑪)'라고 하고, 석호(石虎)는 '마병(麻餅)'이라고 했다."라고 하였다. 『예문유취(藝文類聚)』 권85 「백곡부(百谷部)」 '두(豆)'조에서 『업중기(鄴中記)』를 인용하여 "석륵은 '호(胡)'자를 피휘하여 (그 외에도) '호수(胡綏)'를 '향수(香綏)'라고 하며, '호두(胡豆)'를 '국두(國豆)'라고 칭하였다."라고 한다.

둘 수 있다.

『식차』에서 말하는 찬粲: 일명 난적(亂積)이라고도 부른다. 찹쌀을 사용하며,[112] 비단체로 걸러 낸다. 꿀과 물을 넣는데, 꿀과 물은 반반씩 넣고 쌀가루를 섞는다. 묽은 정도는 (속에 구멍을 뚫은) 대나무로 만든 국자[113]에서 빠져나가는 것을 먼저 시험하여, 흘러내리지 않는다면 다시 (약간의) 물과 꿀을 보태 준다.

대나무 국자를 만들 때는 약 한 되[升]들이의 대나무통 아랫쪽 마디 위에 촘촘하게 구멍을 뚫는다. 이 대나무 국자로 5되들이의 솥에 따라, 솥 안의 기름으로 튀긴다. 익힐 때는 솥의 3분의 1 정도로 졸이는 것이 적합하다.[114]

고환膏環[115] 만드는 법: 일명 거여(粔籹)[116]라고도 한

肥美, 可經久.

食次曰粲.🔢 一名亂積. 用秫稻米, 絹羅之. 蜜和水, 水蜜中半, 以和米屑. 厚薄令竹杓中下先試, 不下, 更與水蜜. 作竹杓, 容一升許, 其下節, 槪作孔. 竹杓中, 下瀝🔢五升䤵裏,🔢膏脂煮之. 熟, 三分之一䤵, 中也.

膏環. 一名粔籹.

---

111 '물령반복(勿令反覆)'은 소병(燒餅)의 한 면을 소병로(燒餅爐) 속의 화덕에 붙여서 구워 익히는 것으로, 당연히 뒤집으면 안 된다. 묘치위 교석본에 따르면, 이 같은 관점에서 볼 때, 화덕에서 꺼내서 다시 굽는 것이 기름지고 맛있는 원래의 맛을 상실하게 하는 것인가는 아직은 알 수 없다고 한다.

112 '용출도미(用秫稻米)': 묘위치는 이 말 아래에 '擣爲屑' 한 구절이 빠진 듯하며, 적어도 '설(屑)'자 한 자는 누락되었다고 보았다.

113 '죽표(竹杓)': 아래 문장의 "其下節, 槪作孔"의 문장에 의거해 볼 때, 실제는 한 통의 대 마디 위에 구멍을 뚫은 대나무통을 가리킨다.

114 "三分之一䤵, 中也": 한 번 넣어 끓일 때 솥 안에 3분의 1 정도가 된다면 적합한 양이다. 묘치위 교석본을 보면, 이 또한 일종의 참쌀가루를 기름에 튀긴 일종의 유과[饊子]라고 한다.

115 '고환(膏環)': '고(膏)'는 기름으로 튀긴 것이고, '환(環)'은 양 끝을 둥글게 하여 팔찌 모양으로 붙인 것으로, 또한 양 끝을 서로 꼴 수도 있어서 '고환(膏環)'이라고

다. 찹쌀가루를 만들어 물과 꿀에 섞는데, 반죽된 정도는 탕병湯餅[117]의 면과 같이 한다.

손으로 반죽을 떼어 내서 8치 정도로 늘인다. 구부려서 양쪽 끝을 한곳에 연결한다. 기름에 넣고 튀긴다.[118]

계압자병雞鴨子餅[119] 만드는 법: 작은 사발 안에서 알을 깨뜨리고[120] 소금을 약간 친다. 솥에 넣고 기름에 지져 둥근 병餅을 만든다.

두께는 2푼으로 한다. 하나를 통째로 담아서 올린다.

세환병細環餅과 절병截餅 만드는 법:[121] 환병은 일

用秫稻米屑, 水蜜
溲之, 強澤如湯餅
麵. 手搦團, 可長
八寸許. 屈令兩頭
相就. 膏油煮之.

雞鴨子餅. 破
寫甌中, 少與鹽.
鍋鐺中膏油煎之,
令成團餅. 厚二
分. 全奠一.

細環餅截餅.

칭하였다. 고리 모양의 기름에 튀겨 둥글게 만든 유과[饊子]로서 꼰 형태의 것은 기름에 튀긴 '꽈배기[麻花]'이다.

116 '거여(粔籹)': 『초사(楚辭)』 「초혼(招魂)」에 이르기를 "거여밀이(粔籹蜜餌)"라고 하였다. 왕일(王逸)이 주석하기를 "밀과 쌀가루를 튀겨서 거여를 만든다."라고 하였는데, 사용하는 재료와 방법은 본 조항과 동일하다.

117 '탕병(湯餅)'은 밀가루를 반죽하여 물에 넣고 끓인 밀가루 음식을 두루 지칭하는 것이다.

118 '고유자지(膏油煮之)': 이 작은 글자는 원래는 두 줄로 된 작은 글자로 되어 있는데, 묘치위 교석본에서는 고쳐서 본문의 큰 글자로 쓰고 있다. 스성한의 금석본에서는 큰 글자로 고쳐서 본문으로 해야 한다고 보았으나 고치지 않고 소주(小注) 그대로 두고 있다.

119 '계압자병(雞鴨子餅)': 본문에서는 노른자와 흰자를 섞는다는 언급이 없으므로, 이 '병'은 아마도 수란(水卵; 荷包蛋)이라고 생각된다. 이 조항은 『식차』의 문장이다. 글 안에 보이는 '탕병(湯餅)', '전전(全奠)' 등은 『식차』에만 나오는 용어이므로, 이를 통해 증명된다.

120 '파(破)': 깨뜨린 후에 섞어야 한다. 섞지 않으면 2푼 두께 정도의 얇은 병이 되지 않으며, 단지 기름에 지진 달걀프라이가 될 뿐이다.

명 한구(寒具)¹²²라고도 부른다. 절병은 갈자(蝎子)¹²³라고도 한다. 모두 꿀을 물에 타서 밀가루를 섞는다.¹²⁴ 만약 꿀이 없으면 (빨간) 대추를 끓여 즙을 내는데, 소나 양의 기름도 좋으며 소나 양의 젖을 (밀가루를 섞는 데) 사용해도 좋다. 이와 같이 하면 병餅의 맛이 좋으며 연해진다.

環餅一名寒具. 截餅 一名蝎子. 皆須以 蜜調水溲麵. 若 無蜜, 煮棗取汁, 牛羊脂膏亦得, 用 牛羊乳亦好. 令

---

121 본 항목부터 마지막의 '치면사참법(治麵砂摻法)'에 이르기까지 모두 『제민요술』의 본문이다. 묘치위 교석본에 따르면, 낱말을 쓰는 방식, 예컨대, '제(劑)', '정(停)', '번(䴺)', '축(逐)', '통(痛)', '거(舉)' 등을 통해 알 수 있으며, 사물의 이름 중에 '영분(英粉)', '낙(酪)' 등은 서북 소수민족에서 중원으로 유입된 것으로, 남방인의 저작인 『식경』, 『식차』에서는 거의 쓰지 않는다고 한다.

122 '한구(寒具)': 『본초강목』권25에서 "한구는 곧 지금의 유과[饊子]이다."라고 한다. 묘치위 교석본을 보면, 겨울과 봄에 수 개월간 둘 수 있으며, 한식에 연기를 피우지 않아 이것을 이용하였으므로, '한구(寒具)'라고 칭하였다. 명대(明代) 방이지(方以智: 1611-1671년)의 『통아(通雅)』「음식(飮食)」에 언급된 한구(寒具)에는 거여(粔籹), 고환(膏環), 환병(環餅), 장황(餦餭), 역라(餲鬙), 부류(粰䊆) 등의 이름이 포함되어 있다. 요컨대, 밀가루로 만들고, 찹쌀가루로 만들고, 단것, 짠 것 등 각양각색의 기름으로 유과를 튀긴 것 모두 '한구'라고 부를 수 있다. 여기서의 '환병(環餅)'은 바로 『식차』의 '고환(膏環)'으로서, 마찬가지로 고리 모양의 유과이다.

123 '갈자(蝎子)': 『석명』「석음식」에 "갈병(蝎餅)은 … 색병(索餅)의 일종으로 모두 형태에 따라 그 이름이 지어지고 있다."라고 한다. 이른바, '갈(蝎)'은 우선 납작하고 긴 형태의 색병을 만든 이후에 머리가 크고 꼬리가 작은 전갈 형태로 재단하여 기름을 이용해서 유과를 튀긴 것으로서, 이는 곧 이른바 형태에 따라서 이름 지은 것이다. '갈(蝎)'자는 명청 각본에 '납(蝎)'으로 잘못되어 있다. 금택초본, 명초본과 학진본에 따라 바로잡는다.

124 '수면(溲麵)': 어느 정도로 반죽하는지는 언급하지 않았다. 본 장 뒷부분의 '분병 만드는 법[粉餅法]'에는 "환병(環餅)의 면(麵)과 같이 먼저 되게 반죽하여 손으로 힘껏 주물러서 아주 부드럽게 만든다."라는 반죽법이 있는데, 이 부분에서는 문장이 빠진 듯하다.

오직 젖에만 (밀가루를) 섞어 만든 절병은 입에 넣으면 곧 사르르 녹아 눈처럼 부드럽다.[125]

부유餢餘[126] 만드는 법: 밀가루를 부풀리는 방법은 앞에서 말한 방법과 같다.[127] 물을 담은 쟁반[盤]에 밀가루[劑][128]를 담고, 별도의 칠기쟁반을 엎어서 쟁반 바닥 위에서 물로 주물러 반죽을 만드는데, (이때는) 기름은 사용하지 않는다.[129] 이 또한 열흘

餅美脆. 截餅純用乳溲者, 入口即碎, 脆如凌雪.

餢餘. 起麵如上法. 盤水中浸劑, 於漆盤背上水作者, 省脂. 亦得十日軟, 然久停則

---

125 "入口即碎, 脆如凌雪": 이 문장은 스성한의 금석본에서는 작은 글자로 되어 있다. 묘치위 교석본에 의하면 이 두 구절은 반드시 기름에 튀긴 것에 근거하였는데, 실제로 이 두 가지 병은 기름에 튀긴 유과이지만, 어떻게 만들었는지에 대한 설명이 없으며, '지오(脂熬)'류의 글자가 빠진 듯하다고 한다.

126 '부유(餢餘)': 『북호록(北戶錄)』 권2에서 "속석(束晳)의 『병부(餅賦)』에서는 "餢飳, 髓燭"이라 하였다. 이에 대해서 안지추(顔之推)가 말하기를 "지금 나라 안의 부주는 들기름으로써 끓이는 것이다. 강남에서 증병(蒸餅)을 이르기를 '부주(餢飳)'라고 하였으며, 어느 것이 옛 것에 합당한지 알 수 없다."라고 하였다. 『제민요술』의 '부유(餢餘)'는 일종의 기름으로 원병을 튀긴 것으로서 바로 안지추가 말한 "나라 안의 … 들기름으로써 끓이는 것이다.[內國 … 以油蘇煮之.]"를 가리킨다.

127 '기면여상법(起麵如上法)'은 본 장 맨 앞에 언급된 『식경』의 면을 부풀리는 방법을 가리키는 듯한데, 『식경』에서는 산장(酸漿)과 백료주(白醪酒) 두 가지를 써서 면을 부풀리고 있기 때문에, 도대체 어떠한 것을 가리키는지 확실하지 않다.

128 '제(劑)': 덩어리[件]로 잘라 놓은 밀가루 덩이로, 병(餅)을 만드는 재료로 쓴다.

129 기름 대신 물을 사용하는 이유는 기름으로 튀기는 것이 아니라 찌거나 삶기 때문이다. 오직 말려서 만든 것만 기름에 튀긴다. 이러한 병은 옻칠한 쟁반 바닥을 물에 담가서 물기가 있는 원병(圓餅)을 만드는 것이므로 기름에 튀길 수 없다. 이러한 이유로 묘치위 교석본에서는 '수작자(水作者)'는 어쩌면 마땅히 '수작이증자(水作而蒸者)'로 써야 할 것이라고 한다. 하지만 이 문장에는 두 가지 다소 의심스러운 부분이 있다. 하나는 '반(盤)'과 '칠반(漆盤)'의 문제로서, 두 개의 쟁반인지 아니면 하나의 쟁반에서 작업을 하는지의 문제이다. 그리고 다른 하나는 '칠

간 부드럽게 유지할 수 있지만 오래 두면 **딱딱**해 진다. 약간 마른 밀가루 반죽 덩어리를 팔에 올려 손으로 당겨 만들되 마른 밀가루[勃]를 넣어서는 안 된다. 기름 솥에 넣고 부풀어 오르면 **재빨리** 뒤집어 주고 작은 막대를 써서 두루 모양을 바로잡아 준다. 다만 그것이 저절로 부풀어야지[130] 찔러서 구멍을 내면 안 된다. 익으면 바로 꺼낸다. (이와 같이 하여) 한 면은 흰색이고 한 면은 붉은색으로, 병의 가장자리도 붉은색이 되면[131] 연하고 맛이 좋다. 오래 두어도 딱딱해지지 않는다. 만약 익어서 다시 뒤집을 때[132] 작은 막대로 찔러 구멍이 난 것은 속의 습윤기가 모두 빠져나가 딱딱해져서 좋지 않다. (가장 잘) 만드는 방법으로는 항아리에 담아 두고, 젖은 베를

堅. 乾劑於腕上
手挽作, 勿著勃.
入脂乳出, 卽急
飜, 以杖周正之.
但任其起, 勿刺
令穿. 熟乃出之.
一面白, 一面赤,
輪緣亦赤, 軟而
可愛. 久停亦不
堅. 若待熟始飜,
杖刺作孔者, 洩
其潤氣,[67] 堅硬[68]
不好. 法, 須甕
盛, 濕布蓋口. 則

반배상(漆盤背上)'의 문제로서 묘치위의 역문에서는 별도의 칠반(漆盤)을 뒤집어서 밀가루 반죽을 그 위에 얹고 눌러서 원병(圓餠)을 만든다고 하였는데, 스성한 금석본에는 칠기쟁반 바닥에 물을 이용해 비벼서 만든다고 하여 상반된 주장을 하고 있다. 생각건대, 뒤집은 별도의 쟁반을 이용해 밀가루 반죽을 눌러 원형의 병(餠)을 만들었을 것이라 생각된다.

130 '기(起)'는 기름에 튀겨서 부풀어 오르는 것을 말한다.

131 '윤연(輪緣)'은 둥근 병[圓餠]의 가장자리이다. 병이 부풀면 재빨리 뒤집는다. 바닥면의 색깔은 노릇하며 흰색은 아니지만, 여기서 말하는 흰색은 대개 붉은색에 대비하여 말하는 것으로, 이는 마치 민물을 짠물에 대비하여 '단물[甛水]'이라고 하는 것과 같다.

132 '대(待)'는 명초본에서는 '시(侍)'로 잘못 쓰고 있으나, 다른 본에서는 잘못되지 않았다.

뚜껑에 덮어 둔다. 이렇게 하면 항상 촉촉함을 유지할 수 있어 아주 좋다. 언제든지 꺼내 먹기에도 편리하고 연하여 맛이 좋다.

국수[水引]와 수제비[餺飥] 만드는 방법:[133] 모두 고운 비단으로 체질한 밀가루를 (잘 끓인) 고기국물과 섞어서 완전히 식힌 후에 반죽한다. 국수[水引]: 젓가락 굵기로 반죽하고 한 자 크기로 잘라낸다. 쟁반에 물을 담아 담가 두고, 솥 가에서[134]

常有潤澤, 甚佳.
任意所便, 滑而
且美.

水引餺飥[69]法.
細絹篩麵, 以成調
肉臛汁, 待冷溲之.
水引. 按如箸大,
一尺一斷. 盤中盛

---

133 '수인(水引)'은 국수이다. 『태평어람』 권860에서 인용한 홍군거(弘君擧)의 『식격(食檄)』에는 "그런 연후에 수인은 가늘기가 가는 실과 같다.[然後水引, 細如委綖.]"라고 하였다. 본 조항의 "부추처럼 가늘게 만들어[薄如韭葉]"와 본 장 뒷부분의 '분병 만드는 법[粉餅法]'조항에는 "만약 국수의 모양으로 만들려고 한다면, … 겨우 부추잎 정도로 한다.[若作水引形者, … 僅容韭葉.]"라고 하였는데, 언급하고 있는 것은 모두 납작한 국수이다. '박탁(餺飥)'은 또한 '박탁(餺飥)', '불탁(不飥)'으로도 쓴다. 남송(南宋) 정태창(程太昌)의 『연번로(演繁露)』에는 "옛날의 탕병(湯餅)은 모두 손으로 누르고 찢어서 탕 안에 넣었다. 후대에는 칼과 도마를 사용했는데 이에 '불탁'이라고 했고, 손으로 하는 것은 아니었다."라고 한다. 묘치위 교석본을 보면, 『제민요술』에서는 매우 짧고 굵은 국수를 동이 옆에서 "아주 얇게 반죽한다.[按使極薄.]"라고 하였는데, 실제로는 이것이 바로 오늘날의 '면피(麵皮)'이다. 옛날의 각종 밀가루 음식의 명칭에는 박탁(餺飥), 색병(索餅), 수인병(水引餅), 기자면(棋子麵) 등이 있는데 모두 탕병(湯餅)이다. 물을 끓여서 속이 찬 면식류로 소를 채운 것은, '혼돈(餛飩)', '산함(酸餡)'이라고 부른다. 또 고기를 넣은 것[葷], 채소[素]를 넣은 것이 있는데, 교자(餃子)와 포자(包子)류이다. 불에 구운 것을 소병(燒餅), 마병(麻餅), 호병(胡餅), 수병(髓餅)이라고 부르며, 소가 있고 가운데가 가득 찬 것을 포괄하여 소병류라고 한다. 찐 것을 증병(蒸餅), 취병(炊餅), 농병(籠餅) 등이라고 부르며 만두류이다. 기름에 튀긴 것은 고환(膏環), 환병(環餅), 갈자(蝎子), 난적(亂積) 등이며, 이것은 유과[䬺子]류라고 하였다.

134 '쟁상(鐺上)': 묘치위 교석본에서는 '쟁상(鐺上)'이 잘못되었다고 지적하였다. 국

손으로 눌러 이것을 부추처럼 가늘게 만들어 물
이 끓으면 솥에 넣어 삶는다.

수제비[餺飥]: 엄지손가락 굵기로 반죽하여 2
치 길이로 잘라 물동이에 넣는다. 동이 옆에서
손으로 밀가루를 아주 얇게 반죽하여, 모두 센
불을 이용해서 물이 끓을 때 넣어 삶는다. 윤기
가 나고 하얘지면 맛이 좋을 뿐 아니라 또한 매
우 부드럽고 맛이 좋다.

절면죽切麵粥[135]과 일명 기자면(碁子麵)이라고도 한
다. 부과죽麰麰粥[136] 만드는 법: 밀가루를 약간 되게

水浸, 宜以手臨鐺
上, 挼令薄如韭葉,
逐沸煮. 餺飥. 挼
如大指許, 二寸一
斷, 著水盆中浸.
宜以手向盆旁挼
使極薄, 皆急火逐
沸煮. 非直光白可
愛, 亦自滑美殊常.

切麵粥, 一名碁子
麵[70] 麰麰粥法. 剛

수는 물이 끓을 때 솥에 넣는다. 오늘날 민간에서 손으로 늘어뜨린 국수는 솥 바
깥에서 가늘고 고르게 늘어서 다시 끓는 물에 넣는데, 『제민요술』에서는 도리어
솥 가에서 힘껏 눌러서 국수를 납작하게 한다. 그러나 끓어서 김이 올라오면 김
에 손을 데이고 눈이 흐릿해지므로 밀가루 반죽 덩이를 변형하기 힘들기 때문에,
눌러서 납작하게 만드는 것은 거의 불가능하다. '박탁'은 이것과 같은 종류이며,
그것은 솥 곁에서 얇게 반죽한 것인데 여기서의 '쟁상(鐺上)'은 마땅히 '반상(盤
上)' 혹은 '쟁방(鐺傍)'으로 쓰여야 할 듯하다고 한다. 여기서 '쟁상(鐺上)'에 대한
묘치위의 교석은 언뜻 합리적인 것처럼 보이기는 하나, 그는 '상(上)'의 의미에
예컨대, '강상(江上)'과 같이 '곁' 또는 '가'의 뜻이 있다는 사실을 모르고 있는 듯
하다.

135 '절면죽(切麵粥)': 밀가루를 반죽하여 바둑알 모양으로 잘랐기 때문에 '기자면(碁
子麵)'이라고 하는데, 일종의 된 밀가루 반죽으로 만든 작은 덩어리의 면식이다.
묘치위 교석본을 보면, 고깃국을 넣어서 맛을 조절했는데, 비록 죽이라는 이름은
있지만 실제로는 아마 고깃국에 넣은 면식으로 생각된다고 한다.

136 '부과죽(麰麰粥)': 이 두 글자는 『집운(集韻)』 「거성(去聲)·삼십구과(三十九過)」
에만 보이며, 좁쌀죽[粟粥]으로 해석한다. 『집운』 이전의 자서(字書)인 『설문
해자』, 『방언(方言)』, 『석명(釋名)』, 『광아(廣雅)』, 『옥편(玉篇)』 심지어 『대광

반죽하되 주물러 부드럽게 만든다. 밀가루를 떼어 내어 새끼손가락 굵기로 반죽하고 다시 쟁반의 마른 밀가루로 덮어 준다.[137] 다시 젓가락 굵기로 늘여 준다. 자르되 바둑알 크기로 한다. (작은 밀가루 덩이가 밖에 붙어 있는) 마른 밀가루를 체로 쳐 내고 시루에 넣어 찐다. 김이 올라 뜸이 들고 (마른 밀가루가) 모두 물기에 젖으면 (시루에서 꺼내) 응달의 깨끗한 자리에 얇게 펴서 식히고, 반죽한 것을 흩어서 서로 달라붙지 않게 한다. 자루에 잘 담아 보관한다.[138]

(사용할 때는) 모름지기 물에 넣어서 끓여 익히고, 별도로 고기국물을 부어 주면 쫄깃하여 들러붙지 않는다. 겨울에는 한 번 만들면 열흘 동안 보존할 수 있다.

부과麲𩜁: 좁쌀을 쪄서 밥을 짓고 물에 담갔다가 건져 내어 마른 밀가루 속에 둔다. 키 속에 넣고 손으로 힘껏 휘저어 섞어 덩어리를 고르게

溲麵, 揉令熟. 大作劑, 按餅麤細如小指大, 重縈於乾麵中. 更按如麤箸大. 截斷, 切作方棊. 簁去勃, 甌裏蒸之. 氣餾[71] 勃盡, 下著陰地淨席上, 薄攤令冷, 按散, 勿令相黏. 袋盛,[72]舉置. 須即湯煮, 別作臛澆, 堅而不泥. 冬天一作得十日.

麲𩜁.[73] 以粟飯饙[74] 水浸, 即漉著麵中. 以手

익회옥편(大廣益會玉篇)』에도 없다. 『집운』이 『제민요술』의 이 조를 유일한 근거로 삼은 것은 아닌지 의심스럽다. 최식의 『사민월령』 5월 '적부술(糴麲𩜁)'에 따르면, '술(𩜁)'자는 원래 '쇄(麷)'[권3 「잡설(雜說)」 주석 참조.]로 표기해야 하며 해석은 '보리 부스러기'이다. 즉 밀가루에서 걸러 낸 비교적 큰 알갱이를 말한다.

137 '뇌병(按餅)'의 '병(餅)'은 작은 밀가루 반죽 덩이를 가리키는데, 바로 『석명』에서 말하는 밀가루를 반죽하여 '합병(合幷)'한 '병(餅)'이다. '중영(重縈)'은 다시 밀가루로 휘감는 것이다.

138 '거(舉)'는 '저장하다[藏]'이며, '거치(舉置)'는 '거두어서 잘 보관한다'는 뜻이다.

하여 모두 호두胡豆[139]처럼 되게 한다. 그중에서
아주 고른 것을 가려내고 시루에 쪄서 익혀 햇볕
에 말린다.

(사용할 때는) 물에 넣어서 끓이며 조리笊籬
를 사용해서 건져 내고 별도로 고깃국을 부어 주
면 매우 연하고 부드러우며 맛도 좋다. 이렇게
하면 한 달 동안 둘 수 있다.

분병粉餅 만드는 법: 맛을 낸 고기국물이 끓을
때, 곱게 찧은 쌀가루[英粉][140]를 섞는다. 거친 가루를
사용하면 병이 물러 퍼져 맛이 없으며, 뜨거운 탕을 사용하여
반죽하지 않으면 부드럽지 않아서[141] 먹기에 부적당하다. 환
병環餅의 면과 같이 먼저 되게 반죽하여 손으로
힘껏 주물러서 아주 부드럽게 만든다. 다시 고기

向簁箕痛按, 令
均如胡豆. 揀取
均者, 熟蒸,■ 曝
乾. 須即湯煮, 笊
籬■ 漉出, 別作
臛澆, 甚滑美. 得
一月日停.

粉餅法. 以成調
肉臛汁, 接沸溲英
粉.■ 若用麤粉, 脆■
而不美, 不以湯溲,■ 則
生不中食. 如環餅麵,
先剛溲, 以手■痛

---

139 '호두(胡豆)': 권2「콩[大豆]」에 기록된 '호두'는 '항쌍(豇䜺; 豇豆: Vigna unguiculata)'
이며, 오늘날 사천에서 누에콩[蠶豆; Vicia faba]을 '호두'라고 하는 것과는 다르다.
Baidu 사전에서는 '호두'를 '잠두(蠶豆)'라고 일컬으며, 또한 나한두(羅漢豆), 난화
두(蘭花豆), 남두(南豆), 수두(豎豆), 불두(佛豆), 야완두속(野豌豆屬)이라고도
칭한다.

140 여기서 말하는 '영분(英粉)'은 잘 빻은 미분(米粉)인데, 이때 미분이 쌀가루[大米
粉]인지, 좁쌀가루[小米粉]인지 분명하지 않다. 그러나 본권「종·열법(糉糪法)」에
서는 '도미(稻米: 대미)', '속미(粟米: 소미)'로 분명히 구분하여 표현하고 있다.『제
민요술』의 무대가 된 화북 지역에서 벼농사가 일반적이지 않았다는 점을 감안하
면 여기서의 '미(米)'는 '소미(小米; 粟米)'일 가능성이 크다. 그렇지 않다면, 남방
의 풍습을 수용하여 표기했을 것으로 판단된다.

141 '생(生)'은 굵고 거칠어서 쫄깃하지 않는다는 의미이다. 오늘날에도 여전히 뜨거
운 물을 이용해서 반죽하여 부드럽게 만든다. 명청 각본에 '주(主)'로 잘못되어
있다. 명초본과 금택초본에 따라 바로잡는다.

국물을 넣고 멀겋게 하여 질게 만든다. 쇠뿔을 잘라 숟가락 바닥 크기 정도로 하여 예닐곱 개의 구멍을 뚫는데, (구멍의 크기는) 거친 삼실이 통과할 정도로 한다.

만약 국수[水引]의 모양으로 만들려고 한다면 다시 쇠뿔을 잘라서 4-5개의 구멍을 뚫는데, (그 구멍은) 부추잎이 겨우 통과될 정도로 한다.

새로 짠 고운 비단 두 장[142]을 준비하는데, 그 크기는 각각 한 자[尺] 반으로 한다. 뿔의 크기에 따라 비단 가운데를 약간 잘라 내고 쇠뿔 조각을 비단 위에 기워 붙인다. 송곳으로 쇠뿔에 구멍을 뚫고 비단을 그 위에 단단히 꿰매어 구멍 속에서 묽은 반죽이 새어나오지 않게 한다. 사용한 후 씻어서 보관하면 20년을 쓸 수 있다.

반죽한 밀가루를 (비단에) 싸서, 네 귀퉁이를 잡고 오므려 솥의 끓는 물 위에 (반죽을 쇠뿔의 구멍을 통하여) 짜서 빠져나오게 하여 (물속에 넣고) 끓여 익힌다. 고깃국물을 부어 준다. 만약 유즙[酪]이나 깨즙[143]에 넣으면 실로 옥과 같은 새하얀

揉, 令極軟熟. 更以膔汁溲, 令極澤[81]鑠鑠然. 割取牛角, 似匕面大, 鑽作六七小孔, 僅容麤麻綫. 若作水引形者, 更割牛角, 開四五孔, 僅容韭葉. 取新帛細紬兩段, 各方尺[82]半. 依角大小,[83] 鑿去中央, 綴角著紬. 以鑽鑽之, 密綴勿令漏粉. 用訖, 洗, 舉, 得二十年[84]用. 裹盛溲粉,[85] 斂四角, 臨沸湯上搦出, 熟煮. 膔澆. 若著[86]酪中及胡麻飲中者, 眞類玉色, 積積著

---

142 '주(紬)'는 '주(綢)'와 동일하다. '양단(兩段)'은 두 가지의 서로 다른 형태의 구멍을 뚫은 쇠뿔로, 각각 고운 비단을 한 단씩 사용하여 재봉한 것이라고 한다.

143 '호마음(胡麻飮)': 깨를 빻아 꿀과 맥아당을 첨가해서 끓인 죽이다. 스성한의 금석본에 따르면, 대체로 오늘날 광동, 광서에서 말하는 '깨죽[脂麻糊]'과 비슷하

색이 되고, 씹을 때 부드럽고 쫄깃해져[144] 좋은
국수와 진배없다. 이는 익병(搦餅)이라고도 한다. 만약 유
즙에 넣는 것은 바로 맹물을 끓여 반죽하고 고기국물을 쓰지 않
는다.

돈피병豚皮餅[145] **만드는 법:** 또 발병(撥餅)이라고도
한다. 끓인 물과 쌀가루[146]를 반죽하는데 마치 멀
건 죽과 같이 한다. 큰 솥에 물을 끓인다. 작은
국자로 반죽을 떠서 구리사발[147]에 담는데 (반
죽을 담은) 사발을 (큰 솥의) 끓는 물에 띄워[148]
손가락으로 사발을 재빨리 돌려서 반죽이 모두
사발 속의 안쪽 벽에 붙게 한다.

牙,[87] 與好麵不殊.
一名搦[88]餅. 著酪中者,
直用白湯渫之, 不須肉
汁.

豚皮餅法. 一名
撥餅. 湯渫粉, 令
如薄粥. 大鐺中
煮湯. 以小杓子
挹粉著銅鉢內,
頓鉢著沸湯中,
以指急旋鉢, 令

다. 다만 전분을 첨가하지 않으며, 사용되는 당 역시 사탕수수[蔗糖]가 아니라
고 한다.

144 '진진(䐈䐈)': 연하고 쫄깃하다는 의미이다. 스성한의 금석본에 의하면, 이 두 음
을 표기하는 첩자(疊字)는 권3 '증건무청근법(蒸乾無菁根法)' 중의 '근근(謹謹)'과
꼭 같다.(권3 「순무[蔓菁]」의 주석 참조.) 『광아』 권4 「석고」에 "근(䐈)은 점(黏)
이다."라고 했는데, 이 첩자사의 표기법 중 하나라고 한다.

145 '돈피병(豚皮餅)': 스성한의 금석본에서는 본조에서 말하는 식품에 대해 대체로
광동, 광서에서 말하는 '사하분(沙河粉)', 호남에서 말하는 '분면(粉麵)', '미면(米
麵)'으로 보고 있다. '피(皮)'는 명청 각본에 '육(肉)'으로 되어 있다. 명초본과 금
택초본에 따라 바로잡는다.

146 '분(粉)': 묘치위 교석본을 보면, 이는 곧 잘 빻은 쌀가루를 가리킨다. 『제민요술』
에서는 '면분(麵粉)'을 '면(麵)'이라고 한다.

147 '동발(銅鉢)': 사발의 형상은 동이와 같으나 작으며, 바닥이 평평하다. 이 구리사
발은 반드시 바닥이 평평해야만 밀가루 반죽을 두루 퍼지게 하여 둥근 병을 만들
수 있다.

148 '돈(頓)': 놓아 둔다는 의미이며, '돈발(頓鉢)'은 사발을 끓는 물 속에 놓는 것을 말
한다.

병(餠)이 만들어지면 곧 구리 사발을 꺼내고,[149] 사발 속의 병을 끓는 물에 거꾸로 쏟아내어 삶아 익힌다. 건져 내[150] 찬물에 넣는다. (그 형상과 맛은) 돼지 껍데기와 흡사하다.

고기 국물과 깨죽과 유즙을 붓는 것은[151] 임의로 할 수 있으며, 쫄깃하고 맛이 좋다.[152]

밀가루에 섞인 흙을 없애는 법[治麵砂𡒄[153]法]: 밀을 한 번 키질하여 부스러기는 모두 없애고 물에 담가 불린다. 걸러 내어 남은 물기를 없앤다. 밀가루 속에 쏟아 넣어 고루 섞어 준다. 포대 속에 넣어 오랫동안 고르게 주무른다.[154]

粉悉著鉢中四
畔. 餠既成, 仍挹
鉢傾餠著湯中,
煮熟. 令漉出, 著
冷水中. 酷似[89]
豚皮. 朧澆麻酪
任意, 滑而且美.
治麵砂𡒄法. 簁
小麥, 使無頭角,
水浸令液. 漉出,
去水. 瀉著麵中,
拌[90]使均調. 於布

---

149 '읍발(挹鉢)': 이때 동발은 너무 뜨거워 손으로 바로잡을 수 없어서 다른 기구로 '퍼낼[挹]' 수밖에 없기 때문에 '읍(挹)'이라고 한다.

150 "煮熟. 令漉出": 스성한의 금석본에서는, '영'자가 '숙(熟)'자 앞에 있어야 할 것으로 보았다.

151 '학요마락(朧澆麻酪)': 위 조항과 비교해 볼 때, 이 네 글자가 각기 다른 세 방법을 대표한다는 것을 이해할 수 있다. '육수를 붓는 것', '깨죽[胡麻飮]' 또는 '타락죽[酪漿]'이다. '마(麻)'의 경우 명청 각본에 한 글자가 비어 있는데, 명초본과 금택초본에 따라 보충한다.

152 '활(滑)': 병(餠)이 곱고 부드러운 상태가 거친 것과 서로 대조됨을 가리킨다.

153 '참(𡒄)': 『광운(廣韻)』「상성(上聲)·사십칠침(四十七寑)」에는, "흙이다.[土也.]"라고 풀이하고 있다. 『통속문』에는 "음식 안에 모래와 흙이 들어간 것을 참(磣)이라고 한다."라고 하였다. 이는 음식 안에 모래 가루가 섞여 있는 것을 가리킨다. 오늘날 모래가루가 이에 씹히는 것을 '참아(磣牙)'라고 하는데, 이것이 곧 『제민요술』에 나오는 '사참(砂𡒄)'이다.

154 '연(挻)': 『집운』에서는 "'주무르다'의 의미이다."라고 하였는데, 여기서는 '반복해

흙가루는 모두 밀에 달라붙으며 밀가루는 손상되지 않는다. 밀가루 한 섬에 밀 3되를 사용한다.

『잡오행서雜五行書』에 이르기를 "10월 해일亥日에 이 병餠을 먹으면 사람이 병에 걸리지 않는다."라고 한다.

巾中良久挺**91**動之. 土末**92**悉著麥, 於麵無損. 一石麵, 用麥三升.

雜五行書曰, 十月亥日食餅, 令人無病.

● 그림 6
유과[饊子; 寒具]

교 기

63 '장(漿)': 본 조항의 '장'자는 두 군데 모두 명청 각본에 '장(醬)'으로 잘못 되어 있다. 명초본, 금택초본에 따라 바로잡는다.

64 '찬(粲)': 금택초본에서는 이 글자와 같은데, 명초본, 호상본에서는 모두 잘못 쓰였거나 괴이한 글자로 쓰어 있다.

———

서 주무른다'는 의미이다.

⑥⑤ '역(瀝)': 명초본에 '삽(澁)'으로 잘못되어 있다. 금택초본과 명청 각본에 따라 바로잡는다.

⑥⑥ '이(裏)': 명초본에 '과(裹)'로 잘못되어 있다. 금택초본과 명청 각본에 따라 고친다.

⑥⑦ '설기윤기(洩其潤氣)': '설'자는 명초본에 자형이 유사한 '천(淺)'으로 되어 있다. '윤'자는 명청 각본에 '간(澗)'으로 잘못되어 있다. 금택초본에 따라 수정한다.

⑥⑧ '경(硬)': 명청 각본에 '파(破)'로 잘못되어 있다. 명초본과 금택초본에 따라 바로잡는다.

⑥⑨ '박탁(餺飥)': 명초본과 명청 각본에 '박돈(餺飩)'으로 잘못되어 있다. 금택초본에 '박임(餺飪)'으로 되어 있다. 본문의 '탁'자에 따라 바로잡는다. 묘치위 교석본에 의하면, '탁(飥)'은 단지 명초본에서는 이와 동일하게 쓰고 있는데, 이는 정확하며, 금택초본에서는 이상하게 생긴 글자로 잘못 쓰고 있고, 다른 본에서는 '돈(飩)'으로 잘못 쓰고 있다. 다음에 '탁(飥)'자는 각 본에서 잘못된 바가 같다고 한다.

⑦⓪ '기자면(碁子麵)': '기'자는 명초본에 '기(基)'로 잘못되어 있다. 명청 각본에는 대부분 '기(棊)'로 되어 있다. 지금 금택초본에 따라 본문과 호응하는 '기(碁)'자로 고친다. 묘치위 교석본에 따르면, '면(麵)'은 금택초본에서는 '죽(粥)'이라고 쓰고 있는데, 다른 본에서는 '면(麵)'으로 쓰고 있다.

⑦① '유(餾)': 명청 각본에 '함(餡)'자로 잘못되어 있다. 명초본과 금택초본에 따라 바로잡는다.

⑦② '성(盛)': 명청 각본에 '성'자가 누락되어 있다. 명초본과 금택초본에 따라 보충한다.

⑦③ '과(䴛)': 명청 각본에 '면(麵)'으로 잘못되어 있고, 금택초본에 '창(䴗)'으로 되어 있다. 명초본과 표제에 따라 바로잡는다.

⑦④ '속반분(粟飯饋)': 명청 각본에 '속병분(粟餅饋)'으로 잘못되어 있다. 명초본과 금택초본에 따라 수정한다.

⑦⑤ '숙증(熟烝)': 명청 각본에 '숙건(熟乾)'으로 잘못되어 있다. 명초본과 금택초본에 따라 고친다.

76 ‘조리(笊籬)’: 금택초본에 ‘고순(笟筍)’으로 되어 있다. 묘치위 교석본을 보면, ‘조리’는 대나무 조각과 버드나무 가지 등을 더불어 짠 국자 모양의 뜨는 기구[撈具]로, 구멍이 있어 물이 새고, 끓는 물에 있는 음식을 건질 수 있어서 속칭 ‘녹자(漉子)’, ‘노두(撈兜)’라고 한다. 송원대(宋元代) 대동(戴侗)의 『육서고(六書故)』에서 이르기를 “지금 사람들은 대나무를 짜서 국자처럼 만들어 쌀을 걸러 내는데 이를 일러 ‘조리(爪籬)’라고 한다.”라고 하였다.

77 ‘수영분(溲英粉)’: 명초본에 ‘유두분(油荳粉)’으로 잘못되어 있다. 명청 각본에는 ‘유두분(油豆粉)’으로 되어 있다. 금택초본에 따라 바로잡는다.(‘영분’ 혹은 ‘분영’의 해석은 권5 「잇꽃·치자 재배[種紅藍花梔子]」 주석 참조.)

78 ‘취(脆)’: 스성한의 금석본에서는 ‘취(脆)’로 쓰고 있다. 스성한에 따르면 명청 각본에 ‘엄(腌)’으로 잘못되어 있고 명초본과 금택초본에 따라 고치는데 다만 ‘삽(澀)’자가 아닌지 여전히 의심스럽다고 하였다.

79 ‘수(溲)’: 명청 각본에 ‘피(皮)’로 잘못되어 있다. 명초본과 금택초본에 따라 고친다.

80 ‘수(手)’: 명청 각본에 ‘모(毛)’로 잘못되어 있다. 명초본과 금택초본에 따라 바로잡는다.

81 ‘극택(極澤)’: 명청 각본에 ‘극(極)’자가 빠져 있고, ‘택(澤)’이 ‘택(擇)’으로 잘못되어 있다. 명초본과 금택초본에 따라 고쳐 보충한다.

82 ‘척(尺)’: 명청 각본에 ‘척’자가 누락되어 있는데, 명초본과 금택초본에 따라 보충한다.

83 ‘각대소(角大小)’: ‘대’자는 명초본과 명청 각본에 ‘지(之)’로 잘못되어 있다. 금택초본에 따라 고친다.

84 ‘이십년(二十年)’: 명청 각본에 ‘十二年’으로 되어 있다. 명초본과 금택초본에 따라 순서를 바꾼다.

85 ‘과성수분(裹盛溲粉)’: 스성한의 금석본에서는 ‘과(盛)’를 ‘성(成)’으로 쓰고 있다. 스성한에 따르면 ‘과’는 금택초본과 명청 각본에 ‘이(裏)’로 되어 있고 ‘성’은 명초본과 명청 각본에 ‘성(盛)’으로 되어 있어 각각 고쳤으며, ‘성수분(成溲粉)’은 ‘이미 반죽이 된 가루’라고 하였다.

86 '약저(若著)': 명초본에 '약'자가 한 칸 비어 있다. 명청 각본에는 두 글자가 '자(者)' 한 글자로 합쳐져 있다. 금택초본에 따라 보충한다.

87 '아(牙)': 명초본에 한 칸 비어 있고, 명청 각본에는 빠져 있다. 금택초본에 따라 보충한다.

88 '익(搦)': 명초본과 명청 각본에 '모(帽)'로 되어 있다. 자형이 유사해서 잘못 베낀 듯하다. 금택초본에는 '익(搦)'으로 되어 있는데, 본문의 '臨沸湯上搦出'의 '익(搦)'자와 서로 호응될 수 있다. 묘치위 교석본에 의하면, '익병(搦餅)'은 오직 금택초본에서만 이 문장에서의 글자와 같은데, 이는 곧 쇠뿔의 작은 구멍을 통해 짜낸다는 의미이다. 다른 본에서는 '모병(帽餅)'이라고 쓰고 있는데, 크게 다르지 않은 듯하지만, 작은 구멍 속의 '모(冒)'가 '모(帽)'로 바뀐 것에 지나지 않다는 것 역시 매우 흥미롭다. 『제민요술』에서 잘 정미한 흰 쌀가루를 사용하여 쇠뿔에 둥근 구멍이나 납작한 구멍에서 눌러 뽑아내서 '익병(搦餅)'을 만든다고 한다.

89 '사(似)': 명초본과 명청 각본에 모두 '이(以)'로 잘못되어 있다. 금택초본에 따라 바로잡는다.

90 '반(拌)': 명청 각본에 '평(抨)'으로 되어 있다. 명초본과 금택초본에 따라 고친다.

91 '연(挻)': 명초본과 명청 각본에 '연(挻)'으로 되어 있는데, 스성한의 금석본에서는 '선(旋)'으로 적고 있다. '연'은 (주물러) '늘이다' 혹은 '잡아당겨[扯] 늘이는 것이다. 물론 말은 통하지만, '선동(旋動: 회전하여 돌리다)'이 더욱 이해하기 쉽다고 한다.

92 '말(末)': 명청 각본에 '말(抹)'로 잘못되어 있다. 명초본과 금택초본에 따라 바로잡는다.

<table>
<tr>
<td>

제83장
종 · 열법 糭糫¹⁵⁵法¹⁵⁶第八十三

</td>
</tr>
</table>

『풍토기風土記』의 주석에[157] 이르기를 "풍속 에는 먼저 두 절일의 하루 전에[158] 줄풀의 잎[159]으

風土記注云, 俗先以二節一日,

---

155 본문의 내용으로 미루어 일상적인 음식이라기보다는 의식이나 제사상에 올리는 웃기떡으로 생각된다.

156 원래 '법(法)'자가 없으나, 묘치위 교석본에서는 본문에 따라 보충하고 있다. 또한 '열(糫)'은 원래 '의(饐)'로 쓰였으나, 음식물이 상한 것을 뜻하기 때문에 잘못된 글자이므로, 이 역시 본문에 따라 수정하였다.

157 『풍토기』: 서진(西晉)의 주처(周處)가 편찬한 책이다. 이미 유실되었으나, 오직 당대(唐代) 유지기(劉知幾: 661-721년)의 『사통』 권5에서 "『풍토기』의 작자가 스스로 주석을 달았다."라고 하였다. '풍토기주(風土記注)': 이 단락은 편의 표제인 '종(糭)'자에 주(注)를 달고 설명한 것이다. 앞의 권6의 예에 따르면 작은 글자로 쓰고, 제83장의 아래에 배치해야 한다. 『태평어람』 권851의 '종'항에도 이 조가 있다. 다만 글자로 볼 때, 이 단락은 풍토기의 본문인 듯하며, '주(注)'자는 삭제되어야 한다. 그리고 아래 문장의 '先以二節日' 구절은 『태평어람』의 인용에는 없으며, 연관도 거의 없다. 아래의 "於五月五日, 夏至"는 『태평어람』의 인용에 "於五月五日及夏至"라고 되어 있으며, '급'자가 있어서 문장의 뜻이 더욱 분명해진다. 그 다음의 "黏黍一名…"은 『태평어람』에는 '점서'가 없는데, 남겨 두는 것이 더 적합하다.

158 '俗先以二節一日'은 이것은 단오와 하지, 두 절일의 하루 전날에 찰기장을 감싸서 다음 날 마땅히 그 절일에 먹을 수 있다는 것을 가리킨다. 원래는 '일(一)'자가 없

로 찰기장쌀을 싸서 진한 (초목을 태운) 잿물로 삶되,[160] 푹 익힌다. 오월 초닷새와 하짓날에 먹는다.

찰기장밥[161]은 '종糉'이라고 칭하며, 또 '각서角黍'라고도 부른다.

대개 (당시의 시령에 있어) 음양陰陽이 여전히 서로 감싸고 있어서, 흩어지지 않은 정황을 상징한다."[162]라고 한다.

用菰葉裹黍米, 以淳濃灰汁煮之, 令爛熟. 於五月 五日夏至啖之. 黏黍一名糉, 一 曰角黍. 蓋取陰 陽尚相裹未分散 之時象也.

으면, 그 시일이 서로 어긋나게 된다. 따라서 '일(一)'자는 반드시 있어야 하며, 묘치위 교석본에서는 『옥촉보전(玉燭寶典)』의 인용문에 의거하여 보충하여 바로잡았다.

159 '고엽(菰葉)': 줄풀[茭白; *Zizania latifolia*]의 잎이다.

160 이는 잿물로 찰기장[糉]을 삶는 것으로, 현재 민간에서도 일반적으로 사용하고 있다. 묘치위 교석본에 따르면, 초목(草木)의 재속에는 다량의 알칼리금속[鹹金屬]의 일종인 칼륨[鉀]이 함유되어 있어, 물에 넣으면 알칼리 반응을 일으키게 되어, 찰기장[糉子]을 삶은 이후에는 약간의 황색을 띠고 특이한 향기를 낸다. 콩대의 잿물이 가장 농도가 짙고, 볏짚 등의 재는 비교적 농도가 옅다. 그러나 오래 먹으면 쉽게 싫증이 나는데, 흰 찰기장[白糉]은 독특한 맛이 나지 않아 오래 먹어도 싫증을 내지 않는다는 점이 다르다고 한다.

161 '점서(黏黍)': 다른 이름인 '각서(角黍)'와 다음 조항의 '속서(粟黍)'라는 명칭에서 보건대, 이 '서'자는 위의 '서미(黍米)'의 '서'자와 조금 다르다. 앞에 언급된 '서'는 특정 곡물의 씨와 과실을 가리키며, 여기의 '서'는 완성된 '익은 밥'이다. 즉 '닭을 잡아서 밥[黍]을 짓는다.[殺雞爲黍.]' 중의 '서'자와 유사하다.(권7 「분국과 술[笨麴并酒」 각주 참조.)

162 "陰陽尚相裹未分散之時象": 옛 사람들은 음양의 변화로써 24절기의 밤낮의 장단과 추위와 더위의 변화를 표현했다. 전한(前漢) 동중서(董仲舒)의 『춘추권로(春秋繁露)』 「음양출입상하편(陰陽出入上下篇)」에서는 춘분과 추분을 모두 "음양이 서로 반반이기에 밤낮의 길이가 같고, 추위와 더위도 고르다."라고 하였다. 묘치위 교석본에 따르면, 이것은 바로 음양이 평균적으로 분산되어 있는 상황이기

『식경食經』에서 말하는 찰기장밥을 만드는 방법[粟黍163法]: 먼저 약간의 쌀[稻]을 준비해 물에 담가 불린다. 쌀 두 되에 좁쌀164 한 말을 넣는다. 대통[篔]165 안에 쌀 한 층, 좁쌀 한 층을 넣고, 이를 감싸서 끈으로 동여맨다.166 그 끈은 서로 한 치 간격씩 띄워 한 줄의 끈으로 묶는다.167

食經云粟黍法.
先取稻, 漬之使
釋.[93] 計二升米,
以成粟一斗. 著竹
篔內, 米一行, 粟
一行, 裹, 以繩縛.
其繩相去寸所一

때문에, '분(分)'이라고 한 것이다. 하지나 동지는 양이나 음의 극점까지 이르기 때문에 '지(至)'라고 했다. 비록 하지가 양이 왕성한 가운데 약간의 음의 기운이 자라기 시작하지만, 여전히 양이 절대적으로 우세하고 음은 여전히 충분히 펼쳐지는 시점이 아니라고 한다.

163 '속서(粟黍)'와 본 조항 마지막의 '서숙(黍熟)'은 모두 '찰기장밥[角黍]'을 대신 칭하는 것이며, 기장쌀을 일컫는 것은 아니다.

164 '성속(成粟)': 씻어서 깨끗하게 손질한 좁쌀이다.

165 '탕(篔)':『옥편』에서는 '탕'에 대해 "술을 담을 수 있다."라고 하였으며,『설문해자』와『광운(廣韻)』「상성(上聲)·삼십칠탕(三十七蕩)」에서는 '큰 대나무통[竹筒]'으로 풀이하였다. 스성한의 금석본에 따르면, 본 조항에서 '탕'을 "감싸서 끈으로 동여맨다.[裹, 以繩縛.]"라고 하였으며,『옥편』이나『설문해자』에 보이는 해석은 '싸거나[裹]', '묶는[縛]' 것이 가능하지 않다. 그러므로 이 글자에 잘못이 있는 듯하다. '약(箬)'의 '이체자[或體]'인 '약(籥)'자가 뭉개졌거나 혹은 잘못 본 듯하다. 니시야마 역주본에서는 '탕(篔)'자를 채용하여 대통을 쪼개고 쌀을 담았다고 해석하였다.

166 '견(縛)'은 묶어 낸다는 의미이다. 명초본과 진체본에서는 이 글자와 같은데, 호상본과 점서본에서는 '박(縛)'이라고 하였다.

167 '촌소(寸所)': 여기에는 두 가지 뜻이 있다. 첫째는 처소(處所)의 '소(所)'이며, 즉 서로 간격이 한 치 띄워진 것을 의미한다. 두 번째의 '소(所)'는 '허(許)'와 통하는데, 대략 계산한다는 말이며 즉, 전후의 의미로 한 치 전후의 간격으로 한 줄의 끈으로 묶는다는 의미이다. 묘치위 교석본에서는 후자의 의미가 합당하다고 보았다.

솥에 넣어서 끓일 때는 모름지기 열 섬의 쌀로 밥 짓는 시간이 되어야 찰기장이 익는다.

『식차食次』에서 말하는 열糲[168] 만드는 법: 찹쌀가루를 비단 체로 치고, 물과 꿀을 섞고 반죽하는데, 마치 칼국수[湯餅麵]를 반죽하는 것처럼 되게[強] 한다. 손으로 주물러 길이 한 자, 폭 두 치 정도로 만든다.

이것을 네 가닥으로 잘라 붉은 대추와 밤의 과육을 위아래에 붙여 두루 기름을 칠하여, 대껍질로 감싸고 푹 찐다.

담아 상에 올릴 때는 두 개씩 올리는데, 대껍질은 벗기지 말고 단지 양 끝만 잘라 내며, 묶은 끈은 제거한다.

行. 須釜中煮, 可炊十石米間, 黍熟.

食次曰糲. 用秫稻米末, 絹羅, 水蜜溲之, 如強湯餅麵. 手搦之, 令長尺餘, 廣二寸餘. 四破, 以棗栗肉上下著之, 遍與油塗, 竹箬裹之, 爛蒸. 奠二, 箬不開, 破去兩頭, 解去束附.

---

93 '석(釋)': 명청 각본에 '택(澤)'으로 잘못되어 있다. 명초본과 금택초본에 따라 바로잡는다.

---

168 '열(糲)': 『광운』 「입성(入聲)·십육설(十六屑)」에는 '종속(糉屬)'으로 풀이된다. 대껍질 안에 과육과 찹쌀가루를 쪄서 만든 떡의 일종이다.

제84장

자면[169] 煮糫第八十四

● 煮糫[94]莫片反第八十四: 米屑也. 或作摍.[96] 쌀가루이다. 간혹 '면(摍)'이라고도 쓴다.

자면煮糫: 『식차』에 이르기를, "묵을 손님이 많으면[170] 면책糫粭[171]을 만든다. 쌀가루 한 되를 끓는 물 한 되에[172] 담그는데, 기름이 묻은 그릇

煮糫. 食次曰, 宿客足, 作糫粭. 糫末[96]一升, 以沸

---

169 자면(煮糫)은 쌀가루로 만든 묽은 죽을 의미하는 듯하다.

170 '숙객족(宿客足)': 스성한의 금석본에 따르면, 세 글자는 의미가 없다. '숙'자는 원래 '마(磨)'자가 아닌지 의심스럽다. '객족'은 '맥(麥)'자를 잘못 본 것이거나 '광맥(礦麥)' 두 글자가 뭉개진 것이다.[숙객맥(宿客麥)의 의미는 본권 「예락(醴酪)」주석 참조.] 「자면」편 전체는 애매한 부분이 많으며, 단지 추측만 할 뿐 해석할 수 없다고 하였다. 반면 묘치위 교석본에서는 "묵을 손님이 있으면 쌀가루를 충분히 만들어 둔다."라는 것은 응당 전해 오는 말로 '야식[宵夜]'을 만들어 묵는 손님에게 제공하는 것이라고 한다.

171 '책(粭)': 『광운(廣韻)』에는 '책'자가 없으며, 『집운(集韻)』에서는 "쌀을 갈아서 마시는 것을 점(粘)이라 한다[一曰粘也]."라고 풀이했다. 묘치위 교석본에 따르면, '면(糫)'은 일종의 쌀가루로 만든 멀건 죽으로, 어떠한 기름이나 훈채도 첨가하지 않은 깨끗하고 하얀 음식이다. '책(粭)'은 일종의 연하고 차진 쌀밥으로, 상에 올릴 때 다시 국자의 바닥을 사용하여 꽉 누른 것이다. 실제는 '수제비[餺飥]'의 '탁(飥)'자에서 파생된 것으로, 대개 쌀로 만들기 때문에 '미(米)' 부수를 붙여, '책(粭)'으로 만들었다. '면(糫)', '책(粭)' 두 자를 합하여, '면책(糫粭)'으로 하였는데, 곧 눌은밥을 밑밥으로 삼아서 윗면에 멀건 죽을 붓고 다시 묽은 죽에 거품을 내어 장식하여 상에 올렸다.

을 써서는 안 된다. 조리로 찌꺼기를 걸러 내고,[173] 쌀가루를 대술[糗箒][174]로 쳐서 거품을 만든다.[175] 그 거품을 다른 그릇에 담아 둔다.

잘 정제된 쌀[176]을 맹물에 끓여서[177] 즙을 취해 (묽은) 미음을 만들고, 두 되의 미음에 쌀가루 즙을 넣는다.

또 이르기를, (쌀가루의 즙을 쳐서 얻은) 거품

湯一升沃之, 不用
膩器. 斷箕漉出滓,
以糗箒舂取勃.
勃, 別出一器中.
折米白煮, 取汁爲
白飮, 以飮二升投
糗汁中. 又云, 合

---

172 "糗末一升, 以沸湯一升": 앞의 '일승'은 오직 금택초본에서만 이 문장과 같으며, 다른 본에서는 모두 '일두(一斗)'로 적고 있는데, '일승'이어야 한다. 쌀가루 한 말에 끓는 물 한 되를 부으면 쌀가루 즙이 만들어지지 않아 거품을 얻을 수 없다. '以沸湯一升'의 경우에도 쌀가루와 물의 양이 같으면 밀가루 풀처럼 되어 버린다. 묘치위는 교석본에서 쌀가루에 2배 분량의 물을 넣어야 멀겋게 되므로, 뒤의 '일승(一升)'은 '이승(二升)'으로 고쳐야 한다고 지적하였다.

173 '단기(斷箕)'는 해석이 되지 않는다. 스성한의 금석본, 묘치위 교석본에서는 '석기(淅箕)'의 잘못인 것으로 보았다. '석(淅)' 역시 '미(米)'변을 가지고 쓴 '석(粚)'으로 써야 하며, 깨지고 번져서 '단(斷)'으로 잘못 쓰이기 쉽다. '석기(淅箕)'는 쌀을 골라내는 것으로 체의 형태 또한 둥근 광주리 모양이다. 본 역주에서는 여기서의 '기(箕)'는 체보다는 물속에서 곡물을 일어서 불순물을 골라낸다는 측면에서 '조리'가 더욱 적합하다고 판단하였다.

174 '면추(糗箒)': 가늘고 긴 대나무 편을 하나로 묶은 것이다. 권7 「백료국(白醪麴)」 '죽소(竹掃)'와 당대(唐代) 육우(陸羽)의 『다경(茶經)』 '죽협(竹筴)'은 모두 동일한 종류의 도구로 마찬가지로 전분액[澱粉漿][혹은 차탕(茶湯)]에 넣어 섞고 휘저어 거품이 나오게 하는 것이다. 송나라 사람들의 기록에 따르면 중국 송대에는 차를 마실 때 이러한 다추(茶帚)를 썼다고 한다.

175 '발(勃)': 여기에서는 거품을 가리키고 분말을 가리키는 것은 아니다. 정자는 응당 '발(浡)', '발(渤)'로 써야 하는데 이 역시 『식차』에서 글자를 차용한 것이다.

176 '절미(折米)': 특별히 정제한 쌀이다.[본권 「손·반(飱飯)」 참조.]

177 '백자(白煮)': 오직 물로만 끓인 것으로 이는 곧 '청자(淸煮)'라고 한다. 따라서 그 '미탕(米湯)'을 '미음[白飮]'이라고 일컬으며, 이는 곧 '청미탕(淸米湯)'이다.

을 미음에 붓고 (다시 치고 저어서) 거품을 낸다. 쌀가루 즙을 다시 솥에 쏟아 넣어[178] 미음과 함께 끓이는데 한 번 끓으면 소금을 넣는다. (넣는) 미음은 한 되를 넘어서는 안 된다. 잘 정제된 쌀로 차지고 부드러운 밥[179]을 지어 사발에 반쯤 담고, 국자로 밥을 눌러 사발의 한쪽으로 모으는데, 쌀가루 즙을 그 위에 붓고 거품을 낸다."[180]라고 한다.

勃下飲訖，出勃. 糒汁復悉寫釜中，與白飲合煮，令一沸，與鹽. 白飲不可過一□.[97] 折米弱飲，令相著，盛飯甌中，半奠，杓抑令偏[98]著一邊，

---

178 이 구절 이하는 위의 방법을 계속 서술한 것이다. 묘치위 교석본을 보면, 일찍이 이 방법대로 시험해 본즉, 쌀가루를 끓인 물에 부었으나 익지 않았고, 단지 반은 익고 반은 덜 익어 먹을 수가 없었다. 반드시 끓이는 과정이 있어야 한다. 그러나 언급하지 않았다는 것은 분명 문장이 빠진 것이다. 지금 "쌀가루 즙을 다시 솥에 쏟아 넣는 것[糒汁復悉寫釜中]"은 분명 두 번째 미음과 함께 끓이는 것으로 위에서 첫 번째로 나왔던 쌀가루를 뜨거운 물에 넣어 거품을 낸 후에 다시 끓이는 문장이 빠져 있는 것이라고 한다.

179 '절미약음(折米弱飲)': 묘치위는 교석본에 따르면, 물에 삶은 정제된 쌀로 다시 부드러운 밥을 지어 아주 차지게 하여 밑밥[底食]으로 만들었으며, 그 위에 다시 쌀가루 즙을 부어 쌀가루 거품을 덮은 것으로 이는 '면책(糒耗)'의 야식이라고 한다.

180 사발의 절반은 밥을 담고, 절반은 묽은 미음을 담아서 올린 이유는 구체적으로 알 수 없다. 다만, 중국 고대의 상차림의 기본은 반갱(飯羹) 중심이기 때문에, 국과 밥의 의미로 사용되었을 수도 있고, 또한 제사상에 올리는 경우에는 제사상의 밥과 미음(숭늉)을 동시에 올린 의미로 사용될 수도 있다. 이런 문화는 남방의 쌀 문화와 북방의 식사 문화가 서로 합쳐진 방식인 듯하다. 이런 방식이 민간에 퍼지면서 문장의 첫 부분에서 보이듯이 손님에게 이 음식을 대접하는 경우에는 두 재료를 섞어 먹기 간편하였을 것으로 보인다. 묘치위의 교석본에 의하면 밥을 사발 밑에 눌러 깔고 그 위에 멀건 미음을 붓고 거품으로 장식하여 묵는 손님의 야식으로 이용했다고도 한다. 시장과 도시의 발달에 따라 민간에서는 두 재료를 섞어 먹기 편하기 때문에 주막 손님이나 사랑방 손님에게 대접하기 위해 이런 음식

또 이르기를, "쌀가루 두 되를[181] 작은 그릇의 뜨거운 물에 담가 둔다. 잘 정제된 쌀을 끓여 밥을 짓고, 끓으면 밥에서 한 되 반 정도의 밥물을 따라 낸다.

조리籨籬로 쌀가루를 걸러 내고[182] 밥물을 쌀가루 즙에 붓는다. 쌀가루를 대솔로 치고 저으면서 거품을 낸다. 낸 거품을 다른 그릇에 담아 둔다.[183]

다시 정제된 쌀 즙을 그 속에 넣고 미음을 만든다. 쌀가루 즙을 넣고 한쪽에 모아[184] 올려

以粳汁沃之, 與勃.
又云, 粳末以
二升, 小器中沸
湯漬之. 折米煮
為飯, 沸, 取飯中
汁升半.[99] 折箕
漉粳出, 以飲汁
當向粳汁上淋
之. 以粳箒舂取
勃. 出別勃置. 復
著折米潘汁為白

이 만들어지게 된 것이 아닐까 한다.

181 '이(以)': 스성한의 금석본에서는 '취(取)'자의 잘못이거나 '이이승(以二升)' 아래에 '저(著)'자가 누락된 듯하다고 보았다. 편을 통틀어 이 절만이 비교적 쉽게 이해가 가나, 틀린 글자는 여전히 많다고 하였다.

182 '절기(折箕)'는 각본에서 동일한데, '석기(淅箕)'의 잘못인 듯하다. '녹면출(漉粳出)'은 실제는 앞 조항의 '녹출재(漉出滓)'로서 '면(粳)'은 마땅히 '면재(粳滓)'로 써야 한다.

183 '별발치(別勃置)': 스성한의 금석본에서는, 아마 '별치발(別置勃)' 혹은 '발별치(勃別置)'일 가능성이 있으며, 어쨌든 두 글자의 순서가 바뀌었다고 지적하였다. 묘치위 교석본에 따르면, 이미 '별치(別置)'가 있으니 마땅히 끝에 '발(勃)'이 더해져야 하며, 뒷부분의 "쌀가루 즙을 넣는다.[以粳汁投中.]"라는 문장 다음에 분명 '여발(與勃)'의 두 글자가 빠져 있는 것이라고 한다.

184 '해(鮭)': 스성한의 금석본에 의하면, 육조시대 오(吳)나라 사람이 요리[菜肴]를 '해(鮭)'라고 칭했다.[『남제서(南齊書)』에도 이 용법이 있다.] 물론 여기에서도 쓰일 수 있으나, 『제민요술』 중에 또 다른 예가 없어 '편(偏)'자의 잘못으로 보았다. 니시야마 역주본에서는 '가(佳)'로 고치고 앞의 구절에 포함시키고 있다.

서 먹는 방식은 일상적인 방식과 동일하다."라고 한다.

또 이르기를, "만약 급하게 만드느라 짓기가 어렵다면 정서停西의 쌀가루가 가장 적합하다."라고 한다.

또 이르기를, "미음에 거품을 약간 넣어서 거품이 만약 흩어지거나 꺼지면 미음에 함께 섞을 수 없고, 다만 쌀가루 즙만을 사용한다."라고 한다.

飮. 以糜汁投中, 鮭奠如常, 食之.

又云, 若作倉卒難造者, 得停西□**⑩**糜最勝.

又云, 以勃少許投白飮中, 勃若散壞, 不得和白飮, 但單用糜汁焉.

교 기

94 '면(糜)': 명청 각본에 '의(粰)'로 잘못되어 있다. 명초본과 금택초본에 따라 바로잡는다.

95 "米屑也. 或作摵": 이 소주는 착오가 특히 많다. '설(屑)'자는 명청 각본에 '유(有)'로 되어 있다. 모두 명초본, 금택초본과 『옥편』에 따라 바로잡는다. '혹(或)'은 명초본과 명청 각본에 모두 '성(盛)'으로 되어 있는데, 금택초본과 학진본에 따라 바로잡는다. 마지막 글자는 비책휘함 계통의 각본에는 '근(根)'으로, 학진본에는 '면(糲)'으로 되어 있다. 명초본과 금택초본의 '면(摵)'자는 '근(根)'자와 가장 유사해서 원래 '면(摵)'자였음을 설명할 수 있을 듯하다. 면(摵)은 현재 '민(抿)'자로 쓰는 글자이다. 광동어 계통의 방언에는 지금까지도 아주 잘 끓인 죽을 '면죽(糜粥)'이라 하고 mièn으로 읽는다.[단 '면(摵)'자는 měn으로 읽는다.] 묘치위에 의하면, '면(摵)'은 금대(金代) 한효언(韓孝彦)의 『편해(篇海)』에서는 '역작면(亦作糲)'으로 되어 있지만, 『옥편』, 『광운』에

는 '면(糆)'자가 없다. 이것은 후에 나온 글자이기에, 근거로 삼기에 곤란하다고 한다.

96 '말(末)': 명청 각본에 '미(米)'로 되어 있다. 명초본과 금택초본에 따라 바로잡는다.

97 '일□(一□)': 명초본과 명청 각본은 여기에 두 칸이 비어 있다. 현재 금택초본에 따라 '일(一)'자를 보충한다. 뒤에도 공백이 하나 있는데 무엇인지 잘 모르겠다. 여기 역시 '우운(又云)' 두 글자인 듯하다. 묘치위 교석본에 의하면, '일(一)'자도 잘못되었다고 의심되는데, 앞의 문장 "以飮二升投糗汁中"에 근거할 때, 여기서는 빠진 두 글자가 마땅히 미음의 용량을 가리키는 것으로 마땅히 '이승(二升)'으로 적어야 할 듯하다고 하였다.

98 '편(偏)': 명청 각본에 '편(徧)'으로 되어 있다. 명초본과 금택초본에 따라 고친다.

99 '승반(升半)': 명청 각본에 '반승(半升)'으로 되어 있다. 명초본과 금택초본에 따라 바로잡는다.

100 '서□(西□)': 명청 각본은 '서'자 아래에 빈 칸이 없으며, 명초본과 금택초본에는 있다. 스성한의 금석본에서는 '양일(兩日)' 두 글자로 보았다. 반면 묘치위 교석본에 의하면, '서(西)'는 아마도 '갱(粳)'자가 깨지고 어그러져서 잘못된 것으로 그다음의 '□'은 '발(勃)'자였을 것이다. 그러나 이 두 자는 순서가 거꾸로 되었으며, 원문은 아마도 "得停勃. 粳糗最勝."이었을 것이다.

제85장

예락 醴酪第八十五

예락醴酪 끓이기[185]에 대한 고사: 옛날 개자추 | 煮醴酪. 昔介

介子推[186]는 진晉 문공文公이 그를 따라 외국으로 | 子推怨晉文公賞

---

185 '예(醴)': 본래 아주 작은 찌꺼기를 지닌 첨미주(甜米酒)이지만, 여기에서는 일종의 액체 상태의 찌꺼기가 있는 엿당[麥芽糖]이다. '낙(酪)'은 본래 버터[乳酪]를 가리키나, 여기서는 일종의 버터와 같은 살구즙이 응고된 '반고체 상태의 것[凍]'이다. 그리고 '예락(醴酪)'은 이 두 가지의 혼합물로, 이것은 바로 엿당을 살구즙과 골고루 섞어 다시 겉보리에 넣어 삶아서 젤 형태로 만든 엿당살구씨보리죽[飴糖杏仁麥粥]이다. 수대(隋代) 두대경(杜臺卿)의 『옥촉보전(玉燭寶典)』 권2에서 동진(東晉) 육홰(陸翽)의 『업중기(鄴中記)』에 기록된 "한식(寒食)에는 예락(醴酪)을 만든다."라는 구절을 인용하면서, 그 아래에 주를 달아 설명하기를 "지금은 모두 보리죽을 만들고 살구씨를 갈아서 '낙(酪)'을 만들고 따로 엿을 끓여[이 두 글자는 원래는 '자일석(煮一錫)'이 잘못 쓰인 것이다.] 붓는다."라고 하였다. 묘치위 교석본에 따르면, 이러한 한식절에 먹는 엿당살구씨보리죽인 예락은 수당(隋唐) 시기까지는 여전히 이와 같았다. 그러나 『제민요술』의 행락죽(杏酪粥)에는 예(醴)가 첨가되지 않았고, 아래 문장에는 한식절에 "예락을 끓여서 (식혀 두었다가) 먹는다."라고 하여, '행락(杏酪)'에 '예(醴)'자를 첨가하여야 비로소 '예락'이 되므로, 빠진 글자가 있다고 추측하였다.

186 '개자추(介子推)': 이는 곧 개지추(介之推)로서, 개추(介推)라고도 일컬으며 아래 문장과 같이 간단히 '추(推)'라고도 일컫는다. 춘추시대 진(晉)나라 공자 중이(重耳)가 외국에 19년 동안 망명할 때 함께 망명한 사람 중에 한 사람이다. 후에 중이가 나라로 돌아와 군주가 되었을 때[이가 곧 진 문공(晉文公)이다.] 먼저 그의

망명한[187] 공로를 따져 상을 내릴 때, 자기에게는 상이 내려지지 않은 것을 원망하여 이에 개휴현介休縣 면산綿山[188]의 산속에 은거하였다. 그의 문객이 그를 가련하게 여겨 문공의 문에 (이런 사실을 설명하여) 글을 걸어 두었다. 문공이 이를 깨닫고[189] 그를 찾았지만 찾을 수 없어서, 이에 (개자추가 나오도록) 불을 질러 산을 태웠다. 개자추는 도리어 나무를 안고 죽었다. 문공이 면상綿上의 땅을 개자추에게 봉하고 그의 선량함을 표양했다.

오늘날 면산[介山]의 나무들은 멀리서 보면 모두 검게 되어 불이 난 것 같으며, 또 흡사 사람이 나무를 안고 있는 형상을 하고 있다. 후에 대대로[190] (개자추의 사당에) 제사를 지냈는데, 자못

從亡之勞不及己，乃隱於介休縣[回] 綿上山中. 其門人憐之, 懸書於公門. 文公寤而求之, 不穫, 乃以火焚山. 推遂抱樹而死. 文公以綿上之地封之, 以旌善人. 于今介山林木, 遙望盡黑, 如火燒狀, 又有抱樹之形. 世世祠祀, 頗有

노고에 대해서 상을 내리지 않자 그는 곧 면상(縣上)의 산속에 은거하였다. 문공이 산을 불태워 그를 나오게 하려 했으나 그는 처음부터 끝까지 나오지 않아 결국 불타 죽었다.(기원전 632년.) 고사는 『좌전(左傳)』 「희공이십사년(僖公二十四年)」; 『국어(國語)』 「진어(晉語)」; 『여씨춘추』 「개립(介立)」 등에 보인다.

187 '종망(從亡)': '종'은 '따르다[跟隨]'이며, '망'은 '도망'이다.

188 '개휴현(介休縣)'은 지금의 산서성 개휴현(介休縣)이다. '면상(縣上)'은 옛 지명으로, 개휴현(介休縣) 동남쪽에 있다. 그 지역에 산이 있는데, '면산(綿山)'이라고 이름하며, 개지추(介之推)가 은둔하여 몸이 불살라졌기 때문에 또한 '개산(介山)'이라고 한다.

189 '오(寤)': '오(悟)'는, 즉 '깨닫다[醒覺; 醒悟]'라는 뜻이다.

190 '세세사사(世世祠祀)': '세세'는 '역대(歷代)'로 풀이된다. '사(祠)'와 '사(祀)'는 모두 제사이다. 사(祠)는 소규모이며, 사(祀)의 규모는 매우 클 수 있다.

영험했다. 백성들이 그를 애도하여 그가 죽은 날에는 불을 피우지 않고 예락醴酪[191]을 끓여 (식혀 두었다가) 먹어서 이를 일컬어 한식寒食[192]이라고 하였는데, 대개 이것은 청명淸明 하루 전날이다.

황하 유역[中國]의 도처에서 유행하여 마침내 일반적인 관습이 되었다. 그러나 보리죽은 본래 더위를 막을 수 있기에 반드시 한식에만 먹는 것은 아니다. 오늘날 이 같은 죽을 잘 쑤는 사람이 있어 이에 의거하여 내가 다시 기록하였다.

쇠솥을 손질하여 변색하지[193] 않게 하는 방법

神驗. 百姓哀之, 忌日爲之斷火, 煮醴酪而食之, 名曰寒食, 蓋淸明節前一日是也. 中國流行, 遂爲常俗. 然麥粥自可禦暑, 不必要在寒食. 世有能此粥者, 聊復錄耳.

治釜令不渝法.

---

191 '예락(醴酪)'의 '낙(酪)'은 단지 금택초본에만 있으며 다른 초본에는 빠져 있다.

192 '한식(寒食)'은 청명절(淸明節) 하루 혹은 이틀 전이다. 한식 즈음에는 후한대(後漢代)에 태원(太原) 등지에서 겨울 중에 찬 것을 한 달간 먹었으며, 불을 끊는 시일이 지나치게 길고 또한 날씨가 추워서 거듭 "해마다 죽는 자가 많았다."라고 한다. 후에 병주자사 주거(周擧)에 의해서 제도가 혁파되었다.[『후한서(後漢書)』 권61「주거전(周擧傳)」에 보인다.] 위대(魏代)에 이르러 태원(太原), 상당(上黨), 서하(西河), 안문(雁門) 등지에서 여전히 널리 유행했으며, "동지(冬至) 후 105일까지 모두 불을 끊고 차가운 음식을 먹었다."라고 하였는데, 조조(曹操)는 이것을 금지하였다.[『위무제집(魏武帝集)』「금화벌령(禁火罰令)」, 당대(唐代) 한악(韓鄂)『세화기려(歲華紀麗)』에 보인다.] 그러나 금지하고도 끊지 않아 당대(唐代) 장설(張設: 667-730년)의 『장연공집(張燕公集)』권1「봉화한식작응제(奉和寒食作應制)」시에서 이르기를 "여태껏 불을 금하는 날은 청명 아침까지 이어졌다."라고 하였다. 이것은 남방에서도 유행하여 남조(南朝) 양(梁)나라의 종름(宗懍)의 『형초세시기(荊楚歲時記)』에서는 "동지가 지나 105일이 되는 날을 … 한식이라 부르며, 불을 3일간 금하고 엿당과 보리로 죽을 만들었다."라고 하였다. 동지 후에 105일은 청명절 하루 전이다.

193 '투(渝)'는 '달라지다'이며, 여기에서는 변색을 가리킨다. 묘치위에 의하면 생철 주조물은 모두 주조물의 결함이 있으니 예컨대, 기공(氣孔: 철 용액이 액체 상태

[治釜令不渝法]: 평소에 잘 아는 곳에서 처음으로 녹인 쇳물로 주조한 쇠를 구입하는데, 이 같은 쇠는 순정품으로 변색이 되지 않고 가벼워 달구기 쉽다. 검은색으로 변하기 쉽고 달구기 어려운 것은 모두 쇳물의 찌꺼기가 거칠고 탁한 것으로 만들어졌기 때문이다.

손질하여 변색되지 않게 하는 방법: 새끼줄로 약간의 쑥[蒿]을 단단히 묶고 양끝을 잘라 가지런히 한다. 솥에 물을 붓고 마른 쇠똥으로 불을 지펴 달군다. 물이 따뜻해진 후에 쑥[蒿]으로 세 번 씻어 낸다. 물을 쏟아 버리고 다시 달궈서 뜨겁게 한다.

비곗살이 붙은 돼지껍데기를 손바닥 크기 정도로 서너 조각을 사서, 그 기름을 이용하여 솥 안 곳곳에 쓱쓱하는 소리[194]가 나게 한다. 다

常於諳[102]信處買取最初鑄者, 鐵精不渝, 輕利易燃. 其渝黑難燃者, 皆是鐵滓鈍濁所致. 治令不渝法. 以繩急束蒿, 斬[103]兩頭令齊. 著水釜中, 以乾牛屎燃釜. 湯暖, 以蒿三遍淨洗. 抒卻水, 乾燃使熱. 買肥豬肉脂合皮大如手者三四段, 以脂處處遍揩拭釜, 察

일 때 공기를 흡입하여 생김), 축공(縮孔: 굳어서 응고될 때 수축할 때 빽빽하지 않아서 생긴 것), 사안(砂眼: 용액에 모래가 함유되어 있는 것) 및 찌꺼기와 불순물이 끼는 것이다. 쇠솥 중에도 마찬가지로 이러한 결함들이 있다. 새로운 쇠솥의 표층에는 회흑색의 불순물이 붙어 있는데, 손가락으로 문지르면 묻어나거나 쇳내가 난다. 기공(氣孔), 축공(縮孔)은 여전히 물이 스며들 수 있다. 『제민요술』의 처리법은 아직 사용하기 전에 기름을 발라 마찰하여 이러한 불순물을 깨끗하게 제거하고, 아울러 기공에 물이 스며들지 않도록 하는 것에 있다. 새로 산 쇠솥은 현재에도 반드시 이러한 처리 과정을 거쳐야만 비로소 사용할 수 있다고 한다.

194 '찰작성(察作聲)': '찰'자는 표음자이며, 닦을 때 나는 소리이다. '찰(擦)'자의 음표기도 여기에서 온 것이다. 일반적 습관에 따르면 '찰(察)'자는 응당 중복되어야 할 듯하다.

시 물을 넣고 힘껏 씻어[195] 물이 검게 변하면 버린다. 다시 기름으로 문질러 깨끗이 닦는다. 이와 같이 10여 차례 반복하여 물이 맑고 더 이상 검어지지 않으면 그만둔다. 그렇게 하면 이후에는 변색되지 않는다.

행락죽을 쑤고, 엿을 고아 내고, 지황地黃을 끓여 옷을 염색할 때도[196] 모두 먼저 쇠솥을 손질해야 하는데, 그렇지 않으면 곧 색이 검게 더러워진다.

예醴를 끓이는 방법: 검은엿을 고을 때와[197] 같다. 모름지기 빛깔이 잘 조화되도록 주의해야 하며, 즙의 맛이 진하고, 붉은색이 충분히 돌면 좋다. 더욱이 불은 다시 은근하게 해야 하며, 너무 세면 타서 냄새가 난다. 고서[傳]에서 이르기를[198] "소인의 교제는 달콤한 것이 예와 같다."라고 하였는데, (예와 같다는 것은) 이것을 가리키고

作聲.[104] 復著水痛
疏洗, 視汁黑如
墨, 抒卻. 更脂拭,
疏洗. 如是十遍
許, 汁清無復黑,
乃止. 則不復渝.
煮杏酪, 煮餳, 煮
地黃染, 皆須先治
釜, 不爾則黑惡.

煮醴法. 與煮
黑餳同. 然須調
其色澤, 令汁[105]味
淳濃, 赤色足者
良. 尤宜緩火, 急
則焦臭. 傳曰, 小
人之交甘若醴, 疑

---

195 '소세(疏洗)': 『제민요술』의 다른 곳에도 또한 '소세(梳洗)'라고 적혀 있다. 묘치위 교석본에 의하면, '소(疏)'는 '소(梳)'의 본자이지만, 이 '소(疏)'는 '소(梳)'의 잘못은 아니며, 이하 모두 동일하다고 한다.

196 '자행락(煮杏酪), 자당(煮餳), 자지황염(煮地黃染)': 스성한의 금석본에서, 행락을 끓이는 방법[煮杏酪]은 본장에 보인다.[엿을 고는 내용[煮餳]은 본권 「당포(餳餔)」 참조], [지황을 끓여서 염색하는 방법[煮地黃染]은 권3 「잡설(雜說)」 참조.]

197 '자흑당(煮黑餳)': 본권 「당포(餳餔)」 '흑당법(黑餳法)'에 보인다.

198 '전(傳)'은 책에서 전한다는 것으로, 일반적으로 고서를 가리킨다. 이 고사는 『장자(莊子)』 「산목(山木)」의 "군자의 사귐은 담백한 것이 물과 같고, 소인의 사귐은 달콤한 것이 예와 같다."에서 보인다.

예주醴酒¹⁹⁹를 의미하지는 않는 듯하다.

행락죽 쑤는 방법[煮杏酪粥法]: 겨울을 넘긴 겉보리[宿穬麥]²⁰⁰를 사용하는데 봄보리는 적합하지 않다. 미리 한 달 전에 보리를 준비하여 잘게 부수고²⁰¹ 고운 체로 쳐서 (껍질을) 골라낸다. (보리알의 크기를) 대여섯 등급으로 분류하여 각 등급의 알갱이를 모두 고르게 하고 거친 것과 고운 것이 함께 섞여서는 안 된다. 그 크기는 호두胡豆와 같은 것이²⁰² 굵기[麤細]가 가장 적합하다. 햇볕에 잘 말린다.

앞서 말한 방법과 같이 쇠솥을 잘 손질하는 것이 끝나면 먼저 거친 죽을 한 솥 끓이고, 그 연

謂此, 非醴酒也.

煮杏酪粥法. 用宿穬麥, 其春種者則不中. 預前一月, 事麥折令精, 細簁揀. 作五六等, 必使別均調, 勿令麤細相雜. 其大如胡豆者, 麤細正得所. 曝令極乾. 如上治釜訖, 先煮⑩一釜麤粥,

---

199 '예주(醴酒)': '예'는 과거의 여러 자서의 해석에 따르면, 명사로 쓰일 때는 모두 단술로만 해석되며 형용사로 쓰일 때는 단맛을 가진 것으로 해석된다. 스성한의 금석본에 이르기를, 여기의 '예주'는 '예(醴)'와 대응되는데, '예'가 무엇을 가리키는지 확실하지 않지만 '술'은 아니며, 당이 들어간 보리죽인 것으로 추측하였다. [본편 '예(醴)'에 대한 주석 참조.]

200 '숙광맥(宿穬麥)': '숙광맥(宿穬麥)'은 '월동광맥(越冬穬麥)'으로서 『제민요술』에서 말하는 광맥은 '겉보리[皮大麥]'이고, '쌀보리[裸大麥]'의 원맥은 아니다.

201 '절(折)': 최대한 찧어서 껍질을 부숴 제거하는 것을 가리킨다. 묘치위에 의하면 겉보리의 종자와 겉껍질이 긴밀하게 밀착되어 있어서 쉽게 떨어지지 않기에 방아를 찧어 그 껍질을 없애기가 쉽지 않고 많은 시간과 힘을 낭비한다. 이로 인해서 찧어 없앤 후에 찰기가 없는 겉껍질 속의 쌀보리나 밀의 많은 부분을 덜어 내는 것이다. 『제민요술』에서 오곡을 찧을 때는 '잘게 부숴야[折令精]' 한다고 요구하는 것은 이 겉보리가 바로 한 예라고 한다.

202 '호두(胡豆)': 본래 누에콩[蠶豆]이나 완두(豌豆)는 물론이고 '겉보리[穬麥]'도 큰 것이 호두만큼 클 수 없다.

후에 솥을 깨끗이 씻어 사용한다.

살구를 쪼개 살구씨[203]를 꺼내어 뜨거운 물에 담가서 누런 껍질을 벗겨 낸 후, 곱게 갈아서 물을 넣어 섞고 비단으로 걸러서 즙을 취한다. 즙은 진하면 진할수록 좋으며, 물이 너무 많으면 맛이 옅어진다.

마른 쇠똥으로 불을 지피고 먼저 살구씨즙을 끓인다. (살구씨즙이) 몇 번 끓어 윗면에 돼지 뇌와 같은 주름이 생기고 나면, 겉보리쌀[穬麥]을 넣는다.

모름지기 은근한 불을 써서 숟가락으로 천천히 젓되, 멈추지 말아야 한다. 잘 끓여 너무 묽거나 너무 되지 않도록 적당하게[204] 해야 하며, 그 후에 꺼낸다. 미리 두 말들이 새 동이를 많이 사둔다.

죽을 쏟아 동이에 담고 뚜껑은 열어 둔 채

然後淨洗用之. 打取杏人, 以湯脫去黃皮, 熟研, 以水和之, 絹濾取汁. 汁唯淳濃便美, 水多則味薄. 用乾牛糞燃火, 先煮杏人汁. 數沸, 上作豚腦皺, 然後下穬麥米. 唯須緩火,[107] 以匕徐徐攪之, 勿令住. 煮令極熟, 剛溠得所, 然後出之. 預前多買新瓦盆子容受二斗者. 抒粥著盆子中, 仰

---

203 본 조항에서 두 곳에 등장하는 '행인(杏人)'은 금택초본에서는 모두 이 문장과 같으나 다른 본에서는 모두 '행인(杏仁)'이라고 쓰고 있다.

204 '강요(剛溠)': '강'은 견실(堅實)이다. '요(溠)'는 『광아』「석고(釋詁)」에서 '습(濕)'으로 해석했다. 옛날에는 묽은 죽을 '요미(溠糜)'라고 하였고 또한 물이 많다는 의미가 있다. 남송(南宋) 육유(陸遊)의 『검남시고(劍南詩稿)』권35 「귀당독좌견민(龜堂獨坐遣悶)」이라는 시에서 이르기를 "먹는 것으로는 요미(溠糜)가 있어 족히 배부르며, 입는 것으로는 짧은 베옷이 있어 아주 가난하지는 않다."라고 하였다. '강요득소(剛溠得所)'는 곧 삶아서 되거나 묽은 정도가 알맞게 되었다는 의미이다.

로 두되 덮어서는 안 된다. 죽의 빛깔은 굳은 기름처럼 되고, 보리알[米粒]은 푸른빛의 옥과 같이 된다. 4월 초파일까지 두더라도 변하지 않는다.[205]

변색되는 솥을 쓰면 죽도 검게 변하고, 불이 너무 세면 죽이 타서 쓴맛이 나는데, 묵은 동이에 죽을 담아 두면 물이 스며들지 않으며, 만약 뚜껑을 덮어 두면 죽이 풀어진다. 큰 동이에 담아 두면 자주 물을 걸어 내야 하는데, 물이 생기기 때문이다.[206]

頭勿蓋. 粥色白如凝脂, 米粒有類青玉.[108] 停至四月八日亦不動. 渝釜令粥黑, 火急則焦苦, 舊盆則不滲水, 覆蓋則解離. 其大盆盛者, 數捲居萬[109]反亦生水也.

교 기

[101] '현(縣)': 금택초본에 '면(緜)'으로 잘못되어 있다. 명초본과 명청 각본에 따라 바로잡는다.

[102] '암(諳)': 명청 각본에 '암(暗)'으로 잘못되어 있다. 명초본과 금택초본에 따라 고친다.

[103] '참(斬)': 명청 각본에 '헌(軒)'으로 잘못되어 있다. 명초본과 금택초본에 따라 수정한다.

[104] '성(聲)': 금택초본에 '엄(嚴)'으로 잘못되어 있다. 명초본과 명청 각본

---

[205] '동(動)'은 변질된다는 의미이며, 윗 문장에서는 한식절부터 4월 초파일까지 여전히 변질되지 않는 것을 가리킨다.

[206] '삭권(數捲)': '삭'은 여러 차례이다. '권'은 '자서(字書)'의 해석에 따르면 '거두다[收也]'인데, 자형이 유사한 '읍(挹)'자(퍼내다[舀取]의 뜻)와 모양이 유사하여 잘못된 것으로 보인다.

에 따라 바로잡는다.

105 '영즙(泠汁)': 명청 각본에 두 글자가 비어 있다. 명초본과 금택초본에 따라 보충한다.

106 '선자(先煮)': 명청 각본에 '자'자 위에 '부(釜)'자가 하나 더 있다. 명초본과 금택초본에 따라 삭제한다.

107 '완화(緩火)': 금택초본에 '완우(緩又)'로 되어 있다.

108 '청옥(青玉)': 명청 각본에 '청토(青土)'로 잘못되어 있다. 명초본과 금택초본에 따라 바로잡는다.

109 '만(萬)': 명초본과 명청 각본에 '반(反)'으로 잘못되어 있다. 금택초본에 따라 고친다.

제86장

손·반[207] 飧飯第八十六

속손粟飧 만드는 법: 좁쌀을 잘 찧되 부서지게
해서는 안 된다. 부서지면 [만든 손(飧)이] 희뿌여져 맛이
없다. 찧은 쌀은 즉시 밥을 짓는다.[208] 하룻밤이 지나

作粟飧法. 舂
米欲細而不碎.
碎則濁而不美. 舂訖

---

207 '손반(飧飯)': 송원(宋元)시대 대동(戴侗)의 『육서고(六書故)』 「공사사(工事四)」
에서 "손(飧)은 저녁에 먹는 것[夕食]으로, 옛날에는 저녁이면 아침의 요리 중 남
은 것을 먹었기 때문에, 저녁[熟食]을 일러 손(飧)이라고 한다."라고 하였다. 『옥
편』에 따르면 "물과 밥을 섞다"이다. 『석명』에 따르면 "손은 '흩어지다'이다. 밥
을 물에 넣으면 풀어진다."[반(飯)자는 『태평어람』 권850에서 인용하여 보충했
다.]이다. 『태평어람』 권850에서 통속문을 인용하여 "물을 밥에 붓는 것을 손이
라 한다."라고 했다. 손(飧)이란 『제민요술』에서는 초장(酢漿)에 담근 반(飯)이
다. 금택초본에는 '손(飧)'으로 쓰여 있고, 명초본, 호상본에는 '손(飧)'으로 쓰고
있는데, 속자이다. 스성한의 금석본에서는 '손(飧)'자를 쓰고 있다. 이하 동일하
여 별도로 기재하지 않는다. '반(飯)'은 곡미(穀米)를 쪄서 지은 것이다. 일반적으
로 곡미(穀米)는 찰기장[黍], 조[粟], 벼[稻]이며, 보리와 밀[麥]은 드물다. 반(飯)은
똑같은 곡식물(穀食物)이라도 미죽(糜粥), 구(糗), 병이(餠餌) 등으로 구분된다.
이 반(飯)은 시루에 취사하였다. 본편은 식반(食飯) 및 반(飯)의 최종 가공품으로
서, 손(飧), 구비(糗糒), 면반(麵飯)이 기록되어 있다.
208 "벌흘즉취(舂訖即炊)": 씻고 나서 일지 않으면 더욱 탁해지므로 '벌흘(舂訖)'은
'도흘(淘訖)'의 잘못인 듯하다.

면 껄끄러워진다.[209] (먼저) 일어서 반드시 깨끗하게 해야 한다. 10번 이상 일면 더욱 좋다.[210] 향기로운 장[香漿][211]과 따뜻한 물을 섞어 고두밥[212]에 담갔다가 잠시 후에 손으로 주물러서 덩이가 지지 않게 하고, 다시 잠시 둔 후에 시루에 올린다.[213] (뜨거운 물에) 고두밥을 잠시 넣어 둘 때는 겨울에는 다소 오래 두고

即炊. 經宿則澀. 淘必宜淨. 十遍以上彌佳. 香漿和暖水浸饙, 少時, 以手挼, 無令有塊, 復小停, 然後壯. 凡

---

209 『제민요술』 본문에서 각종 식품을 설명할 때 항상 '활(滑)', '삽(澀)' 두 글자로 맛의 좋고 나쁨을 나타내는데, '활(滑)'은 통상 '윤기가 있고 맛있는[滑美]' 것을 일컬으며, '삽(澀)'은 "거친[澀惡]" 것을 가리킨다. 혼탁(渾濁), 발모(發毛), 풀[糊口] 등과 변변찮아서[粗糲] 부드럽거나 매끄럽지 않고, 또한 단단하고 부드럽지 못하고 질기고 연하지 않은 것 등은 『제민요술』에서는 모두 '삽(澀)'으로 부르는데, 현재 일반적으로 말하는 '삽구(澀口: 탄닌산을 함유한 채소)'는 아니다. '삽(澀)'은 명초본과 명청 각본에 '역(㿇)'으로 잘못되어 있다. 금택초본에 따라 바로잡는다.

210 '도필의정(淘必宜淨)'에는 "10번 이상 일면 더욱 좋다.[十遍以上彌佳.]"라는 주석문장이 달려 있는데, 묘치위는 교석본에 따르면, 마땅히 앞의 "부서지면 희뿌예져 맛이 없다.[碎則濁而不美.]"의 다음에 옮겨야 한다. 즉 그 순서는 마땅히 쌀을 찧은 다음에 일고, 인 다음에 바로 밥을 짓는 것으로서, 이러한 몇 구절은 응당 도치하여서 '舗米欲細而不碎. [碎則濁而不美.] 淘必宜淨. [十遍以上彌佳.] 淘訖即炊. [經宿則澀.]'라고([ ]는 주석문의 작은 글자이다.) 위치를 바꾸어 바로잡아야 한다고 지적하였다.

211 '향장(香漿)': '장'은 유산 발효를 거친 묽은 전분풀이다. 스성한의 금석본에 이르길, 향장은 유산(乳酸)과 일부 유산지(乳酸脂)의 향기이며, 부티르산[酪酸] 발효의 악취와 반대된다.

212 '분(饙)': 끓였는데 덜 익은 밥이다.(권7의 「신국과 술 만들기[造神麴并酒]」편 주석 참조.)

213 '장(壯)'은 각본에서 동일하나, 금택초본에서는 '두(肚)'로 잘못 쓰고 있다. 스성한의 금석본에서는 『옥편』의 '장(牀)'자의 주해에 따라서 '쌀을 시루[甑]에 담는 것'이라고 풀이하였다. 반면 묘치위 교석본에 따르면 권8 「장 만드는 방법[作醬等法]」의 '경장(更裝)', 「삶고 찌는 법[蒸焦法]」의 '취일장(炊一裝)'을 근거로 '장(裝)'으로 써야 한다고 지적하였다.

여름에는 잠시 두는데, 대개 유념하여 그 시간을 가감한다. 만약 고두밥을 (뜨거운 물에) 넣어 두지 않으면, 밥이 너무 단단해진다.

손饌을 넣을 때는 먼저 장을 새콤달콤하게 입에 맞게끔 조절한 후에 뜨거운 밥을 장 속에 넣는데, 밥이 장위에 약간 뾰족하게 드러나면 알맞다. 잠시 동안 그대로 두고 저어서는 안 되며, 밥이 자연적으로 풀어지기를 기다린다. 그런 후에 다시 건져 내서 사발에 담는다. 이와 같이 하면 손饌이 부드럽고 윤기가 나며 맛이 좋다. 만약 밥을 넣은 후에 즉시 휘저으면[214] 밥이 껄끄러워진다.

좁쌀을 정제하여 하얗게 만드는 법[折粟米法][215]: 정미한 향기로운 좁쌀 한 섬[石][216]을 가져

停饌, 冬宜久, 夏少時, 蓋以人意消息之. 若不停饌, 則飯堅也. 投饌時, 先調漿令甜酢適口, 下熱飯於漿中, 尖出便止. 宜少時住, 勿使撓攪, 待其自解散. 然後撈盛. 饌便滑美. 若下飯即攪, 令飯澀.

折粟米法. 取香美好穀脫粟米

---

214 "若下飯即攪, 令飯澀": 스셩한의 금석본에서는 '교'를 '요(撓)'로 쓰고 있다. '하(下)'는 명청 각본에 '불(不)'로 잘못되어 있다. '요(撓)'는 명초본과 명청 각본에 '요(擾)'로 잘못되어 있다. '삽(澀)'은 명초본과 명청 각본에 '견(堅)'으로 잘못되어 있는데, 모두 금택초본에 따라 바로잡는다.

215 '절속미법(折粟米法)': 거친 쌀을 정제하여 하얗게 만들거나 혹은 가루를 내는 것으로 가사협과 『식경(食經)』, 『식차(食次)』에서 모두 '절(折)'을 사용했는데, 본서의 설명에 따르면 뜨거운 물에 담가 두었다가 발로 밟아서 두꺼운 외부 껍질을 벗기는 것이다. 그 결과 원래 거친 곡식[粗糧]의 70% 가까이 얻을 수 있다. 이렇게 양식의 일부가 줄어들기 때문에 '절'이라고 했다. 『태평어람』 권850에서 『위략(魏略)』을 인용하여, "왕랑(王朗)이 회계(會稽)에서 패하였다. 태조가 연회를 베풀어 '당신이 과거 회계에서 멥쌀밥을 손해 본 것을 따라할 수 없소.'라고 이를 비꼬았다."라고 했다. 그 뜻은 왕랑이 병력을 잃은 것을 비난하는 것이다. 또 『풍토기(風土記)』를 인용하여 "쌀을 제대로 일면 열에 일곱, 여덟이 남는데, 쌀을 일면 향이 좋아지고, 찌면 밥이 …"라고 했다.[『풍토기』를 인용하여 '절(折)'을 '절

다가 다른 것이 섞이거나 부서진 쌀이 있어서는 안 된다. 나무통 속에 넣고 뜨거운 물에 일고 씻어 발로 밟는다. 혼탁한 물을 따라 내고 다시 밟는다. 이와 같이 (일고 씻어 내어 밟기를) 10번 하여 대개[隱約] 7말의 좁쌀이 남게 되면 멈춘다. 걸러 내어 햇볕에 말린다. 밥을 지을 때도 깨끗하게 걸러 낸다.

고두밥을 넣을 때는 (넣을) 큰 동이 속에 냉수를 가득 담아 반드시 차가운 것이 좁쌀의 안쪽까지 스며들게 한다. 손으로 고두밥을 주물러 한참동안 놓아 둔다. 정제한 좁쌀은 야물어 반드시 무르게 밥을 지어야 하기 때문이다.²¹⁷ 만약 물에 한참동안 담가 두지 않으면 밥이 너무 단단해진다.

밥[飯]을 장 속에 넣고 조절하는 방식은 모두 앞에서 하는 법과 같이 한다. (이렇게 하면) 밥알은 청옥靑玉과 같고, 부드럽고 윤기가 있으며 맛

一石勿令有碎雜. 於木槽内, 以湯淘, 脚踏. 瀉去潘, 更踏. 如 此十遍, 隱約有七斗🔟米在, 便止. 漉出, 曝乾. 炊時, 又淨淘. 下餿時, 於大盆中多著冷水, 必令冷徹米心.🔟 以手挼餿, 良久🔟停之. 折米堅實, 必須弱炊故也. 不停則硬. 投飯調漿, 一如上法. 粒似青玉, 滑而且美. 又甚🔟堅實, 竟日不饑.🔟 弱

(淅)'로 썼다.]

216 '탈속미(脱粟米)': 껍질만 벗긴 좁쌀로 '탈속(脱粟)'으로도 칭한다. 『안자춘추(晏子春秋)』「잡하(雜下)」에서는 "안자가 제나라 재상일 때 10승의 베[布: 800올의 조포(粗布)로 옷을 지어 입고 껍질만 벗긴 조[粟]로 밥을 지어 먹었다.[晏子相齊, 衣十升之布, 食脱粟之食.]'라고 하였다. 『안자춘추(晏子春秋)』는 춘추시대 제나라의 재상인 안영(晏嬰: 기원전 ?-기원전 500년)이 이전에 제목으로 달아 찬술한 것인데 실제로는 후대사람들이 안자의 언행에 의거하고 채택하여 엮은 책이다.

217 "必須弱炊故也": 이것은 먹을 때 다시 쪄야 하는 것을 가리킨다. 고두밥은 반드시 물에 오래 담가 둬야 하며, 그렇지 않으면 여전히 부드럽게 익히기 어렵다.

도 좋아진다. 또 밥이 아주 알차서 먹으면 하루 종일 배고
프지 않다. 은근한 불로 오랫동안 끓여 타락죽[酪粥]²¹⁸으로 만
들면, 멥쌀보다 더욱 맛이 좋다.

炊作酪粥者,　美於粳
米.⑪⑮

　　한식장 만드는 법[作寒食漿法]: 3월 중순 청명淸
明 이전에 밤중에 밥[飯]을 짓는다.

　　닭이 울 때 익힌 뜨거운 밥을 항아리에 넣어
가득 채운다. 며칠이 지나 신맛이 나면 마시기
에²¹⁹ 적당하다.

　　왜냐하면 집에서 밥을 지을 때[炊次]²²⁰ 3-4일
마다 번번이 새로 지은 밥 한 사발을 그 위에 넣
어 주기[酘]²²¹ 때문이다.

作寒食漿法. 以
三月中淸明前, 夜
炊飯. 雞向鳴, 下
熟熱飯⑪⑯於甕中,
以向滿爲限. 數日
後便酢, 中飮. 因
家常炊次, 三四日
輒以新炊飯一椀

---

218 '낙죽(酪粥)': 스성한의 금석본에서 이 '낙'은 위의 '행락죽(杏酪粥)'의 낙이며, 유락
　　(乳酪)이 아니라고 하였다. 반면 묘치위 교석본에 따르면,『제민요술』권6「양 기
　　르기(養羊)」'평소법(抨酥法)'의 "버터를 건져 내고 남은 유즙[酪漿]은 밥에 초를
　　탄 효모나 죽에 배합하는 데 적합하다.[抨酥酪漿, 中和飧粥.]" 구절을 바탕으로,
　　낙죽(酪粥)은 이것을 가리킨다고 하였다.

219 '반(飯)': 묘치위 교석본에 의하면, 황록삼교기(黃麓森校記)에서는 "내음지와(乃
　　飮之訛)."라고 쓰여 있는데, 이것은 장(漿)을 마시는 것을 가리키고, 아래의 문장
　　에서는 "매번 장을 뜬다.[每取漿.]"라고 분명하게 설명하고 있는 것으로 보아서
　　'음(飮)'자의 오류이다. 단지 위의 문장인 "항아리에 넣어 가득 채운다.[以向滿爲
　　限.]"의 다음에 분명히 "냉수를 부어 준다.[以冷水沃之.]"라는 어구가 빠져 있다고
　　한다. 이 같은 묘치위의 해석은 아주 좋은 지적으로, 만약 밥을 짓고 나서 "냉수
　　를 부어 준다.[以冷水沃之.]"라는 말이 없으면, 어떻게 장(漿)이 생겨나는지의 설
　　명이 분명하지 않게 된다.

220 '취차(炊次)': '취차(炊次)'는 곧 밥을 짓는 때이다. '차(次)'는 장소를 뜻하는데, 파
　　생되어 시간을 뜻하기도 한다. 명청 각본에 '차'자가 빠져 있는데, 명초본과 금택
　　초본에 따라 보충한다.

221 '두(酘)': 양조 과정에서 숙반(熟飯)을 새로 더한 것을 '두'라고 한다. (권7「신국과

매번 장을 뜰 때마다 장의 양을 보고 우물에서 갓 뜬 냉수를 넣어 준다. 여름이 될 때까지 손㱔과 장이 상하지 않으며, 항상 가득 차는 것이 매우 특이하다.

장 2되마다 물 한 되를 타는데[222] 물이 청량하고 시원한 것이[223] 일반적인 것과는 다르다.

여름철에 밥을 넣는 항아리 주변과 우물가의 벌레를 막는 방법: 청명절清明節 이틀 전 밤에 닭이 울 무렵에 (푹 쪄서)[224] 찰기장밥을 짓고 솥의 뜨거운 탕을 가져다가 우물가와 밥 항아리 주변을 닦아 주면 노래기[馬蚿][225]가 없어지며, 기타 각종 벌레 또한 우물과 항아리 주변에 접근하지 않는

酘之. 每取漿, 隨多少即新汲冷水添之. 訖夏, 㱔漿並不敗而常滿, 所以爲異. 以二升, 得解水一升, 水冷清俊, 有殊於凡.

令夏月飯甕井口邊無蟲法. 清明節前二日夜, 雞鳴時, 炊黍熟, 取釜湯遍洗井口甕邊地, 則無馬

술 만들기[造神麴幷酒]」의 주석 참조.)

222 해수(解水)는 물을 묽게 하는 것으로, 이는 곧 산장(酸漿) 2되에 물 한 되를 붓는 것을 말한다.

223 '수냉청준(水冷清俊)': '수(水)'자는 '빙(冰)'자를 잘못 쓴 것인 듯하다. '냉(冷)'은 '영(泠)'의 잘못인 듯 한데, '영(泠)'은 청량하고 시원하다는 의미이다.

224 일반적으로 삶아 기장밥을 짓게 되면 솥에 밥물이 생기지 않고, 물을 부어서 밥을 시루에 찌면 밥물이 생기기 때문에 '취서숙(炊黍熟)'의 방법은 시루에서 찌는 것으로 생각된다. 스성한과 묘치위가 '증숙(蒸熟)'으로 해석한 것도 이 때문일 것으로 보인다.

225 '마현(馬蚿)': 이것은 곧 노래기[馬陸; *Orthomorpha pekuensis*]이며, '백족(百足)', '향현충(香蚿蟲)'이라고도 한다. 산귀뚜라미 벌레과로 몸통의 양쪽에는 매우 많은 다리가 있으며, 눅눅하고 습한 지방 혹은 돌무더기 아래와 같이 습한 곳에서 서식한다. '현'자는 명청 각본에 '구(蚯)'로 잘못되어 있다. 명초본과 금택초본에 따라 바로잡는다.

다. 이것은 아주 영험한 방식이다.

밭벼[旱稻]와 적미赤米를 손질하여 흰밥을 짓는
방법: 겨울철과 여름철을 막론하고 모두 뜨거운
물에 쌀을 담가 두는데, 밥 한 끼 먹을 정도 시간
이 지나면 다시 손으로 주무른다.

물이 차가워지면 따라 내고 냉수로 일고 걸
러 내어 주무르는데, 희어지면 그만둔다.

이와 같이 하면 밥의 색깔이 하얗게 되어 마
치 맑은 물에서 자란 벼의 쌀처럼 된다.

또 적미를 절구에 찧을 때 쌀 속에 쑥[蒿] 한
줌과 소금 한 줌을 넣어서 함께 찧으면, 아주 하
얘진다.

『식경食經』에서 이르는 면반 만드는 법[麵飯法]:
밀가루 5되를 먼저 (한 번) 건증乾蒸[226]을 하고 섞
어서 식힌다. 물 한 되를 쓴다. 밀가루 한 되는
남겨 두고, 물 3홉[合]을 덜어 내서[227] 그중 물 7홉
에 밀가루 4되를 넣고 반죽하여 손으로 밀가루
를 푼다.

蚘, 百蟲不近井
甕矣. 甚是神驗.

治旱稻赤米令
飯白法. 莫問冬夏,
常以熱湯浸米, 一
食久, 然後以手挼
之. 湯冷[117] 瀉去,
即以冷水淘汰,[118]
挼取[119]白乃止.
飯色潔白, 無異
清流之米.

又, 帥赤稻一
臼, 米裏著蒿葉
一把, 白鹽一把,
合帥之, 即絕白.

食經曰作麵飯
法. 用麵五升, 先
乾蒸, 攪使冷. 用
水一升. 留一升
麵, 減水三合, 以
七合水, 溲四升麵,

---

226 '건증(乾蒸)': 고온의 증기를 이용하는 조리법으로 물이 끓어서 증기가 최대로 올
라올 때 재료를 넣어 찌는 것이다.

227 '감수삼합(減水三合)': 물 3홉을 덜어 낸 이후 어떻게 사용하는지 알 수 없다.

밥을 지으면서 다시 남겨 둔 건증한 밀가루 한 되를 (함께 섞어 반죽하고)[228] 조금씩 떼어 내어 밥 크기 정도로 만든다. 다 떼어 낸 후에는 푹 쪄서 체에 담아 다시 찐다.[229]

멥쌀로 건량[230] 만드는 법[作粳米糗糒法]:[231] 멥쌀을 일어 씻어서[232] 밥을 지어 햇볕에 잘 말린다. 곱게 찧고 갈아서, 거친 것과 고운 것 두 종류로 구분한다.[233]

以手擘解. 以飯,
一升麵粉粉乾下,
稍切取, 大如栗顆.
訖, 蒸熟, 下著篩
中, 更蒸之.

作 粳 米 糗 糒
法. 取粳米, 汏
灑, 作飯, 曝令
燥. 擣細, 磨, 麤

---

228 "以飯, 一升麵粉": 이 구절과 이 단락은 틀린 부분과 누락된 부분이 있는 것 같다. 밀가루[麵粉] 한 되[升]는 원래 5되에서 4되를 쓰고 남은 것으로 보면 이해가 된다. '이반(以飯)' 두 글자는 이해하기 어렵다. 스성한의 금석본에서는 '반(飯)'은 '음(飮)'자인데 자형이 유사해서 잘못 보고 틀리게 쓴 듯하다고 하였으며, 묘치위 교석본에서는 '이반'뒤에 '합(合)'자가 있어야 한다고 보았다. 즉 '7홉[合]의 물을 4되의 밀가루와 반죽'해서 얻은 반죽에 남은 이 마른 밀가루 한 되를 더해 수분을 빨아들여 밀가루반죽을 좀 더 뻑뻑하게 만드는 것이다. 다만 3홉의 물을 빼서 어디에 쓴다는 것인지는 알 수 없다.

229 "下著篩中, 更蒸之": 이 문장이 정확히 무엇을 가리키는지 분명하지 않다.

230 '구비(糗糒)': 쌀, 보리, 콩 등의 건량(乾糧)이다. 볶거나 삶고, 가루를 내거나 혹은 내지 않기도 하는데, 여기서는 익힌 밥을 햇볕에 말리고 갈아서 가루를 낸 건량이다.

231 이 항목 이하에서부터 '호반법(胡飯法)'에 이르기까지는 여전히 『식경』의 문장인데, 이는 '받들어 올리는 법[奠法]'에서 알 수 있다. 묘치위 교석본에 따르면, 최식(崔寔)의 문장도 동일한 미숫가루 만드는 법이기 때문에 여기에 삽입했다고 한다.

232 '태쇄(汏灑)': '태'는 도태(淘汰)이며, '쇄'는 씻다[洗灑]이다. '쇄(灑)'는 '세(洗)'와 통한다. 『삼국지』 권11 「위지(魏志)·관영전(管寧傳)」에 "물속에서 손발을 깨끗이 씻는다.[詣水中澡灑手足.]"라고 하였다. 즉, '태쇄(汏灑)'는 일어서 깨끗이 씻는다는 의미이다.

멥쌀조비[234] 만드는 법[粳米棗糒法]: 밥을 무르게 지어 햇볕에 말리고, (찧어서 가루를 내고) 체에 곱게 친다.[235]

붉은 대추를 무르게 익혀 짜서 진한 즙을 내고 가루를 넣어 반죽한다. 그 비율은 (멥쌀)가루 한 되에 대추 한 되[236]를 쓴다.

최식崔寔이 이르기를, "5월에 미숫가루[糒]를 만들어서 출입할 때의 양식으로 삼는다."라고 한다.

고미[237]로 밥을 짓는 방법[菰米飯法]: 줄[菰]에 달린 곡식을 가죽 주머니에 담는다. 옹기를 깨부수

細作兩種折.

粳米棗糒法. 炊飯[120]熟爛, 曝令乾, 細篩. 用棗蒸熟, 迕取膏, 溲糒[121]. 率一升糒, 用棗一升.

崔寔曰, 五月多作糒, 以供出入之糧.

菰米飯法. 菰殼盛韋[122]囊中. 擣瓷

---

233 '양종절(兩種折)': 부스러기를 두 종류로 나눈다는 뜻으로, 잘 부수어 고운 것 한 종류는 체로 치고, 거친 한 종류는 다시 갈아 두 번의 부수는 과정이 있다.

234 '갱미조비(粳米棗糒)': 익힌 밥을 가루로 내어 대추즙과 섞은 건량이다.

235 "炊飯熟爛, 曝令乾, 細篩": 햇볕에 말린 밥을 체에 칠 수는 없기 때문에 찧거나[擣], 가는[磨] 과정이 포함되어야 한다. '난(爛)' 역시 의미가 모호하며, '폭령건(曝令乾)' 뒤에 위치해야 할 것으로 보인다.

236 이 대추가 대추 열매 한 되인지, 대추즙 한 되인지가 명확하지 않다. 만약 즙 한 되라면 반죽 상태가 되고, 대추 한 되일 경우에는 한 홉 정도의 즙이 나오기 때문에 건반에 가깝다고 볼 수 있다.

237 '고미(菰米)': 이는 곧 교백(茭白)이다. 호숫가에서 자라며, 달리는 열매가 마치 쌀과 같지만 아주 희소하다. 9월에 줄기가 뻗어 나와 핀 꽃이 갈대와 같다. 열매의 길이는 한 치[寸]이며, 가을 서리가 내린 이후에 따는데, 껍질은 흑갈색이다. 묘치위 교석본에 따르면, '고(菰)'는 그 열매를 '고각(菰殼)'이라고 일컫는데, 그 알갱이는 '고미(菰米)'라고 일컬으며 또 '조호미(雕胡米)'라고 한다. 기록된 것은 종자의 껍질을 벗긴 후에 밥을 지어 '고미반(菰米飯)'을 만드는 것이라고 하였다.

되, 가루로 내서는 안 된다. (이것을) 가죽 주머니에 넣어 가득 담아서, 판자 위에 비벼 고미를 얻는다.

매번 한 되 반의 곡식을 쓴다. 밥을 짓는 것은 쌀밥[稻米]을 짓는 것과 동일하다.

호반 만드는 법[胡飯法]: 시큼한 외 절임[瓜菹]을 길게 썰고, 구운 비곗살을 저며[238] 각종 날채소를 섞어서 함께 전병[餅] 속에 넣고 재빨리 말아 감싼다. 두 개의 말이를 만들어 (각각의 말이를) 세 토막으로 썰어 서로 모으면 모두 여섯 토막[斷][239]이 되는데, 길이는 모두 두 치를 넘어서는 안 된다.

별도로 표제[瓢韲]를 곁들여 올린다. 호근[胡芹][240]과 여뀌[蓼]를 잘게 썰어 식초에 넣은 것이 바로 표제이다.

『식차』에 이르는 정제한 쌀밥 만들기[折米飯]:

器爲屑, 勿令作末. 內韋囊中令滿, 板上揉之取米.⑱ 一作可用升半. 炊如稻米.

胡飯法. 以酢瓜菹長切, 脟炙肥肉, 生雜菜, 內餅中急捲. 捲用兩卷, 三截, 還⑭令相就, 並六斷, 長不過二寸. 別奠瓢韲隨之. 細切胡芹蓼⑱下酢中爲瓢韲.

食次曰折米

---

238 '연(脟)'은 '저미다[臠]'와 같다. 『한서(漢書)』 권57 「사마상여전(司馬相如傳)」에서는 "脟割輪焠"라고 하였는데, 안사고가 주석하기를 "연(脟)은 저미다[臠]와 동일하며, 연은 고기를 썬다는 말이다."라고 하였다. '연(脟)'은 금택초본에서는 이 글자와 같으나, 다른 본에서는 '장(將)'으로 쓰고 있다.

239 '단(斷)': '썬다'로, 의미가 확대되어 '토막[段]'으로 해석한다.

240 호근(胡芹)은 예부터 이름난 채소 중의 하나로서, 호양집[胡襄集: 하남성 탁성현(柘城縣)] 부근에서 널리 많이 생산되기 때문에 그 이름을 붙인 것이다. 그 뿌리는 작지만 그루는 크며, 푸른색을 띠고 아삭아삭하다. 뿌리는 윤기가 나며, 잔뿌리나 잡티가 없고, 평소에는 '근왕(芹王)'으로 불리고 있다.

냉수로 정제한 생쌀을 인다. (찬물을 쓰면) 비록 좋을지라도 밥을 짓기는 매우 어렵다.[241] 쌀로 괴미반削米飯[242] 짓는 법이다. 괴(削)는 배미로 일어서 쌀을 깨끗하게 씻는다는 의미이다.

飯. 生折, 用[128]冷水. 用雖好, 作甚難. 削米飯. 削者, 背洗米令[127]淨也.

교 기

[110] '칠두(七斗)': 금택초본에 '칠승(七升)'으로 잘못되어 있다.

[111] '미심(米心)': 명초본과 명청 각본에 '미필(米必)'로 잘못되어 있다. 금택초본에 따라 바로잡는다.

[112] '구(久)': 명청 각본에 '구'자가 빠져 있다. 명초본과 금택초본에 따라 보충한다.

[113] '심(甚)': 금택초본에 '기(其)'로 잘못되어 있다.

[114] '경일불기(竟日不饑)': 스성한의 금석본에서는 '기(飢)'로 표기하였다. 명청 각본에 이 네 글자로 된 한 구절이 빠져 있다. 명초본과 금택초본에 따라 보충한다.

[115] '갱미(粳米)': '갱'은 명초본에 '경(硬)'으로 잘못되어 있다. 명청 각본에는 '미'자 뒤에 '자언(者焉)' 두 글자가 잘못 들어가 있다.

[116] '하숙열반(下熟熱飯)': 비책휘함 계통본에 '숙하숙반(熟下熟飯)'으로 잘못되어 있다. 학진본에 '하숙숙반(下熟熟飯)'으로 되어 있다. 명초본과

---

241 "用雖好, 作甚難": 이것은 쌀을 아주 희게 정제하여 지은 밥이다. 냉수로 생쌀을 일어서 쌀을 씻는다. 묘치위 교석본을 보면, 대개 뜨거운 물을 사용하면 쉽게 씻어서 하얗게 되지 않기 때문에 씻을 때 비교적 번거롭고 어렵지만, 호분층(糊粉層)이 아직 일어나지 않아서 비교적 온전하여 맛이 좋다고 하였다.

242 '괴미반(削米飯)': '절미(折米)'를 깨끗이 씻은 후에 밥을 짓는 것이므로, '취(炊)'자가 빠진 듯하다. 마땅히 '괴미취반(削米炊飯)'으로 써야 한다.

금택초본에 따라 바로잡는다.

⑪ '냉(冷)': 명청 각본에 '영(令)'으로 되어 있다. 명초본과 금택초본에 따라 수정한다.

⑱ '태(汰)': 명청 각본에 '옥(沃)'으로 적고 있다. 명초본과 금택초본에 따라 정정한다.

⑲ '취(取)': 명청 각본에서는 '거(去)'로 표기하였다. 명초본과 금택초본에 따라 고친다.

⑳ '반(飯)': 명청 각본에서 '미(米)'로 쓰고 있다. 명초본과 금택초본에 따라 바로잡는다.

㉑ '비(糒)': 명청 각본에 '비미(糒米)'로 되어 있다. 명초본과 금택초본에 따라 '미'자를 삭제한다.

㉒ '위(韋)': 명청 각본에 '상(常)'으로 적혀 있다. 명초본과 금택초본에 따라 바로잡는다.

㉓ '미(米)': 명청 각본에 '말(末)'로 되어 있다. 명초본과 금택초본에 따라 정정한다.

㉔ '환(還)': 비책휘함 계통본에 '지(之)'로 되어 있고, 명초본에서는 '무(無)'로 표기하였다. 학진본에는 한 칸 비어 있는데, 금택초본에 따라 고친다.

㉕ "細切胡芹蔘": 스성한의 금석본에서는 "細切胡芹, 奠"이라고 하였다. 스성한에 따르면 명청 각본에는 '用胡芹切'로 되어 있는데, 명초본과 금택초본에 따라 고친다고 한다.

㉖ "生折, 用": 스성한의 금석본에서는 '生㡸用'으로 쓰고 있다. 스성한에 따르면 명초본에는 '절(折)'자가 '철(哲)'로 되어 있고 아래 한 칸이 비어 있다. 금택초본에는 '生折用'으로 되어 있고, 명청 각본에는 '생철(生哲)'로 되어 있다. '용(用)'자는 금택초본에만 있으며, 명초본에서는 빈 칸으로 되어 있고, 다른 본에는 빠져 있다. 현재 학진본에 따라 '석(㡸)'으로 하며, 금택초본에 따라 '용(用)'자를 보충한다. 석(淅)자의 표기법 중 하나라고 하였다.

㉗ '배세미령(背洗米令)': 명청 각본에 '개미령(皆米令)'으로 되어 있다. 명초본에 '배'자 아래 한 칸이 비어 있다. 현재 금택초본에 따라 '세(洗)'자

를 보충한다. '묘치위 교석본에 의하면, '배(背)'는 오직 명초본에서만 이 글자와 같고, 금택초본에서는 '개(肯)'로 잘못 쓰여 있으며, 호상본에서는 '개(皆)'로 잘못 쓰여 있다. '배(背)'는 키질하여 날리는 것을 말하며, 이는 오월(吳越) 지역의 방언으로, 지금의 강소(江蘇), 절강(折江) 지역에서는 여전히 이 구어를 쓰고 있다고 한다. '세(洗)'는 오직 금택초본에만 있고, 명초본에는 빈칸으로 남아 있으며, 다른 본에는 빠져있다. 『식경(食經)』, 『식차(食次)』의 풍습과 속어는 종종 강남 지역과 완전히 같은 것으로 미루어 보아, 이 책은 분명 남조 사람이 쓴 것일 가능성이 있다고 한다.

제87장

소식 素食第八十七

『식차』에서 말하는 총구갱 만드는 법[葱韭羹法]: 물에 기름을 넣어 끓인다.

파와 부추를 5푼[分] 길이로 잘라 끓는 물에 모두 넣는다. 호근胡芹·소금·두시[豉]와 좁쌀 크기 정도로 잘게 부순 쌀알을 넣는다.

호갱瓠羹:²⁴³ 물에 기름을 넣어 푹 끓인다. 박[瓠]을 3푼 두께로 가로[橫]로 자른다.

물이 끓으면 넣는다. 소금과 두시, 호근을 넣는다. 하나하나 포개서 담아 올린다.

유시油豉: 두시[豉] 3되, 기름 한 되, 초酢 5홉²⁴⁴과 생강[薑]·귤껍질[橘皮]·파·호근·소금

食次曰葱韭羹⓫ 法. 下油水中煮. 葱韭五分⓬切, 沸俱下. 與胡芹 鹽豉研米糁, 粒 大如粟米.

瓠羹. 下油水 中煮極熟. 瓠⓭ 體橫切, 厚三⓫ 分. 沸而下. 與鹽 豉胡芹. 累奠之.

油豉. 豉三合, 油一升,⓬ 酢五升,

---

243 각종 상에 올리는 방법[奠法]을 보면 본 조항부터 '밀강(蜜薑)'조에 이르기까지 모두 『식차』의 문장이다.

244 "豉三合, 油一升, 酢五升": 이 비율은 매우 특이하다. 아마도 원래 3홉[合]은 대략

을 섞어서 찐다.

　푹 쪄서 다시 5되의 기름[245]을 김이 나는 시
루 속에 뿌려 준다. 뿌리고 나면 시루째 항아리
안에 붓는다.

　고전자채膏煎紫菜: 마른 자채紫菜를 기름 속에
넣고 지지는데, 먹기에 적당하면 (지지는 것을)
그만둔다. 찢어서 담는데 포脯처럼 한다.

　해백증薤白蒸: 찹쌀 한 섬을 잘 정미하되 쌀의
겨가 붙어 있게 하며, 일어서는 안 된다.[246] 두시
[豉] 3되를 끓여 즙을 내고,[247] 조리로[248] 일어 즙을
걸러 낸다.[249] 그 속에 쌀을 담그고[250] 쌀 위의 물

薑橘皮葱胡芹鹽,
合和, 蒸. 蒸熟, 更
以油五升, 就氣上
灑之. 訖, 即合甑
覆瀉甕中.

　膏煎紫菜. 以燥
菜卜油中煎之, 可
食則止. 擘奠如脯.

　薤白蒸. 秫米
一石, 熟舂陠, 令
米毛, [133] 不澔 [134]
以豉三升煮之,

오늘날의 60ml[毫升]으로 단지 작은 컵 하나 분량 정도이나, 기름과 식초[酢]는
많게는 17-20배에 이르며, 두시(豆豉)의 아래에는 초가 있고, 그 위층은 기름이
덮여 있으니, 이는 모두 비정상적이다. "豉三升, 油一升, 酢五合"인데, 양을 나타
내는 단위를 잘못 쓴 듯하다.

245 '갱이유오승(更以油五升)'의 '오(五)'자는 문장의 첫머리 '유일승(油一升)'과 마찬
가지로 '일(一)'자인 듯하다. 또는 '승(升)'자가 '합(合)'자일 것이다.

246 오점교본(吾點校本)에 의하면, '석(澔)'자의 변형된 글자체로 의심된다. 점서본은
이에 의거하여 '석(淅)'자로 고쳤다. 아래 문장의 '석기(澔箕)'에 의거해 볼 때 마
땅히 '석(淅)'자의 다른 글자체일 것이다. 이는 또한 『식차』의 또 다른 서체이다.

247 '시삼승(豉三升)': 삶는 물이 너무 많은데 시(豉)는 단지 3되뿐이므로 너무 적어
서 잘못된 것으로 의심된다.

248 곡물을 이는 도구에는 키[箕], 체[篩], 조리(笊籬)가 있는데, 키[箕]는 마른 곡식을
까부는 데 사용하고, 체[篩]는 가루를 걸러 내는 도구로 사용되며, 조리(笊籬)는
곡물을 물에 일거나 즙을 걸러 내는 데 사용한다. 따라서 원문에는 '기(箕)'로 쓰
여 있으나 도구의 용도로 미루어 조리(笊籬)로 해석했음을 밝혀 둔다.

이 새우가 걸어 다닐 정도로 (찰박찰박하게) 해 준다.[251] 쌀을 (담가 부드럽게) 풀린 이후에 걸러 내어 두시즙 속에 넣는다.[252]

여름에는 한나절을 두고, 겨울에는 하루가 지난 후에 쌀을 건져 낸다.

파와 염교 등을 한 치[寸] 길이로 잘라 한 섬[253] 가까이 만든다. 호근 또한 한 치 길이로 잘라서 한 되를 준비한다. 다시 기름 5되를 넣고 서로 혼합하여 섞어서 찐다. 두 시루에 나누어서 찐다. (밥이) 뜸이 든 후에 다시 두시즙 5되를 그 위에 뿌려 준다.[254] 대개 세 번 뜸을 들이고

漉箕漉取汁. 用
沃米, 令上諧, 可
走蝦. 米釋, 漉
出, 停米豉中. 夏
可半日, 冬可一
日, 出米. 葱薤等
寸切, 令得一石
許. 胡芹寸切, 令
得一升許. 油五
升, 合和蒸之. 可
分爲⬛兩甑蒸之.

---

249 '녹(漉)': 걸러서 액즙을 취하는 것을 '녹(漉)'이라 한다. 『식경』의 용법과 서로 동일하다.

250 '용옥미(用沃米)': '옥'자 앞에 '수(水)'자가 빠진 듯하다.

251 '해가주하(諧可走蝦)': 글자 자체의 의미로는 잘 이해가 가지 않는다. '해'자는 '석(溍)'자를 잘못 본 것인 듯하다. '수(水)'방(旁)과 '언(言)'방의 행서와 초서는 혼동되기 쉽다. '석(析)'자와 '개(皆)'자 위의 '비(比)' 역시 잘못 보기 쉽다. 즉 '석가주하(溍可走蝦)'는 쌀이 잠겨 있는 물[溍]이 쌀 위의 한 층인데 새우가 그 안에서 움직일 수 있음을 말한다. 즉 오늘날 사람들이 말한 '손가락 하나' 또는 '손가락 반 개' 깊이의 물이다.

252 '정미시중(停米豉中)': 스성한은 '시'자 옆에 '즙(汁)'자가 누락되어 있다고 보고 있다.

253 '일석(一石)': '일두(一斗)'일 가능성이 있다. 쌀 한 섬[石]에 파와 염교[葱薤] 한 섬을 넣는 것은 너무 많은 듯하다.

254 본 조항에 다섯 번 등장하는 '쇄(灑)'자는 금택초본에서는 모두 '쇄(洒)'라고 쓰고 있으며, 다른 본에서는 모두 '쇄(灑)'라고 썼으나, 묘치위 교석본에서는 이를 통일하여 '쇄(灑)'라고 쓰고 있다.

세 차례 두시즙을 뿌려 준다. 시루에 밥을 한 번 지을 정도의 시간이면 충분하다. 세 차례 두시즙을 뿌려 주고 쌀이 익으면²⁵⁵ 다시 기름 5되를 그 위에 뿌리고 시루를 내린다. 열기가 있을 때 먹는다.

만약 즉시 먹지 않는다면, (먹기에 앞서) 다시 쪄서 김을 내야 한다. 기름을 뿌린 후에는 부뚜막 위에 (오래) 두어서는 안 된다. 그렇게 하면, (식고) 기름이 빠져나가기 때문이다. 다시 찌더라도 오래 두어서는 안 되며, 오래 두면 기름이 빠져나가게 된다.

담은 후에 생강과 산초[椒]가루를 그 위에 넣어 준다. 쌀을 일어 시루에 올릴 때도 그와 같이 한다.

소탁반蘇托飯:²⁵⁶ 탁托 2말, 물 한 섬을 사용한

氣餾, 以豉汁五升灑之. 凡三▣過三灑. 可經一炊久. 三灑豉汁, 半熟, 更以油五升灑之, 卽下.▣用熱食. 若不卽食, 重蒸, 取氣出. 灑油之後, 不得停竈上. 則漏去油. 重蒸不宜久, 久亦漏油. 奠訖, 以薑椒末粉之. 溲瓱亦然▣

蘇托飯. 托二

255 '반숙(半熟)': 세 차례 두시즙[豉汁]을 뿌리고, 세 차례 뜸이 드는 것을 기다리면 쌀이 이미 쪄서 푹 익게 되며 게다가 반쯤 익어도 먹을 수 없으므로 이는 마땅히 '미숙(米熟)'을 잘못 쓴 듯하다.

256 '소탁반(蘇托飯)': 『집운(集韻)』「평성(平聲)・십일모(十一模)」에서 "수(酥)는 소(蘇)라고도 쓴다. … 낙속(酪屬)이다."라고 풀이했다. 즉 일종의 유제품이며, 오늘날에는 '수유(酥油)'라는 명칭도 있다. 권6「양 기르기[養羊]」에 '평수법(抨酥法)'이 기록되어 있는데, 수(酥)자는 정체(正體)를 썼다. 여기에서 이체자[或體]를 쓴 것은 이 구절이 가사협 본인이 쓴 것이 아니라 다른 곳에서 베껴 온 것이거나 혹은 후대 사람이 추가한 것이라는 사실을 설명하는 듯한데, '탁(托)'은 '책(粁)'을 잘못 쓴 듯하다. '책'은 "쌀을 가루로 부수어 마시다."이며, 어느 정도 본 조항과 관련이 있다. '반(飯)'은 명청 각본에 '인(人)'으로 잘못되어 있다. 명초본과 금택

다. 백미白米 3되를 황흑색[黃黑]²⁵⁷으로 볶고 탁托과 섞어서²⁵⁸ 세 번 김을 낸다.

비단으로 걸러 즙을 취하고 즙이 맑아진 후에 버터²⁵⁹ 한 되를 넣는다. 버터가 없으면 식물성 기름 2되를 넣는다. (이렇게 하면) 소탁반[蘇托]이 완성된다.²⁶⁰ 일명²⁶¹ '차단탁次檀托'이라고도 하며 또 '탁중가托中價'²⁶²라고도 한다.

밀강蜜薑: 생강 한 되²⁶³를 깨끗이 씻고 껍질을 벗긴다. 산가지[笇子]²⁶⁴ 모양으로 길게 (방형으

斗, 水一石. 熬白米三升, 令黃黑, 合托, 三沸. 絹漉取汁, 澄清, 以蘇一升投中. 無蘇, 與油二升. 蘇托好. 一升次檀托, 一名托中價.

蜜薑. 生薑一升, 淨洗, 刮去

초본에 따라 고친다.

257 '황흑(黃黑)': '흑'은 아마 '색(色)'자를 잘못 쓴 것에 불과한 듯하다. 쌀을 까맣게 되도록 볶으면 맛이 써서 음식으로서의 의미가 없다.

258 묘치위 교석본에서는 '탁(托)' 옆에 '자(煮)'자가 있어야 한다고 보았다.

259 '소(蘇)': '낙속(酪屬)'의 일종이다. 묘치위 교석본과 스성한의 금석본에서는 '소(蘇)'를 '수(酥)'와 같다고 해석하였다. Baidu 사전에서는 수유(酥油)를 소나 양의 젖에서 추출한 지방[버터]으로 해석하고 있으며, '소(蘇)'를 '소(蘇)'라고 읽어 '소자유(蘇子油)'로 보기도 한다.

260 '호(好)': 스성한의 금석본에서는 이 글자를 '반(飯)'자로 보고 있다.

261 '일승(一升)': '일명(一名)'의 잘못된 표기로 생각된다.

262 '차단탁(次檀托)', '탁중가(托中價)': 스성한의 금석본에 따르면, 더 나은 해석이 있기 전에는 잠시 외래어의 음을 표기한 것으로 간주한다. 이것은 선비어의 역음(譯音)일 가능성이 크다고 한다.

263 금택초본에서는 '일승(一升)'으로 쓰고 있는데, 다른 본에서는 '일근(一斤)'으로 쓰고 있다.

264 '산자(笇子)': '산(笇)'은 '산(算)'자와 같은 자이다. '산자(算子)'는 당시의 '산기(算器)'를 가리킨다. 즉 대나무로 만든 산가지[籌]이다. 오늘날 '주판알[算盤子]' 혹은 '알[子]'로 불리는 '주판알[算珠]'이 아니다.

로) 자르는데, 길어도 괜찮으며 그 굵기는 가는 옻칠한 젓가락[漆箸]과 같게 한다. 물 2되를 넣고 삶아 끓인 후에 거품을 걷어 낸다. 꿀 2되를 넣어 다시 끓이고 거품을 걷어 낸다.

작은 사발에 담아 즙을 붓고 반쯤 채워서[265] 상에 올린다. (별도로) 젓가락을 올리는데 두 사람이 함께 사용한다. 생강이 없으면 마른 생강을 사용할 수 있으며, 만드는 법은 앞의 것과 같으나, 다만 아주 잘게 썰어야 한다.

과호를 찌는[266] 법[焦瓜瓠法]: 동아[冬瓜], 월과越瓜, 박[瓠]은 아직 잔털[267]이 없어지지 않은 것을 쓴다. 털이 없어지면 딱딱해진다. 한과漢瓜는 아주 크고 과육이 많은 것을 쓴다. 모두 껍질을 벗겨서 너비 한 치[寸], 길이 세 치로 썬다.

돼지고기가 가장 좋지만 살찐 양고기 역시 좋다. 고기는 별도로 삶아 익혀 얇게 썬다. 들기름[蘇油][268]도 좋으며, 특별히 배추에 배합하는 것

皮. 笐子切, 不患長, 大如細漆箸. 以水二升, 煮令沸, 去沫. 與蜜二升煮, 復令沸, 更去沫. 椀子盛, 合汁減半奠. 用箸, 二人共. 無生薑, 用乾薑, 法如前, 唯⑱切欲極細.

焦瓜瓠法. 冬瓜越瓜瓠, 用毛未脫者. 毛脫即堅. 漢瓜用極大饒肉者. 皆削去皮, 作方臠, 廣一寸, 長三寸. 偏⑭宜豬肉, 肥羊肉亦佳. 肉須別煮令

---

265 '감반(減半)': 절반에 못 미치는 것이며, 절반을 덜어 내는 것은 아니다.

266 '부(焦)'는 은근한 불에 소량의 즙을 기름으로 끓이거나 볶는 것으로, 본서 권8 「삶고 찌는 법[蒸焦法]」의 '부(焦)'와 서로 같다.

267 '모(毛)': 이것은 과호(瓜瓠)의 외피 상에 자라고 있는 융모나 혹은 흰색 잔털로, 연할 때에 있으며 크면 점차 사라진다. 동아[冬瓜]가 익으면, 외피에 하얀 가루가 생긴다. 털이 아직 빠지지 않은 것은 연한 과호를 가리킨다.

268 '소유(蘇油)': 스성한의 금석본에 따르면, 『제민요술』에서는 '들기름[蘇子油]'을

이 가장 좋다. 순무[蕪菁] 및 상태가 좋은 아욱, 부추 등도 모두 좋다. 들기름을 쓰면 많은 양의 비름[莧菜]을 배합하기에도[269] 알맞다. 파 밑동[葱白]을 잘게 썬다. 파 밑동은 채소보다 많아야 하며, 파가 없으면 염교를 대신해서 쓴다. (아울러) 온전한 두시[渾豉], 흰 소금과 산초가루를 넣는다.

먼저 구리솥 바닥에 채소를 깔고 다시 고기를 깐다. 고기가 없으면 들기름을 대용한다. 다음에 외[瓜]를 깔고 다음에 박을 깔며 그다음에는 파밑동, 소금, 두시, 산초가루를 깐다. 순서대로 층층이 깔아 솥에 가득 차도록 한다. 물을 조금 넣고 겨우 서로 잠길 정도로 하면 좋다. 쪄서[焦] 익힌다.

또 한과를 볶는 법[焦漢瓜法]: 향기로운 장[香醬], 파 밑동, 삼씨기름[麻油]을 직접 볶는다[焦]. 물을 넣지 않는 것이 좋다.

버섯을 볶는 법[焦菌法]: 버섯은 또 '지계地雞'[270]

熟, 薄切. 蘇油亦好, 特宜菘菜. 蕪菁肥葵韭等皆得. 蘇油, 宜大用莧菜. 細擘葱白. 葱白欲得多於菜, 無葱, 薤白代之. 渾豉白鹽椒末. 先布菜於銅鐺底, 次肉. 無肉以蘇油代之. 次瓜, 次瓠, 次葱白鹽豉椒末. 如是次第重布, 向滿爲限. 少下水, 僅令相淹漬. 焦令熟.

又焦漢瓜法. 直以香醬葱白麻油焦之. 勿下水亦好.

焦菌法. 菌, 一

'임유(荏油)'라고 칭하기 때문에, '소(酥: 버터)'라고 한다. 그러나 묘치위는 교석본에서, '소유(蘇油)'는 소자유(蘇子油), 즉 들기름이라고 하였다. 또한 아래 문장에서 '소(蘇)'라고 단칭한 것 또한 들기름을 가리킨다고 한다.

269 '대용(大用)': 사용하는 것이 특별히 많음을 가리킨다. 『제민요술』에서 과채(瓜菜)를 재배하는 각 편에는 채(菜)의 종류가 상당히 많지만, 적지 않은 것들이 야생종에서 재배종이 되었으나 현재는 재배하지 않으며, 유독 비름[莧菜]은 다른 편에는 언급되지 않았으나 여기서는 보인다. 즉 당시의 채소가 모두 책에 기록되지 않았음을 알 수 있다.

라고 부른다. 버섯갓이 피지 않아서 안팎이 모두 흰 것이 좋다.[271] (갓이) 피어서 안쪽이 검은 것은 역한 냄새가 나서 먹기 어렵다.

(만약) 많은 양을 모아 겨울을 나려면 모은 후에 소금물로 묻은 진흙을 씻어 내고 쪄서 김으로 뜸을 들인 이후에 집의 북쪽 그늘에 말린다.

(채취한 후에) 바로 먹는 것은 따서 곧 끓는 물에 데쳐[272] 비린내를 없애고 찢는다. 먼저 파 밑동을 잘게 썰어 삼씨기름과 섞는다. 들기름도 좋다. 볶아서 향이 나게 한다.[273]

다시 파 밑동을 많이 찢고 온전한 두시와 소

名地雞. 口未開,
內外全白者佳. 其
口開裏黑者, 臭不
堪食. 其多取欲經
冬者, 收取, 鹽汁
洗去土, 蒸令氣
餾, 下著屋北陰乾
之.⑭ 當時隨食者,
取即湯煠去腥氣,
擘破. 先細切葱白,
和麻油. 蘇亦好. 熬

---

270 '지계(地雞)': 이것은 독이 없는 백색의 주름버섯[傘菌]을 가리키며, 그 맛이 담백하여 닭고기 같기 때문에 이런 이름이 생겼다. 그 버섯의 갓은 색이 희고 맛이 담백하여 닭의 포와 같으며, 지금의 풍속에서도 '계백심(雞白蕈)'이라는 이름이 있다. '지(地)'는 명청 각본에 '지(池)'로 잘못되어 있다. 명초본과 금택초본에 따라 바로잡는다.

271 "口未開, 內外全白者佳": 주름버섯의 팡이무리가 어린 시기에는 버섯 삿갓이 여전히 버섯막의 얇은 막으로 감싸져 있고 '갓[傘]'이 아직 다 펼쳐지지 않아 가장 신선하고 연하다. 버섯갓이 다 펼쳐지고 커질수록 쇠는데[老] 흰색의 버섯 갓의 배 부분의 버섯주름이 검게 변하게 되면 역겨운 냄새가 나서 더욱 먹을 수 없다.

272 '잡(煠)': 이는 바로 '설(渫)'자로 즉 뜨거운 물에서 끓이는 것이다.

273 "細切葱白, 和麻油, 熬令香": 묘치위 교석본에 따르면, 파줄기를 삼씨기름에 넣고 기름을 달궈서 향을 낸 것으로서, 기름으로 파줄기를 볶아서 향을 내는 것을 가리키지는 않는다. '마유(麻油)'는 삼씨기름[大麻油]을 가리키며, '참기름[芝麻油]'은 아니다. 참기름은 파줄기를 넣어서 달구어 향을 내지 않는다. 본편의 마지막 분단에 보이는 "파 밑동을 잘게 썰어, 기름에 볶아 향을 낸다.[細切葱白, 熬油令香.]"도 이 해석과 동일하다.

금과 산초가루를 넣어서 버섯과 함께 솥에 넣고 볶는다[無].

기름진 양고기가 가장 적합하며, 닭고기와 돼지고기도 좋다. 고기를 함께 넣어서 볶은 것은 더 이상 들기름을 넣어서는 안 된다. 고기 또한 먼저 익혀 잘게 썰어 한 층 한 층 놓는데, 놓는 것이 마치 과호를 찌는[無] 방식과 같게 하나, 다만 채소는 넣지 않는다.

과호를 찌고 버섯을 볶는 것은 비록 모두 고기를 넣는 것과 고기를 넣지 않는[素] 두 가지 방식이 있지만,[274] 이 같은 요리는 대부분 소식으로 만든다. 따라서 소식의 조항에 넣는다.

가지를 볶는 법[無茄子法]: (가지의) 씨가 야물지 않은 것을 사용한다. 씨가 야문 것은 좋지 않다. 대나무 칼, 뼈로 만든 칼로 네 쪽으로 쪼갠다. 쇠칼을 써서[275] 자르면 검게 변한다.

끓는 물에 살짝 데쳐 풋내를 없앤다. 파 밑

令香. 復多擘葱白, 渾豉[142]鹽椒末, 與菌俱下, 無之. 宜肥羊肉, 雞豬肉亦得. 肉無者, 不須蘇油. 肉亦先熟煮, 薄切,[143] 重重布之如無瓜瓠法, 唯不著菜也.

無瓜瓠菌, 雖有肉素兩法, 然此物多充素食. 故附素條中.

無茄子法. 用子未成者. 子成則不好也. 以竹刀骨刀四破之. 用鐵則渝黑.[144] 湯煠去腥

---

274 '유육소양법(有肉素兩法)': 본서 권8 「삶고 찌는 법[蒸無法]」의 '부(無)'는 순수하게 육류만을 사용하는데, 본편의 '부(無)'는 과채류를 사용한다. 전자는 훈채[葷]이고, 후자는 소채[素]이다. 과채를 찌는 방법은 비록 육류를 넣기도 하지만, 주로 넣는 재료는 '고기를 넣지 않은 소'이다. 황과(黃瓜)를 볶고 가지를 볶는 것 또한 오로지 '소채(素菜)'이므로 모두 본편에 수록되어 있다.

275 '용철(用鐵)': '철'자 아래에 '도(刀)'자가 누락되어 있다. 가지의 과육 중에 상당히 많은 양의 '타닌산(Tannic Acid)'이 들어 있어서 철 그릇과 접촉하면 곧 까맣게 변한다. 가지와 채 썬 고기를 함께 볶으면 고기도 모두 검게 변한다.

동을 잘게 썰어 기름에 볶아 향을 낸다. 들기름을 쓰면 더욱 좋다. 향기 나는 간장[醬淸]과 쪼갠 파 밑동을 가지와 함께 솥에 넣어서 볶아서[焦] 익힌다. 다시 산초가루와 생강가루를 넣는다.

氣. 細切葱白, 熬油令[145]香. 蘇彌好. 香醬淸擘葱白與茄子俱下, 焦令熟. 下椒薑末.

교 기

[128] '갱(羹)': 명초본과 명청 각본에 보두 자형이 유사한 '분(糞)'으로 되어 있다. 금택초본에 따라 고친다.

[129] '오분(五分)': '오'자는 명초본에 한 칸 비어 있다. 명청 각본과 금택초본에 따라 보충한다.

[130] '호(瓠)': 명청 각본에 이 글자가 빠져 있다. 명초본과 금택초본에 따라 보충한다.

[131] '삼(三)': 명청 각본에 '이(二)'로 되어 있다. 명초본과 금택초본에 따라 바로잡는다.

[132] '승(升)': 이 두 구절 중의 '승(升)'자 두 개는 명청 각본에 모두 '근(斤)'으로 되어 있다. 명초본과 금택초본에 따라 '승'으로 한다.

[133] '영미모(冷米毛)': '모(毛)'자는 여기에 적합한 해석이 없다. '백(白)'자가 뭉개진 후에 잘못 본 것인 듯하다.

[134] '석(潽)': 명초본과 금택초본, 명청 각본에 모두 '석(潽)'으로 되어 있다. 『집운』「입성·이십삼석(二十三錫)」의 석(淅)자 아래에 "'친(粯)'자가 있는데 '석(淅)'과 같다.[與淅同.]"라고 주가 붙어 있고, "『설문해자』에는 '쌀을 일다[汰米]'이다."라고 풀이되어 있다. 이 특수한 글자는 아마 '석(淅)'자의 변형체에 불과하며, 쌀이 하얗게 될 때까지 씻는 것이다.

[135] '분위(分爲)': '위'자는 명청 각본에 '이(而)'로 되어 있다. 명초본과 금택초본에 따라 고친다.

圆 '삼(三)': 명청 각본에 '불(不)'로 적고 있다. 명초본과 금택초본에 따라 고친다.

圆 '하(下)': 명청 각본에 '불(不)'로 되어 있다.

圆 '수중역연(溲甑亦然)': '수(溲)'자 다음에 명초본은 공백이다. 명청 각본 에서는 '수(溲)'자 위의 '지(之)'자를 아래로 위치를 바꾸었다. 금택초본 에 따라 고쳐 바로잡는다. 묘치위 교석본에 의하면, '수중역연(溲甑亦 然)'은 쌀을 반죽하여 시루 위에 올릴 때에도 약간의 생강, 산초가루를 쌀 속에 넣어서 섞는 것을 가리키는지 확실하지 않다. 이런 단어와 어 구는 매우 독특하여, 글자가 잘못되었는지 아닌지 또한 추측하기 곤란 한 '수수께끼[謎]'라고 하였다.

圆 '유(唯)': 명초본에 '준(准)'으로 되어 있다. 금택초본과 명청 각본에 따 라 바로잡는다.

圆 '편(偏)': 명청 각본에 '편(徧)'으로 되어 있다. 명초본과 금택초본에 따 라 정정한다.

圆 '음건지(陰乾之)': 명초본에 '음중지(陰中之)'로 되어 있다. 명청 각본에 는 '음지중(陰之中)'으로 되어 있다. 금택초본에 따라 바로잡는다.

圆 '시(豉)': 명청 각본에 '두(豆)'로 잘못되어 있다. 명초본과 금택초본에 따라 고친다.

圆 "熟煮, 薄切": 스성한의 금석본에서는 '박(薄)'을 '소(蘇)'로 쓰고 있다. 스성한에 따르면 명초본과 명청 각본에 '熟煮蘇切'로, 금택초본에 '熟者 蒜切'로 되어 있다. 다음 '如㿆瓜瓠法' 구절에서 '소(蘇)'자가 분명히 자 형이 다소 유사한 '박(薄)'자를 잘못 쓴 것이다. 위에 "고기는 별도로 삶 아 익혀 얇게 썬다."라는 설명이 있다. 본 문장 바로 앞에서도 역시 "들 기름[蘇油]을 넣어서는 안 된다."라고 분명히 밝혔으니 소(蘇)자가 아 님을 알 수 있다고 하였다.

圆 '흑(黑)': 명청 각본에 '흑'자 아래에 '야(也)'자가 더 있다. 명초본과 금 택초본에는 없다.

圆 '영(슈)': 명청 각본에 '영(슈)'자가 빠져 있다. 명초본과 금택초본에 따 라 보충한다.

제88장
채소절임과 생채 저장법 作菹藏生菜法[276]第八十八

아욱[葵], 배추[菘], 순무[蕪菁], 갓[蜀芥]을 소금절임[277]으로 만드는 법[鹹菹法]: 채소를 수확할 때 바로 좋은 것을 골라서 골풀과 부들로 묶는다.[278] 아주 짠 소금물을 만들어서, 소금물에 채소를 씻고, 즉시 항아리 안에 넣는다.

만약 맹물에 먼저 씻으면 절임[菹]이 물러진

葵菘蕪菁蜀芥
鹹菹法. 收菜時,
即擇取好者, 菅蒲
束之. 作鹽水, 令
極鹹, 於鹽水中洗
菜, 即內甕中. 若

---

276 '작저장생채법(作菹藏生菜法)'은 원래 '작저병장생채(作菹并藏生菜)'로 쓰여 있으나, 스성한의 금석본과 묘치위의 교석본에서는 수정하여 본문의 제목과 일치시켰다.

277 '저(菹)':『설문해자』에는 '초채(酢菜)'라고 한다.『석명(釋名)』「석음식(釋飮食)」에는 "'저'는 '조(阻: 부패를 저지하는 것)'이고, 생채를 발효시키는 것이며, 마침내, 차고 따뜻한 기운 사이에서도 부패를 저지하여 썩지 않는다."라고 하였다. '저'는 유산균 발효를 이용해서 가공, 저장하는 채소이다. 소금을 첨가하는 '함저(鹹菹)', 소금을 넣지 않은 '담저(淡菹)'가 있고, 통째로 하는 '양저(釀菹)'가 있다.

278 '관(菅)'은 본권「재·오·조·포 만드는 법[作牒奧糟苞]」의 주석에 보인다. '포(蒲)'는 즉 부들[香蒲; Typha orientalis]이며, 부들과로 여러해살이 수생 식물이다. 잎몸은 좁고 긴 줄 형태이고 감아서 묶을 수 있어서 돗자리나 꾸리미를 짤 수도 있다.

다. 먼저 채소를 씻은 소금물은 가라앉혀 맑게
하여 항아리 속에 붓고, 그 물이 채소를 잠기게
할 정도면 그만두며 저어서는 안 된다.

이렇게 만든 채소절임[菹]은 빛깔이 이전
처럼 푸르며, 물로 소금기를 씻어 내어 삶아서
요리해 먹으면[279] 신선한 채소와 다를 바 없
다.

순무, 갓과 같은 두 종류는 3일간 담근 후에
건져 낸다. 찰기장쌀을 가루 내어 삶아 묽은
죽[280]을 쑤고, 보리누룩[麥𪍦]을 빻아 가루를 내어
비단 체에 친다.

한 층은 채소를 깔고 얇게 보리누룩가루[281]
를 뿌리고, 곧 뜨거운 묽은 죽을 붓는다. 이처럼
층층이 넣어 항아리가 가득 차게 한다.

채소를 넣는 법으로 매번 반드시 줄기와 잎

先用淡水洗者, 菹
爛. 其洗菜鹽水,
澄取清者, 瀉著甕
中, 令沒菜把即
止, 不復調和. 菹
色仍青, 以水洗去
鹹汁, 煮爲茹, 與
生菜不殊.

其蕪菁蜀芥二
種, 三日抒出之.
粉黍米, 作粥清,
擣麥𪍦[146]作末, 絹
篩. 布菜一行, 以
𪍦末薄坌之, 即下
熱粥清. 重重如
此, 以滿甕爲限.

---

279 '여(茹)'는 일반적으로 채소를 가리킨다. 날것을 채(菜)라고 하고, 익힌 것을 여
(茹)라고 한다. (권1 「조의 파종[種穀]」 주석 참조.)

280 '죽청(粥清)'은 죽 윗부분이 맑아지면서 생겨난 청즙(清汁)으로 즉 '청죽장(清粥
漿)'이다. 묘치위 교석본에 따르면, 그 속에는 다량의 전분이 함유되어 있는데,
전분이 당 발효를 거쳐서 다시 분해되고 다시 유산균을 거쳐 최종적으로 젖산을
만들어 내므로, 절인 채소가 신맛이 나며, 아울러 장시간 부패를 방지하여 썩지
않게 된다. 채소는 본래 탄수화물을 함유하고 있지만 항상 부족하다고 느끼기 때
문에, 묽은 죽을 넣어 그 부족함을 보충한다고 하였다.

281 '분(坌)'은 '분(坋)'과 동일하며, 『설문해자』에서는 "가루[塵]이다."라고 하였다.

을 반대 방향으로 펴 넣는다. 원래 있었던 소금
물을 다시 항아리 속에 붓는다. 절임의 색이 누
렇게 되면 맛도 좋다.

묽은 절임[淡菹]을 만들 때는 묽은 찰기장죽
을 쓰고, 보리누룩[麥䴷]가루를 넣으면 맛 또한 좋
아진다.

탕저[282]를 만드는 법[作湯菹法]: 배추로 만드
는 것이 좋으며, 순무도 좋다. 좋은 채소를 거
두어서 다 골라내면, 즉시 끓는 물에 데쳐서
꺼낸다.

만약 채소가 이미 시들었으면 물에 씻어 걸
러 내어 하룻밤을 재우면 다시 싱싱해지는데, 그
후에 끓는 물에 데친다. 데친 후에 찬물에 헹군
다.

소금과 초를 넣고[283] 참기름을 넣어 볶으면,
향기롭고 또 연해진다. 많이 만들어도 봄이 되어
서까지도 상하지 않는다.

其布菜法, 每行必
莖葉顚倒安之. 舊
鹽汁還瀉甕中. 菹
色黃而味美.

作淡菹, 用黍
米粥清, 及麥䴷
末, 味亦勝.

作湯菹法. 菘
菜[147]佳, 蕪菁亦得.
收好菜, 擇訖, 即
於熱湯中煤出之.
若菜已萎者, 水
洗, 漉[148]出, 經宿
生之, 然後湯煤.
煤[149]訖, 冷[150]水中
濯之. 鹽醋中, 熬
胡麻油著[151] 香而
且脆. 多作者, 亦
得至春不敗.

---

282 '탕저(湯菹)'는 채소를 데쳐서 만든 절임으로 먼저 끓는 물에 데친 후에 만드는
　　 채소절임이다. 이러한 방법으로 만들면 비교적 빠르게 숙성되지만, 맛은 생채소
　　 로 절여서 만드는 것만 못하다. 『식차(食次)』의 '탕저(湯菹)'는 즉 데친 후에 초를
　　 쳐서 버무린 채소인데, 데치자마자 먹는다.
283 "염초중(鹽醋中)"은 냉수로 씻어 낸 채소를 소금과 초를 넣은 즙에 넣는 것으로,
　　 '염(鹽)' 앞에는 '하(下)'자가 빠진 듯하다.

양저 만드는 법[釀菹法]:[284] '저'는 (시큼한) 채소이다.[285] 일설에 이르기를,[286] 채소를 절인 저菹를 썰지 않은 것을 '양저釀菹'라고 일컫는다고 한다. 말린 순무를 사용하여 정월에 만든다. 뜨거운 물에 채소를 담가 연하고 부드럽게 하며, 땋아 둔 다발을 풀고 골라내어 깨끗이 씻는다. 끓는 물에 데쳐 바로 꺼내고 또 물에 깨끗이 씻는다. 다시 소금물을 준비하여 소금물에 잠시 담갔다가[287] 꺼내고 자리 위에 펴서 늘어놓는다. 하룻밤이 지나면 채소의 색이 싱싱해진다. 찰기장쌀가루로 묽은 죽을 쑤고,[288] 또한 비단체로 친 보리누룩가루를 채소 위에 뿌리고, 절임

釀菹法. 菹, 菜也. 一曰, 菹不切曰釀菹. 用乾蔓菁, 正月中作. 以熱湯浸菜令柔軟, 解辮,⑫ 擇治, 淨洗. 沸湯煠, 即出, 於水中淨洗. 復⑬作鹽水暫度,⑭ 出著箔上. 經宿, 菜色生好. 粉黍米粥清, 亦用絹篩

---

284 '양(釀)'은 『광아(廣雅)』 「석기(釋器)」에서는 "양(釀), … 엄(醃), … 저(菹)이다." 라고 하였다. '저(葅)'는 곧 '저(菹)'자이다. '저(菹)'는 본래 술을 담그고 양조한다는 뜻을 포함하고 있다. 이 '저(菹)'는 보리누룩[麥䴷]가루와 묽은 죽을 첨가하여 절이고 양조하며, 아울러 항아리를 밀봉하고, 보온하는 것은 술을 양조하는 방법과 같다. 이 때문에 '초머리(艸)'를 붙여 '양저(釀菹)'로 칭하였다.

285 "菹, 菜也": 스셩한과 묘치위는 문장에서 '양(釀)'이 빠진 듯하며, 마땅히 "釀, 菹菜也"라고 써야 한다고 지적하였다.

286 '일왈(一曰)': 이 모두 표제를 해석한 것으로서, 원래는 주석문인데 본문으로 잘못 쓰인 듯하다.

287 '도(度)'는 '도(渡)'와 통하고, 소금물 속에 잠시 넣는 것을 가리킨다. 뒷 문장에서 인용한 『식차』의 '양과저주법(釀瓜菹酒法)'의 '도내(度內)'가 바로 '과저법(瓜菹法)'의 '과저(過著)'이다.

288 '분서미죽청(粉黍米粥清)': 본편 두 번째 단락에는 "粉黍米, 作粥清"이 있는데, 이 문장과 비교하면 '분서미죽청'에는 '작(作)'이 빠져 있으므로, 보충해야 할 것이다.

위에 죽을 붓는다. (그 위에) 채소를 펴는 것은[289] 앞의 방식과 같다.

그러나[290] 묽은 죽을 부을 때 너무 뜨거워서는 안 된다. 소금물 또한 겨우 채소가 잠길 정도면 족하고, 너무 많으면 안 된다. 진흙으로 항아리 아가리를 밀봉하여 7일이면 바로 익는다. 절임 항아리는 짚으로 감싸는데, 이는 양조하는 방법과 같다.

절임을 급히 만드는 법[卒[291]菹法]: 초장酢漿으로 아욱을 삶아서 찢고 식초를 넣으면, 곧 시큼한 절임채소가 된다.

생채를 저장하는 법[藏生菜法]:[292] 9월, 10월에

麥㶷末, 澆菹. 布菜, 如前法. 然後粥清不用大熱. 其汁纔令相淹, 不用過多. 泥頭七日, 便熟. 菹甕以穰茹之, 如釀酒法.

作卒菹法. 以酢漿煮葵菜, 擘之, 下酢, 即成菹矣.

藏生菜法. 九

---

289 '요저포채(澆菹布菜)': 묘치위 교석본에서는 마땅히 '포채요저(布菜澆菹)'로 도치하여 써야 한다고 하였다. 본 교석에서는 묘치위의 해석대로 문장을 도치하여 해석하였는데, 그렇지 않으면 누룩가루를 어떻게 처리할 것인가가 분명하지 않다. 아울러 앞의 순무와 갓을 절일 때, 언급한 것처럼 채소 한 층에 누룩가루 한 층, 그리고 묽은 죽을 넣었다는 측면에서 볼 때, 묘치위의 해석이 합당하다고 생각된다.

290 '연후(然後)': 스성한의 금석본을 보면, 연은 '그러나'이며, 후는 '다음 차례'로 해석하고 있으며 '이어서[跟着]'의 뜻은 아니라고 한다. 묘치위 교석본에서는, '연후(然後)'의 '후(後)'가 '요(澆)'의 잘못이거나, 혹은 쓸데없이 들어간 글자일 것으로 보았다.

291 '졸(卒)': '졸(猝)'과 같으며, '급속(急速)'과 '속성(速成)'의 의미이다. 묘치위 교석본에 의하면, 실제로도 삶은 후에 초를 첨가하여 뒤섞어 바로 만든 신맛이 나는 채소라고 한다.

292 『제민요술』의 본문에서 '절임채소 만들기[作菹菜]'와 '생채를 저장하는 법[鮮藏生菜]' 두 항목의 서술이 여기에서 완전히 끝난다. 가사협은 다음 문장에 다시 보충

담장 아래 햇볕이 잘 드는 양지쪽에 4-5자[尺] 깊이의 구덩이를 판다. 각종 채소를 가져다가 종류별로 구분하여 구덩이 속에 넣는데, 채소를 한 층 넣고 흙을 한 층 깐다. 구덩이 입구에서 한 자 정도 떨어지면 좋다. (다만 맨 위의 흙에) 두텁게 짚을 덮어 준다. (이와 같이 하면) 겨울을 넘길 수 있다. 쓸 때 꺼내면 싱싱하여 여름철의 채소[293]와 다름이 없다.

『식경』에서 말하는 아욱절임을 만드는 법[作葵菹法]: 말린 아욱 5섬[斛]을 고르고, 소금 2말, 물 5말, 말린 보리밥[大麥乾飯] 4말[294]을 섞어서 찰박찰박할 정도가 되도록 하는데,[295] 한 층은 아욱을

月十月中, 於牆南日陽中掘 [155]作坑, 深四五尺. 取雜菜, 種別布之, 一行菜, 一行土. 去坎一尺許, 便止. 以穰厚覆之. 得經冬. 須即取, 粲然與夏菜不殊.

食經作葵菹法. 擇燥葵五斛, 鹽二斗, 水五斗, 大麥乾飯四斗, 合瀨,

하여, '세상 사람[世人]'들이 아욱 절임을 만들 때 어떻게 하면 좋지 않은가와 아울러 '목이저(木耳菹)'를 만드는 방법도 설명하고 있다. 이 외에도 다른 사람들의 논거를 인용하고 있다.

293 '하채(夏菜)'의 '채(菜)'는 각본에는 있으나 금택초본에는 빠져 있다.

294 '사두(四斗)': 금택초본에서는 '사두(四斗)'라고 쓰고, 다른 본에서는 '사승(四升)'이라고 쓰고 있다. 아욱을 5섬 정도 절이면 그 양은 1/3 정도로 줄어드는 반면에 말린 보리밥은 물에 불어 배 이상으로 늘어나기 때문에, 말린 보리밥을 4말이나 섞어 넣는다는 것은 지나치게 많으므로, '사승(四升)'이 합당한 듯하다.

295 '뇌(瀨)': 진체본 등에서는 '뇌(瀨)'라고 쓰고 있고, 금택초본, 명초본, 호상본에서는 '뇌(瀨)'라고 쓰고 있는데, '뇌(瀨)'의 정자체는 아니다. 묘치위 교석본에 의하면, '뇌(瀨)'의 원래의 뜻은 모래 위의 얕은 물이다. 여기서는 "맑은 물을 부어 가득 채운[淸水澆滿]" 위에 한 층은 아주 얕은 물로서 마치 찰박거리는[瀨] 양상이다. 대개 이것은 당시 현지의 절인 채소를 표현하는 구어이다. 『한서(漢書)』 권6 「무제본기(武帝本紀)」에서는 "갑이 하뢰장군이 되어서, 창오로 내려갔다.[甲爲

그 위의 또 한 층은 소금과 밥을 넣고 맑은 물을 부어서 가득 채운다. 7일이 지나 누레지면 바로 완성된 것이다.

배추소금절임 만드는 법[作菘鹹菹法]: 물 4말에 소금 3되를 섞어서 채소를 담근다.[296]

또 다른 방법으로, 한 층은 배추를 한 층은 여국女麴[297]을 넣는다.

신채소절임 만드는 법[作酢菹法]: 세 섬[石]들이

案葵一行, 鹽飯一行, 清水澆滿. 七日黃, 便成矣.

作菘鹹菹法. 水四斗, 鹽三升, 攪之, 令殺菜. 又法, 菘一行, 女麴間之.

作酢菹法. 三

下瀨將軍, 下蒼梧.」라고 한 사실에 대해 안사고의 주에서 "'뇌(瀨)'는 여울[湍]이다. 오월 지역에서는 '뇌(瀨)'라고 이르며, 중국에서는 그것을 '적(磧)'이라고 한다."라고 하였다. 스성한의 금석본에서는 '뇌(瀨)'자가 '날(撊)'자의 잘못이라고 추측하였다.

296 '영살채(令殺菜)': 스성한의 금석본에서는 '살'자를 '몰(沒)'의 의미로 보았다. 묘치위 교석본에서는 '살채(殺菜)'는 소금을 채소에 넣어서 수분이 빠져나오게 하는 것이라고 한다. 생각건대, 묘치위의 해석은 지나치게 과학적이고 결과론적인데 반해서 스성한의 해석은 절인 채소를 담그는 과정에 보다 합당한 듯하다.

297 '여국(女麴)'은 차조쌀[秫米], 떡누룩[餅麴]과 보리누룩[麥䴳]의 두 가지 종류가 있는데, 뒷 문장에서는 『식차』에서 인용한 것을 기록하고 있다. 묘치위 교석본에 따르면, 보리누룩은 진정한 여국은 아니다. 당대(唐代) 진장기(陳藏器)의 『본초습유(本草拾遺)』에서는 "여국(女麴) … 북쪽 사람들은 밀[小麥]을 사용하고, 남쪽 사람들은 멥쌀[秔米]을 사용한다."라고 하였다. 『식차』에는 차조쌀[秫米] 여국을 만드는 방법이 상세히 적혀 있는데, 이는 곧 남쪽 사람들의 물품에 대한 설명이고 그 책 또한 마땅히 남쪽 사람에 의해서 쓰였을 것이다. 명대(明代) 양신(楊愼)의 『단연속록(丹鉛續錄)』 권6에서 말하기를 "여국은 소국(小麴)이다. 견당(繭糖)은 과사당(窠絲糖)이다. 석밀(石蜜)은 당상(糖霜)이다. 자연곡(自然穀)은 우여량(禹餘糧)이다. 모두 『제민요술』에 보인다."라고 하였다. 견당(繭糖)은 아래의 「당포(餳餔)」에서 보이고, '석밀'은 권10 「(21) 사탕수수[甘蔗]」에서 보이며, '자연곡'은 권10 「(1) 오곡(五穀)」에서 보인다.

항아리를 준비한다. 쌀 한 말을 찧어서 뜨물 3
되를 취하며, 나머지는 삶아 죽 3되를 만든
다.[298] 채소를 항아리에 넣고,[299] 즉시 뜨물과 죽
을 붓는다.

하룻밤이 지나면, 한 층은 개사철쑥[青蒿]을
넣고 한 층은 염교줄기[薤白]를 넣어, 마비탕[麻沸湯][300]을 끓여서 그 위에 부으면 바로 된다.

저소 만드는 법[作菹消法]:[301] 양고기 20근, 살
찐 돼지고기 10근을 잘게 썬다. 저즙[菹汁] 2되, 저
엽[菹根; 菹葉][302] 5되, 두시즙[豉汁] 7되 반, 잘게 썬

石甕. 用米一斗,
擣, 攪取汁三升,
煮滓作三升粥.
令內菜甕中, 輒以
生漬汁及粥灌之.
一宿, 以青蒿薤[168]
白各一行, 作麻沸
湯, 澆之, 便成.

作菹消法. 用羊
肉二十斤, 肥豬肉
十斤, 縷切之. 菹

---

298 '삼승죽(三升粥)': '승'자는 '두(斗)'자인 듯하다. 쌀 한 말[斗]을 잘게 빻아서 3되
[升]의 즙을 얻은 후에 남는 쌀 찌꺼기를 죽으로 끓이면 3되가 아니라 3말[斗]이
될 것이다.

299 '영내채옹중(令內菜甕中)': 채소를 항아리 안에 넣는 것이며, 죽을 채소 항아리
속에 넣는 것은 아니다. '영'자 뒤에는 '냉(冷)'자가 빠진 듯하다.

300 '마비탕(麻沸湯)'은 기포가 삼씨 크기와 같이 위로 나오는 끓는 탕이다. '요지(澆
之)'는 개사철쑥[青蒿], 염교줄기[薤白]에 물을 붓고 삶아 마비탕을 취해서 항아리
속에 붓는 것을 가리키며, 또한 별도로 맑은 물로 마비탕을 끓여서 항아리 속에
부어 주는 것, 둘 다 가능한 듯하다. 오로지 '각일행(各一行)'이라는 것에 근거하
면, 마땅히 후자를 가리키는 것으로 보인다. 스성한의 금석본에서는 '일행(一行)'
을 번역하여 '일반(一半)'이라고 하였는데, 이는 곧 전자를 가리킨다. '호(蒿)'는
'고(稿)'의 잘못이라고 보는 견해도 있으나, '청호(青蒿)'는 매우 이해하기 힘들다
고 한다.

301 '작저소법(作菹消法)': 내용으로 보면 이 조는 본서 권8 「삶고, 끓이고, 지지고,
볶는 법[脏腤煎消法]」 혹은 「저록(菹綠)」 두 편에 들어가야 한다. 「저록」에 이미
저초법(菹肖法) 한 단락이 있는데, 내용이 이 조항과 대체적으로 유사하다.

302 "菹二升, 菹根五升": '저근'은 해석을 할 수는 있지만 합리적이지 못하다. 이 구절

파뿌리[葱頭]³⁰³ 5되를 섞어 넣는다.

포저蒲菹: 『시의소詩義疏』³⁰⁴에 이르기를, "포
는 심포深蒲이며, 『주례周禮』에서는 이것으로 채
소절임[菹]을 담갔다고 한다. 이는 곧 부들이 싹
이 갓 생겨 땅속의 연한 싹[蒻]³⁰⁵이 숟가락자루

二升, 菹根五升,
豉汁七升半, 切葱
頭五升.

蒲菹. 詩義疏
曰, 蒲, 深蒲也,
周禮以爲菹. 謂
蒲⑮始生, 取其

은 "菹汁二升, 菹葉五升"으로 고쳐야 할 듯하다.

303 총두(葱頭)가 파뿌리를 뜻하는지, 양파를 뜻하는지는 분명하지 않다. 혹자는 총
두(葱頭)는 양파라고도 하는데, 이것은 중앙아시아나 서아시아가 원산지이다.
기원전 천 년의 고대 이집트의 석각 중에 양파를 수확한 그림이 있으며, 그 이후
에 지중해로 전래되었다고 한다. 전한 때, 장건이 서역과 교통하여서 서역에서
많은 식물 종자를 가지고 왔는데, 당시 서역은 이미 양파를 파종한 기록이 있다.
지리상의 발견 이후 유럽에서 세계로 전파되었으며, 16세기에 북미 대륙에 전래
되었다. 17세기에는 일본에 전래되었고, 18세기의 『영남잡기(嶺南雜記)』에는 양
파를 유럽의 백인이 마카오에 들여왔으며, 광동 일대에서 재배되었다고 한다. 하
지만, 장건이 서역에서 양파를 직접 가져왔다는 기록은 보이지 않으므로, 본 교
석에서는 총두를 '파뿌리'로 해석한다.

304 '시의소(詩義疏)': 『시의소』의 문장과 육기의 소는 서로 같지 않은데, 육기의 소
는 '부들이 싹이 갓 생길 때[蒲始生]'에서, '죽순과 같이 먹으면[如食筍法]'까지이
다.[『시경』「대아(大雅)・한혁(韓奕)」에서 '유순급포(維筍及蒲)'는 공영달의 소
가 육기의 소를 인용한 것에서 보인다.] 금본 육기의 『모시초목조수충어소(毛詩
草木鳥獸蟲魚疏)』는 공영달이 육기의 소를 인용한 것과 서로 같다. '심포(深蒲)'
는 『주례』「천관(天官)・해인(醢人)」의 "加豆之實 … 深蒲"에서 정중이 주석하기
를 "심포는 포약(蒲蒻)으로, 부들의 밑동이 물 깊이 들어가 있기 때문에 심포라고
하였다."라고 하였으며, 가공언은 주석하기를, "이로써 절임[齏]으로 만든다."라
고 하였다. 『시의소』에서는 "『주례』에서는 이것으로써 채소절임을 담근다고 하
였다."라고 하였다.

305 '약(蒻)'은 어린 싹이다. 『급취편』 권3 '포약(蒲蒻)'에 대해 안사고가 주석하기를,

굵기 정도가 되면 파낸다. 그 색은 희고, 날로도 먹을 수 있으며, 달고 연하다. 또 혹자는 삶아서 고주에 담가[306] 죽순과 같이 먹으면 아주 맛이 좋다고 한다.

오늘날 오나라 지역의 사람들은 이것을 사용하여 채소절임을 만들기도 하고, 또 젓갈[鮓]을 만들기도 한다."라고 한다.

세상 사람들은 아욱절임 만들기를 좋아하지 않는데,[307] 이는 모두 아욱이 너무 연하다고 생각하기 때문이다.

채소절임에 쓰이는 배추는 추사[308] 20일 전

中心入地者, 蒻, 大如匕柄. 正白, 生噉之, 甘脆. 又煮, 以苦酒浸之, 如食筍法, 大美. 今吳人以爲菹, 又以爲鮓. 🔢

世人作葵菹不好, 皆由葵太脆故也. 菹菘, 以社前二十日種之,

"약은 부들의 부드럽고 약한 것이다."라고 하였다. 묘치위에 의하면 부들이 갓 자라날 때, 그 연한 싹이 잎깍지로 감싸져 가상의 줄기를 만든다. 지름이 0.5-1치 정도이며, 둥근 막대 모양이다. 깊은 물과 흙 속에 있는 부분은 흰색이며, 부드럽고 연해서 먹을 수 있다. 흙 속에서 나와 수면에 가까이 있는 부분은 연녹색인데, 부드럽고 연하여 먹을 수 있다. 이 두 부분을 통칭하여, '포채(蒲菜)'라고 한다. 오늘날 포채를 캐서 채소로 쓸 목적으로 재배한다고 하였다.

306 '침지(浸之)': 스성한의 금석본에서는 '수지(受之)'로 적고 있다. 스성한에 따르면, '수(受)'자는 '침(浸)'자 혹은 '지(漬)'자가 뭉개진 것인 듯하다. 묘치위 교석본에 의하면, '침(浸)'은 각본에서는 '수'로 잘못 적고 있으며, 점서본에서는 오점교본에 의거하여서 '침'으로 고쳐 썼는데, 이것은 옳다. 육기의 소에서도 역시 '침'으로 쓰고 있다고 하였다.

307 이 조항은 가사협의 본문이다. 니시야마 역주본에서는 '규저(葵菹)' 두 글자가 누락되었다고 추측하여, 세인(世人)의 앞에 '규저'라는 소제목을 괄호에 넣어 붙여 두고 있다.

308 '사(社)'는 추사(秋社)를 가리키는데, 입추(立秋) 후에 다섯 번째 무일(戊日)이며, 날짜는 추분(秋分) 전후이다.

에 파종하고, 아욱은 추사 30일 전에 파종한
다. 아욱을 거두어서 저장하려면 꽃이 필 무렵
이 좋다. 아욱은 열흘간 된서리를 맞힌 후에
거둔다. 차조밥[秫米][309]을 짓고 넣어 식힌다. 아
욱을 항아리 속에 넣고 밥을 그 위에 넣는
다.[310]

만약 (채소절임의) 색이 황색이 되게 하려면,
밀을 삶아서 바로 그 위에 뿌려 준다.[311]

최식崔寔이 이르기를, "9월에 아욱절임을 만
든다. 만약 그해에 날씨가 따뜻하면 10월까지 기
다린다."라고 하였다.

『식경食經』에 이르는 외 저장법[藏瓜法]: 백미
한 말을 가져다가 솥[鑼][312]에 넣고 볶아서 끓여

葵, 社前三十日種
之. 使葵至藏, 皆
欲生花乃佳耳. 葵
經十朝苦[159]霜, 乃
采之. 秫米爲飯,
令冷. 取葵著甕
中, 以向飯沃之.
欲令色黃, 煮小麥
時時秣桑葛[160]反之.

崔寔曰, 九月,
作葵菹. 其歲溫,
即待十月.

食經曰藏瓜法.
取白米一斗, 鑼中

---

309 원문의 '출미(秫米)'에 대해서 스성한의 금석본에서는 차조쌀이라고 해석하였으
    며, 묘치위의 역주본에서는 그냥 '출미'라고 적고 있다. 『제민요술』의 주 무대가
    산동을 중심으로 하는 화북 지방인 점으로 미루어 볼 때, 여기서의 출미는 찰기
    장이나 차조로 해석하는 것이 바람직할 듯하다.

310 '옥지(沃之)': 아래에 밥을 넣는 것을 '옥(沃)'이라고 하였는데, 이런 용례는 없다.
    황록삼(黃麓森)은 앞문장과 이 문장의 두 개의 '반(飯)'자 2개가 모두 '음(飮)'의
    잘못이거나, '옥(沃)'을 마땅히 '투(投)'로 써야 할 것이라고 보았다.

311 '책(秣)': 『집운』「입성·십이갈(十二曷)」에서는 "낱알이다. 『제민요술』에서는
    '때때로 흩뿌린다.[時時秣之.]'"라고 하였으며, 여기서는 동사로 사용되었다. 즉
    채소 위에 익은 밀을 흩뿌리는 것이다.

312 '역(鑼)': '역(鬲)', '역(歷)'과 동일하며, 다리가 있는 솥이다. 『방언(方言)』 권5에
    서는, "복(鍑), … 오양(吳揚)지역에서는 이를 역(鬲)이라고 한다."라고 하였다.
    '복(鍑)'은 『설문해자(說文解字)』에서는 "솥의 아가리가 큰 것이다.[釜大口者.]"라

흰죽[糜][313]을 만든다. 소금을 넣어 입맛에 맞도록 간을 맞추고, 온도를 적당하게 조절한다. 외[瓜]를 깨끗이 잘 씻어서 죽 속에 넣는다. 항아리 주둥이를 진흙으로 발라 밀봉한다. 이것은 촉나라 사람들의 (외를 저장하는) 방법으로 외의 맛이 아주 좋다. 또 다른 방법으로 작은 외[瓜] 100개, 두시 5되, 소금 3되를 준비한다. 외는 갈라서 씨를 제거하고 소금은 외의 반쪽 면에 넣는다. 이어서 두시와 함께 항아리 속에 넣고서[314] 명주솜으로 항아리 입구를 봉한다.[315] 3일 후가 되어 두시의 냄새가 없어지게 되면 바로 먹을 수 있다.

『식경』의 월과 담그는 법[藏越瓜法]: 술지게미 한 말, 소금 3되에 월과[瓜]를 3일 밤낮으로 절였다가 꺼내어 베로 깨끗이 닦아 다시 이와 같이 (3일 밤낮으로) 절인다. 절인 월과가 모두 좋은

熬之, 以作糜. 下鹽, 使鹹淡適口, 調寒熱. 熟拭瓜, 以投其中. 密塗甕. 此蜀人方, 美好. 又法, 取小瓜百枚, 豉五升, 鹽三升. 破, 去瓜子, 以鹽布瓜片[161]中. 次著甕中, 綿其口. 三日豉氣盡, 可食之.

食經藏越瓜法. 糟一斗, 鹽三升.[162] 淹瓜三宿, 出, 以布拭之, 復

고 하였다.

313 '미(糜)': 양송본과 호상본에는 글자가 이와 같으나 진체본 등에서는 '미(麋)'로 쓰고 있다. 미(糜)와 미(麋)는 통하며, 북송(北宋) 항주(杭州) 지역의 주익중(朱翼中)의 『북산주경(北山酒經)』에서는 '미(麋)'를 '미(糜)'로 쓰고 있다. 묘치위 교석본에 따르면, 『식경』의 문장은 항주 주익중과 일치하며 대개 남조(南朝)의 '세속[俚俗]'에서는 일찍이 이와 같은 것이 통용되었다고 한다.

314 '차저옹중(次著甕中)': 마땅히 차(次) 다음에는 항아리에 시(豉)를 넣는 것이므로 '저(著)' 다음에 '시(豉)'자가 누락된 것이다.

315 명주솜[綿]으로 항아리 입구를 막는 것이다. 가사협의 문장에서는 대체로 "솜으로 그 입구를 막는다.[綿幕其口.]"라고 한다.

상태[316]를 유지하게 하려면 절대로 신중히 하여 손상시키지 않도록 한다. (월과가) 손상되면 곧 물러진다. 베주머니에 끼워서 따는 것이 가장 좋다.

예장군豫章郡[317] 사람들은 월과를 늦게 파종하기 때문에 맛이 매우 특별하다.

『식경』의 검은 매실과 동아를 저장하는 방법

[藏梅瓜法]: 먼저 서리를 맞은 희고 익은 동아[冬瓜]를 따서 껍질을 벗기고 과육을 취해 네모지게 손바닥 모양[手板][318]처럼 얇게 자른다.[319]

(체에 친) 고운 재를 덮고 동아를 재 위에

淹如此. 凡瓜欲
得完, 愼勿傷. 傷
便爛. 以布囊就
取之, 佳. 豫章郡
人晚種越瓜, 所
以味亦異.

食經藏梅瓜
法. 先取霜下老
白冬瓜, 削去皮,
取肉, 方正薄切
如手板. 細施灰,

---

316 '완(完)': '온전하다'는 의미이다. 『순자(荀子)』「대략(大略)」에서는, "옷은 곧 미천한 사람은 굵은 베로 짧게 만들어 온전하지 않다.[衣則堅褐不完.]"라고 하였다.

317 예장군(豫章郡)은 한대(漢代)에 설치하여 수대(隋代)에 폐지되었는데, 이 군의 치소는 오늘날의 강서성(江西省) 남창(南昌)이다.

318 '수판(手板)': 스성한의 금석본을 보면, 고대 관리들이 황제를 알현할 때 손에 쥐고 있던 '판(板)'이다. 옥, 상아, 뼈, 대나무, 나무들이며 '홀(笏)'이라고도 부른다. 원래 언제든지 기록하기 위해 준비해 두는 것이다. 반면 묘치위 교석본에 의하면, '수판(手板)'은 『식경』의 방언의 명칭으로서, 손바닥의 손가락과 손목 사이의 손바닥 부분[肉掌部]을 가리킨다. 이것은 결코 조회할 때 사용된 홀[朝笏]의 수판을 가리키는 것은 아니다. 지금의 강소성·절강성[江浙] 지역에는 여전히 손바닥을 일컬어 '수판(手板)'이라 하는 방언이 있다. 손바닥은 거의 정방형(正方形)을 띠고 있기 때문에 이를 일컬어 '방정박절(方正薄切)'이라 하였다. 조홀(朝笏)은 좁고 긴 형태이기 때문에 '방정(方正)'이라고는 말할 수는 없다. 이것은 또한 『식경』이 사용하는 오월(吳越)의 방언이라고 하였다.

319 '박절(薄切)'은 금택초본에는 없고, 명초본과 호상본 등에 있으니 마땅히 있어야 한다.

올리고[320] 다시 재를 덮는다. 원나무의 껍질[杬皮]과 검은 매실[烏梅][321]을 삶아 즙을 내어 그릇 속에 담는다. 동아를 너비 3푼, 길이 2치로 가늘게 썰고 뜨거운 물에 데쳐서 매실즙 속에 넣어 둔다.

며칠이 지나면 먹을 수 있다. 시큼한 석류石榴알을 그 속에 넣어 두면 마찬가지로 아주 좋다.

『식경』에서 이르는 낙안[322]령樂安令 서숙徐肅의 월과를 저장하는 방법[藏瓜法]: 가는 월과를 가져다가 씻거나 닦아서는 안 되며, 물에 닿지 않게 하여 (동이 속에) 소금을 쳐서 절여서 짜게 한다. 10일 전후가 되면 꺼내서 깨끗이 닦고 약

羅瓜著上, 復以灰覆之. 煮杬皮烏梅汁[163]著器中. 細切瓜, 令方三分, 長二寸, 熟煤之, 以投梅汁. 數日[164]可食. 以醋石榴子著中, 並佳也.

食經曰樂安令徐肅藏瓜法. 取越瓜細者, 不操[165]拭, 勿使近水, 鹽之令鹹. 十日許, 出,

---

320 "細施灰, 羅瓜著上": '나(羅)'는 나열한다는 의미이며, 이는 곧 재 위에 붙여서 펴 놓는 것이다. 그런데 스성한의 금석본에 따르면, '나과저상(羅瓜著上)'은 그다지 합리적이지 않다. 외[瓜]와 재[灰]가 접촉하면 한편으로 많은 수분이 빠져나가고, 다른 한편으로는 재로부터 알칼리성 토양[鹼土] 금속 이온을 받아 펙틴[果膠質]이 침전되어 푸석하게 변한다. 따라서 '시(施)'와 '나(羅)'의 위치를 바꾸어 "細羅灰, 施瓜著上"으로 적고, '나'자를 '체로 치다[篩]'로 해석하면 뜻이 통한다고 한다.

321 '오매(烏梅)'는 연기로 그을려서 말려 검게 만든 매실이다. 가사협은 "이것은 약으로 쓰고 음식의 조리에는 쓰지 않는다."라고 하였지만, 『식경』에서는 그 즙에 과(瓜)를 담그며, 뒤의 문장에서는 『식차』에서 인용한 '검은 매실과 동아 만드는 법[梅瓜法]'이 있으며, 이 또한 검은 매실즙에 동아[瓜]를 담갔는데, 두 책은 서로 같으며 가사협과는 다르다고 하였다.

322 '낙안(樂安)': 현의 이름으로 한나라 때 설치되었으며, 옛날의 치소는 지금의 산동성(山東省) 박흥(博興)의 북쪽에 있다. 또한 후위(後魏) 때 설치되었으며, 옛 치소는 오늘날의 안휘성(安徽省) 곽산(霍山)의 동쪽에 있다.

간 그늘진 곳에서 말린다.[323] 여전히 원래의 동이 속에 넣는다.

섞는 방법은 팥 3되, 차조쌀 3되를 함께 누렇게 되도록 볶아서 빻아 3말의 좋은 술을 넣어서 풀어 (항아리에 담아) 멀건 장으로 만든다.

월과를 그 속에 넣고 진흙을 발라 밀봉한다.[324] (그러면) 1년이 지나도 상하지 않는다.

최식이 이르기를, "대서大暑 이후 엿새가 지나면 외를 저장할 수 있다."라고 한다.

『식차食次』에서 말하는 여국女麴[325] 만드는 법: 차조쌀[326] 3되를 깨끗이 씻고 쪄서 부드럽게

拭之, 小陰乾熇之. 仍內著盆中. 作和法, 以三升赤小豆, 三升秫米, 並炒之, 令黃, 合舂, 🈁 以三斗好酒解之. 以瓜投中, 密塗. 乃經年不敗.

崔寔曰, 大暑後六日, 可藏瓜.

食次曰女麴. 秫稻米三斗, 淨淅,

---

323 '고(熇)'는 『설문해자』에서는 "불에 말린다.[火熟也.]"라는 의미이다. 『집운』에서는 "마르다.[燥也.]"라고 한다. 이것은 『식경』에서 사용하는 단어이며, 불에 말리고 햇볕에 쬔다는 두 가지 의미가 있다. 본서 권8 「팔화제(八和韲)」에서는 『식경』의 '소고(少熇)'를 인용하여 불에 말리는 것을 가리킨다고 했으며, 권10 「(29) 소귀[楊梅]」에서는 『식경』의 '폭령건고(曝令乾熇)'를 인용하였는데, 이는 햇볕을 쬐는 것을 가리킨다.

324 "以瓜投中, 密塗": 월과를 동이에서 꺼내어, 주둥이가 좁고 배가 불룩한 또 다른 용기에 넣고 바로 밀봉함을 뜻하는데, 이 용기는 앞에서 언급한 '팥과 차조쌀을 볶고 술 3말을 넣은' 바로 그 항아리이다. 『식경』에는 이렇게 문장이 생략되거나 빠진 경우가 흔하다.

325 '여국(女麴)': 이것은 차조쌀로 만든 떡누룩[餠麴]이다. 『식차(食次)』, 『식경(食經)』에는 이런 누룩이 있는데, 『제민요술』 본문에는 없다.

326 '출도미(秫稻米)': 이것은 찹쌀이다. 그러나 『제민요술』 본문의 '출미'는 권2 「차조[粱秫]」의 '출(秫)'을 가리키는데, 즉 차진 성분의 조[粟]이며, 혼동해서 차조쌀이라고 해석하면 안 된다.

밥을 짓는다. (밥을 지어서) 그 상태로 둔 채 완전히 식힌다. 누룩 틀 속에서 손을 이용하여 떡누룩을 만든다. 위아래를 개사철쑥으로 덮어서 시렁 위에 두는데[327] 맥국麥麴을 만드는 방법과 같이 한다. 21일이 지나서 누룩방을 열어 보아 만약 누런 곰팡이가[黃衣] 가득 슬었으면 그만둔다. 21일이 지나서도 누런 곰팡이가 가득 슬지 않으면 여전히[乃停][328] 그대로 두었다가 모름지기 누런 곰팡이가 가득 슬게 되면 이내 그만둔다. 꺼내어 햇볕에 말리는데, 마르면 사용할 수 있다.

외절임술을 담그는 법[329][釀瓜菹酒法]: 차조쌀 한 섬, 찧은 맥국麥麴 고봉[330] 한 말, 평미레질한 찧은 여국 한 말을 사용한다.

炊爲飯,[167] 軟炊. 停令極冷. 以麴範中用手餠之. 以青蒿上下奄之, 置床上, 如作麥麴法. 三七二十一日, 開看, 遍有黃衣則止. 三七日無衣, 乃停, 要須衣遍乃止. 出, 日中[168]曝之, 燥則用.

釀瓜菹酒法. 秫稻米一石, 麥麴成剉隆隆一

---

327 '치상상(置床上)'에 대해 묘치위의 교석본에 따르면, 마땅히 앞 문장에 있는 "以青蒿上下奄之"의 앞으로 도치되어야 한다. 이것은 누룩을 덮어 두는 방법으로, 먼저 아래쪽의 식물의 가지와 잎을 깔고, 그런 후에 떡누룩을 깔고, 다시 그 위에 가지와 잎을 덮는다. 인용한 『식차』의 문장에는 '여작맥국법(如作麥麴法)'은 없을지라도, 『제민요술』의 본문에는 있고, 권7「신국과 술 만들기[造神麴并酒]」의 '하동신국방(河東神麴方)'과 「백료국(白醪麴)」의 만드는 방법에서는 모두 아래에 깔고 위를 덮는다. '엄(奄)'은 '엄(罨)'자를 가차해서 쓴 것이다.

328 '내정(乃停)': '내(乃)'자는 각본에서 동일하며, '각(却)', '차(且)'로 해석하여 쓰고 있다. 학진본에서는 '잉(仍)'으로 고쳐서 쓰고 있다. 스성한은 '내(乃)'자는 '잉(仍)'자를 잘못 썼을 것으로 추측하였다.

329 본 조항부터 '이저법(梨菹法)'의 조항에 이르기까지 이것은 여전히 『식차』의 문장이다.

330 '융융(隆隆)': '융'은 '풍만'이다. '융융'은 오늘날 입말 중에 '가득하다'는 의미이다.

양조하는 법으로는 (한 섬의 차조쌀로 지은 밥이) 완전히 삭기를 기다려[331] 다시 5되의 쌀로 지은 고두밥을 넣고, 삭으면 다시 5되의 쌀로 지은 고두밥을 넣는다. 2차례의 고두밥을 넣은 후에 술이 익으면 이용할 수 있는데 걸러서 찌꺼기를 나오게 해서는 안 된다.

외는 먼저 소금을 뿌려 햇볕을 쬐어 쭈글쭈글하게 하고, 소금과 농후한 술지게미에 3일 동안 절인 후에[332] 여국주女麴酒 속에 넣어 두면[333] 좋다.

월과절임 만드는 법[瓜菹法]: 월과를 따서 칼로 가르는데, 손으로 딸 때는[334] 월과의 껍질에 상처가 나게 해서는 안 된다. 소금으로 몇 차례 문지르고 햇볕에 말려 쭈글쭈글하게 한다. 먼저 4월

斗, 女麴成刲平一斗.[169] 釀法, 須消化, 復以五升米酘之, 消化, 復以五升米酘之. 再酘酒熟, 則用, 不連出. 瓜, 鹽揩, 日中曝令皺, 鹽和暴糟中停三宿, 度內女麴酒中爲佳.

瓜菹法. 採越瓜, 刀子割, 摘取, 勿令傷皮. 鹽揩數遍, 日曝令皺. 先

---

331 '수소화(須消化)': '수'는 '기다리다'이다. 즉 전부 소화될 때까지 기다리는 것이다. 즉, '소화(消化)'는 한 섬의 차조쌀의 밥을 당화(糖化)와 주화(酒化)하는 것을 가리킨다.

332 '폭조(暴糟)': '폭(暴)'은 강렬하고 농후한 것이며, 결코 '햇볕을 쬐다'의 '폭(暴)'을 의미하지는 않는다. 폭조는 주정(酒精)의 함량이 비교적 높은 술지게미이다. 다음 조항의 "대주에서 청주를 따라 내고, 거르지 않은 술을 사용한다.[大酒接出清, 用醅.]"라는 것과 대체적으로 유사하고, 결코 거른 술지게미를 가리키는 것은 아니다. 이것은 외[瓜]를 소금이 농후한 술지게미 속에 섞어서 3일간 절인 이후에 다시 여국주(女麴酒) 속에 넣는 것을 가리킨다.

333 '도내(度內)': '도(度)'는 '도(渡)'가 되어야 한다. 즉 '건너가서 … [안에] 넣는다'라는 뜻으로 봐야 한다.

334 '적취(摘取)': 만약 칼로 베지 않으면 손으로 딴다는 뜻이다.

에 담근 백주白酒의 술지게미에 소금을 섞어 (월
과를) 지게미 속에 묻어 둔다. 며칠이 지나 다시
대주의 술지게미 속에 넣고,335 그 속에 소금과
꿀과 여국을 섞어서 항아리 속에 함께 담아 저장
한다. 주둥이를 진흙으로 봉해 두는데,336 오래
두면 오래 둘수록 좋다.

또 이르기를, (먼저) 백주白酒의 술지게미 속
에 넣어 두지 않아도 된다. 또 이르기를, 대주에
서 청주를 따라 내고, (단지) 거르지 않은 술[醡]을
사용하는데, 한 섬의 거르지 않은 술에는 소금 3
되, 여국 3되, 꿀 3되를 사용한다. 여국을 햇볕에
말려서 손으로 쥐어짜서337 알갱이 채로 사용한
다.338 여국은 곧 맥황의麥黃衣이다.339

取四月白酒糟鹽
和，藏之。數日，
又過著大[170]酒糟
中，鹽蜜女麴和
糟，又藏。泥甌中，
唯久佳。又云，不
入白酒糟亦得。又
云，大酒接出清，
用醡，若一石，與
鹽三升，女麴三
升，蜜三升。女麴
曝令燥，手拃令
解，渾用。女麴者，

---

335 황주(黃酒)의 술지게미는 주정(酒精)의 함량이 비교적 높다. 앞 문장의 '백주조
(白酒糟)'는 곧 백료주(白醪酒)의 지게미로, 첨미주(甜米酒)를 만드는데, 그 도수
가 매우 낮기 때문에 묻어서 담가 두기가 쉽지 않아, 다시 한 번 '대주의 지게미
[大酒糟]' 속에 넣어 두어야 한다.

336 '니(泥)'는 진흙으로 봉하는 것으로서 와(瓦)질의 항아리를 가리키는 것은 아니
다. '강(甌)'은 '강(瓨)'과 같으며, 『방언(方言)』 권5에서는 "항아리[罌]이다."라고
한다.

337 '잔(拃)': 스성한의 경우, '책(迮)', '착(筰)', '자(榨)'는 모두 압력을 가한다는 의미
로 보고 있다. 묘치위 교석본을 보면, '잔(拃)'은 '착(榨)'과 같으며, 손으로 눌러
부스러뜨리는 것이다. '보리누룩[麥䴷]'은 비록 온전한 밀 알갱이로 만들지라도,
저장 중에는 들러붙어 덩어리지게 되어 '병(餅)'이 되기 때문에, 사용할 때는 손
으로 눌러 부스러뜨려 알갱이를 분산시킨다. 그러나 온전한 알갱이를 '그대로 사
용하고[渾用]' 찧어서 부스러뜨리지는 않는다고 한다.

338 '혼용(渾用)'은 정제된 알갱이를 찧어서 부스러기를 만들지 않는 것이다. 명초본

또 이르기를, 월과를 깨끗이 씻어 말려 소금
으로 문지른다. 소금은 술지게미에 섞는데, 단지
짠맛이 배어들게만 해야지, 너무 많이 사용해서
는 안 된다. 합쳐서 보관한다. 항아리에 담아서
진흙으로 밀봉한다.

월과의 빛깔이 누렇게 변하고 연해지면 곧
먹을 수 있다. 큰 것은 여섯 쪽으로 나누고 작은
것은 네 쪽을 내는데, 매 조각은 다시 길이가 5치
가 되도록 자르지만, 폭은 월과의 형태에 따라서
결정한다.

또 이르기를, 길이 4치, 폭 한 치로 한다. 월
과를 껍질이 바닥에 가도록 네 쪽씩 담아 올린
다. 월과는 작고 곧은 것을 사용하며, 저장용[340]
으로는 쓰지 않는다.

동아겨자절임[瓜芥菹]: 동아[冬瓜]를 길이 세 치,
너비 한 치, 두께 2푼으로 자른다. 겨자에 호근
자胡芹子를 약간 넣고, 함께 곱게 갈아서 찌꺼기
를 없애고, 좋은 식초와 소금을 넣는다.[341] 외[瓜]
를 넣어서 오래 두면 오래 둘수록 좋다.

麥[171]黃衣也. 又
云, 瓜淨洗, 令
燥, 鹽揩之. 以鹽
和酒糟, 令有鹽
味, 不須多. 合藏
之. 密[172]泥瓮口.
軟而黃, 便可食.
大者六破, 小者四
破, 五寸斷之, 廣
狹盡瓜之形.

又云, 長四寸,
廣一寸. 仰奠四
片. 瓜[173]用小而
直者, 不可用貯.

瓜芥菹. 用冬瓜,
切長三寸, 廣一寸,
厚二分. 芥子, 少與
胡芹子, 合熟研, 去
滓, 與好酢, 鹽之.

에서는 '군용(軍用)'으로 잘못 쓰고 있으며, 다른 본에서는 잘못되지 않았다.

339 '여국(女麴)'과 '맥황의(麥黃衣)' 모두 '보리누룩[麥䴷]'을 가리킨다.

340 '저(貯)': '저'자는 해석하기 어렵다. 바로 앞에서 '소이직자(小而直者)'라고 하였
으므로, '곡(曲)'자를 써야 '직(直)'과 대응될 것이다.

341 '염지(鹽之)': 스성한은 '지'자는 음이 근사한 '시(豉)'자를 잘못 쓴 것으로 보고
있다.

탕저 만드는 법[湯菹法]: 작은 종류의 배추[342]
와 순무를 사용한다. 뿌리를 제거하고, 뜨거운
물에 잠시 담갔다가 (아직) 뜨거울 때 소금과 초
를 친다. 채소를 통째로 담는 그릇[杯][343]에 맞춰
자른다. (그다음에) 초를 치고 채소를 데친 물을
넣는데, 그렇지 않으면 너무 시다. 가득 담아서
올린다.

고순과 김절임 만드는 법[苦笋紫菜菹法]: 고순苦
笋의 단단한 겉껍질을 벗겨, 세 치 길이로 썰고
다시 가늘게 실처럼 썬다. 작은 것은 손으로 뾰
족한 부분을 잡고, 칼로 밑동부터 깎아 절편을
얇고 가늘게 만들고, 즉시 물에 담근다. 다 깎고
나면 물에서 건져 내고,[344] 김[紫菜]을 잘게 썰어

下瓜, 唯久益佳也.

湯菹法. 用少
菘[174]蕪菁. 去根,
暫經沸湯.[175] 及熱
與鹽酢. 渾長者,
依杯截. 與酢, 并
和菜[176]汁, 不爾,
太[177]酢. 滿奠之.

苦笋紫菜菹法.
笋去皮, 三寸斷
之, 細縷切之. 小
者手捉小頭, 刀削
大頭, 唯細薄, 隨
置水中. 削訖, 漉

---

342 '소숭(少菘)': '소(少)'에 대해 스성한의 금석본에서는 '젊고 힘차다'로 해석하면서,
'개(芥)'의 잘못이 아닌가 의심하였으나, 본 조항의 재료에는 '갓[芥]'이 없기 때문
에 '소'자가 실수로 들어간 것으로 추측하였다. 반면 묘치위 교석본에 따르면, '소
숭(少菘)'은 어리고 연하여 쇠지 않은 배추잎을 가리킨다. 묘치위는 본편 앞부분
에도 '탕저법(湯菹法)'이 있는데, 여기서 사용된 것 역시 배추와 순무이기 때문
에, 이에 금택초본을 따르게 되었다고 한다.

343 '배(杯)': 금택초본에서는 '배(杯)'라고 쓰고 있으며, 다른 본에서는 '배(柸)'라고
쓰거나 혹은 별체자로 되어 있는데, 묘치위 교석본에서는 '배(杯)'로 통일하여 쓰
고 있다. 옛날에는 쟁반[盤], 잔[盞], 발[盂], 반찬그릇[羹斗] 등을 통칭해서 '배(杯)'
라고 하였다. '거근(去根)'과 '의배절(依杯截)'에 의거할 때, 순무는 그 잎을 사용
했음을 알 수 있고, 그 육질의 뿌리는 사용하지 않았음을 알 수 있다고 한다.

344 고순(苦笋)은 아주 가늘고 아주 얇게 썰어서 곧바로 물속에 넣으면 쓴 맛을 없앨
수 있다. 그러나 다음의 '죽채 절이는 법[竹菜菹法]' 조항에서 뜨거운 물에 잠깐

섞는다. 소금과 초를 친다.[345] 그릇에 반쯤 담아 올린다.

김은 찬물에 담그면 잠시 후에 절로 풀린다. 그러나 씻을 때는 뜨거운 물을 써서는 안 된다. 뜨거운 물에 씻으면 맛이 사라진다.

죽채[346] 절이는 법[竹菜菹法]: 죽채는 대숲에서 자라는데, 미나리와 비슷하며 그루 부분은 크지만 줄기와 잎은 가늘고 작고, 촘촘하게 자란다.

깨끗이 씻고 뜨거운 물에 잠깐 데쳐 재빨리 꺼내 찬물에 담갔다가 물기를 짠 후에 잘게 썬다.

또 호근과 달래[小蒜]를 사용할 때도 역시 잠깐 뜨거운 물에 데쳐 잘게 썰어 함께 섞는다. 소금과 초를 친다. 그릇에 반쯤 담아 올린다. 봄철에는 4월까지 사용할 수 있다.

出，細切紫菜和之，與鹽酢乳. 用半奠. 紫菜, 冷水漬, 少久自解. 但洗時勿用湯. 湯洗則失味矣.

竹菜菹法. 菜生竹林下, 似芹, 科大而莖葉細, 生極槪. 淨洗, 暫經沸湯, 速出, 下冷水中, 卽搦去水, 細切. 又胡芹小蒜, 亦暫經沸湯, 細切, 和之. 與鹽醋. 半奠. 春用至四月.

데친다고[暫經沸湯] 한 점으로 미루어 보아, '추출' 뒤에도 역시 이 처리법이 있어야 할 것으로 보인다.

345 '유용(乳用)': '유(乳)'로 만든 조미료로서 다른 곳에는 보이지 않는다. 스성한은 위의 본문과는 달리 '유용'을 붙여 쓰면서 『제민요술』에는 '유'를 재료로 한 것에 관한 설명은 없다고 한다. 이 '유'자는 아주 독특한데, '유용' 두 글자는 '장청(醬淸)' 두 글자가 뭉개져서 생긴 것으로 보고 있다.

346 '죽채(竹菜)': 미나리과[傘形科]의 다년생 초목으로, 학명은 '*Aegopodium tenera*'이다. 대숲 및 나무 그늘에서 자란다.

어성초³⁴⁷절임 만드는 법[蕺菹法]: 어성초[蕺]의
흙과 수염뿌리를 털어 내고, 검고 좋지 않은 것
을 제거하되,³⁴⁸ 씻지는 않는다. 뜨거운 물에 잠
깐 데쳤다가 바로 꺼낸다. 약간의 소금을 친다.
어성초 한 되를 따뜻한 뜨물의 맑은 윗물로 깨끗
이 씻어 따뜻할 때 건져 내어 물을 짜고³⁴⁹ 소금
과 초를 친다. 만약 뜨거울 때 하지 않으면 붉은
빛을 띠면서 상한다.³⁵⁰ 또 뜨거운 물에 파줄기를
데친 후에³⁵¹ 즉시 찬물에 넣고, 다시 건져 내서

蕺菹法. 蕺去
土毛▨黑惡者,
不洗. 暫經沸湯
即出. 多少與鹽.
一升,▨ 以暖米▨
清潘汁淨洗之,
及暖即出. 漉下
鹽酢中. 若不及
熱, 則赤壞之. 又

---

347 '즙(蕺)': 즉 삼백초과(三白草科)의 어성초[蕺菜; *Houttuynia cordata*]로 다년생
초본이다. 줄기와 잎에서 비린내가 나기에 민간에서는 '어성초'라고 부르는데, 장
강(長江) 이남의 각지에서 생장하고 연한 줄기와 잎은 채소로 쓴다. 묘치위 교석
본에 따르면, 절강성(浙江省) 소흥(紹興)에는 즙산(蕺山)이 있는데, 전하는 말에
의하면 어성초가 그곳에서 나기 때문에 붙인 이름으로, 월왕(越王) 구천(句踐)이
어성초를 좋아했으며, 『식차』에도 어성초가 등장하는 것은 분명 이 책을 남방사
람이 적었기 때문이라고 한다.

348 '모(毛)': 어성초 아랫부분의 줄기는 땅 위를 기는 줄기이며, 마디 위에 수염뿌리
가 자라는데, '모(毛)'는 이 수염뿌리를 가리킨다. '흑악자(黑惡者)': 어성초는 산
야(山野)의 그늘지고 습한 곳에서 야생하는데, 딴 후에는 검게 변질되기도 한다.

349 "及暖即出, 漉下": 출(出), 녹(漉) 두 글자 역시 순서가 바뀌어야 할 것 같다.

350 '즉적괴지(則赤壞之)': '지(之)'자는 '야(也)'자인 듯하다.

351 '요(撩)': 각본에서는 '요(撩)'로 쓰고 있고, 금택초본에서는 '엄(掩)'으로 쓰고 있
는데, 모두 잘못되었다. 묘치위 교석본에 따르면, '요(撩)'는 '건져 내는 것'을 뜻
하며, 탕 속에 한 번 넣었다가 건져 올리는 것을 말한다. 이것 역시 오월의 방언
으로, 오대의 오월국에서는 '요천군(撩淺軍)'이 있었는데, 오직 강과 호수의 진흙
을 깨끗하게 건져 내는 일을 맡았다. 지금의 구어로는 오직 물속에서 물건을 건
지는 것을 '요(撩)'라고 부르는 것과 같으며, '노(撈)'의 음과는 약간 차이가 있다.
이는 또한 『식차』 용어가 오월의 방언과 은연중에 부합한다고 한다.

어성초에 넣는다. 모두 한 치 크기로 잘라서 사용한다.

만약[352] 작은 그릇에 담아 올릴 때는 어성초의 마디를 떼어 내고 정리하여 파줄기와 어성초를 서로 붙여 반반씩 각각 한쪽에 모아서 그릇에 가득 담아 낸다.

배추 잎자루[353]를 절이는 법[菘根權[354]菹法]: 배추를 통째로 깨끗이 씻고 길게 썰되, 마치 세 치 길이의 산가지 모양으로[355] 썰고, 배추 잎자루를 묶

湯撩葱白, 即入
冷水, 漉出, 置菹
中. 並寸切, 用
米. 若椀子奠, 去
菹節, 料理, 接奠
各在一邊, 令滿.

菘根橶菹法.
菘, 淨洗遍[181]體,
須長切, 方如箅

---

352 '용미약(用米若)': 이 '미(米)'는 해석하기가 매우 어렵다. 금택초본의 '미약(未若)' 역시 풀이할 수 없다. 스성한의 금석본에서는, "用. 米若"으로 끊어 읽고 있는데, 아마 위 구절 '병촌절용(並寸切用)'의 '촌'자 뒤에 원래 '반(半)'자가 있었는데, 틀리게 쓴데다가 위치마저 잘못 옮겨진 것으로 보았다. 묘치위 교석본에 의하면, '용미(用米)'는 각본에서는 동일하다. 혹자는 '용(用)'이 윗 구절과 이어진 것이고, '미(米)'는 쓸데없는 단어라고 하며, 혹자는 '미(米)'는 '반(半)'의 잘못이라고 하고, '전(奠)'이 빠져 있다고 한다.

353 '숭근(菘根)': 배추의 잎자루를 가리킨다. 옛날에는 순무[蕪菁] 역시 '숭(菘)'이라고 칭하였다. 다만 아래의 '배추 잎자루와 무를 절이는 법'에 '온숭(熅菘)'과 '순무 뿌리[蕪菁根]'가 나란히 제시되어 있는데, 묘치위에 의하면 배추 뿌리를 먹을 수는 없으므로 이 '숭근(菘根)'은 결코 순무의 육질 부분의 살찐 뿌리를 가리키는 것이 아니고, 단지 배추의 잎자루일 것이라고 한다.

354 '개(橶)': 자서에 없는 글자이며, '합(榼)'의 오류라고 의심된다. '합(榼)'은 일종의 작은 그릇으로, 이러한 종류의 절임을 만들어서 합 속에 넣기 때문에, '합저(榼菹)'라고 칭한다. 니시야마 역주본에서는 고쳐서 '합(榼)'으로 쓰고 있다.

355 '방여산자(方如箅子)': '방(方)'은 물체의 세로면과 가로면, 즉 종, 횡 양면으로 구성되는 것을 가리킨다. 아래 문장의 '검은 매실과 동아 만드는 법[梅瓜法]'에 "3치 길이의 산가지 모양으로 자르는데, 굵기는 국수 정도로 한다."라는 표현이 있는데 바로 이러한 부분의 서술과 더불어 완전히 동일하다. '산(箅)'은 '산(笐)'과 같

어 끓는 물속에 잠시 넣었다가 꺼낸다. 뜨거울 때 소금과 초를 친다. 귤껍질을 실처럼 잘게 썰어 섞고, 그 속에 넣어 정리하여 그릇에 반쯤 담아 올린다.

한채절임356 만드는 법[燺菹法]: 깨끗이 씻고 세 치 전후 길이로 썰어 작은 다발로 묶는데, 피리357 굵기 정도가 되게 한다.

끓는 물에 잠시 데쳐 재빨리 꺼내, 따뜻할 때 소금과 초를 치고 그 위에 호근자를 넣는다. 바르게 정리하여 그릇에 가득 담아 낸다.

子, 長三寸許, 束
根,⑱ 入沸湯, 小
停出. 及熱與鹽
酢. 細縷切橘皮和
之, 料理, 半奠之.

燺菹法. 淨洗,
縷切三寸長許, 束
爲小把, 大如筆筯.
暫經沸湯, 速出之,
及熱與鹽酢, 上加
胡芹子與之. 料理

은데, 이는 '산(算)'을 뜻하며, '산자(筭子)'는 바로 산가지[算籌]이다.

356 '한저(燺菹)': 글자 자체로는 해석하기 어렵다. 이 '한'은 '한(萍)'자인 듯하다. 『식차』에서는 같은 음의 '한(萍)'을 가차하여 쓰고 있는데, 이는 곧 '한채(萍菜)'이다. '한(燺)'은 『광운』에는 "본래 '한(焊)'으로 쓴다."라고 하였고, 『본초강목』권26의 '한채(萍菜)'조에는 "한채[萍]의 맛은 매우 매워서 불과 같이 사람을 화끈거리게 하기 때문에 붙인 이름이다."라고 하였다. 십자화(十字花)과의 한채(萍菜; *Rorippa montanum*)는 송대까지 산나물로 먹었다.

357 '필률(篳篥)': 서역에서 온 관악기이다. '필률(觱栗)', '비율(悲篥)'로도 쓴다. 가운데 손가락 세 개 굵기의 죽관에 구멍이 9개 있다. 북송(北宋) 진양(陳暘)의 『악서(樂書)』에는 "필률(觱篥)은 일명 비율(悲篥)이라고 하며, 또 가관(笳管)이라고도 한다. 구자[龜玆: 옛 도시국가의 이름이며, 지금의 신강(新疆) 쿠차[龜玆일대임]의 악기이다. 대나무로 관을 만들고 갈대로 입구를 만드는데,(생각건대 관의 마우스피스[口捎] 부분에 갈대로 만든 리드[哨子]를 끼워 넣는 것을 가리킨다.) 형태는 호가(胡笳)와 유사하고 아홉 개의 구멍[九竅]이 있으며,(어떤 것은 구멍이 여덟 개 있는 것도 있는데, 이것은 앞에 7개, 뒤에 1개 있다.) … 그것을 불어서 나라 안의 말들을 놀라게 했다.[吹之以驚中國馬焉.]"라고 한다.

令直, 滿奠之.

호근달래절임 만드는 법[胡芹小蒜葅法]: 호근과 달래를 모두 뜨거운 물에 잠시 데친 후 꺼내어, 찬물에 담갔다가 다시 꺼낸다. 호근을 잘게 썰고, 달래를 한 치 길이로 썰어서 소금과 초를 치고, 반반씩 나누어 담되, 푸른 것과 하얀 것을 각각 양편에 나누어 둔다.[358]

만약 각각 양편에 두지 않거나, (데치고) 즉시 찬물에 넣지 않으면 누렇게 변하고 상한다. 가득 담아 올린다.

배추 잎자루와 무를 절이는 법[菘根蘿蔔葅法]: 통째로 깨끗이 씻어 실처럼 가늘게 썰고, 다발로 묶되 굵기는 종이 열 장을 만 듯하게 한다.[359] 끓는 물에 잠깐 데쳤다가 꺼낸다.

소금을 듬뿍 친다.[360] 따뜻한 물 두 되를 넣고 손으로 주무른다.

또 이르기를, 실처럼 가늘게 썰어[361] 뜨거운

胡芹小蒜葅法.
並暫經小沸湯出,
下冷水[183]中, 出之.
胡芹細切, 小蒜寸
切, 與鹽酢, 分半
奠, 青白各在一邊.
若不各在一邊, 不
即入於水中, 則黃
壞. 滿奠.

菘根蘿蔔葅
法. 淨洗通體, 細
切長縷, 束爲把,
大如十張紙卷.
暫經沸湯即出.
多與鹽. 二升暖
湯合把手按之.

---

358 '청백(靑白)': 호근(胡芹)의 잎은 푸르고 달래의 비늘줄기는 흰색이기에, 청백 두 가지를 각각 한쪽으로 담아 상에 올리는 것을 가리킨다. 그러나 달래의 비늘줄기는 가늘고 짧기 때문에 한 치 길이로 자른다고 한 것은 의문이 든다.

359 '십장지권(十張紙卷)': 종이 열 장을 겹치거나 이어 만든 한 '권'이다. 이 권이 얼마나 큰지는 당시 종이의 길이와 두께를 알아야만 추측할 수 있다.

360 '다여염(多與鹽)': '과개저(瓜芥葅)'에서 '자채저법(紫菜葅法)'의 여러 조항에 이르기까지 모두 소금과 초를 사용하며, 속성으로 만드는 것은 초를 쳐서 비로소 '산저(酸葅)'를 만든다. 따라서 '염(鹽)' 아래에 '초(酢)'가 빠진 것 같다.

물에 잠시 넣어 데치고 귤껍질을 섞어 넣어 따뜻할 때[362] (소금과 초를 치는데, 그렇지 않으면) 누런 색으로 손상된다. 잘 정리하고 그릇에 가득 담아 올린다. 온숭熅菘,[363] 파, 순무 뿌리도 모두 쓸 수 있다.

김절임 만드는 법[紫菜菹法]: 김[紫菜]을 가져다가 찬물에 담그면 풀어지는데, 파절임과 함께 담아 내며, 마찬가지로 양편에 각각 담아서 소금과

又, 細縷切, 暫經
沸湯, 與橘皮和,
及暖與則黃壞.
料理滿奠. 熅菘
葱蕪菁根悉得用.

紫菜菹法. 取紫
菜, 冷水漬令釋, 與
葱菹合盛, 各在一

---

361 '우세누절(又細縷切)': 스성한은 '우'자 다음에 '운(云)'자가 있어야 한다고 보고 있다.

362 "及暖與則黃壞": 스성한의 금석본에서는 이 구절에서 '여'자의 목적어가 없는데 '염초(鹽酢)' 두 글자가 생략된 듯하며, '불(不)'자를 보충하여 "及暖與鹽酢, 不則 黃壞"라고 써야 한다고 보았다. 또한 묘치위 교석본에 의하면, '급난여(及暖與)' 는 마땅히 '여귤피(與橘皮)'를 가리킨다. 열이 있을 때 귤껍질을 넣을 수는 없고, 그렇지 않으면 '누렇게 변하여[黃塊]' 향기가 없어지는데, 위 문장은 마땅히 '대랭 (待冷)'류의 글자가 있어야 할 것이라고 한다.

363 '온숭(熅菘)': 스성한의 금석본을 참고하면, 이 '온(熅)'자는 앞 구절의 '요리만전 (料理滿奠)'에 속해서는 안 된다. 왜냐하면 이러한 저(菹)는 '따뜻하게' 하면 반드시 상하기 때문이다. '온'은 '불꽃이 없는' 불로 따뜻하게 하는 것이다. 한대에 이미 온도를 올리는 방법으로 부추[韭菜][『염철론(鹽鐵論)』 「산부족(散不足)」에 '동규온구(冬葵溫韭)'라는 말이 있다.]의 재배를 앞당기는 기술이 있었다. '온숭' 이 온도를 올리는 방법으로 재배한 배추라면, 새롭고 특별한 재배 기술이 하나 더 생긴 셈이다. 그러나 묘치위 교석본에 따르면, 『명의별록(名醫別錄)』의 도홍 경의 주에는 "노복(蘆蔵)은 지금의 온숭(熅菘)으로 그 뿌리를 먹을 수 있다."라고 하였다. 곽박은 『방언』권3 '노복(蘆蔵)'을 주석하여 말하기를 "지금의 강동(江 東)에서는 '온숭(溫菘)'이라고 한다."라고 하였다. '온숭(溫菘)'은 곧, '온숭(熅菘)' 으로 이는 곧 '무[蘿蔔]'다. 그러나 본 조항의 제목에서는 '나복(蘿蔔)'을 썼는데, 곧 온숭(熅菘)은 결코 무가 아니며, 마땅히 배추의 일종인 것이다. 『당본초(唐本 草)』에는 '자숭(紫菘)', '백숭(白菘)', '우두숭(牛肚菘)'이 있다.

초를 친다. 가득 담아 올린다.

생강을 꿀에 절이는 법[蜜薑法]: 생강을 깨끗이 씻어 껍질을 깎아 내고 손질한다. 10월에 담근 술에서 얻은 술지게미에 넣어 둔다. 항아리 주둥이를 진흙으로 봉하는데, 열흘이면 숙성된다. 꺼내어 물에 깨끗이 씻어서 꿀에 재워 둔다. 큰 것은 가운데를 쪼개고, 작은 것은 통째로 사용한다. 세워서 네 개씩 담아 상에 올린다.

또 이르기를, 급히 만들려면 껍질을 깎아 손질한 후에 꿀 속에 넣고 끓여 익혀도 쓸 수 있다.

검은 매실과 동아 만드는 법[梅瓜法]: 큰 동아[冬瓜]를 사용한다. 껍질을 벗기고 속을 파내서[364] 3치 길이의 산가지 모양으로 자르는데, 굵기는 국수 정도로 한다.

생베[生布]로 가볍게 즙을 짜내고, 즉시 원피즙[杬汁]을 부어 넣고 약간 미지근하게 한다. 하룻밤을 재우고 걸러 낸다.

검은 매실[烏梅] 한 되에 물 2되를 붓고 끓여 한 되 정도의 즙을 얻은 후 검은 매실을 건져 내고 즙을 맑게 가라앉힌다. 꿀 3되, 원피즙 3되와 싱싱한 귤 20개를 껍질과 씨를 발라내고 즙을 취

邊, 與鹽酢. 滿奠.

蜜薑法. 用生薑, 淨洗, 削治. 十月酒糟中藏之. 泥頭十日, 熟. 出, 水洗, 內蜜中. 大者中解, 小者渾用. 豎奠四. 又云, 卒作, 削治, 蜜中煮之, 亦可用.

梅瓜法. 用大冬瓜. 去皮穰, 笐子細切, 長三寸, 麤細如研餅.[184] 生布薄絞去汁, 即下杬汁, 令小暖. 經宿, 漉出. 煮一升烏梅, 與水二升, 取一升餘, 出梅, 令汁清澄. 與蜜三升, 杬汁三升, 生橘二十

---

364 '양(穰)': 이는 '양(瓤)'의 의미이다. 이 역시 『식차』, 『식경』에서 같은 음을 가차하여 다른 글자를 사용한 습관적인 사례 중 하나이다.

한다. 모두 섞고, 함께 끓여 두 번 김을 내는데 위의 거품을 걷어 내어 맑게 가라앉히고 식혀서 동아를 넣는다.

다 끝나면 다시 석류를 넣고, 신 수리딸기[懸鉤子],365 산내자[廉薑]366 가루를 넣는다. 석류와 수리딸기 한 그릇[杯]으로 열 번을 사용할 수 있다.367

맛을 보고 만일 지나치게 떫지 않으면, 다시 원피즙을 넣고 한 되가 되게 한다.

또 이르기를, 검은 매실을 담가 낸 즙을 그 위에 부어368 담아 올린다. 석류와 수리딸기를369

枚，去皮核取汁.
復和之，合煮兩沸，
去上沫，清澄，令
冷，內瓜. 訖，與石
榴酸者懸鉤子廉
薑屑.　石榴懸鉤，
一杯可下十度. 皮
嘗看，█ 若不大澀，
栿子汁至一升. 又
云，烏梅漬汁淘奠.
石榴懸鉤，一奠不

---

365 '현구자(懸鉤子)': 수리딸기이다. 장미과(薔薇科)의 낙엽관목으로 또 '산매(山莓)', '목매(木莓)'라고 부르며, 학명은 *Rubus corchorifolius*이다. 열매가 한데 모인 소핵과(小核果)로 날로 먹을 수도 있으며, 과일장을 만들거나 술을 빚을 수 있다.

366 '염강(廉薑)': 곧 '산내(山柰; *Kaempferia galanga*)'이며, 또, '삼내(三柰)', '사강(沙薑)'이라 부른다. 생강과의 여러해살이 초본식물이다. 덩이줄기를 갖추고 있으며, 향기가 있다. 긴 타원형의 삭과(蒴果)이다. 『본초습유』에서는 "영남(嶺南), 검남(劍南)에서 자라며 사람들이 많이 먹는다."라고 하였다. 『식물명실도고』 권25에서는 "남쪽 강서성[南贛]에 많이 있다."라고 하였다. 광동·광서·운남·귀주·대만 등지에서 자란다.

367 "一杯可下十度": 의미가 확실하지 않다. 만약 '일배(一杯)'가 '일매(一枚)'의 잘못이라도, 이 또한 한 잔으로 열 번을 사용할 수 없을 것이다. 큰 '그릇[杯]'의 신 석류 또는 수리딸기[懸鉤子]라면 충분히 열 번을 사용할 수 있을 것이라는 견해도 있다.

368 '도(淘)': 물을 사용해 흔들어 씻는다는 말에서 확대되어 '요(澆)'가 되었으며, 『식차』에서 주로 사용하는 단어이다.

369 '석류현구(石榴懸鉤)': 이 네 글자는 여기에서 의미가 없다. 앞의 행에서 상호 대응되는 위치에 놓여야 할 것 같다.

한 번 담아 낼 때는 대여섯 개를 넘겨서는 안 된다.[370]

(원피를) 푹 삶아[371] 거친 껍질을 없앤다. 원피 한 되에 물 3되를 넣고 졸여서 한 되 반이 되게 한다. 맑게 가라앉힌다.

배장아찌 만드는 법[梨菹法]: 먼저 과일 장아찌[渫][372]를 만든다. 작은 배를 병 속의 물에 넣고 진흙으로 주둥이를 봉한다. 가을부터 이듬해 봄까지 봉해 둔다. 그해 겨울에도 모름지기 꺼내 쓸 수 있다.

또 이르기를, 한 달 만에 쓸 수도 있다고 한다. 쓸 때는[373] 배껍질을 벗기고 통째로 얇게 썰어 올리는데,[374] 배장아찌 즙 속에 꿀을 약간 넣

過五六. 煮熟, 去
麤皮. 杭一升, 與
水三升, 煮取升半.
澄清.

梨菹法. 先作
渫. 用小梨, 瓶中
水漬, 泥頭. 自秋
至春. 至冬中, 須
亦可用. 又云, 一
月日可用. 將用,
去皮, 通體薄切,
奠之, 以梨渫汁投

---

370 "一奠不過五六": 수리딸기[懸鉤子]의 과실은 육질 있는 소핵과이며, 통째로 사용할 수 있지만 신 석류를 한 번에 5-6개를 올릴 수는 없다. 이 역시 『식차』에서 명확하게 기술하지 않은 수수께끼이다.

371 '자(煮):' 금택초본에 '자(煮)'라고 쓰고 있다. 다른 본에서는 '도(度)'라고 쓰고 있다.

372 '남(渫)': 『광운(廣韻)』「상성(上聲)·사십팔감(四十八感)」에 '남(渫)'은 "배즙을 담는 것이다."라고 하였다. 『예기(禮記)』「내칙(內則)」의 정현의 주에 의하면 '남(濫)'은 "그것(말린 복숭아와 말린 매실)들을 물과 섞는다."라고 되어 있다. 본 조의 설명에 따르면 모두 신선한 과일을 밀폐한 채로 저장하여 무유산발효(無乳酸醱酵)가 일어나게 해서 얻은 새콤한 즙을 말한다.

373 '장용(將用)': 이 절은 줄곧 주제가 없는데, 아마 베껴 쓸 때 누락된 듯하다. '용'자 뒤에는 '이(梨)'자를 더해야 한다.

374 '전지(奠之)': 스성한의 금석본에 따르면 '전지'는 여기가 아니라 몇 줄 아래 구절인 "溫令少熱, 下盛" 뒤에 있어야 할 것으로 보았다.

어 새콤달콤하게 한다.[375] 진흙으로 주둥이를 봉한다.

만약 급하게 만들려면 배를 앞에서 말한 방식으로 썰어서, 다섯 개의 배에 고주 2되, 뜨거운 물 2되를 반반씩[376] 섞어서 온도를 약간 뜨겁게 하여 놓아두고, 한 번 담아 낼 때 대여섯 쪽씩 담아 올린다. 탕즙을 그 위에 부어서 그릇에 반쯤 채운다. 꼬치[簽][377]를 그릇 옆에 놓아둔다. 여름철에도 닷새까지는 보관할 수 있다. 또 이르기를, 급하게 만들 때는 대추를 삶아서 사용할 수도 있다고 한다.

목이절임[木耳菹]:[378] 대추나무, 뽕나무, 느릅나무, 수양버들[柳] 위에 붙어서 자라는 것을 따면 부드럽고 촉촉하다. 마른 것은 사용하기에 적당하지 않

少蜜, 令甜酢. 以泥封之. 若卒作, 切梨如上, 五梨半用苦酒二升, 湯二升, 合和之, 溫令少熱, 下. 盛, 一奠五六片. 汁沃上, 至半. 以簽置杯旁. 夏停不過五日. 又云, 卒作,[186] 煮棗亦可用之.[187]

木耳菹. 取棗桑楡柳樹邊生猶軟濕者. 乾即不中

---

375 '영첨초(令甜酢)': 새콤달콤한 배즙을 응당 배조각 윗면에 부어 상 위에 올리는 것으로, 묘치위는 '영첨초(令甜酢)' 다음에는 분명 '요지(澆之)' 두 글자가 빠져 있다고 한다. 뒷부분의 '궐(蕨)' 항목에는 갑자기 '우요지(又澆之)' 세 글자가 갑자기 등장하는데, 바로 여기에서부터 글자가 잘못되어 나온 것이고, 또한 잘못된 '우(又)'자가 많다고 하였다.

376 '오리반(五梨半)'의 '반(半)'은 대개 식초[苦酒]와 탕 각각 두 되를 가리키며, 구분하여 가리키는 총 수량의 반반[半]으로 했는데, 다만 문장 자체가 조금 뒤틀려 있다. 니시야마 역주본에서는 '반(半)'을 고쳐서 '졸(卒)'이라고 하였다.

377 '잠(簽)': '잠(簪)'과 동일하다. 일종의 작은 대꼬챙이로서, 배 조각을 찍어서 먹는데, 오늘날의 이쑤시개와 흡사하다.

378 이 조항은 가사협의 본문으로서, 첫 시작하는 문장이 쉽고 분명한 특색을 띠고 있으며, 아울러 주석을 통해 설명을 덧붙인 것이 모두 『식차(食次)』의 문장과는 다르다.

으며, 떡갈나무의 목이버섯도 사용할 수 있다.

5번 삶아 김을 내어 비린 즙을 제거하고 걸러 내 찬물에 담가 깨끗하게 인다.

다시 초장酢漿에 넣고 씻어서 꺼내어 실처럼 가늘게 썬다. 다 끝나면 고수풀[胡荽]과 파 밑동[葱白]을 넣고, 약간 넣고 단지 향내만 내게 한다. 약간의 두시즙[豉汁], 간장[醬清]과 식초를 넣고 섞어서 맛이 적당한지를 본다. 생강과 산초가루를 넣으면 아주 부드러워 맛이 좋다.

상추³⁷⁹절임 만드는 법[蕨菹法]: 『모시毛詩』에는³⁸⁰ "기蕨를 캔다."라는 말이 있는데, 이에 대해 『모전毛傳』에 이르기를, "(기蕨는) 채소이다."라고 하였다.

『시의소詩義疏』에 이르기를³⁸¹ "상추[蕨]는 쓴

用, 柞188木耳亦得.
煮五沸,去腥汁,
出置冷水中, 淨
洮. 又著酢漿水
中, 洗出, 細縷
切. 訖, 胡荽葱
白, 少著, 取香而已.
下豉汁醬189清及
酢, 調和適口. 下
薑椒末, 甚滑美.

蕨菹法. 毛詩
曰, 薄言采芑. 毛
云, 菜也. 詩義疏
曰, 蕨, 似苦菜,
莖青, 摘去葉,

---

379 '거(蕨)': '거(苣)'와 같으며, 국화과의 왕고들빼기속[萵苣屬; *Lactuca*] 혹은 방가지똥속[苦苣菜屬; *Sonchus*]의 식물이다.

380 이것은 『시경(詩經)』「소아(小雅)·채기(采芑)」편의 구절이다. 묘치위 교석본에 의하면, '모운(毛云)'은 모형(毛亨)의 『전(傳)』이다. '기(芑)'는 각본에서는 원래 '기(芑)'라고 쓰고 있으며, 이하에도 마찬가지이며, 고적에서도 여전히 항상 '기(芑)'로 쓰고 있다. 정자는 마땅히 '기(芑)'라고 써야 하며, 『설문해자』에서는 "초머리[艹]를 붙여서 쓰고 있고, 기(己)는 성운[聲]이다."라고 하였다.

381 『옥촉보전(玉燭寶典)』 권2에서는 주석에서 『모시초목소(毛詩草木疏)』를 인용한 것이 『시의소』와 기본적으로 동일하다. 『시경』「소아·채기」편의 공영달의 소에서 육기의 『소(疏)』를 인용한 것에는 다른 것이 있다. 특별히 『시의소』의 첫머리에 명시된 '거(蕨)'와 '거우미(蕨尤美)'의 '거(蕨)'는 육기(陸機)의 『소(疏)』에

맛을 지닌 채소[苦菜]와 같으며, 줄기는 청색으로, 잎을 따면 흰 즙이 흘러나온다. 아주 달콤하고 연하여 먹을 수 있으며, 또한 데쳐서 먹을 수 있다. 청주靑州에서는 이를 일러 '기芑'라고 한다.

서하西河와 안문鴈門 지역의[382] 상추[蘆]가 더욱 맛있다.[383] 당시의 사람들은 그 맛에 연연하여 잊지 못하고, 그 때문에 변경을 넘어가지 못하였다."라고 하였다.

白汁出. 甘脆可食, 亦可爲茹. 靑州謂之芑. 西河鴈門蘆尤美. 時人戀戀, 不能出塞.

궐蕨·[384]

『이아(爾雅)』에 이르기를, "궐(蕨)은 별(虌)이다."[385]라고

蕨

爾雅云, 蕨, 虌. 郭

서는 모두 '기(芑)'라고 쓰고 있으며, 이는 즉 '거(蘆)'가 '기(芑)'의 이명(異名)으로 소실되었다고 하는데, 이는 크게 다르다. 묘치위 교석본에 따르면,『시의소』에서는 '저(菹)'를 만드는 것을 언급하지 않았고, 표제와도 서로 맞지 않는다고 한다.

382 '서하안문(西河鴈門)': 후위(後魏)의 두 군(郡)이며 모두 현재 산서성에 있다. 스성한의 금석본에서는 '안(鴈)'을 '안(雁)'으로 쓰고 있다.

383 이상의 기술은 단지 '거(蘆)'에 관한 것이며 '저(菹)'에 대한 설명은 없다. 원서에 누락되었거나, 베껴 쓸 때 빠진 것일 수도 있다.

384 '궐(蕨)': 고사리[蕨]류의 식물로, 고사리과(鳳尾蕨科)이며, 학명은 *Pteridinum aquilinum* var. *latiusculum*이다. 다년생 초본이며, 산비탈이나 나무가 듬성듬성 한 곳에서 자란다. 연한 잎은 먹을 수 있으며, 민간에서는 '고사리[蕨菜]'라고 한다. 뿌리 모양의 줄기는 전분을 담고 있으며, 그것을 가루로 만든 것은 '궐분(蕨粉)' 혹은 '산분(山粉)'이라고 칭한다. 이 단락은 전체가 '궐'에 관한 고증이다. 앞의 권6의 체례에 따른다면 이 단락은 표제의 주(注)이므로 작은 글자가 되어야 마땅하다.

385 이 문장은 『이아』「석초(釋草)」편에 보이며, '별(虌)'은 금본에서는 '별(蘩)'이라고 쓰고 있다. 곽박은 "강서지역에서는 그것을 일러 별[江西謂之虌]"이라고 하는

하였다. 곽박(郭璞)이 주석하여 이르기를, "처음 자랄 때는 잎이 없으며 먹을 수 있다."라고 하였다. 『광아(廣雅)』에는 "이를 '자기(茈綦)'[386]라고 하였는데, 이는 잘못이다."라고 하였다.

『시의소』에 이르기를,[387] "궐(蕨)은 산채(山菜)이다. 처음 자랄 때는 마늘 줄기처럼 검보라색이다. 2월이 되면 8-9치 크기로 자라며 쇠고[388] 잎도 난다. 데쳐서 나물로 해 먹으면 부드럽고 맛나기가 아욱과 같다."라고 하였다. 오늘날 농서(隴西)와 천수(天水)의 사람들은[389] 이때 따서 말려서 (저장하여) 가을과 겨울까지 먹는다. 또 이르기를, "황제에게 진상하기도 한다."[390]

璞注云, 初生無葉, 可食. 廣雅曰, 紫綦, 非也.

詩義疏曰, 蕨, 山菜也. 初生似蒜莖, 紫黑色. 二月中, 高八九寸, 老有葉. 瀹爲茹, 滑美如葵. 今隴西天水人, 及此時而乾收, 秋冬嘗

구절이 많다고 주석하고 있다.

386 『광아(廣雅)』「석초(釋草)」에는 "자기(茈綦)는 고사리[蕨]이다."라고 한다. 여기서의 '자(茈)'는 '자(紫)'와 통한다. 곽박은 『이아』「석초」에 "기(綦)는 월이(月爾)"이고, '자기(紫綦)'라고 하는데, '고사리[蕨]'와 흡사하며 먹을 수 있다고 주석하였기 때문에, 『광아』에서 해석한 것은 "잘못이다.[非]"라고 하였다.[권10「(91) 고비[綦]」의 주석 참조.]

387 『이아』「석초」편에 "궐(蕨)은 별(蟞)"이라고 하였는데, 형병(邢昺)의 소에서 육기의 『소』를 인용하여 주소하기를 "검보라색으로서 먹을 수 있는데, 아욱과 같다.[紫黑色, 可食, 如葵.]"라고 한다.

388 '노(老)': 진환(陳奐)의 『시모씨의소(詩毛氏義疏)』는 『제민요술』의 이 절을 인용하여 '노'자를 '선(先)'자로 고쳤는데, 아마 3월이나 되어야 못 먹게 되니 2월 중에는 '쇠다[老]'라고 말할 수 없기 때문일 것이다. '노'자는 틀린 것이 분명하나, '선'으로 고친 것 역시 해석하기 쉽지 않다. 아마 자형이 '노'와 유사한 '자(者)'를 잘못 쓴 듯하다. 스성한의 금석본에 따르면, 이 '자'자는 위 구절에 속하며, '높이가 8-9치[寸]가 되는 것'이라고 한다면 의미가 잘 통하고 적합하다고 할 수 있다. 반면 묘치위 교석본에서는 '시(始)'로 써야 적합하다고 지적하였다.

389 '농서(隴西)', '천수(天水)'는 모두 군(郡)의 이름으로 오늘날 감숙성 황하 이남 지역에 있다.

390 "今隴西 … 以進御": 스성한의 견해로는, 이 절은 가사협이 『시의소』에 붙인 주이며, 앞의 권6의 체례에 따르면 두 줄의 협주가 되어야 한다고 하였다.

라고 하였다. 3월에는 끝 부분이 3개로 갈라지며, 매 갈라진 부분에서 몇 개의 잎이 나는데, 잎은 개사철쑥[青蒿]과 흡사하다. 자라면서 굵고 쇠어져 먹을 수 없다. 주(周)·진(秦)의 (관중지역) 사람들은 그것을 '궐(蕨)'이라 하며, 제(齊)·노(魯)의 (산동지역) 사람들은 그것을 '별(虌)'이라고도 하고,[391] 또한 '궐(蕨)'이라고도 부른다. 또 그것을 붓는다.[392]

『식경』에서 이르는 '궐'을 저장하는 법[藏蕨法]: 먼저 궐蕨을 깨끗이 씻어서 이것을 쥐고 용기 속에 넣어 한 층은 궐蕨을, 또 한 층은 소금을 넣고 멀건 죽을 붓는다. 또 다른 방법으로는 가볍게 재를 덮어서 하룻밤 재우고 꺼내어 기포가 일 때까지 데친다. 꺼내서 불에 말려[393] 술지게미 속에 넣는다. 그리하면 (새로운) 궐蕨이 나올 때까지[394] 저장해 둘 수 있다."라고 하였다.

궐 절임[蕨菹]: 궐蕨을 잠시 끓는 물에 넣었다가 꺼내는데, 달래[小蒜] 역시 그렇게 한다. 잘

之. 又云以進御. 三月中, 其端散爲三枝,[190] 枝有數葉, 葉似青蒿. 長躚堅强,[191] 不可食. 周[192]秦曰, 蕨. 齊魯曰虌, 亦謂蕨. 又澆之.

食經曰藏蕨法. 先洗蕨, 把[193]著器中, 蕨一行, 鹽一行, 薄粥沃之. 一法, 以薄灰淹之, 一宿, 出, 蟹眼湯瀹之. 出熇, 內糟中. 可至蕨時.

蕨菹. 取蕨, 暫經湯出, 小蒜[194]

---

391 '주진(周秦)'은 대략 지금의 섬서성 관중지역이다. '제노(齊魯)'는 지금의 산동지역이다.

392 '우요지(又澆之)': 이 구절은 위의 문장과 전혀 연관이 없다. 다음 『식경』의 문장 속에 등장하는 '박죽옥지(薄粥沃之)' 다음에 위치하는 것이 적당하다.

393 '출고(出熇)': 스성한의 금석본에서는, 꺼내어 불에 쬐서 말린다고 해석하였으나, 묘치위 교석본에서는 밖으로 꺼내 햇볕에 말려 수분을 없애는 것으로 보았다. 스성한의 견해가 더 타당한 듯하다.

394 '궐시(蕨時)': 글자 그대로 해석해도 말은 통하나, 스성한은 '추시(秋時)'가 더 적합하다고 보았다.

게 썰어[395] 소금과 초를 친다. 또 이르기를, "달래와 궐蕨을 모두 한 치 길이로 썬다."라고 하였다.

亦然. 令細切, 與鹽酢. 又云, 蒜蕨俱寸切之.

행荇:[396]

이 글자는 간혹 '행(莕)'으로 쓰기도 한다.[397] 『이아』에 이르기를,[398] "행(莕)은 노랑어리연꽃[接余]이다. 그 잎은 부(荇)라고 일컫는다."라고 하였다. 곽박의 주에 이르기를, "[행(莕)은] 물속에서 총총하게 자라는데, 잎은 줄기 끝에서 둥근 형태를 띠며, 줄기의 길이[399]는 물의 깊이에 따라 달라진다. 강동(江東)에서는 이를 절여 먹는다."라고 하였다.

『모시毛詩』「국풍國風·주남周南」에는[400] "들쭉날쭉 자란 노랑어리연꽃[荇菜]이 좌우로 떠다닌다."라고 하는데, 이에 대해서 모공毛公은 이

荇

字或作莕. 爾雅日, 莕, 接余. 其葉, 荇. 郭璞注日, 叢生水中, 葉圓, 在莖端, 長短隨水深淺. 江東菹食之.

毛詩周南國風日, 參差荇菜, 左右流之, 毛注云,

---

395 '영세절(令細切)': '영'자는 '합(合)'자를 잘못 쓴 듯하다.

396 '행(荇)': 곧 노랑어리연꽃[莕菜; *Nymphoides peltatum*]으로, 조름나물과(睡菜科)이다. 다년생 수생 초본으로 담수의 호수속에서 자란다. 줄기는 길고 가늘며, 물속에 잠겨 있다. 잎은 계란처럼 둥근형이며 수면 위에 떠 있다. 어린 줄기와 잎은 먹을 수 있는데, 『이아』에는 별도로 그 잎을 칭하여 '부(荇)'라고 한다.

397 "荇字或作莕": 금택초본에는 이 다섯 글자의 제목이 빠져 있는데, 다른 본에서는 누락되어 있지 않다.

398 『이아』「석초」편에 보이며, 문장은 동일하다. 금본의 곽박의 주에는 '저(菹)'자가 없는데 빠진 듯하다.

399 '장단(長短)'은 줄기를 가리키며, 마땅히 '경(莖)'자가 있어야만 혼동을 일으키지 않는다.

400 『시경』「주남(周南)·관저(關雎)」에 보인다. 묘치위 교석본에 의하면, '모주(毛注)'는 모형(毛亨)의 『전(傳)』이라고 한다.

것을 '접여接余'라고 주석하고 있다. 『시의소』에
서 이르기를[401] "접여接余는 잎이 흰색이고, 줄기
는 붉은 자줏빛이며,[402] 잎은 둥근 형태이고, 직
경은 한 치 정도로서 수면에 떠다닌다. 뿌리는
수면 밑에 있고, 줄기의 길이는 물의 깊이와 같
으며, 굵기는 비녀와 같은데, 윗면은 푸르고 아
래쪽은 흰색이다. 고주에 담가서 절여 먹으며,
연하고 맛이 좋아 술안주로도 쓸 수 있다. 그 꽃
은 부들의 꽃가루와 같은 밝은 황색[403]이다."라

接余也. 詩義疏
曰, 接余, 其葉
白, 莖紫赤, 正
圓, 徑寸餘, 浮在
水上. 根在水底,
莖與水深淺等,
大如釵股, 上青
下白. 以苦酒浸
之爲菹, 脆美, 可

---

401 『시경』「관저(關雎)」의 공영달 주소 및 『이아』「석초」 형병(邢昺)의 소에서 육
기의 『소』를 인용한 것이 모두 『시의소』와 다르다. 『시의소』에는 '위저(爲菹)'
두 글자가 더 있기 때문에 가사협은 본편 「채소절임과 생채 저장법[作菹藏生菜
法]」에 삽입하고 있다. 또한 '其華爲蒲黃色'의 구절이 더 있고, '與水深淺等'의 앞
에 '경(莖)'자가 있는데, 묘치위 교석본에 의하면 반드시 있어야만 비로소 잎과
뿌리를 가리키는 것이 혼동되지 않는다고 한다.

402 "其葉白, 莖紫赤": 각본에는 이와 동일한데 이는 잘못이며, 아래의 "잎은 둥근 형
태이고, 직경은 한 치 정도로서 수면에 떠다닌다."라는 문장과 통하지 않는다. 묘
치위 교석본에 따르면, 노랑어리연꽃[荇菜]의 줄기는 물속에 가라앉아 있다. 아
랫부분은 백색이고, 수면에 맞닿은 부분은 연두색이며, 이는 곧 이른바 "상청하
백(上青下白)"이다. 잎은 수면 위에 떠 있는데, 겉면은 녹색이고, 뒷면은 붉은 자
줏빛을 띠고 있으며, 이는 곧 육기의 『소』에서 말한 "그 줄기는 희고, 잎은 붉은
자줏빛이다."라고 한 것이다. 『시의소』의 '경(莖)', '엽(葉)' 두 글자는 시대에 따
라 판각을 하면서 도치된 것인데, 마땅히 "其莖白, 葉紫色"으로 써야 할 것이라고
한다.

403 '포황색(蒲黃色)': 노랑어리연꽃[荇菜]은 여름과 가을 사이에 꽃이 피는데, 밝은
황색[鮮黃色]으로서 마치 부들의 꽃가루 색과 같다. 부들[香蒲]의 원기둥 모양의
육수꽃차례[肉穗花序]의 화분(花粉)을 취해서 약으로 쓰기에 이를 일컬어 '포황
(蒲黃)'이라고 한다. 그 색은 황금색이다. 옛날에는 아울러 꿀에 과실을 절여 만

고 하였다.

案酒. 其華爲¹⁹⁵
蒲黃色.

● 그림 7
어성초[蕺]

● 그림 8
수리딸기[懸鉤子]

교 기

[146] '맥혼(麥䴸)': 명청 각본에 '맥'자 아래에 '면(麵)'자가 더 있다. 명초본과
금택초본에 따라 삭제한다.

[147] '채(菜)': 명청 각본에 '채'자가 빠져 있다. 명초본과 금택초본에 따라서
보충한다.

[148] '녹(漉)': 명초본에 자형이 유사한 '혼(混)'으로 잘못되어 있다. 금택초
본과 명청 각본에 따라 고친다.

[149] '잡(煠)': 명청 각본에 한 칸 비어 있다. 명초본과 금택초본에 따라 보충

들었는데, 『본초도경』에서는, "포황(蒲黃) … 저잣거리에서도 이를 캐서 꿀에
담가 과식(果食)을 만들어서 판매를 했는데, 특히 어린아이에게 좋다."라고 하
였다.

한다.

150 '냉(冷)': 명청 각본에 '영(슈)'으로 잘못되어 있다. 명초본과 금택초본에 따라 바로잡는다.

151 '저(著)': 명청 각본에 빠져 있다. 명초본과 금택초본에 따라 보충한다.

152 '판(辮)': 스성한의 금석본에는 '변(辨)'으로 되어 있다. 스성한에 따르면 명청 각본에 '판(辦)'으로 되어 있고, 점서본에는 '판(瓣)'으로 되어 있다. 명초본과 금택초본에 따라 '변(辨)'으로 한다. '변'은 선별, 변별의 의미이다. 다만 원래 '변(辮)'자였을 가능성이 더 크다.

153 '복(復)': 명청 각본의 '복'자 위에 '편(便)'자가 더 있다. 명초본과 금택초본에 따라 삭제한다.

154 '잠도(暫度)': 명초본과 명청 각본에 모두 '참도(斬度)'로 되어 있다. 금택초본에 따라 고친다.

155 '굴(掘)': 명초본에 '도(稻)'로 잘못되어 있다. 명청 각본에 '겹(搯)'으로 되어 있다. 금택초본에 따라 '굴'로 한다.

156 '해(薤)': 명청 각본에서는 '구(韮)'로 쓰고 있다. 명초본과 금택초본에 따라 바로잡는다.

157 '포(蒲)': 명초본과 명청 각본에 '저(菹)'로 표기되어 있다. 금택초본에 따라 고친다.

158 '자(鮓)': 명초본과 명청 각본에 '초(酢)'로 잘못되어 있다. 금택초본에 따라 고친다. 묘치위 교석본에 의하면, '자(鮓)'는 각본에서는 '초(酢)'로 쓰고 있는데, 이는 잘못이다. 금택초본에서는 '자(鮏)'로 적고 있는데, 이는 분명, '자(鮓)'가 변형되어 쓰인 것이다. 본서의 권8「생선젓갈 만들기[作魚鮓]」에서는 '포자법(蒲鮓法)'에서 이 글자를 사용하고 있으며, 『본초도경(本草圖經)』에서는 "향포는 … 싹이 갓 생기면, … 또한 생선젓을 만들 수 있다."라고 하는데, 이에 의거하여 고쳐 바로잡은 것이라고 하였다.

159 '고(苦)': 명초본에 '약(若)'으로 잘못되어 있다. 금택초본과 명청 각본에 따라 바로잡는다.

160 '갈(葛)': 비책휘함본에 '모(暮)'로 되어 있고, 학진본에 '찬(簒)'으로, 원각본에 '막(莫)'으로 되어 있다. 명초본과 금택초본에 따라 '갈'로 한다.

『옥편』과 같다.

161 '편(片)': 금택초본에 '편(片)'자가 빠져 있다. 명초본과 명청 각본에 따라 보충해야 한다. 여기의 '편'은 절반으로 나눈다는 '원뜻'이며, '얇은 조각으로 썰다'의 '조각'이 아니다. 묘치위 교석본에 의하면, '편(片)'은 『설문해자』에서는, "나무를 쪼갠다.[判木也.]"라고 하였다. "以鹽布瓜片中"은 곧 하나의 외를 갈라 두 개로 나누어서 안쪽에 약간의 소금을 치는 것이며, 결코 얇은 조각으로 자르는 것은 아니라고 하였다.

162 '삼승(三升)': 금택초본에 '승(升)'자가 빠져 있다. 마땅히 있어야 한다.

163 '원피오매즙(杬皮烏梅汁)': '원(杬)'자는 명초본과 명청각본에 '항(杭)'으로, 금택초본에 '구(杭)'로 되어 있다. 뒤의 '검은 매실과 동아 만드는 법[梅瓜法]'과 대조해 볼 때, '원(杬)'자가 될 수밖에 없다고 판단되어 '원'자로 고친다. 묘치위 교석본에 의하면, '원(杬)'은 너도밤나무과의 참나무속[Quercus]의 식물로, 그 껍질을 취하여 즙을 내서 담가서 과과(瓜果)를 저장한다. 이는 권6「거위와 오리 기르기[養鵝鴨]」주석에 보인다.

164 '수일(數日)': 명청 각본에 '수월(數月)'로 되어 있다. 명초본과 금택초본에 따라 바로잡는다.

165 '조(操)': 명초본, 금택초본, 비책휘함본, 학진본, 점서본에 모두 '조(操)'자로 되어 있다. 원각본에는 '조(澡)'로 되어 있으나 근거를 설명하지 않았다. 권4의「감 재배[種柿]」에서 인용한 '식경장시법(食經藏柿法)'에 "잿물[灰汁]에 담가 2-3번 씻는다."라는 구절이 있는데, '조(澡)'는 물에 담가 씻는다는 의미이다. 여기에서 '불조식(不澡拭)', 즉 물에 담가 씻거나 닦지 말라는 것은 매우 적합하다. 다만 '조(燥)'자가 아닌지 여전히 의심스럽다. 즉 "만약 마르지 않으면, 깨끗하게 닦는다.[不燥, 拭.]"가 되어야 '식(拭)'자가 '불(不)'자의 제약을 받지 않으며, 아래의 "10일 전후가 되면 꺼내서 깨끗이 닦는다.[十日許, 出, 拭之.]"와 "베로 닦는다.[以布拭之.]"의 '식(拭)'자와 같은 의미를 갖게 된다. 게다가 "외[瓜]가 … 마르게 하다.[令燥.]"라는 문장이 있다. 묘치위 교석본에 의하면, '조(操)'는『설문해자』에서는 "움켜잡다.[把持也.]"로 해석하고 있다. 이는 곧 가져다가 잡는다는 의미로서 여기서 이와 같이 해석할 수

있으나 또한 '개(揩)'자의 오류일 수도 있다고 하였다.
166 '합용(合舂)': 명청 각본에 '용'자 아래에 '지(之)'자가 있다. 명초본과 금택초본에 따라 삭제한다.
167 '반(飯)': 명초본에 '음(飮)'으로 잘못되어 있다. 금택초본과 명청 각본에 따라 바로잡는다.
168 '일중(日中)': 명청 각본에 '일일(日日)'로 되어 있다. 명초본과 금택초본에 따라 정정한다.
169 '평일두(平一斗)': '평'자는 명청 각본에 '우(于)'로 적혀 있다. 명초본, 금택초본에 따라 '평(平)'으로 고친다. 위 구절의 '융융(隆隆)'과 대조된다.
170 '대(大)': 명청 각본에 '화(火)'로 표기되어 있다. 명초본과 금택초본에 따라 바로잡는다.
171 '맥(麥)': 명청 각본에 '국(麴)'으로 잘못되어 있다. 명초본과 금택초본에 따라 정정한다.
172 '밀(密)': 명청 각본에 '밀(蜜)'로 되어 있다. 명초본과 금택초본에 따라 고친다.
173 '과(瓜)': 명청 각본에 이 '과'자가 부족하다. 명초본과 금택초본에 따라 보충한다.
174 '숭(菘)': 명초본과 명청 각본에 '총(葱)'으로 되어 있다. 금택초본에 따라 고친다.
175 '비탕(沸湯)': 명초본과 명청 각본에서 '탕비'로 적고 있다. 금택초본에 따라 순서를 바꾼다. 묘치위 교석본에 의하면, 『식차』의 문장에서 '잡(煠)'에 대한 처리는 모두 '잠깐 뜨거운 물에 데쳐[暫經沸湯]'라고 직접적으로 묘사하고 있으며, 이하의 문장에서도 자주 등장한다고 한다.
176 '채(菜)': 명초본과 명청 각본에 '엽(葉)'으로 잘못되어 있다. 금택초본에 따라 바로잡는다.
177 '태(太)': 명초본과 명청 각본에 '화(火)'로 잘못되어 있다. 금택초본에 따라 바로잡는다.
178 '거토모(去土毛)': 명청 각본에 '거모토(去毛土)'로 되어 있다. 명초본과 금택초본에 따라 순서를 바꾼다.

179 '일승(一升)': 명청 각본에 '일근(一斤)'으로 되어 있다. 명초본과 금택
초본에 따라 '승'자로 고친다.

180 '미(米)': 명청 각본에 '수(水)', 금택초본에 '미(未)'로 되어 있다. 명초본
에 따라 '미'로 한다.

181 '편(遍)': 스성한의 금석본에서는 '편(徧)'을 쓰고 있다. 스성한에 따르
면 금택초본에 '편(偏)'으로 되어 있는데, 명초본과 명청 각본에 따라
'편(徧)'으로 한다. '통(通)'이 분명하다. 북송에서 '통(通)'자를 피휘[諱]
했을 때 마지막 획이 없어서 '편(偏)'으로 잘못 본 것이다. 아랫부분의
'통체세절(通體細切)'과 '통체박절(通體薄切)'의 예에 따라 응당 '통'으
로 고쳐야만 비로소 해석이 가능하다. 이 구절은 여전히 틀린 글자가
있는 듯한데, '수(須)'는 '세(細)'이며 전체 구절은 '통체세장절(通體細
長切)'이다.

182 '속근(束根)': 명청 각본에 '속숭근(束菘根)'으로 되어 있다. 명초본과
금택초본에 따라 '숭'자를 삭제한다. 다만 '근'자가 '파(把)'자를 잘못 본
것이 아닌지 여전히 의심스럽다.

183 '하랭수(下冷水)': 명청 각본에 '하령냉수(下令冷水)'라고 되어 있다. 명
초본과 금택초본에 따라 '영'자를 삭제한다.

184 '연병(研餠)': 스성한의 금석본에서는 '작병(斫餠)'으로 쓰고 있다. 스성
한에 따르면, '병'자는 명청 각본에 빠져 있고, 명초본에는 '포(布)'로 되
어 있다. 금택초본에 따라 바로잡는다. 하지만 이 몇 구절은 틀리고 누
락된 부분이 있는 것이 분명하다. 묘치위 역시 금택초본에는 '연병(研
餠)'으로 쓰고 있고, 명초본에는 '연포(研布)'로 쓰고 있으며, 다른 본에
는 겨우 '연(研)'자 하나만 있는데, 모두 이해하기 어렵다고 한다.

185 '상간(嘗看)': 금택초본의 '상'자 위에 '피(皮)'자가 있다. 의미가 불분명
하기 때문에 일단 고치지 않는다. '간(看)'자는 명청 각본에 '저(著)'로
되어 있다. '상간'은 본서에서 자주 쓰이는 말로, 즉 오늘날 입말 중의
'맛을 보다[嘗嘗看]'이다. 그러므로 명초본과 금택초본에 따라 고친다.
묘치위 교석본에 의하면, 착간이 있기 때문에 여기 "嘗看, 若不大澀, 杬
子汁至一升" 세 구절에서 마땅히 '우운(又云)'조의 뒤에 도치하여, "원
피 한 되에 물 3되를 넣고 졸여서 한 되 반이 되게 한다. 맛을 보고 만

일 지나치게 떫지 않으면, 다시 원피즙을 넣고 한 되가 되게 한다. 맑게 가라앉힌다.[杭一升, 與水三升, 煮取升半. 嘗看, 若不大澀, 杭子汁至一升. 澄清.]"라고 쓰는 것이 좋다고 한다.

186 '졸작(卒作)': 명청 각본에 '작(作)'자가 빠져 있는데, 명초본과 금택초본에 따라 보충한다. '졸'은 '창졸(倉卒)', '졸작(卒作)'이며, '속성(速成)'을 말한다.(권8「장 만드는 방법[作醬等法]」주석 참조.)

187 '용지(用之)': 명청 각본에 '용야(用也)'로 되어 있다. 잠시 명초본과 금택초본에 따른다.

188 '작(柞)': 명청 각본에 '작(作)'으로 쓰여 있다. 명초본과 금택초본에 따라 고친다.

189 '장(醬)': 명청 각본에 '장(漿)'으로 잘못되어 있다. 명초본과 금택초본에 따라 정정한다.

190 '지(枝)': 명초본에 '추(秋)'로 잘못되어 있다. 명청 각본과 금택초본에 따라 바로잡는다.

191 '강(強)': 명청 각본에 '장(長)'으로 되어 있다. 명청 각본과 금택초본에 따라 수정한다.

192 '주(周)': 명청 각본에 '용(用)'으로 표기되어 있다. 명청 각본과 금택초본에 따라 바로잡는다.

193 '파(把)': 스성한의 금석본에는 '파(杷)'를 쓰고 있다. 스성한에 의하면 명청 각본에 '비(肥)'로 잘못 쓰여 있으며, 명초본과 금택초본에 따라 바로잡는다고 하였다.

194 '소산(小蒜)': 명청 각본에 '소'자가 빠져 있다. 명초본과 금택초본에 따라 보충한다. 묘치위 교석본에 의하면, '산(蒜)'은 명백히 달래[小蒜]를 가리키는 것으로, 달래를 '한 치 길이로 자르는 것[寸切]'은 『식차(食次)』와 동일하나 어찌 한 치로 자르는지는 명확하지가 않다고 하였다.

195 '화위(華爲)': 명초본에 '화'가 '엽(葉)'으로 되어 있다. 명청 각본에 '위'자가 빠져 있는데, 금택초본에 따라 보충한다.

제89장

당포 餳[404]餔第八十九

사유(史游)의 『급취편(急就篇)』에 이르기를, "산(饊), 이(飴), 당(餳)[405]이 있다."라고 하였다.

『초사(楚辭)』에는[406] "거여(粔籹), 밀이(蜜餌)에는 장황

史游急就篇云, 饊[196] 飴餳.

楚辭日, 粔籹蜜餌,

---

404 '당(餳)': '당(糖)', '당(餹)'자의 고대 표기법이다.

405 『급취편』 권2에 보이며, 원래 구절은 "조(棗)·행(杏)·과(瓜)·체(棣)·산(饊)·이(飴)·당(餳)."으로 되어 있다. '이(飴)'와 당(餳)'은 엿기름[麥芽]을 이용해서 전분(澱粉)을 당(糖)으로 변화시키고, 곧 쌀찌꺼기를 여과한 후의 당화 액즙을 졸여서 만든 엿[糖]으로 '이(飴)' 혹은 '당(餳)'으로 불린다. 묘치위 교석본을 보면, '당(餳)'은 비교적 단단하고 두꺼우며, '이(飴)'는 비교적 무르고 얇기 때문에 연한 '이'를 '습당(濕糖)'으로 부르고 '폭이(暴飴)'라고도 부른다. 단단하고 두터운 고체 상태인 '이(飴)'는 '건이(乾飴)'라고 부르거나 또한 '취당(脆餳)'이라고도 불렀다. 졸이고 볶은 농축도의 강하고 약함으로 구분 지을 뿐이다. 일반적으로 둘은 구분이 없으며, 모두 엿[飴糖]이다. 곧 『방언』 권13에서 칭하기를 "무릇 '이(飴)'는 그것을 일러 '당(餳)'이라고 하며, 관중(關中)에서부터 동쪽의 진(陳), 초(楚), 송(宋), 위(衛)에서 통용되는 말이다."라고 하였다.

406 『초사(楚辭)』는 전한(前漢) 유향(劉向)이 편집한 것으로 후한의 왕일(王逸)이 주석했다. 전국 초나라 사람인 굴원의 사부(辭賦)를 주로 편집하였으며, 초나라 사람인 송옥(宋玉)과 한대(漢代) 동방삭(東方朔), 왕포(王褒) 등의 작품을 실었다. 문체는 굴원의 부(賦)의 형식과 초나라 방언의 운율을 계승했는데, 내용은 초나라 지역의 풍토와 물산 등을 서술했고, 지방의 색채를 뚜렷하게 가지고 있기 때

(餦餭)이 들어 있다."라고 하는데, 장황은 또한 엿[餳]이다.407 有餦餭, 餦餭亦餳也.

유하혜(柳下惠)408는 엿[飴]을 보고409 말하기를, "노인을 柳下惠見飴曰,　可

문에『초사』라고 칭했다. 왕일(王逸)은『초사』「초혼(招魂)」은 송옥의 작품이라
고 했지만 후대 사람들은 굴원의 작품으로 인식했다.『초사』「초혼」편에는 "거
여(粔籹), 밀이(蜜餌)에는 장황(餦餭)이 들어 있다."라고 하였다. 후한(後漢) 왕
일(王逸)의 주석에는 "장황(餦餭)은 엿[餳]이다."라고 하였다.

407 '거여(粔籹)'는 유과[饊子]로, 본서 권9「병법(餅法)」의 튀긴 '고환(膏環)'이다. '밀
이(蜜餌)'는 꿀에 과일을 담근 것이다. '장황(餦餭)'에 대해『설문해자』에서는 "산
(饊)은 쌀을 볶은 장황(粻程)이다."라고 한다. 안사고는『급취편(急就篇)』을 주
석하여 이르기를, "산(饊)은 산(散)이라고 말하는데, 쌀을 튀긴 튀밥[米花]이다.
옛날에는 이를 일러 장황(張皇)이라 했는데, 사물이 터져서 크게 된 것이다."라
고 한다. 장황(餦餭)은 팽창의 뜻으로 '미(米)'자를 부수로 하여 '장황(粻程)'이라
고 쓴 것이며, '식(食)'자를 부수로 하여 '장황(餦餭)'이라고 썼다.『방언』권13에
서 말하기를, "당(餳)은 일러서 장황(餦餭)이라고 한다."라고 하였고, 곽박은 "이
는 곧 마른 엿[乾飴]이다."라고 주석하였다. 묘치위 교석본에 따르면, 왕일이『초
사』「초혼」편을 주석하면서, 역시 장황을 '엿[餳]'으로 하였는데, 이것은 또 다른
해석이다.

408 '유하혜(柳下惠)': 이름은 전획(展獲)이고, 자는 금(禽)이며, 춘추시대 노나라 대부
(大夫)로 사사[士師: 형옥(形獄)을 담당하는 관리]를 맡았다. 유하(柳下) 지역에
식읍(食邑)을 받았고, 시호가 혜(惠)였기에, '유하혜(柳下惠)'로 불린다.『순자(荀
子)』「대략(大略)」에서는 "유하혜(柳下惠)는 후문자(後門者)와 같이 옷을 입어
도 의심받지 않는다."라고 되어 있다. 여기의 '후문자(後門者)'는 성문이 닫힐
때까지 도달하지 못하여 잘 곳이 없는 여자로서, 유하혜가 우연히 만나 그 여자
가 추위에 떠는 것을 걱정하여 자기 옷으로써 감싸 품었지만 음란한 행동은 하지
않았는데, 이것이 바로 "(여자를) 품은 것에 연좌되었으나 음란하지는 않았다.[坐
懷不亂.]"라는 고사로 전해졌다.

409 '견(見)'은 명초본에는 '범(凡)'으로 잘못 적혀 있고, 다른 본에서는 틀리지 않았
다.『회남자(淮南子)』「설림훈(說林訓)」에서 말하기를 "유하혜(柳下惠)가 엿[飴]
을 보고 말하기를 '노인을 부양할 수 있다.'라고 했으며, 도척(盜跖)은 이를 보고
말하기를, '끈적해서 문을 열 때 소리 나지 않게[黏牡] 할 수 있다.'라고 했는데,
같은 물건을 보았지만 용도를 달리하였다."라고 하였다. '모(牡)'는 문을 열 때 사

봉양할 수 있다."라고 하였다. 이것은 곧 이(飴)와 포(餔)[410]가 노인을 봉양하고 어린이를 양육할[411] 수 있다는 것이며, 그 때문에 이것을 기록하였다.

엿을 고는 방법[煮白餳法]: 갓 올라온 흰 싹[白芽]의 엿기름을 사용하는 것이[412] 가장 좋다. 병餅으로 만든 것은 사용하기에 적합하지 않다.[413] 색이

以養老. 然則飴[187]餔
可以養老自幼,　故錄
之也.

　煮白餳法. 用白
芽散糵佳. 其成餅
者, 則不中用. 用

용하는 열쇠와 같은 고리를 가리키며, 그 위에 엿당을 발라서 문을 열 때 소리가 나지 않게 했다. 도척(盜跖)의 이름은 척(跖)으로 춘추시대 유하둔(柳下屯: 지금의 산동성 서부) 사람이다. 옛 사람들에 의해서 대도(大盜)라고 멸시를 당했기 때문에, '도(盜)'라는 이름이 덧붙여졌다. 『장자(莊子)』 「도척(盜跖)」에 의하면 도척이 유하혜의 동생이라고 잘못 말해 후대의 사람들이 그 말을 많이 따라 유하척(柳下跖)이라고 불렀다고 한다.

410 '포(餔)': 『사부총간(四部叢刊)』본 『석명(釋名)』 「석음식(釋飮食)」에서는, "포(哺)는 포(餔)이다. 엿[餳]과 같으나 진해서 포(餔)를 만들 수 있다."라고 하였다. 포(哺)와 포(餔)는 비록 예로부터 통하였으나, 여기서는 응당 거꾸로 써서 "포(餔)를 포(哺)라고 하여 엿[餳]과 같으나 진해서 포(哺)를 만들 수 있다."라고 하였다. 『당송총서(唐宋叢書)』본 『석명』에서도 이와 같다. 본장 뒷부분에 '자포법(煮餔法)'이 있는데, 실제로도 "엿[餳]과 같으나 탁하여" 탁당(濁餳)이라고 한다.

411 '자(自)'는 의미가 없으므로, 마땅히 '육(育)'이 파손되어서 잘못된 것인 듯하다.

412 '백아산얼(白芽散糵)': 스성한의 금석본에서는 '아(牙)'로 쓰고 있다. 이것은 갓 자라난 흰색의 싹으로서, 햇볕에 말려서 밀엿기름[小麥芽糵]을 취하는데, 거둘 때는 '흩어진 상태로 거두고[散收]' 병(餅)이 되지 않게 하여 오로지 '백당(白餳)'을 졸이는 데만 쓰였다고 한다.(본서 권8 「황의·황증 및 맥아[黃衣黃蒸及糵]」 참고.)

413 이것에 적합한 것은 아래 문단의 흑당 만드는 법[黑餳法] 조항의 '청아성병얼(青芽成餅糵)' 구절이다. 밀[小麥]의 흰 싹은 계속 자라서 엽록소를 띠게 되면서, 백색에서 청색으로 바뀌고 동시에 뿌리와 싹이 서로 얽혀서 하나가 되어 이른바 한 덩어리가 된다[成餅]. 묘치위 교석본에 따르면, 이러한 것은 청색으로 변해 병(餅)을 이룬 밀엿기름[小麥芽糵]으로 오로지 흑당(黑餳)을 끓여 만들 때 쓰고, 백당(白餳)을 만들 때는 쓰임이 적합하지 않다고 한다.

변하지 않는 쇠솥을 사용하는데, 색이 변한 쇠솥은 엿[餳]이 검게 변한다.

솥은 반드시 닦아서 깨끗하게 해야 하며 기름기가 있어서는 안 된다. 솥 위에 시루를 얹어 끓을 때 넘치는 것을 방지한다. 엿기름가루 5되로 쌀 한 섬을 삭힐 수 있다.

쌀은 반드시 곱게 찧어야 하며, 수십 차례[414] 깨끗하게 일어서 밥을 짓는다. 지은 후에 퍼 널어서 열기를 없애고, 따뜻할 때 동이 속에 엿기름가루를 넣고 고르게 섞는다. (바닥에 구멍이 난) 견옹酺甕 속에 넣고 밀폐하는데,[415] 손으로 눌러서는 안 되며 다만 고르게 저을 따름이다. 이불로 동이와 항아리를 덮어서[416] 따뜻하게 유지하

不渝釜, 渝則餳黑. 釜必磨治令白淨, 勿使有膩氣. 釜上加甑, 以防沸溢. 乾藥末五升, 殺米一石.

米必細師, 數十遍淨淘, 炊爲飯. 攤去熱氣, 及暖於盆中以藥末和之, 使均調. 臥於酺[198]甕中, 勿以手按, 撥平而

---

414 '수십편(數十遍)': "깨끗하게 인다.[淨淘.]"를 가리키고 "곱게 찧는다.[細師.]"에 해당되지 않는다. 스성한의 금석본과 니시야마 역주본에서는 모두 "곱게 찧는 것을 수십 차례 한다.[細師數十遍.]"라고 하였는데, 쌀은 수십 차례 찧을 수 없기 때문에 타당하지 않다.

415 '와(臥)'는 곧 '엄(罨)'으로 즉 항아리 속에 밀폐하여 상당한 온도를 유지해서 당화작용을 순조롭게 진행시키는 것이다. 묘치위 교석본을 보면, 절강성(浙江省) 의오(義烏)에서는 이러한 전용 항아리를 일컬어 '옹항(翁缸)'이라고 하는데, 바깥쪽에 벽돌을 쌓아서 마치 부뚜막처럼 하고, 아울러 석회를 두텁게 칠하여 온도가 천천히 내려가게 함으로써 보온하는 것으로, '이불을 덮거나[被覆]' 혹은 '짚을 감쌀[穰苴]' 필요가 없다. '옹(翁)'은 또한 '엄(罨)'의 음이 바뀐 것이라고 한다.

416 "以被覆盆甕": 이미 밥을 동이에서 퍼내어 항아리에 담았는데, 또 항아리를 들어서 동이 속에 넣는 것은 불가능하며, 다시 이불로 동이와 항아리를 함께 덮는다. 보다 명확하게 쓰려 한다면, 마땅히 "동이를 결합해서 이불로 다시 항아리를 덮는다.[盆合, 以被覆甕.]"라고 해야 한다. 만약 그렇지 않다면 '분(盆)'은 마땅히 사

며, 겨울에는 바깥을 짚으로 감싼다. 겨울에는
하루 종일, 여름에는 반나절이면 되는데, 밥이
삭아서 용적이 줄어드는 것을 보고 항아리를 떼
어 낸다.[417]

물을 끓여 물고기 눈알과 같은 거품이 일면
[魚眼沸湯] 그것을 항아리 속에 붓는데, 지게미 위
에 물이 한 자 정도의 깊이가 되면 위아래의 물
을 저어서 섞는다. 섞어서 밥 한 끼 먹을 정도의
시간[向][418]이 지나면, 견옹醋甕 구멍의 마개를 빼
서 당즙을 취해 졸인다.[419]

已. 以被覆盆甕,
令暖, 冬則穰茹.
冬須竟日, 夏即
半日許, 看米消
減[199]離甕. 作魚眼
沸湯以淋之, 令糟
上水深一尺許, 乃
上下水[200]沿[201]訖,
向一食頃, 便拔醋
取汁[202]煮之.

족이 된다.

417 '이옹(離甕)': 묘치위 교석본에서는, '당밥[餳飯]'은 곧 당화작용이 진행됨에 따라
점점 액화되면서 솥바닥의 가라앉은 것을 분리하는 것이지 '솥을 떼어 내는 것[把
甕拿出來]'은 아니라고 한다. 스성한은 이 부분에 대해서 "솥을 떼어 낸다."라고
해석하였는데, 이 해석이 묘치위보다 더욱 타당한 듯하다. 항아리 속에 액화되어
침전된 것을 분리한다고 해석하면 그다음 문장에 지게미가 여전히 존재한다는
사실과 이에 다시 탕을 부어서 위아래로 섞었다는 내용과 충돌되기 때문에, 묘치
위의 지적은 타당하지 않다.

418 '향(向)'은 곧 '짧은 시간[將近]'이라는 의미이다. 다음 단락의 '향랭(向冷)'과 의미
가 동일하다.

419 '발견취즙(拔醋取汁)': 이는 도기[醋]의 밑구멍 마개를 뽑아 당즙이 흘러나오게 하
는 것이다. 당즙이 흘러나오면 마땅히 그릇으로 그것을 받아야 하는데, 아래 문
장의 "동이 속의 탕즙을 다 퍼내고[盆中汁盡]"에 근거하면 흘러내리는 액체를 받
는 그릇은 분명히 큰 동이일 것이다. 다만 명확한 지적이 없는 것으로 보아 빠진
문장이 있는 듯하다. 묘치위 교석본에 의하면, 절강성 의오(義烏)의 제당 공장[糖
坊]에는 '옹항(瓮缸)' 밑바닥 가에 견공(醋孔)이 뚫려 있어 맑은 당즙을 빼내었다.
항아리의 가까운 밑 부분에 대나무 껍질로 엮은 촘촘한 바구니를 놓아두고 설탕
을 짜낸 찌꺼기를 여과함으로써 견공(醋孔)을 통해 흘러나오는 것은 맑은 당즙

매번 끓을 때마다 당즙 두 국자를 넣는다. 항상 은근한 불이 좋으며, 불이 너무 세면 탄내가 난다. 동이 속의 당즙을 다 퍼내고[420] (고아 낸 당의 상태를) 살펴 더 이상 차서 넘치지 않을 때 솥 위의 시루를 내린다.

한 사람은 (지키고 서서) 오로지 국자로 (위아래로) 젓되 멈춰서는 안 된다. 손을 멈추면 엿이 (솥바닥에 붙어서) 검게 타게 된다. 고아 낸 것을 보고 불을 끄며 한참이 지나 식은 뒤에 퍼낸다.

양미粱米와 직미稷米[421]로 만든 엿은 수정水精[422]과 같은 색을 띤다.

흑당 만드는 법[黑餳法]: 파릇한 싹을 틔운 것을 사용하여 엿기름을 병餅처럼 만든다.[423] 엿기

每沸, 輒益兩杓. 尤宜緩火, 火急則焦氣. 盆中汁盡, 量不復溢, 便下甑. 一人專以杓揚之, 勿令住手. 手住則餳黑. 量熟, 止火, 良久, 向冷, 然後出之.

用粱米稷米🔲者, 餳如水精色.

黑餳法. 用青芽成餅蘖. 蘖末

이다. 건공(醶孔) 아래에 땅을 파서 구덩이를 만들고 구덩이 속에 별도의 항아리를 묻어서(항아리 주둥이가 지면과 평평하게 하여) 흘러나오는 맑은 당즙을 받았다. 다만, 『제민요술』에서는 여과하는 조치를 언급하지 않았는데, 곧 '당즙[糖水]'은 설당 찌꺼기가 섞여 있으며, 그 '당(餳)'은 혼탁하고 찌꺼기가 많을 것이므로, 빠진 문장이 있는지 없는지는 알 수 없다. 그러나 아래 문장의 호박당(琥珀餳)은 안팎이 투명한 것으로 미루어 볼 때 마땅히 여과를 거친 것으로 보인다.

420 '분중즙진(盆中汁盡)': 큰 항아리 속에 담겨 있는 당즙(糖汁)을 농축할 때, 즙을 더하여 끓는 것을 방지하는 과정 중에 당즙을 다 넣으면 농축된 수분이 점차 말라서 더 이상 끓어 넘치지 않는다.

421 '직미(稷米)': 『제민요술』에서는 좁쌀[粟米]을 가리키며 메기장[穄米]을 가리키는 것은 아니다.

422 '수정(水精)': '수정(水晶)'을 '수정(水精)'이라 썼다.

423 '청아성병얼(青芽成餅蘖)': 싹에는 이미 엽록소가 있기에 푸른색을 띠는데, 뿌리가 얽혀 조각이 된 얼을 가리킨다.

름가루 한 말로 쌀 한 섬을 삭힐 수 있다. 나머지 엿을 만드는 방법은 앞에서 제시한 방법과 마찬가지이다.

호박당 만드는 법[琥珀餳法]: 바둑돌과 같은 작은 병餅은 안팎이 투명하고, 색깔이 호박색[424]을 띤다. 보리 엿기름가루 한 말을 사용하여 쌀 한 섬을 삭힐 수 있다. 나머지는 모두 앞 조항의 방법과 같다.

자포법煮餔[425]法: 한 말 6되의 흑당黑餳 엿기름가루로 쌀 한 섬을 삭힐 수 있다. 항아리에 넣어서 밀폐하고 끓이는 방법은 당을 만드는 것과 같다. 그러나 봉자蓬子[426]로 눌러 걸러 내어 당즙을

一斗, 殺米一石. 餘法同前.

琥珀餳法. 小餅如碁石, 內外明徹, 色如琥珀. 用大麥蘗末一斗, 殺米一石. 餘並同前法.

煮餔法. 用黑餳蘗末一斗六升, 殺米一石. 臥煮如法. 但以蓬子

---

[424] '색어호박(色如琥珀)': 보리싹으로 달여서 만든 엿은 색이 누렇고 황갈색으로 마치 호박색과 같지만, 끊임없이 당기고 치면 흰색이 된다. 묘치위 교석본에 의하면, 절강성 의오(義烏)의 사람들은 여전히 이것을 일컬어 '백당(白餳)'라고 하며, 특별히 사탕수수를 일컬어 '당상(糖霜)'이라고 한다. 『명의별록(名醫別錄)』에서는 '이당(飴餳)'에 대해서 도홍경(陶弘景)의 말을 인용하여 "응집력이 강하며, 당겨서 희게 만든 엿은 약을 넣지 않는다."라고 하였다. 이른바, '견백자(牽白者)'라는 것은 바로 당기고 쳐서 흰색이 된 굳은 엿[硬飴]이다. 『제민요술』에서는 이것에 당기고 치는 가공 방법이 없기 때문에 여전히 황갈색을 띤다. 금택초본에 '여' 자가 누락되어 있어, 명초본과 명청 각본에 따라 보충한다.

[425] '포(餔)': 유희의 『석명』에 따르면 "포(餔)는 '먹다[哺]'이다. 엿과 같고 탁해서 먹을 수 있다."라고 한다. 아마 색이 흑당이나 호박당처럼 비교적 색이 어둡고 천천히 흐르는[濁] 마른 엿을 말하는 듯하다.

[426] '봉자(蓬子)': 아마도 '봉자(蓬子)'는 일종의 비교적 엉성한 거르는 도구일 것이다. 구멍이 비교적 성겨서, 약간 작은 밥찌꺼기도 통과할 것이기 때문에 '엿과 같지만 탁한 포(餔)'를 만들었다.

취하는데, 끓일 때는 국자로 끊임없이 젓되 위아래로 휘저어서는 안 된다.

『식경』의 엿[飴] 만드는 법: 기장쌀[427] 한 섬으로 밥을 지어 동이에 담고 엿기름가루 한 말을 넣어 고루 섞는다.

하룻밤을 재우면 (탕즙이) 한 섬 5말이 된다. 고아서 엿[飴]을 만든다.

최식이 이르기를, "10월에 얼음이 얼기 전에 (고체의) 양당[京餳; 凉餳][428]을 만들며 속성으로 졸여서 무른 엿[暴飴][429]을 만든다."라고 한다.

『식차』의 백견당白繭糖 만드는 법:[430] 찹쌀을

押取汁, 以匕匙紀紀攪之, 不須揚.

食經作飴法. 取黍米一石, 炊作黍, 著盆中, 糵末一斗攪和. 一宿, 則得一斛五斗. 煎成飴.

崔寔曰, 十月, 先冰凍, 作京餳, 煮暴飴.

食次曰白繭糖

---

427 '서(黍)': '밥[飯]'을 대신해서 일컫는 것이다.

428 양당(凉餳)은 마르고 굳은 '동당(凍餳)'으로, 즉 굳은 엿[硬飴]을 가리킨다. '경당(京餳)'은 각본에서는 동일한데, 권3 「잡설(雜說)」에서 『사민월령(四民月令)』을 인용하여 '양당(凉餳)'으로 적고 있으며, 『옥촉보전』에서 인용한 것도 동일하니 '경(京)'은 마땅히 '양(凉)'자의 잘못임이 분명하다.

429 '폭이(暴飴)'는 급하게 만든 무른 엿[薄飴]이다.

430 『식차』의 '백견당(白繭糖)'과 '황견당(黃繭糖)'을 인용한 것은 모두 '이(飴)'나 '당(餳)'과는 무관하지만, 이 또한 일종의 설탕으로 만든 음식[糖食]이다. 이 같은 당식(糖食)은 일종의 아주 작은 입자의 기름에 튀긴 찹쌀 유과[饊子]이다. 바깥 부분을 당에 굴려 둥글게 만들어 기름에 튀겨 부풀리면 그 모양이 고치와 같기에 이름 붙인 것이며, '황견당(黃繭糖)'은 찹쌀을 먼저 치자 열매에서 나온 액으로 황색을 물들인 것이다. 묘치위 교석본을 보면, 그것을 굴려서 묻히는 당은 무른 엿으로는 사용할 수 없다. 그렇지 않으면 유과가 습기를 머금어서 부풀어 바삭바삭한 맛을 잃게 된다. 다만, 그 당을 산당(散糖)으로 굴려서 묻힌 것이 곧 '석밀(石蜜)'이며, 이는 곧 사탕수수로 만든 당[蔗糖], 백당(白糖), 혹은 사당(砂糖)이

푹 끓여 밥을 지어 열기가 있을 때 깨끗한 절구에 찧어 찰떡[糍]을 만든다. 모름지기 찰떡은 아주 곱게 찧어야 하며, 찧어지지 않은 쌀 알갱이가 있어서는 안 된다.

막대기로 밀어[幹]⁴³¹ 병餅을 만드는데, 그 만드는 방식은 단지 2푼 정도의 두께로 한다. 햇볕을 쬐어 다소 굳으면 칼로 길게 바로 썰되 폭이 2푼이 되게 하여 다시 이내 비스듬하게 썰고,⁴³² 대추씨 크기로 하며 양쪽 끝 부분이 뾰족하게 한다. 다시 햇볕에 쬐어 바싹 말린다.

기름에 튀겨 익으면 건져 내어 엿 속에 모아서 둥글게 굴리는데,⁴³³ 한 번 굴릴 때마다 대여

法. 熟炊秫稻米飯, 及熱于[204]杵臼淨者舂之爲糍.[205] 須令極熟, 勿令有米粒. 幹爲餅, 法, 厚二分許. 日曝小燥, 刀直劙[206]爲長條, 廣二分, 乃斜裁之, 大如棗核, 兩頭尖. 更曝令極燥. 膏油煮之, 熟,

---

다. 그러나 그 당시에는 매우 귀중하여 가령 중국 영남(嶺南) 지역에서도 반드시 생산되지는 않았으며, 마땅히 해남(海南)에서 수입하거나 공물로 받은 것이라고 한다.

431 '간(幹)': 이는 일반적으로 '간(趕)'으로 많이 쓴다. '간(幹)'은 나무 막대 혹은 대나무 막대이다. 이 의미는 동사로 확대되어, "나무 막대 또는 대나무 막대를 움직이다."로 풀이할 수 있다. '간(趕)'은 『설문해자』에 따르면 (말이) "꼬리를 들고 가다."라고 한다. 즉 말이 달릴 때 말꼬리가 수평으로 치켜 올라가는 것으로 빠름을 묘사했다. 밀가루 반죽을 미는[擀麪] 모습에 그다지 부합하지 않으므로 '간(幹)'자가 더욱 적합하다.

432 '재(裁)': 스성한은 본 조항 끝부분의 '刀斜截大如棗核'구절에 따라 이 '재(裁)'자 역시 '절(截)'로 써야 한다고 보았다.

433 본 조에서 네 개의 '환(丸)'은 각본에서 모두 '원(圓)'으로 쓰고 있는데, 송 흠종 조환(趙桓)의 같은 음의 이름을 피하기 위해 고친 것이다. 다만 금택초본에서는 모두 '환(丸)'으로 쓰고 있는데, 묘치위 교석본에서는 고쳐서 원래의 글자로 복원하여 쓰고 있다.

섯 개를 넘겨서는 안 된다. 또 이르기를, 손으로
찰떡을 당겨서[434] 화살대 굵기로 만들고, 햇볕을
쬐어 거덕거덕하게 만들어 칼로 비스듬하게 잘
라 대추씨 크기로 한다.

튀기고 굴리는 것은 모두 앞에서 제시하는
방법과 같이 하며, 덩어리의 크기는 복숭아씨 크
기로 한다. 반쯤 담아서 상에 올리고, 가득 담지
는 않는다.

황견당黃繭糖: 흰 찹쌀을 곱게 찧어 체질을 하
지 않고 일거나 씻지도 않는다. 치자梔子 물에
쌀[435]을 담가 색을 입힌다. 쪄서 밥을 지은 후에
찧어서 찰떡을 만들고, 찰떡 속에 꿀을 넣는다.
나머지 모두는 백견당[白糕]을 만드는 것과 같이
한다. 고치[繭] 형태로 만들고 튀기고 담아서 상
에 올리는 방법은 (백견당이 나와 있는) 앞과 같이
한다.

出, 糖聚丸之, 一
丸不過五六枚.
又云, 手索糕, 靐
細如箭簳, 日曝小
燥⟦207⟧ 刀斜截, 大
如棗核. 煮, 丸,
如上法, 丸大如桃
核. 半奠, 不滿之.

黃繭糖. 白秫
米, 精舂, 不簸
淅. 以梔子漬米
取色. 炊舂爲糕,
糕加蜜. 餘一如
白糕. 作繭, 煮,
及奠, 如前.

---

434 '색(索)': 가늘고 긴 쌀국수로, 지금은 '선분(綫粉)'이라고 부르며 옛날에는 '색분
(索粉)'이라고 일컬었다. 여기서는 동사로 사용하고 있으며, 당겨서 가늘고 긴 형
태로 만드는 것이다.

435 원문에는 '지미(漬米)'라고 되어 있는데, 이 '미(米)'가 쌀을 의미하는지, 또는 쌀
가루를 의미하는지 문장 상으로는 명확하지 않다. 만약 '미(米)'가 쌀가루를 뜻한
다고 한다면, 이어서 등장하는 "밥을 지은 후에 찧어서 찰떡으로 만드는" 과정 자
체가 어색하다. 한편, 이 '미(米)'가 쌀을 의미한다고 하면, 앞 문장에서 나온 쌀가
루와 어떤 관계가 있는지가 분명하지 않게 된다. 여기서의 황견당을 제외하고 엿
당을 만들 때에 쌀가루가 어디에도 출현하지 않은 것으로 미루어 볼 때, 이 '쌀가
루'를 만드는 공정은 착간되었을 것으로 추측된다.

196 '산(籭)': 금택초본에는 '산(籭)'자이며, 아래에 '단(但)' '반(反)' 작은 두 개의 글자가 나란히 배열되어 있다. 점서본에서는 『급취장(急就章)』의 원문인 "棗杏瓜棧籭飴餳"에 근거하여 칸[格] 두 개를 '체산(棧籭)'으로 고쳤다. 지금 명초본에 따른다.

197 '이(飴)': 명청 각본에 '작(飵)'[학진본에서는 '당(餳)'으로 고쳤다.]으로 되어 있다. 명초본과 금택초본에 따라 바로잡는다.

198 '견(䤵)': 명초본, 금택초본과 명청 각본에 모두 '인(䤃)'으로 되어 있다. 점서본에 따라 '견'으로 고쳐야 한다.[권7 【교기】의 '견(䤵)'과 '인(䤃)'에 관한 구별 참조.] 본 단락 끝부분의 '拔䤵取汁'의 '견'자 역시 마찬가지이다. 묘치위 교석본에 의하면, '견(䤵)'은 항아리 바닥 가에 뚫린 구멍이다. 아래 문장에 있는 '발견(拔䤵)'과도 이어져 있으며, 각본에서는 모두 '인(䤃)'으로 쓰어 있는데 이는 잘못이라고 하였다.

199 '감(減)': 명청 각본에 '멸(滅)'로 잘못되어 있다. 명초본과 금택초본에 따라 바로잡는다.

200 '상하수(上下水)': '상'은 명청 각본에 '지(止)'로 잘못되어 있다. 명초본과 금택초본에 따라 정정한다.

201 '흡(洽)': 명청 각본에 '냉(冷)'으로 되어 있다. 명초본과 금택초본에 따라 바로잡는다. 묘치위에 의하면 '흡(洽)'은 위아래의 물을 고르게 섞는 것을 가리키며, 아울러 따뜻할 때 당즙을 떠내서 달이는 것으로서, 당즙을 식혀서 물을 넣는 것을 가리키는 것은 아니라고 하였다.

202 '취즙(取汁)': 명청 각본에 두 개의 '취즙'이 있는데, 명초본과 금택초본에 따라 하나를 삭제한다.

203 '양미직미(粱米稷米)': 명초본과 명청 각본에 모두 '직미'가 없다. 금택초본에 따라 보충한다.

204 '우(于)': 명초본과 명청 각본에 모두 '천(千)'으로 되어 있다. 금택초본에 따라 바로잡는다.

205 '자(糕)': 명청 각본의 이 글자 위에는 '초머리[艸]'가 있다. 명초본과 금택초본에 따라『집운』에 수록된 이 자형[양웅(揚雄)의『방언(方言)』

에서는 '자(粢)'로 표기했고, 『광운(廣韻)』 「상평성(上平聲)·육지(六
脂)」에 수록된 글자는 '자(餈)', '자(餴)'로 되어 있다. 『집운』 '육지(六
脂)'에 '도병(稻餠)'으로 풀이된 글자는 모두 5개인데, 자(糕), 자(粢),
자(餈), 자(餴)' 외에 '자(齎)'자가 더 있다. 단 초머리[艸는 없다.]으로
고친다. 묘치위 교석본에 의하면, '자(糕)'는 '자(餈)'와 같으며, '자(糍)'
로도 쓴다. 이는 곧 찹쌀을 쪄서 익히고 찧어서 '자파(糍粑)'를 만든 것
이다. 거기에 '당(糖)'을 바른 것을 또 '자고(糍糕)'라고 칭하였다. 남송
(南宋) 맹원로(孟元老)의 『동경몽화록(東京夢華錄)』 권3에는 개봉(開
封)의 야시장에서 가령 겨울에 함박눈이 내릴 때에도 역시 '자고(糍糕)'
를 팔았다고 기록되어 있다.

206 '여(劇)': 명청 각본에 이 글자가 빠져 있는데, 명초본과 금택초본에 따
라 보충한다.

207 '일폭소조(日曝小燥)': 명청 각본에 '소'자 뒤에 '폭'자가 있는데 의미가
없다. 명초본과 금택초본에 따라 삭제한다.

제90장
자교 煮膠第九十

아교 끓이는 법[煮膠法]: 아교 끓이는 것은 2월과 3월, 9월과 10월에 하고 나머지 달에는 할 수 없다. 날씨가 더우면 굳지 않아서 아교가 덩어리지지 않는다.[436] 날씨가 추우면 얼어서 아교가 갈라지기 때문에[437] 아교를 붙이려 해도 붙지 않는다.[438]

사우[439]가죽[沙牛皮], 물소가죽[水牛皮], 돼지가

煮膠法. 煮膠要用二月三月九月[208]十月, 餘月則不成. 熱則不凝, 無作餅.[209] 寒則凍瘃, 合[210]膠不黏.

沙牛皮水牛皮

---

[436] 묘치위 교석본에서는, 스성한과 다르게 '작(作)'를 추가하였으며, 또한 '작(作)' 앞에 '가(可)'자가 빠졌을 것으로 보고, '무가작병(無可作餅)'으로 써야만 구절이 비로소 순조로워진다고 하였다.

[437] '촉(瘃)'은 인체가 동상을 입은 후, 충혈되고 부어오르며, 피부가 갈라지고 물이 흐르는 상황이다. 아교가 얼면[膠凍] '장(漿)'이 분리되는 현상이 발생하는데, 동촉(凍瘃)과 일부 유사하나 완전히 같지는 않다.

[438] 이것은 날씨가 추워 아교가 찢어지거나 갈라져 붙지 않는 것을 가리키는 것이지, 끈끈한 아교로써 각종 물건을 붙이는 것을 가리키는 것은 아니다.

[439] '사우(沙牛)': 문헌상에서 말하는 것이 모두 다르고, 또한 두 글자를 합하여 '사(犘)'자로 하였다. 『본초강목』 권50에서는 소의 "암컷[牝]을 일러 '사(犘)'라고 한다."라고 하였는데, 이는 암소를 가리킨다. 『도광강음현지(道光江陰縣志)』에서

죽[豬皮]이 (아교의 재료로) 가장 좋으며, 나귀가죽, 말가죽, 낙타가죽, 노새가죽 등은 약간 떨어진다. (끓인) 아교의 접착력은 비록 서로 유사하지만, 나귀와 말의 가죽은 얇고 털이 많아서 아교의 접착력이 약하고, 연료도 배로 소모된다. 떨어진 가죽신[破皮履], 가죽신발바닥[鞋底], 북채의 가죽[格椎皮],[440] 가죽장화바닥[靴底], 가죽의 떨어진 목도리[破鞦], 화살전대[靫][441] 등으로, 생가죽이면 햇수는 오래된 것에 관계없고,

猪皮爲上, 驢馬駝騾皮爲次. 其膠勢力, 雖復相似, 但驢馬皮薄毛多, 膠少, 倍費樵薪. 破皮履鞋底格椎皮靴底破鞦[211]靫, 但是生皮, 無問年歲久

'우(牛)'자 다음에 기록하기를, "사종(沙種)은 어깨가 움푹하고, 엉덩이가 뾰족하고, 힘든 것을 잘 견딘다. 물소는 … 흰 털이 있는 것이 사종이다. … 물가 근처의 모래땅에서 경작할 때는 '사'의 송아지[沙犢]을 이용한다."라고 한다. 이는 곧 황소와 물소 모두 '사종(沙種)'이 있음을 뜻한다. 남송 『오흥지(吳興志)』권20에서 '우(牛)'에 대해서 이르기를, "황소 뿔이 앞쪽을 향해 굽을 것을 사우라고 일컫는다"라고 한다. 이 사우는 모두 어떤 모종의 특징이 한정되어 있는데, 『제민요술』에서는 두루 부르는 것이기에 어떤 한 종에 국한된다고는 볼 수 없으며, 가리키는 바가 명확하지 않다.

440 '격추피(格椎皮)': 스성한의 금석본에 의하면, '추(椎)'는 '추(鎚)'로, 징과 쇠망치[鑼鎚] 같은 타격기이다. 적당한 탄성이 필요할 때 망치의 머리에 가죽을 한 겹 씌울 수 있는데, 이것이 바로 망치[鎚; 椎] 사이가 뜨게 하는[隔; 格] '격추피(格椎皮)'라고 한다. 니시야마 역주본에서는 '낙추피(絡椎皮)'로 쓰며, '마구를 묶는 가죽'이라고 해석하고 있다. 묘치위 교석본에 의하면, '격추피(格椎皮)'의 의미는 분명하지 않은 것으로 미루어 착간이 되고 글자가 빠진 것으로 추측되며, 무언가 부족한 듯하다고 한다.

441 '실차(鞁靫)': '실(鞁)'은 사전에는 이 글자가 없고, 청각본에서는 '비차(轛靫)'로 고쳐 쓰고 있다. '비차'는 『광아(廣雅)』「석기(釋器)」에서 '화살통이다.[矢藏也.]'라고 하였다. 그렇다면, '비차(轛靫)'는 문장이 이어져 화살전대로 해석된다. 그러나 '실(鞁)'의 글자 형태와 '안(鞍)'은 매우 비슷하므로, '안(鞍)'자의 오류일 수 있다.

무릇 부패된 것이 아니라면 모두 끓어서 아교 만들기에 적합하다. 그렇지만 새로운 가죽으로 끓인 아교는 색깔이 선명하고 깨끗하며 (오래된 것보다) 낫고, 묵어서 오래된 가죽은 (만들기에) 적합할지라도 새것만 같지 못하다. 나머지 기름을 쳐서 무두질한 가죽이나 소금을 넣어서 부드럽게 처리한 가죽은 사용하기에 적합하지 않다. 이것은 마치 생철(生鐵)을 유화처리하여, 숙철(熟鐵)이 되면 다시는 녹여서 주철로 만들 수 없는 이치와 같은데, '쇳물'을 만들 수 없기 때문이다.[442] 다만 오래된 쇠솥을 사용하되 크고 변색되지 않은 것이어야 한다. 새 솥이면, 끓일 때 가죽이 솥바닥에 눌어붙기가 쉽다. 솥

遠, 不腐爛者, 悉皆中煮.【212】然新皮膠色明淨而勝, 其陳久者固宜, 不如新者. 其脂肕鹽熟之皮, 則不中用. 譬如生鐵, 一經柔熟, 永無熔鑄之理, 無爛汁故也.【213】唯欲舊釜大而不渝者. 釜新則燒令皮著底. 釜小費薪火,【214】釜

---

442 '난즙(爛汁)': 이 부분은 해석하기 어렵다. 아마 두 글자 모두 잘못된 듯하다. '난(爛)'자는 아마 '연(煉)'자『설문해자』에는 "쇠붙이를 불에 달구어 정련하다.[鑠冶金也.]"라고 풀이되어 있다. 즉 단련(鍛鍊)의 연(鍊)인 듯하며 '즙(汁)'은 '법(法)'인 듯하다. 숙철(熟鐵)은 더 이상 용화되어서 쇳물이 될 수 없다.『신농본초경』의 '철정(鐵精)'에 대해서 도홍경(陶弘景)은 "강철은 잡철을 생철 또는 유철과 섞어서 제련하여 칼과 낫을 만드는 것이다."라고 하였다. 묘치위 교석본에 따르면 숙철(熟鐵)의 녹는점은 1500℃ 이상이며, 생철의 녹는점(1150-1250℃)보다 높다. '생(生)'은 생철을 가리키며, '유(鍒)'는 연성이 높은 숙철을 가리킨다. 당시 강철을 제련하는 방법을 보면, 생철과 숙철을 함께 섞어서 용광로 속에서 녹이는데, 온도가 올라가 생철의 녹는점에 도달했을 때 생철은 빠르게 녹으며, 이때 숙철을 감싸거나 숙철 속에 스며들어서 생철 탄소의 일부분이 숙철 속으로 들어가서 숙철에 불순물이 비교적 많아지면서 일부분이 밀려나게 된다. 그런 후에 생숙철을 제련하여 강철을 만든다. 이것은 당시에 진보된 야련 기술이지만 당시 기술 조건 아래에서는 숙철을 녹여서 '난즙(爛汁)'을 만들어 쇠를 만들 수 없었다. 이것은 마치 무두질한 가죽을 다시 끓여 아교를 낼 수 없는 것과 같은 이치라고 하였다.

이 작으면 연료의 소모가 많으며 변색된 솥은 아교의 색이 검게 된다.

끓이는 법: 우물가에 흙구덩이를 파서 구덩이 속에 가죽을 4-5일간 담가 아주 부드럽게[極液]⁴⁴³ 한다. 물로 깨끗이 씻어서 흙이 없도록 해야 한다. 조각으로 잘라서 솥에 넣되 털은 깎을 필요가 없다. 털을 깎으면 힘만 많이 들일 뿐, 아교의 품질에는 도움이 되지 않는다. 어떠한 물에도 모두 끓일 수 있지만, 짜고 쓴맛이 있는 물로 끓인 아교가 더욱 좋다.

자루가 아주 긴 나무 숟가락을 만들어서, 숟가락 끝에 쇠붙이를 붙이고 수시로 잘⁴⁴⁴ 저어 주며, (가죽 조각이) 솥바닥에 붙지 않게 해야 한다. 숟가락 끝에 쇠붙이를 달아 놓지 않으면 힘껏 젓더라도 철저하게 되지 않는다. 철저하지 않으면 타게 되고, 타면 아교가 좋지 않다. 이 때문에 반드시 많이 저어 줘야 한다. 물이 적으면 보충해 줘서 항상 (솥에) 물이 충분하게 한다[湧沛].⁴⁴⁵

하룻밤 지나 만 하루[晬]가 되더라도⁴⁴⁶ 불

渝令膠色黑.

法. 於井邊坑中, 浸皮四五日, 令極液. 以水淨洗濯, 無令有泥. 片割, 著釜中, 不須削毛. 削毛費功, 於膠無益. 凡水皆得煮, 然鹹苦之水, 膠乃更勝. 長作木匕, 匕頭施鐵刃, 時時徹底攪之, 勿令著底. 匕頭不施鐵刃, 雖攪²¹⁵不徹底. 不徹底則²¹⁶焦, 焦則膠²¹⁷惡是以尤須數數攪之.²¹⁸ 水少更添, 常使湧沛. 經宿晬時, 勿

---

443 '극액(極液)': 물이 가죽 속으로 스며들게 되면서 팽창되어 아주 부드러워진다.

444 '철저(徹底)'의 '저(底)'는 각본에서는 빠져 있으나, 오직 금택초본에만 있는데 반드시 있어야 한다.

445 '방패(湧沛)': 물이 아주 충분하며 남을 정도를 가리킨다. 물이 끓으면서 거품이 넘쳐나는 것이 마치 물이 튀어 용솟음치는 것과 같다.

446 "周時日晬": 일 주기를 채운다는 뜻으로, 원래의 시각으로 돌아오는 것이다.

을 꺼서는 안 된다. 가죽이 완전히 풀어지도록 익히면 숟가락으로 아교 즙을 떠서 (솥에 방울방울 떨어뜨려 보고) 만약 마지막 한 방울이 끈적거리는 기미가 있다면, 아교가 다 된 것이다. 끓일 때 불이 너무 세면,[447] 아교가 타게 된다.

깨끗하고 마른 동이를 가져다가 부뚜막[竈埏]에 놓고, 쌀을 거르는 시렁을 동이 위에 두고, 시렁 위에 쑥[蓬草]을 펴놓는다.

큰 바가지로 아교 즙을 떠서 쑥 위에 부어 찌꺼기와 흙을 걸러 낸다.[448]

퍼낼 때는 불을 꺼서는 안 된다. 만약 불을 끄면 솥이 끓지 않아 (아교 즙의 윗면이 응고되어) 가죽은 굳고, 즙은 그 밑에 있게 되어 따라 내도 나오지 않는다.

진한 즙이 다 된 후에는 약간의 물을 부어서 끓이는데, 처음과 같이 저어 준다. 다 되면 다시 퍼낸다.

가죽이 거의 녹을 즈음에는 솥바닥에 눌어

令絶火. 候[219]皮爛熟, 以匕瀝汁, 看末[220]後一珠, 微有黏勢, 膠便[221]熟矣. 爲過傷火, 令膠焦. 取淨乾盆, 置竈埏[222]上, 以漉[223]米床加盆, 布蓬草於牀者. 以大杓把取膠汁, 瀉[224]著蓬草上, 濾去滓穢. 把時勿停火. 火停沸定, 則皮膏汁下, 把不得也.[225] 淳熟汁盡, 更添水煮之, 攪如初法. 熟復[226]把取. 看皮[227]垂盡,

---

447 '위과상화(爲過傷火)': '위(爲)'자는 잘못된 글자임이 분명하다. 스성한의 금석본에서는, 아마 자형이 유사한 '무(無)' 즉 '…하지 마라'로 보았으나, 묘치위는 교석본에서, '위과(爲過)'는 응당 '과위(過爲)'로 도치해야 한다고 하였다.

448 '봉초(蓬草)'를 사용하여 아교 즙을 거르는 것이다. 『주례(周禮)』, 『예기(禮記)』 등에는 이른바 '축주(縮酒)'가 있는데, '축(縮)'은 띠풀을 사용하여 술지게미를 거르는 것이다. 두예가 『좌전(左傳)』 「희공사년(僖公四年)」의 "무이축주(無以縮酒)"를 주석하여 이르기를 "띠를 묶어서 그것에 술을 부어 (술을) 거르는 것이다."라고 하였다.

붙고 검게 타서 어떠한 점성도 없게 되니, 버려야 한다.

아교 동이에 가득 차면 들어서 탁 트이고 조용한 집 안으로 옮긴다[舁].[449] 뚜껑을 덮지 않고 굳힌다. 뚜껑을 닫으면 수증기가 맺혀서 물이 되어, 아교가 녹아서 풀어지게 된다.

다음 날 아침 동이를 자리 위에 뒤집어서 굳힌 아교를 빼낸다.

가늘고 질긴 실을 입속에서 축축하게 하여 아교를 자른다.[450] 동이 바닥 가까이에 더러운 것이 묻어서 사용하기 적합하지 않은 것은 일정 부분 잘라 낸다. 그 뒤에 십자로 네 개의 덩어리로 자르고,[451] 다시 가운데를 잘라 토막[段]을 내고 매 토막을 다시 얇게[452] 베어 내어 덩이[餅]로 만든다. 얇으면 얇을수록 좋다. 쉽게 말릴 수 있을 뿐 아니라, 색깔도 호박처럼 좋다. 두껍고 딱딱한 것은 말리기 어렵고, 색깔이 암흑색을 띠게 된 것은 아교의 상태가 좋

著釜焦黑, 無復黏勢, 乃棄去之.

膠盆向滿, 舁著空靜處屋中. 仰頭令凝. 蓋則氣變成水, 令膠解離.[228] 凌旦, 合盆於席上, 脫取凝膠. 口濕細緊綫[229]以割之. 其近盆底土惡之處, 不中用者, 割卻少許. 然後十字坼破之, 又中斷爲段, 較薄割爲餅. 唯極薄爲佳. 非直易[230]乾, 又色似琥珀者[231]好. 堅厚者既難

---

449 '여(舁)'는 '매다' 또는 '들다'는 의미이다.

450 왜 실을 입에 머금어서 아교를 자르는 용도로 사용했는지는 알 수 없다. 다만, 뜨거운 증기의 방울이 아교에 떨어지면 아교가 녹는다는 사실로 미루어 볼 때, 침의 온도가 아교를 자르는 데 물보다 유리했을 가능성이 있다.

451 '탁(坼)'은 '갈라진다'는 의미로 청각본에서는 이 글자와 같지만, 명초본과 명각본에는 '기(圻)'로 잘못 적고 있다.

452 '교박(較薄)': 이어지는 소주에 언급된 '극박(極薄)'과는 어울리지 않으므로, '교(較)'는 '복(復)'으로 써야 할 듯하다.

지 않기 때문이다.

동이의 바닥에 가까운 것은 분교笨膠[453]라고 하며 수레의 아교로 사용한다.

동이의 윗부분에 가까운 것은 교청膠淸이라 하며 일반적인 용도로 쓸 수 있다.

가장 위층에 있는 교피膠皮는 죽의 막과 같은 것인데 아교 중의 상품이며 점성도 가장 좋다.

미리 뜰에 기둥을 세우고 3층으로 가로대를 설치하여 자리를 깔아서 개와 쥐들을 막는다. 가장 아래의 자리 위에는 아교덩이를 깔아두고, 윗면의 두 층으로는 오직 햇볕을 막아 그늘지게 하고, 서리와 이슬을 막는다. 아교덩이는 비록 굳더라도 물기는 아직 완전히 마르지 않는데, 해를 보면 즉시 물기가 없어진다. 이슬과 서리에 젖게 되면 말리기가 어렵다.

다음 날 아침 일찍 밥 먹기 전에 윗면의 자리를 말아서 아교에 햇볕을 쪼인다. 아침에 기온이 낮아지더라도 녹아서 풀어질 걱정을 할 필요가 없으며, 밤 중의 서리와 이슬의 습기는 해를 보면 곧 마르게 된다.

밥을 먹고 나면 자리를 다시 펴서 그늘을

燥, 又見黯[232]黑, 皆爲膠惡也. 近盆末下, 名爲笨膠, 可以建車. 近盆末上, 即是膠淸, 可以雜用. 最上[233]膠皮如粥膜者, 膠中之上, 第一黏好.

先於庭中竪槌, 施三重箔橷, [234]令免狗鼠. 於最下箔上, 布置膠餅, 其上兩重, 爲作蔭[235]涼, 并扞霜露. 膠餅雖凝, 水汁未盡, [236]見日即消. 霜露霑濡, 復難乾燥[237]旦起至食時, 卷去上箔, 令膠見日. 凌旦氣寒[238]不畏消釋, 霜露之潤, 見日

---

453 '분교(笨膠)': '분(笨)'은 거칠고 정밀하지 않은 상태로, '분교(笨膠)'는 즉 거칠고 탁한 아교이다. '교청(膠淸)'과 서로 대조되는데, 술누룩에서 '분국(笨麴)'과 '신국(神麴)'이 서로 대조되는 것과 같다.

만들어 준다. 비가 내리면 벽이 없는 집 안으로 옮기되, 자리를 층층이 깔아 줄 필요가 없다.

4, 5일이 지난 후 반쯤 말랐을 때,[454] 새끼로 아교덩이를 꿰어 걸어 두고 햇볕에 말린다.

햇볕에 바짝 말리면 비로소 방 안으로 들여 걸어 두고, 종이를 씌워서 덮어 준다. 파리와 먼지가 더럽히는 것을 막는 것이다. 여름에 비록 물러져서 서로 들러붙을지라도 8월 서늘한[455] 가을 즈음에 태양 아래 볕을 쪼이면, 또 단단해져 원래 모습으로 돌아간다.

即乾. 食後還復舒
箔爲蔭. 雨則內
敞屋之下, 則不
須重箔. 四五日
浥浥時, 繩穿膠
餠, 懸而日曝.

極乾, 乃內屋
內懸, 紙籠之. 以
防靑蠅塵土[239]之汚.
夏中雖軟相著,
至八月秋涼時,
日中曝之, 還復
堅好.

교 기

[239] '구월(九月)': 명청 각본에 누락되어 있다. 명초본과 금택초본에 따라

---

454 '읍읍(浥浥)'은 반은 단단하고, 반은 거덕거덕 마른 상태를 뜻한다.

455 류제의 논문에 따르면, 『제민요술』에는 온도가 낮은 상황을 가리키는 여러 단어가 있다. '한(寒)'은 계절 또는 온도가 낮을 때 사용한다. '냉(冷)'은 어떤 구체적인 사물의 온도가 낮거나 어떤 동작을 함으로써 사물의 온도가 낮아지는 경우에 사용하며, 관형어와 보어로 많이 쓰인다. '양(涼)'은 『제민요술』에서 '한'과 '냉'보다 사용빈도가 적은데, 겹소리[複音詞] 단어에 많이 사용되었으며 홀로 쓰일 때는 단지 날씨의 온도가 낮은 것을 가리키는 데 사용되었다고 한다.

보충한다.

209 '무작병(無作餅)': 스성한의 금석본에서는 '작(作)'을 생략하였다. 스성한에 따르면 금택초본에 '無作餅'으로 되어 있는데 '작'자는 의미가 없으므로 명초본과 명청 각본에 따라 삭제하였다고 한다.

210 '합(合)': 명초본에는 '합(合)'으로 되어 있으나, 명청 각본에 '백(白)'으로 되어 있으며, 금택초본에는 '영(令)'이라고 적고 있다.

211 '실(鞕)': 스성한의 금석본에는 '앙(鞅)'을 쓰고 있다. 스성한에 따르면 명초본과 명청 각본에 '실(鞕)'로 되어 있다. 점서본에서는 '비(轡)'로, 원각본에서는 '지(覊)'로 고쳤는데 금택초본에 따라 '앙(鞅)'으로 한다고 하였다.

212 '중자(中煮)': 명청 각본에 '중자(中者)'로 쓰여 있다. 명초본과 금택초본에 따라 바로잡는다.

213 '고야(故也)': 명청 각본에 '인파(砚巴)'로 되어 있다. 명초본과 금택초본에 따라 정정한다.

214 '신화(薪火)': '화'는 명청 각본에 '대(大)'로 잘못되어 있다. 명초본과 금택초본에 따라 수정한다.

215 '수교(雖攪)': 명청 각본에 '두람(頭攬)'으로 표기되어 있다. 명초본과 금택초본에 따라 고친다.

216 '불철저즉(不徹底則)': 명청 각본에 이 네 글자가 누락되어 있다. 명초본에 '불의□□(不宜□□)'라고 되어 있다. 금택초본에 따라 고쳐 보충한다.

217 '교(膠)': 비책휘함본에는 '승(勝)'으로 되어 있다. 원각본에서는 '취(脆)'로 고쳤다. 명초본과 금택초본, 학진본 및 점서본에 따라 '교'로 고친다.

218 '수수교지(數數攪之)': 명청 각본에 '누수지(婁數之)'로 잘못되어 있다. 명초본은 같으나, '교(攪)'자 자리가 한 칸 비어 있다. 금택초본에 따라 고친다. 묘치위 교석본에서도 스성한의 견해에 동의하는데, 다만 학진본에서는 '누(婁)'자를 고쳐서 '누(屢)'자로 쓰고 있으며, 이 또한 잘못이라는 내용을 추가하고 있다.

219 '후(候)': 명청 각본에 '근(根)'으로 되어 있다. 명초본과 금택초본에 따

라 고친다.

220 '말(末)': 명청 각본에 이 글자가 빠져 있다. 명초본과 금택초본에 따라
보충한다.

221 '교편(膠便)': 명청 각본에 이 두 글자가 빠져 있다. 명초본에는 '교'자가
있으며 그 뒤 한 칸은 비어 있다. 금택초본에 따라 보충한다.

222 '타(墢)': 명초본에 '타'자가 '수(壥)'자로 잘못되어 있다. 명청 각본에 '수
(壥)'자로 되어 있으며, 금택초본에는 '타(墢)'로 되어 있다. 다른 본에
서는 '타(壥)'로 쓰고 있으나, 이 글자는 사전에 없다. 점서본에서는 오
점교본에 의거하여 '타(墢)'로 고쳐 쓰고 있으며, 금택초본과 부합된다.
묘치위 교석본에 따르면, '타(墢)'는 흙더미를 쌓았다는 의미로서『일
체경음의(一切經音義)』권6 '토타(土墢)'조에서는『자림(字林)』을 인
용하여 이르기를, "정(丁)과 과(果)의 반절음이며, 흙을 모아 놓은 것이
다."라고 하였다. 왕충의『논형(論衡)』「설일(說日)」에서는 "흙덩이를
볼 수 없다.[不見墢塊.]"라고 쓰고 있는데, 모두 흙을 쌓아 놓았다는 의
미이다. 실제로는 이것은 곧 '타(墢)'의 이체자라고 한다.

223 '녹(漉)': 명청 각본에 누락되어 있고, 명초본은 한 칸 비어 있다. 금택
초본에 따라 보충한다.

224 "즙(汁), 사(寫)": '즙(汁)'자는 명초본에는 공백이며, 명청 각본에는 누락되어
있다. '사(寫)'자는 명초본과 명청 각본에 '위(爲)'로 잘못되어 있다. 금
택초본에 따라 보충한다.

225 이 소주는 명청 각본에 누락되어 있으며, 명초본에는 공백으로 되어 있
는데, 금택초본에 따라 보충한다.

226 '부(復)': 다른 본에는 빈칸으로 빠져 있는데 묘치위는 금택초본에 따라
보충한다고 하였다. 동일한 금택초본을 근거로 하였지만 묘치위 교석본
에서는 '부(復)'로 보고, 스성한의 금석본에서는 '후(後)'로 표기하였다.

227 '간피(看皮)': 명청 각본에 '간숙피(看熟皮)'로 되어 있다. 명초본과 금
택초본에 따라 '숙'자를 삭제한다.

228 "蓋則氣變成水, 令膠解離.": 묘치위 교석본에 따르면, 오직 금택초본에
서만 이 문장과 같다. 명초본에는 '개(蓋)'가 빈칸이며, '교해(膠解)'라
는 두 공간도 비어 있고, '이(離)'는 '잡(雜)'으로 잘못 쓰고 있으며, 다른

본에는 빠지고 잘못된 것이 더욱 많다. 이 주는 동이 뚜껑을 닫아서 증기가 맺혀 물이 되는 것을 말하는데, 그 방울이 아교에 떨어지면, 아교가 굳지 않고 녹아서 풀어지게 되니, 그 의미는 본권 「예락(醴酪)」의 '자행낙죽법(煮杏酪粥法)'에서 "죽을 쏟아 동이에 담아서 뚜껑은 열어 둔 채로 두고 … 만약 뚜껑을 덮어 두면 죽이 풀어진다."라고 한 것과 서로 같다고 한다.

㉗ '선(綖)': 명초본과 명청 각본에 모두 '설(緤)'로 잘못되어 있다. 금택초본에 따라 바로잡는다.

㉚ '비직이(非直易)': 명청 각본에 이 세 글자가 빠져 있다. 명초본과 금택초본에 따라 보충한다.

㉛ '자(者)': 명청 각본에 이 글자가 빠져 있다. 명초본과 금택초본에 따라 보충한다. 다만 '황(黃)'자가 아닌지 의심스럽다.

㉜ '암(黯)': 비책휘함본은 '묵정(墨釘, □)'으로 되어 있다. 점서본에서는 '초(熸)'자를 보충했으며, 학진본에는 한 칸이 비어 있고, 원각본에는 '초(焦)'자를 보충했다. 명초본과 금택초본에 따라 고친다.

㉝ '상(上)': 명청 각본에는 '시(是)'로 되어 있다. 명초본과 금택초본에 따라 바로잡는다.

㉞ '적(樀)': 명초본과 명청 각본에 '적(摘)'으로 잘못되어 있다. 금택초본에 따라 고친다. '적'은 '서까래[椽]'이다.(권5 「뽕나무 · 산뽕나무 재배」 주석 참조.) 묘치위 교석본에 의하면, '적(樀)'은 곧 '적(柱)'이며, 이는 잠박을 잇는 서까래이고, 수직기둥의 '퇴(槌)'와 더불어 구성되는 누에시렁이다. 여기서는 햇볕에 널어 말리는 기구로 쓰인다고 한다.

㉟ '음(蔭)': 명청 각본에 '음(陰)'으로 잘못되어 있다. 명초본과 금택초본에 따라 고친다.

㊱ '수즙미진(水汁未盡)': 명청 각본에 '미'자가 빠져 있다. 명초본과 금택초본에 따라 보충한다.

㊲ '건조(乾燥)': 명청 각본에 '조건(燥乾)'으로 되어 있다. 명초본과 금택초본에 따라 앞뒤 순서를 바꾼다.

㊳ '기한(氣寒)': 명청 각본에 '한기(寒氣)'로 되어 있다. 명초본과 금택초본에 따라 앞뒤 순서를 바꾼다.

'진토(塵土)': 명초본과 명청 각본에 '벽토(壁土)'로 되어 있다. 금택초본에 따라 고친다. 본서 권8 「포·석(脯腊)」에는 "감싸 주지 않으면 파리나 먼지가 끼어서 더러워진다."라는 문장이 있다. 묘치위 교석본에서는 금택초본에 근거하여 '진(塵)'이라고 고쳐 쓰고 있다.

붓 만드는 법[筆法]: 위중장韋仲將[456]의 『필방筆方』에 이르기를,[457] 먼저 쇠 빗으로 토끼의 털

筆法. 韋仲將
筆方曰, 先次以

---

456 '위중장(韋仲將)': 위중장은 '위탄(韋誕)'이다. 묘치위의 교석본에 의하면, 『삼국지』「위지(魏志)·유소전(劉劭傳)」에서는 『삼보결록(三輔決錄)』을 인용하여 "낙양(洛陽), 업(鄴), 허(許) 세 도시의 궁전을 처음으로 축조할 때 탄(誕)에게 이름을 쓰게 하였다."라고 한다. 탄은 황제가 친히 만든 붓과 먹을 멋대로 사용하지 않고, 주청하기를 "장지(張芝)의 붓, 좌백(左伯)의 종이 및 신(臣)의 먹에 이르기까지 모두 고법(古法)으로, 이 세 가지의 도구로 신이 글을 쓰면 경장(徑丈)의 기세가 드러나고, 사방 한 치의 공간에도 천 마디 말을 쓸 수 있습니다."라고 하였다. 원대(元代) 육우(陸友)의 『묵사(墨史)』 권상(上)에서 "소자량(蕭子良)의 『답왕승건서(答王僧虔書)』에는 '중장(仲將)의 먹은 한 점이 칠과 같다.'라고 하였다."라고 한 것은 위탄(韋誕)이 먹을 잘 만들기로 유명했기 때문이다. 그 형인 위창(韋昶)은 붓을 잘 만들었다고 한다. 위 명제(魏明帝)대에 능운대(凌雲臺)를 건축하였는데, 실수로 편액에 글씨를 쓰지 않고 못을 쳐서 걸었다. 어쩔 수 없이 편액을 쓰는 사람이 대바구니에 타고 위로 올라가니 그 땅과 거리가 25길[丈]에 이르렀다. 그는 아주 두려움에 떨면서 글씨를 썼는데, 내려오니 머리와 수염이 모두 하얗게 되었다. 이후 자손에게 다시는 서예를 배우지 말 것을 경고하였는데, 이 사람이 곧 위탄(韋誕)이라고 한다.

457 『태평어람』에서 인용한 책의 총목록 중에는 위중장(韋仲將)의 『필묵방(筆墨方)』이 있다. 그러나 권605의 '필(筆)'에서는 「필묵법(筆墨法)」을 인용하면서도

과.⁴⁵⁸ 양청모⁴⁵⁹를 빗어서 더러운 털은 버리는데, 대개 구부러지거나 엉키지 않도록 해야 한다.

(여공如⁴⁶⁰工의) 빗질이 끝나면⁴⁶¹ 이들을 각각

鐵梳梳兔毫及羊
青毛, 去其穢毛,
蓋使不髼. 茹訖,

저자는 언급하지 않았다. 그 내용은 "붓을 만들 때는 당연히 쇠 빗으로 토끼 잔털 및 양청모를 빗질하여서 더러운 털을 제거하고, 구부러지거나 엉키지 않아야 한다. 양청을 빗어서 필심(筆心)으로 삼는데, 이것을 필주(筆柱) 혹은 묵지(墨池)라고 한다."라고 한다. 묘치위 교석본에 따르면, 이는 응당 위중장의 방법을 사용하였으나 상당 부분의 죽간이 깎여 나간 것이며,『제민요술』에서 가사협은 단지 위씨(韋氏)의 붓[筆] 제조법을 인용하여 기록하였기 때문에, 간략하게『필방(筆方)』이라고 칭하게 된 것이라 한다.

458 '先次以鐵梳梳兔毫': '선차(先次)'는 만약 먼저 토끼 잔털을 빗질하고, 다음에 양청모로 빗질한다고 해석하면 다소 억지스러운 부분이 있다.『태평어람』권605에서「필묵법(筆墨法)」을 인용하였는데, 이 두 글자는 단지 '당(當)'자 한 글자로만 되어 있다. 청대 도광(道光) 연간에『제민요술』의 교감자 장정균(張定均)이 사용한 '구초본(舊抄本)'인 북송 소이간(蘇易簡)의『문방사보』에서 위중장의『필묵방(筆墨方)』을 인용한 것에는 '차(次)'자가 없으며,『총서집성(叢書集成)』본 소이간의『문방사보』를 인용한 것 역시 '차(次)'자가 없다. 묘치위에 의하면『제민요술』의 '차(次)'자는 필요 없는 글자로 의심하였으나, 스성한의 금석본에서는 '당(當)'자가 뭉개진 것으로 보았다. '소소(梳梳)'는 원래 단지 '소(梳)' 한 자만 있었지만,『문방사보(文方四譜)』와『태평어람(太平御覽)』에서는 모두 두 글자를 겹쳐 인용하고 있는데, 두 글자를 겹쳐 써야 하며, 이에 근거하여 보충한다고 하였다. 스성한의 금석본에서는 '소'자를 한 글자만 쓰고 있다. '토호(兔毫)'는 토끼의 길고 뾰족한 털이다.『문방사보』권1에서 왕희지(王羲之)의『필경(筆經)』을 인용하여 이르기를, "무릇 붓[筆]을 만들 때는 모름지기 가을 토끼털을 사용해야 한다. 가을 토끼털이라는 것은 8월에 깎은 털이다. … 척추를 끼고 있는 곳에는 두 줄의 털이 있는데, 이 털이 더욱 좋다. 겨드랑이의 털은 무성하고 가지런하여 그다음으로 좋다."라고 하였다.

459 '양청모(羊青毛)'는 곧 청양모(青羊毛:『문방사보』에는 이같이 쓰고 있다.)로서, 양동서(梁同書)의『필사(筆史)』에서 모필의 재료에는 30여 종이 있는데, 양모에는 양모(羊毛), 청양모(青羊毛), 황양모(黃羊毛) 세 종이 있다고 하였다.

460 '여(茹)'는 붓을 만드는 과정 중에 입을 사용하여 털끝을 다듬는 하나의 공정으

나눈다. 모두 빗[462]으로 힘껏 두드려서 털끝을 가 │ 各別之.　皆用梳
지런히 하고, 붓 밑부분을 각각 납작하게 해서[463] │ 掌痛拍,　整齊毫

로, 반드시 아주 섬세하게 끄트머리가 가지런하도록 해야 한다. 당대(唐代) 육구
몽(陸龜蒙: ?-881?년)의 『보리선생문집(甫里先生文集)』[『사부총간(四部叢刊)』
본] 권17 「애여필공문(哀茹筆工文)」에서 여공(茹工)이 극히 정치하고 힘든 노동
이라는 것을 찬탄하여 이르기를 "여부(茹夫)가 있어 공정이 있어서 뛰어나다. 그
정교함과 거침은 그 값이 높고 낮음에 달려 있다. 상호 교차하여 잘 깨물지 못할
지라도 여전히 포기할 수가 없다. 열흘간 자주 끄트머리를 적시면 한 달 후에 끝
이 한 덩어리로 뭉툭해진다. 잠라(蠶拏)와 같이 짜인 것은 실로 너의 도움이다."
라고 하였다. 양동서(梁同書)의 『필사(筆史)』에 이르기를, "붓을 만드는 것을 여
필(茹筆)이라고 하는데, 대개 종일토록 털을 머금는 것을 이름이다. 묘치위 교석
본에 따르면, 오늘날 만드는 방법도 옛날과 같으므로 여필의 이름이 숨어 있는
것이다. 이 공정은 오늘날에는 수분공(水盆工)에 의해 완성되지만 옛날에는 여
공이 아주 힘들게 노동한 것이라고 하였다.

461 '蓋使不髯. 茹': 묘치위 교석본에서는 "蓋使不髯. 茹"로 끊어 읽고, '여(茹)'는 붓을
만드는 과정 초기에 털을 정리하는 작업이라고 보았다. 반면 스성한의 금석본에
서는 "蓋使不髯茹"로 붙여 읽고, '여'는 '어지럽다'의 의미이며, '염여(髯茹)'는 굽
고 어지러운 것이라고 해석하였다. 본 역주에서는 묘치위의 견해에 따라 해석하
였음을 밝혀 둔다.

462 '소장(梳掌)'은 손으로 잡는 빗살 아랫부분으로서, 이는 곧 빗의 손잡이다.

463 '본각작편(本各作扁)': '본(本)'은 각본에서는 동일하다. 그러나 '단본(端本)'을 연
속해서 읽는다면 통하지 않는다. 왜냐하면 '단(端)'은 털의 뾰족한 부분이고, '본
(本)'은 털의 상단부의 끝으로 양 끝을 동시에 두드려서 가지런하게 할 수 없다.
묘치위 교석본에 의하면, 붓을 만들 때 반드시 털끝을 서로 가지런하게 해야 하
는데, 오늘날 호필(湖筆)의 생산과정에서는 이 생산 공정을 '대봉(對鋒)'이라고
부른다. 봉(鋒)을 가지런하게 해야 상단부 끝을 처리하기에('자르기에[副切]') 용
이하다. 『문방사보(文房四譜)』에서 인용한 것에는 이 '본(本)'자가 없는데, 이 구
절은 "빗을 써서 힘껏 털을 편평하게 하고, 끝부분을 가지런하게 한다."라는 것으
로서, 봉(鋒) 끝을 두드려서 가지런하게 할 것을 요구하나, 상단부의 끝과 뾰족한
부분을 동시에 두드려서 가지런하게 할 수는 없다. 이에 의거하여 '단본(端本)'으
로 읽을 수는 없지만, '본(本)'자는 있어야 하기 때문에 다음의 '편(扁)'은 일종의

고르고 편평하게 하는 것이 좋으며, (토끼 잔털을) 청양모의 외부에 입힌다.⁴⁶⁴

청양모는 토끼 잔털의 끝보다 2푼[分] 정도 앞으로 빼낸다.⁴⁶⁵

그런 후에 편평하게 배열하여 말아서 아주 둥글게 한다. 이것이 끝나면 묶고 단단하게 눌러준다.⁴⁶⁶

정리된 청양모 (상단부)를 적당히 잘라서⁴⁶⁷

鋒端, 本各作扁,
極令均調平好,
用衣羊青毛. 縮
羊青毛去兔毫頭
下二分許. 然後
合扁, 捲令極圓.
訖, 痛頡之.
以所整羊毛中

배열하는 방법이라고 한다. '편(扁)'은 두루 납작하고 얇게 배열하는 것으로, 필심(筆心)을 감싸는 데 사용한다.

464 '용의양청모(用衣羊青毛)': '의(衣)'는 동사이며, 덮어서 입히는 것을 말한다. 명대(明代) 방이지(方以智: 1611-1671년)의『통아(通雅)』권32에서 붓[筆]에 대해 이르기를 "필주[柱]도 있고, 감싸는 것[被]도 있으며, 필심[心]도 있고, 덧대는 것[副]도 있다."라고 한다. 여기서 '주(柱)'는 필심(筆心)을 가리키며, '부(副)'는 덧대는 것으로서 '피(被)'와 더불어 모두 바깥에 입혀서 감싸는 '의(衣)'이다.『문방사보』권1에는 당대(唐代) 구양통(歐陽通)이 스스로 그 글자를 강조하였음을 기재하였는데, 붓을 쓸 때는 모름지기 "삵털로 필심을 만들고, 가을에 난 잔털로 그것을 덮는다.[貍毛爲心, 覆以秋毫.]"라고 하였다.

465 '축(縮)': '위축되어 물러나다'의 뜻이다.

466 '통힐(痛頡)': '힐(頡)'은 강하고 고집 세다는 의미인데 뜻이 파생되어 '강한 힘을 쓴다'로 발전했다. '통힐(痛頡)'은 강하게 묶고 눌러서 극히 단단하게 하는 것을 말한다.『필사(筆史)』에서는 황정견(黃庭堅)의『필설(筆說)』을 인용하여 "송대(宋代)의 명필인 장우(張遇)의 정향필(丁香筆)은 중심을 비틀어서 아주 둥글게 만들고 아주 힘 있게 조여 누른다."라고 하였다. 붓의 끄트머리는 아주 단단하게 묶어서 힘껏 붓대에 집어넣기 때문에 '힐(頡)'이라고 하였다. 이는 힘을 다해서 아주 야무지게 묶어서 털이 느슨하여 '사방으로 갈라지게[開花]' 해서는 안 된다는 의미이다.

467 '절(截)'은 원래 '혹(或)'자로 쓰여 있는데,『문방사보(文房四譜)』와 북송 오숙(吳淑)의『사류부(事類賦)』에서 인용한 것은 모두 '절(截)'로 쓰고 있다. '중절(中截)'

이것으로 필심의 외부를 감싼다.[468] (이 같은 중심을 '필주筆柱'라고 하거나, 혹은 '묵지墨池', '승묵承墨'이라고 부른다.[469] 다시 깨끗한 토끼 잔털을 사용하여 청양모의 외부를 감싸는데,[470] 이는 마치

截, 用衣中心. 名曰筆柱, 或曰墨池承墨. 復用毫青衣羊青毛外,

은 양모의 윗부분을 자르는 것인데, 이는 곧 유공권(柳公權)의 『첩(帖)』에서 말하는 "자르는 것은 모름지기 가지런해야 한다.[副切須齊.]"이며, 필심을 덮을 때 감싸는 용도로 쓴다. 글자는 마땅히 '절(截)'로 써야 하며, 묘치위 교석본에서는 『문방사보』 등에 근거하여 고쳐 쓰고 있다.

468 '중심(中心)'은 곧 위 문장의 청양모(青羊毛)를 가장 안쪽에 두고, 토끼털을 그다음 층으로 한 필주(筆柱)를 가리킨다. '용의중심(用衣中心)'은 다시 청양모를 사용해서 필주를 싸고 덮어서 감싸는 세 번째 층이다.

469 '승묵(承墨)'은 '필주(筆柱)'의 다른 이름으로, 『북호록(北戶錄)』 권2에서 '계모필(鷄毛筆)'은 최구도의 주에서 위중장의 『필방』을 인용하여 말하길, "필주(筆柱), 혹은 묵지(墨池)라고 이르며, 또는 승묵(承墨)이라고 이른다."라고 하였다. 묘치위 교석본에 의하면, 『제민요술』에는 '역왈(亦曰)'이 없는 것으로 미루어 볼 때, 어떤 사람이 '승묵(承墨)'을 다음 구절에 넣어 잘못 읽음으로 인해서 해석할 수 없게 되었는데, 사실은 '역왈(亦曰)'도 없으며, 또한 두 개의 다른 이름이 함께 제시된 것이라고 할 수 있다고 하였다.

470 "復用毫青衣羊青毛外": 이것은 다시 푸른 토끼 잔털을 세 번째 층으로 청양모의 외부를 덮어서 감싸 네 번째 층을 만든다는 뜻이다. 세 번째, 네 번째 층을 만드는 방법은 첫 번째, 두 번째 층을 만드는 것과 같으며, 이 때문에 '여작주법(如作柱法)'이라고 하였다. 또 '호청(毫青)'은 『문방사보(文房四譜)』에서는 '청호(青毫)'라 인용하여 쓰고 있는데, 이는 곧 푸른 토끼 잔털이다. 『북호록』 권2 '계모필(鷄毛筆)'에서는 붓털 중에서는 토끼털이 가장 좋다고 말하면서, "선성(宣城)에서는 푸른 토끼 잔털 여섯 냥, 자색 털 세 냥을 해마다 공납했다.", "굳세고 튼튼하기가 이것을 뛰어넘는 것이 없다."라고 하였다. 묘치위 교석본에 의하면, '의양청(衣羊清)'은 명초본에서는 이 문장과 같으며, 금택초본에는 원래부터 이 문장이 빠져 있다. 교감 후 작은 글자를 첨가하고 보충하여 비록 글자의 흔적은 명확하지 않으나 여전히 이 세 글자를 식별할 수 있다. 호상본에는 '청'이 빠져 있다고 하였다.

필주를 만드는 방법과 같으며, 중심을 가지런히 하고, 또한 평평하고 고르게 하였다. 힘껏 눌러서 붓대 속에 집어넣는데, 털이 길수록[471] 더 깊게 (붓대) 속에 넣는다. 차라리 (필심은) 작을지언정 커서는 안 된다.[472] 이것이 바로 붓을 만드는 기본 요령이다.

먹을 만드는 법[合墨法]:[473] 아주 좋고 순수한 검댕[醇煙][474]을 찧어서 고운 비단 체로 치고, 항아

如作柱法, 使中心齊, 亦使平均. 痛頡內管中, 寧隨毛長者使深. 寧小不大. 筆之大要也.

合墨法. 好醇煙, 擣訖, 以細絹

---

471 '자(者)'는 마땅히 '저(著)'로 써야 할 듯하다. 이 구절은 털의 길이가 닿을 때까지 가능한 붓대 속에 깊게 넣는 것을 말한다. 『필사(筆史)』는 황정견(黃庭堅)의 『필설(筆說)』을 인용하여 이르기를, "선성(宣城)의 제갈고(諸葛高)는 '산탁필(散卓筆)'을 묶을 때, 대개 붓털의 길이는 한 치 반으로 하고, 한 치는 대 속에 넣었다고 한다."라고 한 것은 매우 깊게 넣었다는 것을 말해 준다.

472 '영소불대(寧小不大)': 장정균(張定均)이 사용한 구초본(舊抄本) 『문방사보(文房四譜)』에서는 "차라리 심이 작을지언정 큰 것은 좋지 않다.[寧心小, 不宜大.]"라고 하였는데, 이는 붓의 심을 가리킨다. 『제민요술』에는 '심(心)'자가 빠져 있다.

473 '합묵법(合墨法)': 『태평어람』 권605의 '묵(墨)'조항에서 위중장의 『필묵방(筆墨方)』을 인용한 것과, 『문방사보』 권5에서 위중장의 방법을 인용한 것은 기본적으로 서로 동일하다. 다만 본조의 문장은 가사협의 필치이다. 묘치위 교석본에 따르면, 이러한 이유 때문에 조씨(晁氏)의 『묵경(墨經)』[『사고전서총목제요』에서는 북송(北宋) 조관(晁貫)의 찬술로 추정함.]에서는 먹을 만드는 각각의 과정을 적고 있으며, 항상 위중장의 방법과 가사협의 방법을 같이 제시하여 상호 비교하고 있다. 예를 들어 약을 사용할 때 "위대(魏代) 위중장(韋仲將)은 진주(眞珠), 사향(麝香) 두 가지를 사용했는데, 후위(後魏) 가사협은 물푸레나무[梣木], 계란 흰자[雞白], 진주(眞珠), 사향(麝香) 네 가지를 사용하였다."라고 한다. 이 조항은 위중장의 방법에 기초하여 가사협의 경험을 약간 보충한 것으로 책을 인용할 때, 위중장의 『필방(筆方)』이라고 하였으나, 『필묵방』이라고 하지는 않았다고 한다.

474 '순연(醇煙)': 『문방사보(文房四譜)』 권5에서 위중장(柳公權)의 방식을 인용하여,

리[475] 속에 (넣을 때는) 풀 부스러기[476] 및[若][477] 고운 모래, 흙먼지를 체질하여 없앤다. 이러한 것들은 극히 가볍고 미세하여 체질하기가 용이하지 않으며, 쉽게[478] 날아가 버리기 때문에 신중하지 않을 수 없다. 검댕 1근마다 아주 좋은 아교 5냥을[479] 물푸레나무[梣][480] 껍질로 만든 즙 속에 담

篩, 於堈內篩去草莽若細沙塵埃. 此物至輕微, 不宜露篩, 喜失[240]飛去, 不可不愼. 墨䵽[241]一斤, 以好

"醇松煙"이라고 쓰고 있다. 묘치위 교석본에 의하면 검댕[煙]에는 송연(松煙)과 유연(油煙)이 있다. 명대(明代) 심계손(沈繼孫)이 실제로 경험하여서 『묵법집요(墨法集要)』를 찬술했는데, '침유(浸油)'에 대해서 말하기를 "옛날에는 오직 소나무를 태운 그을음만을 사용하고, 오늘날에 비로소 오동나무씨 기름, 삼씨 기름을 태운 그을음을 사용한다. … 그러나 오동나무씨 기름에서 얻은 그을음이 가장 많은데, 먹색이 검고, 윤기가 나며, 오래되어도 나날이 검게 된다. 나머지 기름에서 얻은 그을음은 적고, 먹의 색이 옅고 흐릿하며, 오래될수록 나날이 옅어진다."라고 하였다.

475 '강(堈)': 『태평어람』 권605 '묵(墨)'항에는 위중장의 『필묵방(筆墨方)』을 인용하여 '항(缸)'으로 적고 있다. '강(堈)'은 『광운(廣韻)』 「평성(平聲)·십일당(十日唐)」에 "항아리[甕]이다."라고 하였다.

476 '초망(草莽)': 『태평어람』에는 '초개(草芥)'로 쓰고 있는데, '초개(草芥)'의 '개(芥)'는 아주 작은 불순물을 이른다.

477 '약(若)'자는 '급(及)'으로 해석해야 한다.

478 희(喜)': 『태평어람』에 '여(慮)'로 되어 있다.

479 '以好膠五兩': 조씨(晁氏)의 『묵경(墨經)』 '화(和)'에서 설명하기를 "무릇, 검댕(煤) 한 근은 고법(古法)에서 아교 한 근을 사용한다. 오늘날은 아교물 한 근을 사용하고, 물이 차지 않은 것이 열두 냥, 아교가 차지하는 것이 네 냥이므로 좋지 않다. 그래서 가사협의 먹 만드는 방법은 검댕 한 근에 아교 다섯 냥을 사용하는데, 대개 이 역시도 최선의 방법은 아니다."라고 하였다. 묘치위의 교석본에 의하면, 곧 북송대(北宋代) 하원(何薳)의 『묵기(墨記)』에서 설명한 '대교(對膠)'에는 검댕, 아교 등을 배합하는 기술은 당말(唐末) 이초(李超) 부자가 창시하였다고 한다. 이씨(李氏)는 본래 역수[易水: 하북성 역현(易縣)에 있는 강] 사람이었는데, 휘주(徽州)로 피난하여 대를 이어 남당(南唐)의 묵관(墨官)이 되었다. 후대

가 둔다.

　　물푸레껍질은　강남의　번계나무[樊雞木][481]의 껍질인데, 그 껍질 물에 담그면 녹색을 띠고 아교를 풀어지게 하며, 또한 먹의 색을 더 좋게 만든다. 노른자를 제거한 계란 흰자 5개를 섞는다. 또 진주사眞朱砂 한 냥과 사향麝香 한 냥을[482] 각각

膠五兩,　浸樊皮
汁中.　樊, 江南樊
雞木皮也,　其皮
入水**242**綠色, 解膠,
又益墨色. 可下雞
子白, 去黃, 五顆.

　　(後代)의 '휘묵(徽墨)'은 이 때문에 유명하였다. 원대(元代) 육우(陸友)의 『묵사(墨史)』권상(上)에 기재된 이초의 먹은 오래될수록 좋아서 "실수로 도랑에 떨어뜨렸는데, 수개월이 지나도 상하지 않았다."라고 하였다. 『묵경』에서는 '교(膠)'에 대해서 설명하기를 "무릇 먹은 아교가 가장 중요하며, 상등의 검댕이 있더라도 아교가 그에 미치지 못한다면 먹 또한 좋지 않았다. 만약 교법(膠法)을 안다면, 비록 다소 좋지 않은 검댕이라도 좋은 먹을 만들 수 있다."라고 하였다. 조씨는 『제민요술』의 먹이 검댕이 많고 아교가 적기 때문에 좋은 먹이 아니라고 평가하였다.

480 '심(樳)': 물푸레나무[樳]는 물푸레나무과[木犀科]의 백납수(白蠟樹; *Fraxinus rhynchophylla*)이고, 낙엽교목(落葉喬木)이다. 그 나무껍데기는 진피(秦皮)라고 하며, 그 물에 담그면 나오는 액이 푸른색으로 빛난다. 『명의별록(名醫別錄)』에서는 진피는 일명 "잠피(岑皮)이고, 일명 석단(石檀)이다."라고 하였다. 도홍경(陶弘景)이 주석하기를, "민간에서는 번규피(樊槻皮)라고 이르는데, 물에 담가 먹을 섞으면 글씨가 바래지 않고, 푸른빛이 돈다."라고 하였다. 『당본초(唐本草)』에서 주석하기를, "껍질을 물에 담그면 곧 푸른색이 되는데, 종이에 써서 보면 모두 푸른색으로 보인다. … 잎이 박달나무와 유사하기 때문에, 이름을 '석단(石檀)'이라고 부른다."라고 하였다.

481 '번계목(樊雞木)': 묘치위 교석본에 따르면, '번규목(樊槻木)'은 대개 강남의 민간에서 부르는 이름으로, 북방에 이르면 음이 와전되어 '번계목(樊雞木)'이라고 쓰이는데, 혹은 '규(槻)'의 잘못일 수도 있다고 한다. 스성한의 금석본에서는 "'번계목'에서 '번(樊)'은 나뭇가지를 박아서 막는다는 뜻이다. 번계목은 닭을 지키는 나뭇가지 울타리이다."라고 한다.

482 심계손(沈繼孫)의 『묵법집요(墨法集要)』 '용약(用藥)'에서 설명하기를 "사향과 달걀 흰자가 습기를 당기고, 진피(秦皮)는 글자의 색을 바래지 않게 한다. 진주는

별도로 손질하여서 촘촘한 체로 쳐 모두 고르게 합한다. 쇠절구 속에 넣는데, (반죽이) 차라리 되게 할지언정 진 것은 적합하지 않다.[483] 3만 번의 절구질을 하는데, 절구질 수는 많으면 많을수록 좋다.

먹을 합하는 시기는 2월과 9월을 넘겨서는 안 된다. 너무 따뜻하면 부패되어 악취가 나고, 너무 추우면 잘 마르지 않고 끈적끈적한 상태로 남으며,[484] 바람을 맞으면 모두 부서지게 된다.

무게는 한 덩이마다 2, 3냥을 초과해서는 안 된다. 먹의 비결은 이와 같다. 덩어리는 차라리 작을지언정 크게 만들어서는 안 된다.[485]

亦以眞朱砂■一
兩, 麝香一兩, 別
治, 細篩, 都合調.
下鐵臼中, 寧剛不
宜澤. 擣三萬杵,
杵多益善. 合墨不
得過二月九月. 溫
時敗臭, 寒則難乾
潼溶, 見風自解
碎.■ 重不得過三
二兩. 墨之大訣如
此. 寧小不大.

색이 고와지도록 돕는다."라고 하였다. 『제민요술』에는 이 네 가지를 모두 사용하고 있으며, 심계손은 이것의 기능을 매우 명확하게 설명하고 있다.

483 '영강불의택(寧剛不宜澤)': 반죽한 정도가 차라리 다소 될지라도 질고 물렁거리는 것은 적합하지 않다는 뜻이기에, 이 구절은 마땅히 앞에 있는 '도합조(都合調)'의 다음에 두어야 한다. 명대(明代) 심계손의 『묵법집요(墨法集要)』 '수연(搜煙)'에서는 "반죽을 고운 모래처럼 하되, 차라리 건조할지언정 물기가 있어 축축하게 하여서는 안 된다."라고 하였다.

484 '동용(潼溶)': 『태평어람』에 '동용(潼溶)'으로 되어 있다. 즉 젖어서 부드러운 것이다. '동용(潼溶)'은 지나치게 추우면 아교를 말리기에 좋지 않으며, 먹은 습하고 물러져서, 끈적끈적한 상태로 변하게 되는 것이다. 조씨(晁氏)의 『묵경』에 따르면, 불로 지나치게 열을 가해도, "동용이 되는데, 이를 일러 '열점(熱黏)'이라고 한다."라고 하였으며, 이런 상태의 것을 젖은 먹의 재료로는 먹을 제작하기에 적합하지 않다.

485 '영소불대(寧小不大)'는 『묵경집요(墨經集要)』에서 '검댕을 반죽하기[搜煙]'에 대

● 그림 9
사향노루[麝香]

● 그림 10
주사(朱砂)

● 그림 11
물푸레나무[梣]

해 "큰 먹은 반죽하기가 가장 어려우니 단지 연한 것만 적합하고, 단단하고 된 것은 마르고 갈라진다."라고 하였다. 또한, '만드는 양상[樣製]'에 대해서 말하기를, "두껍고 큰 것은 오랫동안 쓰이고 얇고 작은 것은 잠시 이익이 되는데, 두껍고 큰 것은 만들기 어렵지만 가볍고 작은 것은 바꾸기 좋다. 때문에, 먹 장인들은 두껍고 큰 것을 만들기를 좋아하지 않는다."라고 하였다. 묘치위 교석본에 이르길, 『제민요술』에서 차라리 작을지언정 커서는 안 된다고 한 것은 아교를 적게 넣은 작은 먹이 실제 쓰임에 적합하다는 것이지, 진기품으로 자랑하기 위해서 특별히 만든 먹은 아니라고 한다.

240 '실(失)': 금택초본에 '미(未)'로 되어 있는데, 잘못이다. 명초본과 명청 각본에 따라야 한다.

241 '솔(麷)': 명청 각본에 빠져 있고, 명초본에 '국(麴)'으로 되어 있다. 금 택초본을 따른다. 솔(麷)은 가루이다. 묘치위 교석본에 의하면, '설 (麷)'은 금택초본에는 이와 같고, 본래는 밀가루를 뜻하나, 여기서는 가루를 만드는 것을 의미하며, 이는 곧 깨끗하게 체를 친 (숯)검댕을 가리킨다고 한다.

242 '입수(入水)': 명청 각본에 '여수(如水)'로 되어 있다. 명초본과 금택초 본에 따라 고친다.

243 '진주사(眞朱砂)': 명청 각본에 '기주사(其硃砂)'로 잘못되어 있다. 명초 본과 금택초본에 따라 고친다. 『태평어람(太平御覽)』의 인용에는 '사 (砂)'자가 없다. 묘치위 교석본에 의하면, 『문방사보(文房四譜)』와 『태 평어람』에서 인용한 것과 조씨(晁氏)의 『묵경(墨經)』에서 기록한 바 는 모두 '진주(眞珠)'라고 쓰여 있다. '진주사(眞朱砂)'는 곧 '주사[朱砂: 진사(辰砂)]'이고, 또한 '진주사(眞珠砂)'라고도 쓰는데, 각 서에서는 '사 (砂)'가 빠져 있다고 한다.

244 '자해쇄(自解碎)': 스성한의 금석본에서는 '자(自)'를 '일(日)'로 표기하 였다. 스성한에 따르면, 명초본에 '자해쇄(自解碎)'로 되어 있다. 금택 초본과 명청 각본 및 『태평어람』 권605의 인용에 따라 '일(日)'로 고친 다. 즉 추운 날에 하게 되면 잘 마르지 않고, 건조한 바람과 뜨거운 햇 빛 속에서는 부스러진다는 것이다.

中文介绍

　　『齐民要术齐民要术』是中国现存最早的农业百科全书，于公元530-540年由后魏的贾思勰所著。本书也是中国最早具有完整形态的农书。这本书系统地地整理了六世纪之前黄河中下流地区农作物的栽培和畜牧经验，各种食品的加工和储存以及野生植物的利用方式等，而且按照季节和气候详细介绍了农作物和土壤的关系，所以意义深远。本书的题目『齐民要术』正意味着所有百姓(齐民)必须要阅读和了解的内容(要术)。从这个角度来看，本书并非只是单纯的农书，而是可以被称为生活指导方针。因此，本书长期以来作为百姓们的必读之书，在后世成为了『农桑辑要』，『农政全书』等农书的典范，此外对包括韩国在内的东亚所有地区的农书编撰和农业发展形成了较深的影响。

　　贾思勰于北魏孝文帝时期出生于山东益都(现在的寿光一带)附近，曾任青州高阳太守，离任后开始经营农牧业活动。贾思勰活动的时代正是全面推展北魏孝文帝汉化政策的时期，实行均田制，把无主荒地分给无地或少地农民耕种，规定种植五谷和瓜果蔬菜，植树造林。『齐民要术』的出现为提高农业生产提供了有利的条件。尤其是贾思勰在山东，河北，河南等地历任官职期间直接或间接获取的农牧和生活经验直接反映到了这本书上。如序文所述，他追求了'有利于国家和百姓'耿寿昌和桑弘羊等的经济政策，并为此重视观察和体验，也就是说主要关注了实用性的知识。

　　『齐民要术』分成10卷92篇。开头部分主要记录了水稻以及各种旱田作物的耕作方式和收种子方式。加上瓜果, 蔬菜类, 养蚕和牧畜等一共达到61篇。后半部主要介绍了以这些为材料的各种加工食品。

加工食品的比重虽然仅为25篇, 但详细介绍了生活中需要的造曲, 酿酒, 做酱, 造醋, 做豆豉, 做鱼, 做脯腊, 做乳酪的方法, 列举食品, 菜点品种越达到三百种。有趣的是, 第10卷介绍了150多种引入到中国的五谷, 蔬菜, 果蓏及野生植物等, 其分量几乎达到整个书籍的四分之一。这说明本书的有关外来农作物植生的信息非常全面。

本书不仅介绍了农作物的播种, 施肥, 浇灌和中耕细作技术等的农耕方法, 还详细介绍了多种园艺技术, 树木的选种方法, 家禽的饲养方法, 兽医处方, 利用微生物的农副产品发酵方式, 储存方法等。尤其是经济林和木材用树木的介绍较多, 这意味着当时土木, 建筑材料的需求和木材手工艺品大幅增长。此外, 通过本书的目录也可以得知, 此书详细介绍了养蚕, 养鱼和各种发酵食品, 酒和饮料以及染色, 书籍编辑, 树木繁殖技术和各地区树木种类等。这些内容证明了六世纪前后以中原为中心四面八方的少数民族饮食习惯和烹饪技术相互融合创出了新的中国饮食文化。特别的是这些技术介绍了地方志, 南方的异物志, 本草书和『食经』等50多卷书。这也证实了南北之间进行了全面的经济和文化交流。实际上『齐民要术』中出现了很多南方地名或饮食习惯, 因此可以证明六世纪中原饮食生活与邻近地区文化进行了积极的交流。如此, 成为旱田农业技术典范的『齐民要术』经唐宋时代为水田农业发展做出了贡献, 栽培和生产经验又再次转到了市场和流通。

从这一点来看, 『齐民要术』正是作为唐宋这个中国秩序和价值的完成过程中出现的产物, 提供"中国饮食文化的形成", "东亚农业经济"之基础。于是, 通过这一本书可以详细了解前近代中国百姓的生后中需要的是什么, 用什么方式生产何物, 用什么方式加工, 他们所需要的是什么。从这个角度来看，本书虽然分类为农家类，但并非是单纯的农业技术书籍。通过『齐民要术』所记载的内容，除了农业以外还能了解中国古代和中世纪的日常生活文化。不仅如此，还能确认中原地区和南北方民族以及西域，东南亚等地区进行了多种文化及技术交流，因此可以看作是非常有价值的古典。

尤其，『齐民要术』详细记录了多种谷物和食材的栽培方法和烹饪方法，这说明当时已经将饮食视为是文化，而且作者具有记录下来传授给后代的意志。这可以看作是要共享文化的统一志向型表现。实际上，隋唐时期之前东西和南北之间存在长期的政治纠纷，但通过多方面的交流促使文化融合，继承『齐民要术』的农耕方式和饮食文化，从而形成了基本的农耕文化体系。

『齐民要术』还以多种方式说明了当时农业的科学成就。首先，为了解决华北旱田农业的最大难题-保存土壤水分的问题，发明了犁耙，耧车和锄头等的农具与耕，耙，耱，锄，压等技术巧妙相结合的保墒方法，抗旱田干旱，防止害虫，促使农作物健康成长。还介绍了储存雨水和雪来提高生产力的方法。此外，为了选择种子和培养种子的方法开发了特殊处理法，并介绍了轮耕，间作和混作法等的播种方法。不仅如此，为了进行有效的农业经营，说明了除草，病虫害预防和治疗方法以及动物安全越冬方法和动物饲养方法。还有通过观察确定的土壤环境关系和生物鉴别方法，遗传变异，利用微生物的酒精酶方法和发酵方法，利用蛋白质分解酶做酱，利用乳酸菌或淀粉酶制作麦芽糖的方法等是经科学得到证明的内容。这种『齐民要术』的科学化实事求是的态度为黄河流域旱田农业技术的发展做出了重大的贡献，成为后世农学的榜样，使用这项技术提高生产力，不仅应对了灾难，还创造了丰富的文化。从以上可以看出，『齐民要术』融合了古代中国多种领域的产业和生活文化, 是一本名副其实的百科全书。

随着社会需求的增长, 『齐民要术』的编撰次数逐渐增加, 结果出现了不少版本。最古老的版本是北宋天圣年前(1023-1031)的崇文院刻本, 但现在只剩下第5卷和第8卷。此外, 北宋本有日本的金泽文库抄本。南宋本有将校本。此外, 明清时代也出现了很多版本。

翻译本书的目的, 在于了解随着农业技术的变迁和发展而形成的文明, 并体系化地整理『齐民要术』所示的知识, 为未来社会做出一点贡献。于是首先试图总结了中国和日本的多种围绕着『齐民要术』的农业史研究成果。并且强调逐渐被疏忽的农业问题并非是单纯生产粮食的第一产业形式, 而是作为担保生命的生活中重要组成部分, 当今也持续存在的事实。生命和环境问题是第四次产业革命时代重要的关键词, 农业史融合了与此有关的多种学问。这也是超越时空译注确保农业核心价值的『齐民要术』并向全世界发表的背景。

本书的翻译坚持了直译原则。只对于意义不通等的部分添加脚注或意译。尤其是, 本译注简介参考了近期出版的石声汉的『齐民要术今释』(1957-58)和缪启愉的『齐民要术校释』(1998)及日本西山武一的『校订译注齐民要术』。在本文的末端通过【校记】说明了所出版的每个版本之差。甚至在必要时还努力反映了韩中日的最近与『齐民要术』有关的主要研究成果。译注时积极参考了中国古典文学者的研究成果"齐民要术词汇研究"等。

为了帮助读者的理解, 每一篇的末端插入了图版。之前的版本几乎没有出现照片, 这也许是因为当时对农作物和生产工具的理解度比较高, 所以不需要照片资料。但如今的韩国, 随着农业比重和人口的剧减, 年轻人对农业的关心和理解度比较低。不仅不理解生产工具或栽培方式, 连农作物的名称也不是太了解。其实, 他们在大量的信息中为未来做好准备而忙都忙不过来。并且，随着农业的机械化，已经不容易接触传统生产手段的运作方法，于是为了提高书的理解度而插入了照片。

如本书一样述有多种内容的古典，不容易用将过去的语言换成现在的语言。因为书里面融合了多种学问，于是需要很多相关研究者的帮助。连简单的植物名也不容易翻译。例如，『齐民要术』里面指称为'艾蒿'的汉字词有蓬，艾，蒿，莪，萝，荻等。如今其种类已增加为好几倍，但缺少有关过去分叉的研究，因此难以用我们的现代语言表达。为此，基本上需要研究韩国和中国的植物名称标记。虽然各种词典有从今日的观点研究的许多植物名和学名，但与历史中的植物相连接方面发现了不少问题。这种现象也是适用于出现在本书的其他谷物，果树，树木和动物等的现象。希望本书出版后，能以此为根据，在过去的物质资料和生活方式结合人文学因素后，全面进行融合学问的研究。还有，通过本书了解传统时代的农业和农村如何与自然合作进行耕作以及维持生活，也期待帮助解决今日的环境问题和生命产业所存在的问题。

本书内容丰富，主题也很多样化，于是翻译方面花费了不少时间，校对也用了相当于翻译的时间。最重要的是，本书对笔者的研究形成了最大的影响，也是笔者最想要翻译的书，于是更是感受颇深。在与"东亚农业史研究会"的成员每个星期整日阅读原书和进行讨论的过程中，笔者学会了不少知识，也得到了不少帮助。但因为没能充分涉猎，可能会有一些没有完美反映或应用不完善的部分。希望读者能对此进行指责和教导。

2018. 11. 27.

釜山大學校 歷史系 教授 崔德卿

찾아보기

齊民要術譯註

Jeminyousul